"十三五"普通高等教育本科部委级规划教材

# 纺织服装产品
# 检验检测实务

## INSPECTION & TESTING PRACTICE OF
## TEXTILE AND CLOTHING PRODUCTS

程朋朋　陈道玲　陈东生　｜　著

U0241821

中国纺织出版社有限公司　国家一级出版社
全国百佳图书出版单位

## 内 容 提 要

本书较全面地介绍了纺织服装材料、成衣及服饰配件的检验技术，重点介绍了纺织、服装生产所需的各种检测技术和规程，涉及纤维、纱线、面料等测试的方法、适用范围、检验条件、检测仪器和有关标准。本书采用最新标准，且突出了对实际操作的指导，可以为纺织与服装生产管理、品质管理等提供所必须掌握的知识。

本书知识面广泛、内容丰富、形象直观、通俗易懂，可以为广大读者学习、掌握服装材料检测技术提供必要的帮助。本书可作为高等纺织服装院校教材，也可供企业、技术监督部门专业技术人员参考。

**图书在版编目（CIP）数据**

纺织服装产品检验检测实务 / 程朋朋，陈道玲，陈东生著． — 北京：中国纺织出版社有限公司，2019.11

"十三五"普通高等教育本科部委级规划教材

ISBN 978-7-5180-6355-0

Ⅰ．①纺… Ⅱ．①程… ②陈… ③陈… Ⅲ．①纺织品—质量检验—高等学校—教材 ②服装—产品质量—质量检验—高等学校—教材 Ⅳ．① TS107 ② TS941.79

中国版本图书馆 CIP 数据核字（2019）第 134007 号

---

责任编辑：苗 苗　　责任校对：楼旭红　　责任印制：王艳丽

中国纺织出版社有限公司出版发行

地址：北京市朝阳区百子湾东里 A407 号楼　邮政编码：100124

销售电话：010 — 67004422　传真：010 — 87155801

http：//www.c-textilep.com

中国纺织出版社天猫旗舰店

官方微博 http：//weibo.com/2119887771

三河市宏盛印务有限公司印刷　各地新华书店经销

2019 年 11 月第 1 版第 1 次印刷

开本：787 × 1092　1/16　印张：32

字数：609 千字　定价：78.00 元

---

# 前言

　　纺织服装是人类文明最早的成果之一。纺织服装的发现、发明和创新，为人类灿烂的服饰文化奠定了基础并引导着时尚。本书重点介绍了纺织服装产品所需的各种检验检测技术和规程，涉及各项测试的方法、适用范围、检验条件、检测仪器和有关标准。本书采用最新标准，突出对实际操作的指导，可以为纺织与服装生产管理、品质管理等提供所必须掌握的知识。

　　本书涉及范围广，内容丰富，希望为读者打造更系统全面的知识体系。全书共分为绪论、纤维篇、纱线篇、织物篇、成衣篇以及其他六大模块，共20章。其中绪论1章，纤维篇4章，纱线篇3章，织物篇8章，成衣篇2章，其他2章。

　　本书旨在为广大读者学习、掌握纺织服装产品检验检测技术提供必要的帮助。本书也可供广大从事纺织、服装行业的专业人员和业余爱好者以及高等院校相关专业师生使用和参考。但由于作者水平有限，本书可能存在不足或不妥之处，诚挚欢迎读者批评指正。

编者

2019年7月

# 教学内容及课时安排

| 章/课时 | 课程性质/课时 | 节 | 课程内容 |
|---|---|---|---|
| 第一章<br>（4课时） | 基础理论（4课时） | | **●绪论** |
| | | 一 | 纺织服装材料基本概念 |
| | | 二 | 纺织服装材料检验检测的基础知识 |
| 第二章<br>（8课时） | 纤维篇（42课时） | | **●纤维成分检验** |
| | | 一 | 单一纤维成分检验 |
| | | 二 | 混纺纤维成分检验 |
| 第三章<br>（14课时） | | | **●纤维基本特征参数检验** |
| | | 一 | 纤维的长度 |
| | | 二 | 纤维的细度 |
| | | 三 | 纤维的卷曲度 |
| | | 四 | 纤维的含油率 |
| | | 五 | 纤维的回潮率 |
| | | 六 | 纤维的热收缩性 |
| | | 七 | 纤维的熔点 |
| 第四章<br>（10课时） | | | **●纤维力学性能检验** |
| | | 一 | 纤维的拉伸性能 |
| | | 二 | 纤维的耐摩擦性能 |
| | | 三 | 纤维的耐疲劳性能 |
| | | 四 | 纤维的弯曲与扭转性能 |
| | | 五 | 纤维的压缩弹性性能 |
| 第五章<br>（10课时） | | | **●纤维其他性能检验** |
| | | 一 | 品级 |
| | | 二 | 异性纤维含量 |
| | | 三 | 马克隆值 |
| | | 四 | 疵点 |
| | | 五 | 导电性 |

续表

| 章/课时 | 课程性质/课时 | 节 | 课程内容 |
|---|---|---|---|
| 第六章<br>（7课时） | | | **●纱线基本特征检验** |
| | | 一 | 纱线的基本结构特征 |
| | | 二 | 纱线基本特征参数检验 |
| 第七章<br>（10课时） | 纱线篇（21课时） | | **●纱线力学性能检验** |
| | | 一 | 纱线的拉伸性能 |
| | | 二 | 纱线的耐摩擦性能与耐疲劳性能 |
| | | 三 | 纱线的弯曲与扭转性能 |
| | | 四 | 纱线的压缩性能 |
| 第八章<br>（4课时） | | | **●纱线其他性能检验** |
| | | 一 | 条干均匀度 |
| | | 二 | 疵点检验 |
| 第九章<br>（7课时） | | | **●织物基本结构检验** |
| | | 一 | 织物正反面的识别 |
| | | 二 | 织物经纬向的识别 |
| | | 三 | 织物的密度 |
| | | 四 | 织物的厚度 |
| | | 五 | 织物的单位面积质量 |
| 第十章<br>（30课时） | 织物篇（145课时） | | **●织物成分与外观保形性检验** |
| | | 一 | 织物的原料鉴别 |
| | | 二 | 织物外观保形性检验 |
| | | | **●织物力学性能检验** |
| 第十一章<br>（16课时） | | 一 | 织物的拉伸性能 |
| | | 二 | 织物的撕裂性能 |
| | | 三 | 织物的顶破或胀破性能 |
| | | 四 | 织物的耐磨性能 |
| | | 五 | 织物的弯曲性能 |
| | | 六 | 织物的剥离强度性能 |
| | | 七 | 织物的纰裂强度性能 |
| | | 八 | 织物的压缩性能 |

| 章/课时 | 课程性质/课时 | 节 | 课程内容 |
|---|---|---|---|
| 第十二章<br>（30课时） | 织物篇（145课时） | | ●织物色牢度检验 |
| | | 一 | 耐摩擦色牢度 |
| | | 二 | 耐皂洗色牢度 |
| | | 三 | 耐干洗色牢度 |
| | | 四 | 耐日晒色牢度 |
| | | 五 | 耐汗渍色牢度 |
| | | 六 | 耐水色牢度 |
| | | 七 | 耐唾液色牢度 |
| | | 八 | 耐汗、光复合色牢度 |
| | | 九 | 耐海水色牢度 |
| | | 十 | 耐甲醛色牢度 |
| | | 十一 | 耐次氯酸盐漂白色牢度 |
| | | 十二 | 耐酸斑色牢度 |
| | | 十三 | 耐碱斑色牢度 |
| | | 十四 | 耐熨烫（热压）色牢度 |
| | | 十五 | 耐升华（干热）色牢度 |
| 第十三章<br>（8课时） | | | ●织物风格检验 |
| | | 一 | 织物的凉感性能 |
| | | 二 | 织物光泽性能 |
| | | 三 | 织物的起拱变形性能 |
| | | 四 | 织物的剪切性能 |
| 第十四章<br>（12课时） | | | ●织物舒适性检验 |
| | | 一 | 织物的透气性 |
| | | 二 | 织物的保暖/保温性 |
| | | 三 | 织物的吸湿性 |
| | | 四 | 织物的透湿性 |
| | | 五 | 织物的刺痒感 |
| | | 六 | 织物的热阻湿阻性能 |

续表

| 章/课时 | 课程性质/课时 | 节 | 课程内容 |
|---|---|---|---|
| 第十五章<br>（16课时） | 织物篇（145课时） | | **• 织物生态项目检验** |
| | | 一 | 异味检验 |
| | | 二 | pH检验 |
| | | 三 | 甲醛含量检验 |
| | | 四 | 禁用偶氮染料检验 |
| | | 五 | 重金属含量检验 |
| | | 六 | 杀虫剂检验 |
| 第十六章<br>（26课时） | | | **• 织物功能性项目检验** |
| | | 一 | 织物的阻燃性能 |
| | | 二 | 织物的抗紫外线性能 |
| | | 三 | 织物的抗静电性能 |
| | | 四 | 织物的防电磁辐射性能 |
| | | 五 | 织物的防水性能 |
| | | 六 | 织物的远红外性能 |
| | | 七 | 织物的吸湿速干性能 |
| | | 八 | 织物的负离子发生量性能 |
| | | 九 | 织物的吸湿发热性能 |
| | | 十 | 织物的拒油防污性能 |
| | | 十一 | 织物的热防护性能 |
| | | 十二 | 织物的消臭性能 |
| | | 十三 | 织物的防蚊性能 |
| 第十七章<br>（15课时） | 成衣篇（33课时） | | **• 成衣检验** |
| | | 一 | 成衣成分检验 |
| | | 二 | 成衣外观与内在质量检验 |
| 第十八章<br>（18课时） | | | **• 羽绒服相关检验** |
| | | 一 | 羽绒、羽毛服装的检测 |
| | | 二 | 防钻绒性能检验 |
| | | 三 | 羽毛、羽绒微生物（含菌量）的检测 |

续表

| 章/课时 | 课程性质/课时 | 节 | 课程内容 |
|---|---|---|---|
| 第十九章<br>（6课时） | 其他（18课时） | | **●辅料检验** |
| | | 一 | 拉链检验 |
| | | 二 | 纽扣检验 |
| | | 三 | 黏合衬检验 |
| 第二十章<br>（12课时） | | | **●服饰配件检验** |
| | | 一 | 袜子检验 |
| | | 二 | 标示牌（吊牌）检验 |
| | | 三 | 商标缝制检验 |
| | | 四 | 针织帽检验 |
| | | 五 | 文胸检验 |
| | | 六 | 泳装检验 |

# 目录

# 基础理论

# 绪论

**课题名称：** 绪论

**课题内容：** 纺织服装材料基本概念

纺织服装材料检验检测的基础知识

**课题时间：** 4课时

**教学目的：** 让学生了解纺织纤维种类，熟悉检验检测的条件及一般过程。

**教学方式：** 理论讲授

**教学要求：** 1. 了解基本概念。

2. 掌握检验检测的大气条件及相关仪器。

# 第一章 绪论

## 第一节 纺织服装材料基本概念

### 一、纺织服装材料的定义

纺织服装材料是指构成纺织服装的所有材料的总称，主要包括面料和辅料。面料是指构成服装表面材料的主体部分，体现服装主体特征的材料；辅料是除面料之外所有材料的总称，主要分为里料、衬料、絮填料。

纺织服装材料从加工来源上分为纺织类服装材料和非纺织类服装材料。纺织类服装材料包括机织物和针织物。机织物和针织物是由纱线或长丝经过织造工艺织成的。非织造布是由纺织纤维经黏合、熔合或其他机械、化学方法加工而成的。非纺织类服装材料包括皮革、皮毛及非织造布。

### 二、纺织服装材料的组成及类别

（一）纺织服装材料的组成

纺织服装材料的组成主要有纤维、纱线、织物及其复合物。

1. 纤维

纤维是纺织服装材料的基本单元，是纺织服装材料中用量最多的基本原料。纤维用途广泛，可制成纺织服装用的纱线、织物、衬料、填充料以及和其他物料共同组成复合材料等。纤维是一种细度为几微米到上百微米，长度几十毫米到上百毫米且具有一定强度、韧度的线状材料。用于制造纺织品的纤维，可称为纺织纤维。

纺织纤维种类繁多，按来源可分为天然纤维与化学纤维，其中化学纤维又分为人造纤维和合成纤维。具体分类如图1-1所示。

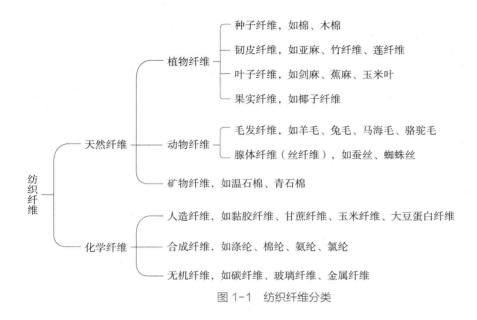

图 1-1　纺织纤维分类

2. 纱线

纱线是指用各种纺织纤维加工成一定细度、强度、韧性和可挠曲性的产品，按原料分为混纺纱线、纯纺纱线和复合纱线，被广泛用于织布、制绳、制线、针织和刺绣等。混纺纱线是由两种或两种以上的纤维利用纺纱混合方法制成的纱线，如涤纶/棉混纺纱线、羊毛/黏胶混纺纱线等，此类纱用于纺制突出两种或两种以上纤维优点的织物；纯纺纱线是由一种纤维材料纺成的纱线，如棉纱线、毛纱线、麻纱线和绢纺纱线等，此类纱线适宜制作纯纺织物；复合纱线是由两种或多种纯纺纱线加捻并合的纱线，又叫混并纱线。

3. 织物及其复合物

织物是由纺织纤维集合在一起或由纱线经纺织过程制成的具有一定力学性能和厚度等的物体。按照组成织物的纤维类别，织物可分为纯纺织物、混纺织物、交织织物。

（1）纯纺织物：经纬纱用同种纤维纯纺纱线织成的织物，此种织物的性能主要体现了纤维的特点，如棉织物、毛织物、黏胶纤维织物、涤纶织物。

（2）混纺织物：由两种或两种以上不同种类的纤维混纺的纱线制成的织物，如棉/麻、涤/棉、毛/涤、涤/黏等混纺织物。

（3）交织织物：经、纬由两种不同纤维的纱线交织成的织物，即两个方向系统的原料分别采用不同纤维的纱线。交织织物可利用各种纤维的不同特性，改善织物的使用性能和取得某些特殊外观效应，满足各种不同要求。一般常见的交织产品有棉/涤交织、天丝/涤纶交织、黏胶/涤纶交织、涤/棉经与棉纬交织牛津布等。

织物按织造方法可分为机织物、针织物、非织造布。

（1）机织物：经纱与纬纱通过织机相互垂直交织在一起制成的织物，又称梭织物。机织物的基本组织结构有平纹、斜纹、缎纹，如服装、家纺、产业用布等。

（2）针织物：用织针将一组或几组纱线或长丝相互串套成线圈而形成的织物。针织面料具有较好的弹性，分为经编针织物与纬编针织物两大类。经编针织物线圈的串套方向正好与纬编相反，它是一组或几组平行排列的纱线按经向喂入，弯曲成圈并相互串套而成的平幅形或圆筒形织物，此类织物常用于连裤袜、三角裤、无缝紧身衣及手套等；纬编针织物是将纱线按纬向喂入，同一根纱线顺序的弯曲成圈并相互串套而成的平幅形或圆筒形织物，此类织物常用于毛衣、运动衣、内衣及袜子等。

（3）非织造布：将纺织短纤维或者长丝进行定向或随机排列方式形成纤网结构，采用机械、热黏或化学黏合等固结方法制成的布料，此类织物常用于手术衣、土工布、大棚布、箱包衬布、服装衬等。

### （二）纺织服装类别

服装的种类有很多，由于服装的基本形态、品种、用途、制作方法、原材料的不同，各类服装也表现出不同的风格与特色，变化万千，十分丰富。分类方法不同，服装的名称也不同。服装按用途可分为内衣和外衣。内衣是贴身的衣着，直接与人体皮肤接触，主要起保护身体、保暖、塑型等作用，如文胸、睡衣、泳装等；外衣就是人身体最外面的衣服，外衣因穿着者年龄不同、穿着场所不同、穿着部位不同而有不同的名称，如室内服、日常服、社交服、职业服、运动服、舞台服等。

## 第二节　纺织服装材料检验检测的基础知识

### 一、检验检测的目的

#### （一）保证纺织服装材料的质量

纺织服装材料检验检测的科学方法和检验检测技术是一门应用科学，它的任务与其内容有着紧密的联系。纺织服装材料的成分、结构、性能以及外观等属性是构成纺织服装使用价值的基础，这些属性关系着纺织服装的质量，若不对这些属性进行全面的检验检测，就难以保证纺织服装的质量。

#### （二）拟定纺织服装材料的质量指标

纺织服装的质量是根据多方面因素确定的，为了确定纺织服装质量的优劣，应根据纺织服装的用途与适用条件，提出基本要求，规定相应的具体质量指标，作为检验的项目。纺织服装材料检验检测不仅要正确地拟定和选择质量指标，还要阐明各项指标的含义。

（三）规定科学的检验方法

采用什么仪器、使用什么方法、在什么条件下进行检验检测等，都要做出科学的规定。科学的检验检测方法才能确保纺织服装材料检验检测工作的顺利进行，才能保证检验检测的可靠性和可比性。

（四）掌握纺织服装材料检验检测与其他学科知识的关联

纺织服装材料检验检测在于寻找科学的检验检测技术和方法，正确地评定纺织服装材料质量与品级。由于纺织服装材料质量是由多种自然属性形成的，所以，它必定要与其他学科的知识有着广泛的联系。也就是说，在进行纺织服装材料检验检测时，要运用一些基础科学的知识，如化学、物理学等；评价纺织服装材料时，还要应用纺织材料学、纺织工艺学及统计学、电学、机械原理等。

融合关联学科的知识，是更好地发展本学科的必然趋势。同时，按照本学科的研究对象和任务，进行系统、全面的研究工作，发展学科的内容，从而更完善地建立纺织服装材料检验检测的科学体系。

## 二、检验检测的作用

纺织品检验检测是依据有关法律、行政法规、标准或其他规定，进行纺织品质量检验检测和鉴定的工作，是纺织品质量管理的重要手段，同时也是纺织品市场监管的重要手段。防止劣质纺织品进入商业网，保护消费者的利益，减少产品的积压和损耗，加速纺织品流通。控制生产质量稳定，为客户提供高质量产品提供有力的保证。提高技术创新能力。在实现可持续发展的过程中，必须不断地开发适销对路的产品，而产品的开发是离不开检验检测和标准化的。

确定纺织服装质量是否符合标准，是实现其标准化不可缺少的一项重要工作。而且，要保证检验检测纺织品的质量符合标准规定，就必须通过纺织品各项指标的检验检测。检验检测所取得的数据资料，又是制定标准的依据。同时，纺织服装检验检测还可作为改进和提高纺织品质量的重要依据。因此，纺织服装材料检验检测的作用可归结为以下六个方面：

（1）维护国家或行业的利益和信誉。纺织品检验检测机构通过对纺织品的认真检验检测和监督管理，一方面，可以保证纺织品质量，在国际或国内市场上建立良好的信誉；另一方面，可防止次劣有害的纺织品投放市场、投入使用，防止弄虚作假、投机取巧，并及时出证索赔，维护国家或行业的荣誉和经济权益。

（2）促进生产和贸易发展，有利于增强国际或国内竞争力。国际或国内纺织品市场的竞争依靠"以质取胜"。检验机构通过对纺织品的检验检测，把纺织品质量方面存在的问题及时反馈给有关部门，并提出改进纺织品质量的建议，同时把检验检测工作延伸到生产过程的各个环节，帮助生产企业改进生产工艺，完善质量管理，提高纺织品质量，提高市场竞争力。

（3）有利于维护贸易有关各方的合法权益。检验检测机构以第三方出现，本着实事求是的原则，以公正的立场、科学的态度来判断纺织品质量、数量等问题，并判明责任归属，解决争议，以科学的判断维护贸易有关各方面的合法权益。

（4）对于进入流通领域的纺织品进行全面、综合的质量监督检验，维护广大消费者利益。对于符合质量标准的纺织品允许进入流通领域，使得消费者放心，同时也防止假冒伪劣纺织品流入市场。因此，纺织品检验检测也是打击假冒伪劣纺织品的重要手段，为更好地把好进货关和贯彻以质论价提供科学依据。

（5）纺织品检验检测为仓储管理、纺织品安全保障和科学养护提供了可靠的数据，对提高产品质量及促进采用新工艺、新技术、新材料、扩大新品种等起反馈作用。

（6）纺织品检验检测是国家宏观控制总体产品质量，把握纺织品的质量水平，制定国家的经济技术政策最直接、最客观的依据。

## 三、检验检测的抽样

抽样检验是按照规定的抽样方案，随机地从一批或一个过程中抽取少量个体或材料进行检验，其主要特点是：检验量少，比较经济，检验人员工作强度低，有利于抓好关键质量。抽样检验是纺织品检验检测的主要形式。

（1）计数检验是抽样检验的一种判定方法，将检验结果与规格或标准做比较后把产品分为合格、不合格，或者分为一等品、二等品、三等品等，其检验程序简便，检验费用低，适用于成批产品的抽样检验。

（2）计量检验指以产品的计量结果进行判定的检验，是抽样检验的另一种判定方法。它通过预先假定分布规律，在一定的置信水平下进行批质量估计。计量检验只需要较少的样本，但检验结果的可靠性高，对产品是否符合规定要求，能给予一个明确的测定值，同时容易测定误差。

（一）抽样方法

1. 简单随机抽样

（1）掷骰子法：利用一个多面体骰子，投掷后得到随机数，按照随机号数抽取样品。

（2）查表法：给总体中每个产品编号，确定随机数的选择方式。如可以采用从右到左、从上到下、对角线上每隔三个抽一个等不同的方式，确定一个开始取数的位置，然后取与抽样数相同的随机数个数，从总体中抽取与所得数相应的产品。

简单随机抽样适用于受检批内产品质量比较均匀一致的情况。

2. 系统随机抽样

系统抽样又称机械抽样，是一种不完全的随机抽样方法，即在从提交的批量产品中抽取产品时，每个产品被抽到的机会不完全相同。所谓系统抽样就是在规定了"抽样间隔和抽样周期"后，随机抽取一个整数作为第一个样品的号码，第二个样品由该样品号加上抽样间隔而定，得到如此组成的号码，再对应抽取样品。

3. 分层定量随机抽样

（1）分层定量随机抽样：在各层内分别随机抽取一定量的单位产品，合在一起组成一个样本，这种抽样方法称为分层定量随机抽样。

（2）分层按比例随机抽样：先计算各层在整批中所占的比例，再分别在各层内按照相应的比例抽取单位产品，合在一起组成样本，则称为分层按比例随机抽样。

4. 阶段随机抽样

（1）整群抽样：当整批产品是由许多群组成，而每群由若干组构成时，可用前三种随机抽样法中的任一方法，以群为单位抽取一定数量的群，然后再从这些群中抽取一定数量的单位产品组成样本，这种抽样法称为整群抽样。

（2）阶段抽样：如果从上述抽取出来的一定数量的群中，仍按随机抽样法抽取一定数量的产品组，再从产品组中抽取一定数量的单位产品组成样本，这种抽取法称为阶段抽样。

当简单随机抽样有困难时，可使用阶段随机抽样，但应注意批内质量均匀的问题。

（二）抽取样品遵循的原则

（1）随机性：从整批产品中按随机原则抽取样品。

（2）代表性：从整批产品中抽取的样品要有足够的代表性。

（3）可行性：抽样的数量、方法应切合实际，合理可行，符合商检要求。

（4）先进性：抽样标准和技术要赶上国际先进水平，以适应国际贸易发展的需要。

## 四、检验检测的常用仪器

检验检测过程中常用到的仪器，如表1-1所示。

表1-1　检验检测的常用仪器

| 序号 | 仪器类别 | 仪器名称 | 检测项目 |
|---|---|---|---|
| 1 | 纤维用测试仪器 | 原棉水分测试仪、原棉长度分析仪、马克隆纤维细度仪、棉花纤维成熟度测试仪、罗拉式纤维长度分析仪、卜氏强力仪、斯洛特束纤维强力仪、单纤维强力仪、卷曲弹性仪、纤维切断仪、纤维熔点仪、纤维摩擦系数测定仪、原棉杂质分析机、梳片式羊毛长度分析仪、电容式纤维长度分析仪、光电式纤维长度分析仪、卷曲收缩测试仪等 | 纤维长度、纤维细度、纤维强力和伸长、纤维卷曲、纤维熔点、纤维颜色、纤维杂质等 |
| 2 | 纱线用测试仪器 | 电容式条干均匀度测试仪、缕纱测长机、摇黑板机、单纱强力机、纱线毛羽测试仪、纱疵分级仪、生丝抱合力机、生丝纤度仪、切断机、生丝摇黑板机、生丝强伸仪、纤度机、加弹丝测试仪、特克斯秤、电容式条粗条干均匀度仪、萨氏条干均匀度仪、棉卷均匀度机、条粗测长器等 | 纱线（半成品）线密度、纱线捻度、纱线强度和断裂伸长率、纱线外观及疵点等 |
| 3 | 织物用测试仪器 | 织物强力机、织物密度镜、织物厚度仪、织物拒水试验仪、马丁代尔织物耐磨试验仪、织物起毛起球测试仪、织物钩丝测试仪、织物圆盘耐磨测试仪、阻燃测试仪、氧指数测试仪、织物褶皱测试仪、织物悬垂测试仪、织物风格测试仪、织物回能测试仪、织物胀破测试仪、落锤式织物撕裂仪、汽蒸收缩测试仪、毛细管效应测试仪、袜子横拉仪等 | 织物厚度、织物密度、线圈长度、织物强力、织物起球、织物钩丝、织物悬垂性、织物褶皱弹性、织物风格等 |
| 4 | 染整用测试仪器 | 日晒气候试验仪、标准光源箱、皂洗色牢度试验机、织物缩水率试验机、干洗试验机、熨烫升华色牢度试验机、汗渍色牢度试验仪、织物干热收缩试验仪、摩擦色牢度试验机、恒温水浴振荡器、高温高压小样试验机、白度测试仪、涂层织物耐静水压测试仪等 | 织物颜色、染色坚牢度、织物收缩率、织物防水性等 |
| 5 | 纺织通用其他类测试仪器 | 纺织专用通风式快速烘箱、八篮烘箱、水分快速测试仪、精密分析天平、纺织专用砝码、纺织标准测力杠杆、纺织标准高阻箱等 | 织物烘干、称重、计数等 |
| 6 | 产业用纺织品类测试仪器 | 土工布耐静水压测试仪、落锤法动态穿孔测试仪等 | 土工织物的垂直渗透系数测定、土工织物的刺破和落锥穿透试验等 |
| 7 | 成衣用测试仪器 | 验布机等 | 布料检测、疵点检测等 |
| 8 | 配件用测试仪器 | 纽扣拉力测试台、拉链综合强力机、拉头抗张强力测试仪、拉链负荷拉次测试仪等 | 纽扣拉力测试、拉链性能等 |

## 五、检验检测的一般过程

（1）定标：根据纺织品对象，明确技术要求和质量标准，制订检验方法。

（2）抽样：用以确定受检纺织品的代表性。纺织品一般采用"抽检"，如果"全检"，则不存在抽样过程。

（3）度量：对反映质量属性的指标进行度量。采用试验、测量、化验、分析、官能检验等方法，度量纺织品的质量属性。

（4）比较：将检测结果与标准值或约定值进行比较，得出结果。

（5）判断：由得出的结果，判断纺织品受检项目是否符合规定要求。

（6）处理：包括对合格产品放行，对不合格产品提出处理意见。

（7）记录：记录原始数据和检验结果，反馈产品质量信息。

（8）报告：按规定或约定格式报出检验报告。

## 六、检验检测用标准大气与要求

### （一）大气条件是检验检测的首要条件

大气条件对纺织品检验检测结果有重大影响。大气条件指的是温度、湿度、大气压力三个参数。

纺织品在检验检测前，有时要作"预调湿"处理。即在相对湿度为10%～25%，温度不大于50℃的环境中，进行一定时间的平衡处理，再在标准大气条件下平衡，然后才能进行检验检测。

### （二）纺织品检验检测用标准大气条件

标准GB/T 6529—2008（ISO 139: 2005）规定：大气压为1个标准大气压，即101.3kPa（760mmHg）。

国际标准规定纺织品检验检测用标准大气条件为86～106kPa，是考虑到检验检测的地理位置等问题。这里需要指出的是，如果在高海拔地区，如在我国西藏自治区拉萨市对纺织品进行检验检测，可能造成较大误差。

纺织品检验检测用标准大气状态规定值，如表1-2所示。

表1-2 标准大气状态规定值

| 大气条件 | 温度/℃ | 允差/℃ | 相对湿度/% | 允差/% |
|---|---|---|---|---|
| 标准大气 | 20 | ±2 | 65 | ±4 |
| 特定标准大气 | 23 | ±2 | 50 | ±4 |
| 热带标准大气 | 27 | ±2 | 65 | ±4 |

### （三）纺织材料的公定回潮率

纺织材料吸湿性强，其重量与大气温湿度密切相关。

根据纤维材料特征，各国权威部门以国家标准形式规定了纤维材料的公定回潮率。由此计算出的纤维重量即为公定重量，以$G_k$表示。计算公式如下：

$$G_k = G_o \left(1 + \frac{W_k}{100}\right)$$

式中：$G_k$——公定重量，g；

$\quad\quad G_o$——纤维烘干后的干重，g；

$\quad\quad W_k$——公定回潮率，%。

我国主要纺织材料公定回潮率，如表1-3所示。

**表1-3 纺织材料公定回潮率**

| 纺织材料 | 公定回潮率/% | 纺织材料 | 公定回潮率/% |
|---|---|---|---|
| 棉花（原棉） | 10.0（含水率） | 苎麻、亚麻、大麻、罗布麻、剑麻 | 12.0 |
| 棉纱线、棉缝纫线 | 8.5 | 黄麻 | 14.0 |
| 棉织物 | 8.5 | 桑蚕丝、柞蚕丝 | 11.0 |
| 洗净毛（异质毛） | 15.0 | 黏胶纤维、铜氨纤维、富强纤维 | 13.0 |
| 洗净毛（同质毛） | 16.0 | 莱赛尔纤维、莫代尔纤维 | 13.0 |
| 兔毛、骆驼毛、牦牛毛 | 15.0 | 醋酯纤维 | 7.0 |
| 分梳山羊绒 | 17.0 | 锦纶（6、66、11） | 4.5 |
| 精纺毛纱 | 16.0 | 涤纶 | 0.4 |
| 粗纺毛纱 | 15.0 | 腈纶 | 2.0 |
| 绒线、针织绒线、山羊绒纱 | 15.0 | 维纶 | 5.0 |
| 毛织物 | 15.0 | 丙纶、氯纶、偏氯纶 | 0 |
| 长毛绒织物 | 16.0 | 氨纶 | 1.3 |

### （四）检验检测要求

**1. 调湿处理**

不仅要规定材料测试时的标准大气条件，而且要规定在测试之前，试样必须在标准大气下放置一定时间，使其由吸湿达到平衡回潮率，这个过程称为调湿处理。

（1）国际标准中规定的标准大气条件为：温度（$T$）为20℃（热带为27℃），相对湿度为65%，大气压力为86~106kPa，具体情况视各国地理环境而定。

（2）我国规定的标准大气条件为1个标准大气压，即101.3kPa（760mmHg），温、湿度及其波动范围标准参考表1-2。

**2. 调湿**

在测定纺织品的物理或机械等性能前，应将其放置于标准大气下一定的时间进行调湿。调湿期间，应使空气能畅通地流过该纺织品，直至吸湿平衡。

3. 预调湿

当试样比较潮湿时（实际回潮率大于公定回潮率），为了确保试样能在吸湿状态下达到调湿平衡，需要进行预调湿。为此，将试样放置于相对湿度为10%~25%，温度不超过50℃的大气下，使之接近平衡。

## 七、检验检测数据的分析及处理

在纺织生产和研究中，常常需要进行大量的测试工作，在测试过程中，受人类认识水平、测量手段（如仪器精度）的限制，得到的数据往往与其真值存在一定的偏差，这种数值上的偏差就是误差。

（一）误差的分类

在实验中进行测量和数据处理时，都应着眼于减少误差，尽可能使实验结果接近真值。误差产生的原因是多方面的，从误差的性质和来源可分为系统误差、过失误差和随机误差三大类。

1. 系统误差

系统误差是指在确定的测试条件下，采用某一种测试方法和某一种测试装置所固有的误差，这种误差的特点具有方向性和重现性，即测定结果偏大或偏小，其大小和符号在同一实验中完全相同。这种误差一般由于所用仪器没有经过校准，或观测环境（如温度、压力和湿度等）的变化，或观测者的某种习惯等造成的。

（1）系统误差的分类：根据系统误差的性质和产生的原因，可将其分为方法误差、仪器误差和主观误差（个人误差）。

①方法误差：测试仪器的测试原理不同，会产生测试结果的误差。通常，在选取测试方法时，要尽可能考虑将误差减小到允许的范围内。

②仪器误差：仪器误差来源于仪器本身不够精确，如砝码质量、容器器皿刻度和仪表刻度不准确等。

③主观误差（个人误差）：这种误差是由分析人员本身的一些主观因素造成的，例如，在读取刻度时，有的人偏高，有的人偏低等。

（2）系统误差的特点：系统误差的特点表现为以下四个方面：

①对分析结果的影响比较恒定（呈单向性、即使测定结果系统地偏大或偏小）。

②在同一条件下，重复测定，重复出现。

③影响准确度，不影响精密度。

④可以清除。

2. 过失误差

指由于观测者粗心大意、操作失误造成的与实验结果明显不符的误差，又称为粗大误差。比如，观测者读错仪器表上的数值，要求清零的仪器测试前未清零，记录和计算错误。这种误差的特点是没有规律，没有系统误差所表现的方向性和重要性。

过失误差产生的原因可分为两方面：

（1）测试过程中由于工作粗心、操作有误或读错、记错测试数据等因素造成的误差，可人为地加以避免。

（2）测试仪器工作不正常或数据传输过程发生异常，都可能使测试数据中包含某些错误的测量值，这种数据点称为野值或异常值。

由于过失误差远远超出正常的测试误差范围，数据处理时应对它们分析判别，对于那些能够找到原因的误差数据，应首先予以删除，从而避免其对测试结果造成很大的影响；对于那些不能肯定原因的误差较大的测量值，可以增加测量次数，根据重复试验数据来判别测量值的真实性。

3. 随机误差

测量时消除了导致系统误差和过失误差的一切因素后，测量值的最后一位或两位数字仍然有差别。对于具体的某一次测量，其误差可大可小、可正可负，但如果进行大量测试，就会发现其平均值趋于零。这种误差称为随机误差，随机误差完全由概率决定，服从统计定律，所以可以运用概率理论进行处理。多次等精度的重复测量同一量值或对某个对象进行多次观测，即使采取了措施消除系统性误差，然而测量值与真值之间仍存在误差，且这类误差的出现没有确定规律，具有随机性，因而称为随机误差。

造成随机误差的因素主要有：

（1）实验或测量环境的微小波动，如温度、湿度、气压和光照等的变化。

（2）实验或测量手段、工作状态微小的波动，如设备或测量仪器内部结构中运动附件的摩擦、润滑、弹性变形等波动及电气系统工作不稳定。

（3）测量者生理状况变化而导致其感觉判别能力发生波动等。

这些因素出现与否及其影响的大小和正负本身具有随机性，因而它们所造成的误差必然带有随机性。

4. 误差的相互转化

误差的性质在一定条件下是可以相互转化的。对某一项具体误差，在某种条件下为系统误差，而在另一条件下为随机误差，反之亦然。

在纺织品性能检验检测过程中，测得的各种性能指标的准确度都是有限的，只能以一定的近似值来表示测量结果。因此，测量结果计算的准确度不应该超过测量的准确度。下面将进一步阐述近似值保留的有效数字位数及其相关的运算。

（二）有效数字的意义及其位数

1. 有效数字的意义

有效数字是指测试工作中实际能测量到的数字。它包括所有的准确数字和最后一位可疑数字。可疑数字是根据仪器的精度所确定的。所以，有效数字不仅表示数值的大小，而且反映了测量的精密程度。

例如，分析天平的感量为0.0001g，用其称量某试样的质量时，根据有效数字的概念，应记录到小数点后第四位，即小数点后第四位是估计的，而前面的数字都是准确的。如称量某试样的质量，正确的记录为2.4789g，该数据由五位有效数字组成；若记录成2.47891g或2.479g，则是错误的，这是人为地改变了仪器的精密度。由此可见，测定仪器的精密度决定了记录数据的有效数字位数；反之，有效数字也反映了测量结果的准确度。检验检测数据中的任何一个数都是有意义的，因此数据的位数不能随意地增加或减少。

2. 有效数字的位数

在确定有效数字的位数时，应注意以下几个问题：

（1）对于数字中的"0"有如下规定：位于数字前面的"0"不是有效数字，仅起到定位作用。如用指数形式表示该数据，则起定位作用的"0"就不存在了。如0.000035g，是两位有效数字，相应的指数形式为$0.35 \times 10^{-5}$，有效数字的位数没有变化。

（2）位于数字中间和后面的"0"是有效数字。如0.3120g，是四位有效数字。

（3）改变单位时不能改变有效数字的位数，如用托盘天平测得试样质量为4.56g，若改用mg或μg为单位，结果应分别记为$4.56 \times 10^{3}$mg和$4.56 \times 10^{4}$μg。

（4）以对数形式表示的数据，因整数部分只代表该数的方次，其有效数字位数取决于该数值小数点部分的位数。

（5）数据的首位数大于等于8时，计算过程中其有效数字的位数可多计一位。如8.67，可看成四位有效数字。

（三）有效数字运算规则在纺织品检测中的应用

1. 正确记录实验数据

根据测试仪器和检验检测方法的准确度，正确读出并记录测定值，且只保留一位可疑数字。例如，单纤维强力仪的试验数据应记录至0.01cN，故某合成纤维的单纤维强力应记录为203.57cN。

此外，使用分析天平和托盘天平称取试样整数质量时，容易忽略有效数字。例如，用上述两种天平称取2g的纤维，数据应分别记录为2.0000g和2.00g。

2. 正确表示分析结果

分析结果是由检验数据计算得来的，其有效数字位数应该由试验数据的有效数字位数确定。因此，在计算分析结果之前，先根据运算方法确定欲保留的位数，然后按照数字修约规则对各测定值进行修约。即先修约，后计算。数值修约：通过省略原数值的最后若干位数字，调整所保留的末位数字，使最后所得到的值最接近原数值的过程。具体方法可参照GB/T 8170—2008《数值修约规则与极限数值的表示和判定》。

在使用计算器作连续运算的过程中，不必对每一步的计算结果都进行修约，但应注意根据运算法则的要求，正确保留最后结果的有效数字的位数。

---

思考题

1. 纺织纤维有哪些种类？
2. 纺织服装产品的检验检测有哪些过程？
3. 为什么纺织服装产品检验检测之前要进行预调湿处理？
4. 什么是标准大气条件？如何选取正确的标准大气条件？
5. 标准大气条件与纺织纤维的性质有什么关系？

---

# 纤维篇

## 纤维成分检验

**课题名称：** 纤维成分检验

**课题内容：** 单一纤维成分检验

混纺纤维成分检验

**课题时间：** 8课时

**教学目的：** 让学生掌握鉴别纤维的几种常用方法，并能够准确地鉴别常见织物的原料种类。

**教学方式：** 理论讲授和实践操作。

**教学要求：** 1. 熟悉常用纤维的基本特征。

2. 掌握纤维鉴别的基本方法，并熟练操作原料鉴别用的各种常规仪器。

3. 准确地选择适当的方法对混纺织物进行定量分析。

4. 能正确表达和评价相关的检验结果。

5. 能够分析影响检验结果的主要因素。

# 第二章　纤维成分检验

织物纤维种类繁多，形状各异，绚丽多彩。不同的纤维有着不同的性能，作为服装与装饰纺织品材料，更能彰显出它们的优点和缺点。

成分检验的目的是为了维护消费者的权益，使其不被成分及其含量所欺骗。对于织物的成分检验，首先要确定其组成成分（即定性检验），然后进行下一步的检验，确定纤维成分的含量（即定量检验）。由于纤维之间存在着差异性，进而根据这种性质通过物理、化学等方法来确定他们的"身份"，然后选用适当的方法，计算各纤维的含量。

## 第一节　单一纤维成分检验

纤维的结构是复杂的，是由基本结构单元经若干层次的堆砌和混合所组成的，纤维结构决定了纤维的性质。

作为纺织纤维，客观上有一定的基本特征要求。在宏观形态上要求纤维具有一定的长度和细度，以及较高的长径比。在微观分子排列上，要求有一定的取向，以提高纤维必要的轴向强度；并具有较好的侧向作用力，即分子间的作用力，以保持纤维形态的相对稳定。

通过了解基本特征，有利于纤维种类的鉴别。常用的纤维基本鉴别方法有手感目测法、显微镜法、燃烧法、化学溶解法、药品着色法、熔点法、红外光谱法、染色法以及试剂着色法等，其中显微镜法、溶解法与光谱法可靠性高。但是，纤维的种类鉴定仅靠一种方法有时难以立刻确定纤维的类别，必须根据数种方法的测试结果，作综合分析。手感目测法虽简便，但是此法要求检验人员拥有非常丰富的实践经验，况且现代加工技术制造的纤维外观特征较为相似，在一定程度上难以用手感目测法鉴别，故纤维的初步鉴别可先用操作简单的燃烧法，当这种方法不能满足要求时，再采用其他方法补充鉴定；对于经过染色或整理的纤维，一般先进行染色剥离或其他适当预处理，才能使鉴别结果正确可靠；

对双组分纤维或复合纤维，常先用显微镜观察，然后用溶解法和红外吸收光谱法等逐一鉴别。

## 一、燃烧鉴别法

在纤维生产、纺织加工、织物染整、产品销售以及选用衣料时常常需要鉴别纤维，准确、快速地鉴别各种纺织纤维的方法受到人们的重视。燃烧鉴别法就是一种简单易行的方法。由于各种纤维是由不同的高聚物组成，燃烧的状态各有差异，因此，观察纤维在燃烧时的"烟、焰、味、灰"这几方面的情况和特征，可辨别出某些纤维种类。

（一）检验原理

依据纤维接近火焰、接触火焰以及离开火焰时所发生的变化、燃烧的状态、火焰的颜色以及燃烧时发出的气味、燃烧灰烬的颜色、形态和硬度等特征（即烟、焰、味、灰）与已知各种纤维燃烧时的特征加以比较对照，以此来鉴别纤维的类别。

（二）检测标准及适用范围

可依据FZ/T 01057.2—2007《纺织纤维鉴别试验方法　第2部分：燃烧法》（*Test method for identification of textile fibers　Part 2: Burning behavior*）进行检验，本方法适用于各种纺织纤维的初步鉴别，但不适用于经过阻燃整理的纤维。

（三）检验用仪器及工具

仪器与工具：酒精灯、镊子、剪刀、放大镜等。

（四）检验方法与步骤

1. 取样
用镊子取一小束待鉴别的纤维。

2. 燃烧实验
（1）将试样缓慢靠近火焰，观察纤维对热的反应（如熔融、收缩）情况。
（2）将试样移入火焰中，使其充分燃烧，观察纤维在火焰中的燃烧情况并作记录。
（3）将试样撤离火焰，观察纤维离开火焰后的燃烧状态。
（4）当试样火焰熄灭时，嗅其气味。
（5）待试样冷却后观察残留物的状态，用手轻捻残留物。
（6）记录以上状态及特征并参照表2-1中各种纤维的燃烧状态辨别试样中纤维的基本类别。

表2-1 常见纤维燃烧状态

| 纤维名称 | 燃烧性 | 燃烧状态 | | | 燃烧气味 | 燃烧残留物特征 |
|---|---|---|---|---|---|---|
| | | 接近火焰 | 火焰中 | 离开火焰 | | |
| 棉 | 极易燃烧 | 不熔不缩 | 即燃，黄色火焰，蓝色烟 | 继续燃烧 | 烧纸味 | 细而软的灰黑絮状 |
| 麻 | 极易燃烧 | 不熔不缩 | 即燃，黄色火焰，蓝色烟 | 继续燃烧 | 烧纸味 | 细而软的灰白絮状 |
| 蚕丝 | 极易燃烧 | 卷曲收缩 | 先熔融后燃烧 | 燃烧缓慢或自行熄灭 | 烧毛发味 | 松脆的黑色颗粒 |
| 羊毛 | 极易燃烧 | 卷曲收缩 | 先熔融后燃烧 | 燃烧缓慢或自行熄灭 | 烧毛发味 | 松脆且有光泽的黑色颗粒 |
| 竹纤维 | 极易燃烧 | 不熔不缩 | 即燃 | 继续燃烧 | 烧纸味 | 细而软的灰黑絮状 |
| 铜氨纤维 | 极易燃烧 | 不熔不缩 | 即燃 | 继续燃烧 | 烧纸味 | 少许灰白灰烬 |
| 莫代尔纤维 | 极易燃烧 | 不熔不缩 | 即燃 | 继续燃烧 | 烧纸味 | 细而软的灰白絮状 |
| 莱赛尔纤维（天丝） | 极易燃烧 | 不熔不缩 | 即燃 | 继续燃烧 | 烧纸味 | 细而软的灰白絮状 |
| 黏胶纤维 | 极易燃烧 | 不熔不缩 | 即燃 | 继续燃烧 | 烧纸味 | 少许灰白灰烬 |
| 大豆蛋白纤维 | 极易燃烧 | 熔缩 | 缓慢燃烧 | 继续燃烧 | 特异气味 | 黑色焦炭状硬块 |
| 醋酯纤维 | 极易燃烧 | 熔缩 | 熔融燃烧 | 熔融燃烧 | 醋味 | 硬而脆不规则黑块 |
| 牛奶蛋白改性聚丙烯腈纤维 | 极易燃烧 | 熔缩 | 缓慢燃烧 | 继续燃烧，有时自灭 | 烧毛发味 | 黑色焦炭状，易碎 |
| 聚乳酸纤维 | 极易燃烧 | 熔缩 | 熔融缓慢燃烧 | 继续燃烧 | 特异气味 | 硬而黑的圆珠状 |
| 涤纶 | 极易燃烧 | 熔缩 | 熔融燃烧冒黑烟 | 继续燃烧，有时自灭 | 有甜味 | 硬而黑的圆珠状 |
| 锦纶 | 燃烧困难些 | 软化收缩 | 熔融燃烧 | 自灭 | 氨基味 | 硬淡棕色透明圆珠状 |
| 腈纶 | 易燃 | 熔缩 | 熔融燃烧 | 继续燃烧冒黑烟 | 辛辣味 | 黑色不规则小珠，易碎 |
| 维纶 | 稍难燃 | 熔缩 | 收缩燃烧 | 继续燃烧冒黑烟 | 特有香味 | 不规则焦茶色硬块 |
| 氯纶 | 难燃 | 熔缩 | 熔融燃烧冒黑烟 | 自灭 | 刺鼻气味 | 深棕色硬块 |
| 氨纶 | 易燃 | 熔缩 | 熔融燃烧 | 开始燃烧后自灭 | 特异气味 | 白色胶状 |
| 丙纶 | 易燃 | 熔缩 | 熔融燃烧 | 熔融燃烧液态下落 | 石蜡味 | 灰白色蜡片状 |
| 芳纶1414 | 易燃 | 不熔不缩 | 燃烧冒黑烟 | 自灭 | 特异气味 | 黑色絮状 |
| 聚苯乙烯纤维 | 易燃 | 熔缩 | 收缩燃烧 | 继续燃烧冒黑烟 | 略有芳香味 | 黑而硬的小球状 |
| 碳纤维 | 难燃 | 不熔不缩 | 像烧铁丝一样发红 | 不燃烧 | 略有辛辣味 | 原有状态 |

| 纤维名称 | 燃烧性 | 燃烧状态 | | | 燃烧气味 | 燃烧残留物特征 |
| --- | --- | --- | --- | --- | --- | --- |
| | | 接近火焰 | 火焰中 | 离开火焰 | | |
| 金属纤维 | 易燃 | 熔缩 | 在火焰中燃烧并发光 | 自灭 | 无味 | 硬块状 |
| 玻璃纤维 | 不燃 | 不熔不缩 | 变软，发红光 | 变硬，不燃烧 | 无味 | 变形，硬珠状 |
| 石棉纤维 | 不燃 | 不熔不缩 | 在火焰中发光，不燃烧 | 不燃烧，不变形 | 无味 | 不变形，纤维略变深 |
| 酚醛纤维 | 难燃 | 不熔不缩 | 像烧铁丝一样发红 | 变硬，不燃烧 | 稍有刺激性焦味 | 黑色絮状 |
| 聚砜酰胺纤维 | 易燃 | 不熔不缩 | 卷曲燃烧 | 自灭 | 带有浆料味 | 不规则硬而脆的粒状 |
| 富强纤维 | 易燃 | 不熔不缩 | 即燃 | 继续燃烧 | 烧纸味 | 少许灰白灰烬 |
| 甲壳素纤维 | 易燃 | 不熔不缩 | 迅速燃烧保持原圈束状 | 继续燃烧 | 轻度烧毛发臭味 | 黑色至灰白色易碎 |
| 海藻纤维 | 易燃 | 不熔不缩 | 立即燃烧，无火苗，镁光式亮光 | 自灭 | 轻微香甜味 | 细而略脆的白色絮状，可捻成白色粉末 |
| 玉米纤维 | 易燃 | 熔缩 | 熔融燃烧伴有熔体连续滴下 | 继续燃烧 | 酸的特异味道 | 灰白色硬玻璃球状 |
| 聚对苯二甲酸丙二醇酯纤维 | 易燃 | 熔缩 | 熔融冒烟燃烧 | 继续燃烧，熔体下落，并有黑烟 | 刺鼻气味 | 褐色蜡片状 |

## 二、显微镜法

用显微镜观察纤维的形态，是鉴别纤维的有效手段，各种纤维的侧面、断面形态有很大差别，可以根据各种纤维的特征，鉴别纤维种类，如天然纤维可以根据截面形状来鉴别。利用显微镜观察纤维的纵向和横截面形态，是鉴别各种纺织纤维的基本方法，常用以鉴别纤维大类。天然纤维各有特殊的形态，可以在显微镜下清楚地辨认。

不同的纺织纤维的外观形态或内在性质有相似之处，也有不同之处。纤维鉴别就是利用纤维的外观形态或内在性质差异，采用各种方法把它们区分开来。各种天然纤维的形态差别较为明显，而同一种类纤维的形态基本保持稳定。因此鉴别天然纤维主要是根据纤维的外观形态特征。许多化学纤维特别是一般合成纤维的外观形态基本相似，其横截面多数为圆形，但随着异形纤维的发展，同一种类的化学纤维可制成不同的横截面形态，这就很难从形态特征上判定纤维种类，所以必须结合其他方法进行鉴别。由于各种化学纤维的物质组成和结构不同，它们的物理化学性质差别较大。因此，化学纤维主要根据纤维物理和化学性质的差异来进行鉴别。

（一）检验原理

利用显微镜观察纤维所具有的性质，同已知纤维具有的各种性能进行对比，经过综合分析确定纤维的组成成分。

（二）检验标准及适用范围

可依据FZ/T 01057.3—2007《纺织纤维鉴别试验方法　第3部分：显微镜法》（*Test method for identification of textile fibers　Part 3: Microscopy*）进行检验，本标准方法适用于任何纤维的测定。

（三）检验用仪器与药品

仪器（或工具）：镊子、剪刀、生物显微镜（图2-1）、盖玻片、载玻片、纤维切片器（图2-2）、刀片等。

药品：甘油、无水乙醇、乙醚、火棉胶、液体石蜡等。

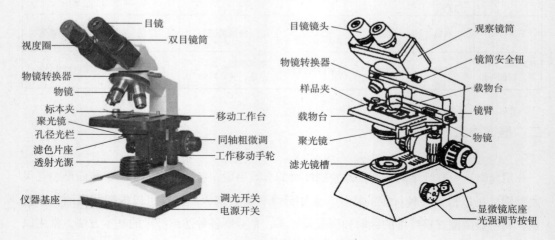

图 2-1　生物显微镜

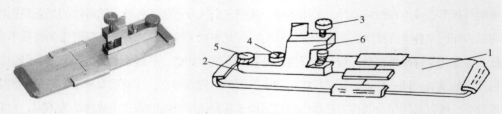

图 2-2　纤维切片器

1、2—金属板　3—精密螺丝　4—螺丝　5—销子　6—螺座

（四）检验方法与步骤

用显微镜观察未知纤维的纵面和横截面形态，对照纤维的标准图片和形态描述鉴别未知纤维的类别（表2-2）。

表2-2　各种纤维横截面、纵向的形态特征

| 纤维名称 | 纵向形态 | 横截面形态 |
|---|---|---|
| 棉 | 天然扭曲，扁平带状 | 腰圆形或椭圆形，有中腔 |
| 亚麻 | 有横节，少量竖纹 | 多角形，中腔较小 |
| 苎麻 | 有横节，较多竖纹 | 椭圆形，有中腔，胞壁有裂纹 |
| 大麻 | 纤维直径及形态差异很大，横节不明显 | 多边形、扁圆形、腰圆形等，有中腔 |
| 罗布麻 | 有光泽，横节不明显 | 多边形、腰圆形等 |
| 黄麻 | 有长形条纹，横节不明显 | 多边形，有中腔 |
| 竹纤维 | 表面光滑，有条纹，纤维粗细不匀 | 腰圆形或椭圆形，有中腔 |
| 柞蚕丝 | 光滑，有明显条纹 | 长扁平形或细长三角形 |
| 桑蚕丝 | 平直光滑，纤维直径及形态有差异 | 三角形或多边形，角是圆的 |
| 兔毛 | 有髓腔和无髓腔两种形式，表面有鳞片较小且与纵向呈倾斜状 | 哑铃形，有毛髓 |
| 羊毛 | 表面粗糙，有鳞片 | 圆形或椭圆形 |
| 白羊绒 | 表面光滑，鳞片较薄且包覆较完整，鳞片间距较大 | 圆形或近似圆形 |
| 紫羊绒 | 除具有白羊绒形态特征外，有色斑 | 圆形或近似圆形，有色斑 |
| 骆驼毛 | 斜纹状鳞片且其边缘与纤维轴基本平行 | 圆形或椭圆形 |
| 羊驼毛 | 鳞片有光泽，有的有通体，或间断髓腔 | 圆形或近似圆形，有髓腔 |
| 马海毛 | 鳞片较大有光泽，直径较粗，有的有斑痕 | 圆形或近似圆形，有的有髓腔 |
| 牦牛毛 | 鳞片密度大，鳞片边缘光滑 | 椭圆形，有中腔 |
| 牦毛绒 | 表面光泽，鳞片较薄，有条状褐色色斑 | 椭圆形或近似圆形，有色斑 |
| 绵羊毛 | 有鳞片，纵向粗细差异明显 | 圆形或椭圆形 |
| 山羊绒 | 环状鳞片 | 圆形 |
| 牛奶蛋白纤维 | 表面光滑，有较浅的条纹或沟槽 | 圆形或腰形 |

续表

| 纤维名称 | 纵向形态 | 横截面形态 |
|---|---|---|
| 大豆蛋白纤维 | 扁平带状，有沟槽和疤痕 | 腰圆形或扁平状哑铃形 |
| 涤纶 | 表面平滑，有的有不清晰长条纹 | 圆形、椭圆形或异形 |
| 锦纶 | 表面光滑，有小黑点 | 圆形、椭圆形或异形 |
| 丙纶 | 表面光滑，有小黑点 | 圆形、椭圆形或异形 |
| 维纶 | 光滑顺直，有沟槽 | 腰圆形或哑铃形 |
| 氯纶 | 表面平滑 | 腰圆形或哑铃形 |
| 偏氯纶 | 表面平滑 | 圆形或近似圆形及各种异形截面 |
| 氨纶 | 表面平滑，有些呈骨形条纹 | 圆形或椭圆形 |
| 腈纶 | 表面平滑，有沟槽 | 圆形或不规则哑铃形 |
| 变性腈纶 | 表面有条纹 | 不规则哑铃形、蚕茧形 |
| 黏胶纤维 | 表面光滑，有条纹，纤维粗细均匀 | 边缘呈锯齿形 |
| 醋酯纤维 | 表面光滑，有条纹 | 三叶形或不规则锯齿形 |
| 聚砜酰胺纤维 | 表面似树叶状 | 似土豆形 |
| 莱赛尔纤维（天丝） | 表面平滑，有光泽 | 较规则圆形或椭圆形，有皮芯层 |
| 铜氨纤维 | 表面平滑，有光泽 | 圆形或近似圆形 |
| 聚乳酸纤维 | 表面平滑，有的有小黑点 | 圆形或近似圆形 |
| 芳纶1414 | 表面平滑，有的带有疤痕 | 圆形或近似圆形 |
| 乙纶 | 表面平滑，有的带有疤痕 | 圆形或近似圆形 |
| 聚四氯乙烯纤维 | 表面平滑 | 长方形 |
| 碳纤维 | 黑而匀的长杆状 | 不规则的碳木状 |
| 金属纤维 | 边线不直，黑色长杆状 | 不规则的长方形或圆形 |
| 石棉纤维 | 粗细不匀 | 不均匀的灰黑糊状 |
| 玻璃纤维 | 表面平滑，透明 | 透明圆珠形 |
| 酚醛纤维 | 表面有条纹，类似中腔 | 马蹄形 |
| 兰精莫代尔 | 表面光滑，有1~2道沟槽 | 哑铃形，没有中腔 |
| 台化莫代尔 | 表面光滑，有的有断续、不明显的竖纹 | 接近于圆形，没有中腔 |

1. 纵面观察

将适量纤维均匀平铺于载玻片上，加上一滴透明介质（注意不要带入气泡）盖上盖玻片，放在生物显微镜载物台上，在放大100～500倍条件下观察其形态，与标准图片或标准资料对比。

观察前，须取样。在具体样品制片的过程中，将样品中同一种类的若干根纱线整齐排列于操作台上（原则上纱线多于等于两根，有利于排除因颜色相近而漏验的情况），用玻片轻刮纱线，使纱线前端呈排列整齐的散纤维状，用纱剪将散纤维剪下置于载玻片上，这样制得的样品纤维排列整齐又具有很好的代表性，便于观察，节省时间。此法也可用于颜色繁多的纯棉色织布，将若干种颜色的纯棉色织布排成一排一次性制样，相当节省时间。但是像西装、女装等的面料中纱线种类繁多、成分复杂，还是建议仔细分析组织结构，每种纱线分开制样比较稳妥。

2. 横截面观察

将制作好的纤维横截面切片至于载玻片上，加上一滴透明介质（注意不要带入气泡）盖上盖玻片，放在生物显微镜载物台上，在放大100～500倍条件下观察其形态，与标准照片或标准资料对比。

制作横截面切片的方法有哈氏切片器法、回转式切片器法和AATCC法，可根据情况选用，这里省略具体方法介绍。

几种常见纤维的纵向照片和横截面照片，如图2-3、图2-4所示。

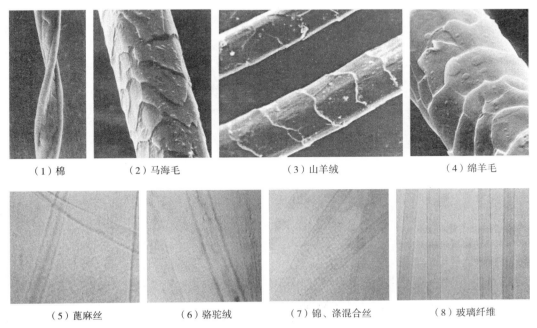

（1）棉　　　　（2）马海毛　　　　（3）山羊绒　　　　（4）绵羊毛

（5）蓖麻丝　　　　（6）骆驼绒　　　　（7）锦、涤混合丝　　　　（8）玻璃纤维

图 2-3

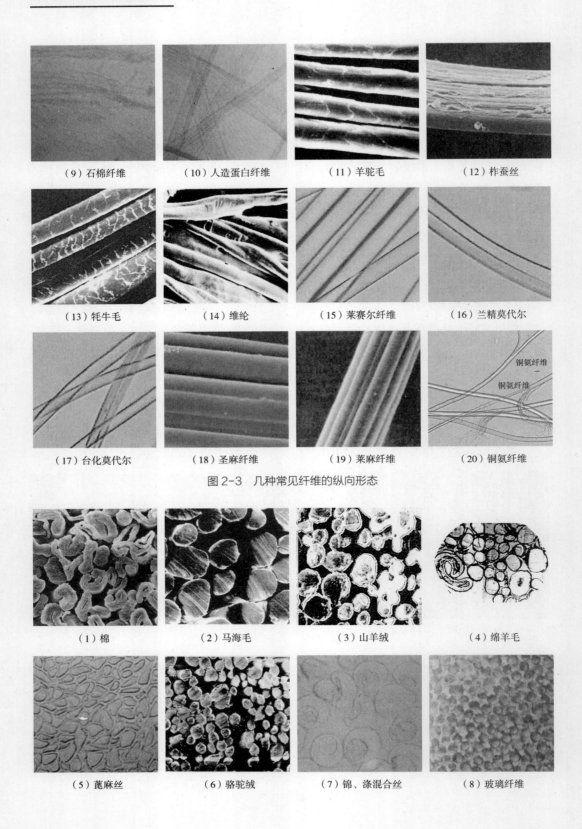

（9）石棉纤维　　（10）人造蛋白纤维　　（11）羊驼毛　　（12）柞蚕丝

（13）牦牛毛　　（14）维纶　　（15）莱赛尔纤维　　（16）兰精莫代尔

（17）台化莫代尔　　（18）圣麻纤维　　（19）莱麻纤维　　（20）铜氨纤维

图2-3　几种常见纤维的纵向形态

（1）棉　　（2）马海毛　　（3）山羊绒　　（4）绵羊毛

（5）蓖麻丝　　（6）骆驼绒　　（7）锦、涤混合丝　　（8）玻璃纤维

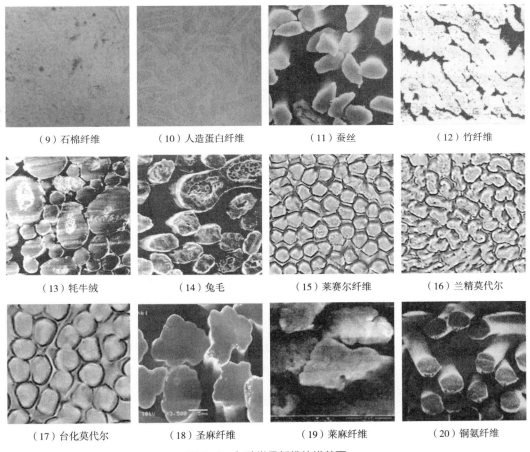

（9）石棉纤维　　　　（10）人造蛋白纤维　　　　（11）蚕丝　　　　（12）竹纤维

（13）牦牛绒　　　　（14）兔毛　　　　（15）莱赛尔纤维　　　　（16）兰精莫代尔

（17）台化莫代尔　　　　（18）圣麻纤维　　　　（19）莱麻纤维　　　　（20）铜氨纤维

图2-4　各种常见纤维的横截面

## 三、溶解法

溶解法是鉴别各种纤维最为有效的方法，原理是利用各种纤维在不同化学溶剂中、不同温度下的溶解特性来确定其品种，这种方法简单易行，准确性高，不受织物的后整理影响（如染色、阻燃、防皱等）。

（一）检验原理

在不同的温度下，用不同的化学试剂溶解不同的纤维。

（二）检验标准及适用范围

可依据FZ/T 01057.4—2007溶解法进行检验。溶解法适用于各种纺织纤维，包括染色纤维或混合成分的纤维、纱线与织物。此外，溶解法还广泛用于分析混纺产品中的纤维含量。

（三）检验用仪器与药品

仪器（或工具）：天平、试管、试管架、温度计、恒温水浴锅、酒精灯、镊子、量筒、比重计等。

药品：75%硫酸、70%硝酸、99%冰醋酸、5%氢氧化钠溶液、$N$，$N$–二甲基甲酰胺、丙酮、36%~38%盐酸、苯酚、80%甲酸等。

（四）检验方法与步骤

1. 单一纤维构成的织物

（1）取一小束待鉴别的织物纤维试样放入试管中。

（2）向装有试样的试管中加入试剂，用玻璃棒搅动，使试样完全浸透。

（3）在规定温度下处理一段时间，观察溶液中的纤维溶解情况，如溶解、微溶解、部分溶解和不溶解等几种，并记录其结果。

2. 多种纤维构成的织物

（1）取一小束待鉴别的织物纤维试样分别放入试管中。

（2）向装有试样的试管中加入试剂，用玻璃棒搅动，使试样完全浸透。

（3）在规定温度下（如25℃、40℃、50℃、75℃等）处理一段时间，则可在显微镜载物台上放上载玻片，然后将试样放在载玻片上，滴上溶液，盖上盖玻片，直接在显微镜中观察，根据不同的溶解情况，判别纤维种类。有些溶液需要加热，此时要控制一定温度。

由于溶剂的浓度和加热温度不同，纤维的溶解性能表现不一，因此在溶解法鉴别纤维时，应严格控制溶剂的浓度和加热温度，同时也要注意纤维在溶剂中的溶解速度。

根据常用纤维的溶解性能（表2-3）判断纤维试样的类别。

表2-3　常用纤维的溶解性能

| 化学试剂 | 浓度/% | 温度/℃ | 棉 | 芒麻 | 羊毛 | 蚕丝 | 黏胶纤维 | 醋酯纤维 | 锦纶 | 涤纶 | 腈纶 | 氨纶 | 丙纶 | 氯纶 | 牛奶蛋白纤维 |
|---|---|---|---|---|---|---|---|---|---|---|---|---|---|---|---|
| 硫酸 | 75 | 常温 | R | R | — | L | R | L | R | — | R | R | — | — | — |
| | | 煮沸 | L | L | L | L | L | L | L | B | L | R | L | — | L |
| 硫酸 | 95~98 | 常温 | R | R | — | R | L | L | R | R | R | R | — | — | R |
| | | 煮沸 | L | L | L | L | L | L | L | L | L | L | □ | — | L |
| 盐酸 | 36~38 | 常温 | — | — | — | B | R | R | L | — | — | — | — | — | — |
| | | 煮沸 | B | B | B | R | L | L | — | — | — | — | — | — |

| 化学试剂 | 浓度/% | 温度/℃ | 棉 | 苎麻 | 羊毛 | 蚕丝 | 黏胶纤维 | 醋酯纤维 | 锦纶 | 涤纶 | 腈纶 | 氨纶 | 丙纶 | 氯纶 | 牛奶蛋白纤维 |
|---|---|---|---|---|---|---|---|---|---|---|---|---|---|---|---|
| 冰醋酸 | 99 | 常温 | — | — | — | — | — | R | — | □ | — | — | — | — | — |
| | | 煮沸 | — | — | — | — | — | L | L | — | — | R | — | □ | — |
| 硝酸 | 70 | 常温 | — | — | ○ | R | — | R | L | — | R | — | — | — | R |
| | | 煮沸 | L | L | L | L | L | L | L | — | L | L | L | — | L |
| 甲酸 | 80 | 常温 | — | — | — | — | — | L | L | — | — | — | — | — | L |
| | | 煮沸 | — | — | — | — | — | L | L | — | — | L | — | — | R |
| 苯酚 | — | 常温 | — | — | — | — | — | R | L | — | — | — | — | — | — |
| | | 煮沸 | — | — | — | — | — | L | L | L | — | — | — | □ | — |
| 丙酮 | — | 常温 | — | — | — | — | — | L | — | — | — | — | — | — | — |
| | | 煮沸 | — | — | — | — | — | L | — | — | — | — | — | B | — |
| N, N-二甲基甲酰胺 | 浓 | 常温 | — | — | — | — | — | R | — | — | R/B | L | — | L | — |
| | | 煮沸 | — | — | — | — | — | L | R/B | R/B | L | — | — | L | — |
| 氢氧化钠 | 5 | 常温 | — | — | — | — | — | — | — | — | — | — | — | — | — |
| | | 煮沸 | — | — | L | L | — | — | B | — | — | — | — | — | — |

**注** 1. "—"表示不溶;"R"表示溶;"L"表示立即溶;"B"表示部分溶解;"□"表示块状;"○"表示溶胀。

2. 本实验室较常用70%硝酸、80%甲酸和石蜡三种化学试剂。

3. 本实验中常温为25℃。

## 四、红外光谱法

红外吸收光谱法是根据各种纤维中不同的化学基团对红外光的吸收选择性来鉴别纤维。通过未知纤维与已知纤维的红外吸收光谱图对照,判断特征基团的红外吸收光谱带是否相同,从而确定纤维品种。

红外吸收光谱法是有效鉴别纤维的方法之一,它可以准确而快速地对单纤维或混合纤维构成的纱线和纺织品进行成分和含量的分析。

### (一)检验原理

利用各种纤维的内部结构具有不同的特征,借助红外光谱仪,获取各纤维分子在红外光谱中出现的特征吸收谱,由此作出纤维的红外吸收光谱图,再与已知纤维的红外吸收光谱图作比较,进而鉴别纤维。

## （二）检验标准及适用范围

可依据FZ/T 01057.8—2012红外光谱法进行检验，本方法适用于任何的纤维和织物。

## （三）检验用仪器与药品

仪器（或工具）：红外光谱仪（波数4000～400cm$^{-1}$）、红外线干燥灯、纤维切片器、干燥器、镊子、剪刀、玻璃棒等。

药品：丙酮、甲酸、二氯甲烷、溴化钾粉末、溴化钾单晶片等分析纯。

## （四）检验方法与步骤

（1）取具有代表性的试样，将试样放入红外光谱仪内，进行照射，绘制出该试样纤维所反映的红外吸收光谱图。

（2）与已知纤维的红外吸收光谱图作比较，找出纤维的种类。部分纤维红外吸收光谱图及红外吸收光谱特征频率，如图2-5与表2-4所示。

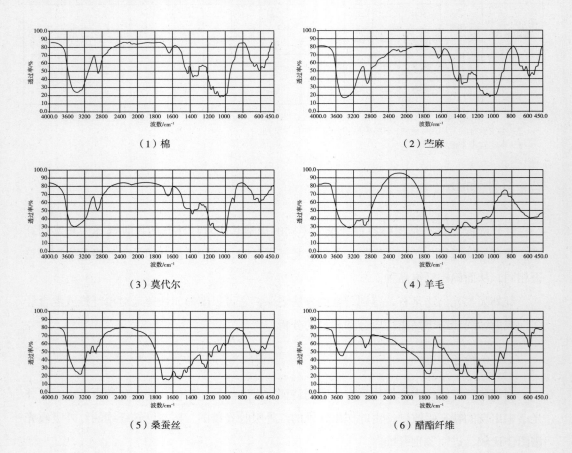

（1）棉　　　　　　　　　　　　　　　　（2）苎麻

（3）莫代尔　　　　　　　　　　　　　　（4）羊毛

（5）桑蚕丝　　　　　　　　　　　　　　（6）醋酯纤维

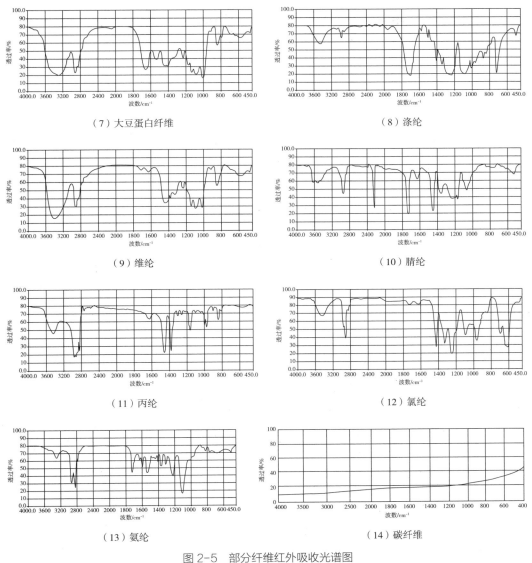

图 2-5　部分纤维红外吸收光谱图

### 表2-4　纤维红外吸收谱带及频率

| 编号 | 纤维名称 | 制样方法 | 主要吸收谱带及特征频率 |
|---|---|---|---|
| 1 | 纤维素纤维 | K | 3450～3200, 1640, 1160, 1064～980, 983, 761～567, 610 |
| 2 | 动物毛纤维 | K | 3450～3300, 1658, 1534, 1163, 1124, 926 |
| 3 | 蚕丝 | K | 3450～3300, 1650, 1520, 1220, 1163～1140, 1064, 993, 970, 550 |

| 编号 | 纤维名称 | 制样方法 | 主要吸收谱带及特征频率 |
|---|---|---|---|
| 4 | 醋酯纤维 | K | 3500, 2960, 1757, 1600, 1388, 1239, 1023, 900, 600 |
| 5 | 壳聚糖纤维 | K | 3434, 2892, 1660, 13801, 1076, 611 |
| 6 | 大豆蛋白纤维 | K | 3391, 2943, 1660, 1534, 1436, 1019, 848 |
| 7 | 牛奶蛋白改性聚丙烯腈纤维 | K | 3341, 2935, 2245, 1665, 1534, 1450, 539 |
| 8 | 牛奶蛋白改性聚乙烯醇纤维 | K | 3300, 2940, 1660, 1535, 1445, 1237, 1146, 1097, 1019, 850 |
| 9 | 聚乳酸纤维 | K | 3000, 2950, 1760, 1460, 1388, 2118, 1086, 781, 757, 704 |
| 10 | 聚酯纤维 | K | 3040, 3258, 2208, 2079, 1957, 1724, 21421, 1124, 1091, 780, 725 |
| 11 | 腈纶 | K | 2242, 1449, 1250, 1175 |
| 12 | 维纶 | K | 3300, 1449, 1242, 1149, 1099, 10204, 848 |
| 13 | 芳纶1313 | K | 3072, 1642, 1602, 1528, 1482, 1239, 856, 818, 779, 718, 864 |
| 14 | 芳纶1414 | K | 3057, 1647, 1602, 1545, 1516, 1399, 1308, 1111, 893, 865, 824, 786, 726, 664 |
| 15 | 锦纶6 | K | 3300, 3050, 1639, 1540, 1475, 1263, 1200, 687 |
| 16 | 锦纶66 | K | 3300, 1634, 1527, 1473, 1276, 1198, 933, 689 |
| 17 | 乙纶 | K | 2925, 2868, 1471, 1460, 730, 719 |
| 18 | 丙纶 | K | 1451, 1475, 1357, 1166, 997, 972 |
| 19 | 氯纶 | K | 1333, 1250, 1099, 971~962, 690, 614~606 |
| 20 | 腈氯纶 | K | 2324, 1255, 690, 624 |
| 21 | 氨纶 | K | 3300, 1730, 1590, 1538, 1410, 1300, 1220, 769, 510 |
| 22 | 聚碳酸酯纤维 | K | 1770, 1230, 1190, 1163, 833 |
| 23 | 锦纶610 | F | 3300, 1634, 1527, 1475, 1239, 1190, 936, 689 |
| 24 | 锦纶1010 | F | 3300, 1635, 1535, 1467, 1237, 1190, 941, 722, 686 |
| 25 | 聚偏氯乙烯纤维 | F | 1408, 1075~1064, 1042, 885, 752, 599 |

续表

| 编号 | 纤维名称 | 制样方法 | 主要吸收谱带及特征频率 |
|---|---|---|---|
| 26 | 维氯纶 | K | 3300, 1430, 1329, 1241, 1177, 1143, 1092, 1020, 690, 614 |
| 27 | 聚四氟乙烯纤维 | K | 1250, 1149, 637, 625, 555 |
| 28 | 酚醛纤维 | K | 3340~3200, 1613~1587, 1235, 826, 758 |
| 29 | 聚砜酰胺纤维 | K | 1658, 1589, 1522, 1494, 1313, 1245, 1147, 1104, 783, 722 |
| 30 | 聚芳砜纤维 | K | 1587, 1242, 1316, 1147, 1104, 876, 835, 783, 722 |
| 31 | 聚苯撑-1.3.4噁二唑纤维 | K | 3500, 1620, 1550, 1480, 1400, 1350, 1320, 1270, 1080, 1020, 950, 850, 720, 500 |
| 32 | 玻璃纤维 | K | 1413, 1043, 704, 451 |
| 33 | 石棉纤维 | K | 3680, 3740, 1425, 1075, 1025, 950, 600, 450 |
| 34 | 碳纤维 | K | 无吸收 |
| 35 | 不锈钢纤维 | K | 无吸收 |

注 制样方法一栏中K表示溴化钾压片法，F表示熔融铸膜法。

## 五、药品着色法

药品着色法是根据不同的纤维对化学药品的染色性能不同来鉴别纤维品种的方法，鉴别纺织纤维用的着色剂分专用着色剂和通用着色剂两种。前者用以鉴别某一类特定纤维，后者是由各种染料混合而成，可将各种纤维染成各种不同的颜色，然后根据所染的颜色不同鉴别纤维。其中，着色剂通常采用的是HI纤维鉴别着色剂和碘-碘化钾溶液，两者都属通用着色剂。HI纤维鉴别着色剂是东华大学和上海印染公司共同研制的一种着色剂。鉴别时把试样放入微沸的着色溶液中，沸染1min，然后用冷水清洗、晾干。为扩大色相差异，羊毛、蚕丝和锦纶则需沸染3min，染完后与标准样对照，以确定纤维类别。碘-碘化钾溶液是将碘20g溶解于100mL的碘化钾饱和溶液中，鉴别时把纤维浸入溶液，待0.5~1min后取出，用水冲干净，根据着色结果鉴别纤维。

（一）检验原理

将着色剂滴加在织物纤维上，会呈现不同的颜色，并且颜色有深有浅，比较试验结果与已知纤维标准色卡同时鉴别出纤维种类。

（二）检验标准及适用范围

本方法适用于未染色的纤维或纯纺纱线和织物。

可以依据FZ/T 01057.5—2007《纺织纤维鉴别试验方法　第5部分：含氯含氮呈色反应法》进行检验。

（三）检验用仪器与药品

（1）仪器：玻璃棒、烧杯、试管、镊子。

（2）试剂：HI纤维鉴别着色剂和碘–碘化钾溶液。

（四）检验方法与步骤

（1）从织物试样中抽出一小束纱线，将这些纱线放进试管中。

（2）将HI纤维鉴别着色剂加入装有纱线的试管中，沸染1min，然后用冷水清洗、晾干，或将碘–碘化钾溶液加入装有纱线的试管中，使纱线在液体中充分浸泡0.5～1min。

（3）取出纱线，用水充分洗涤并晾干，根据纱线着色的不同判断纤维的类别（表2–5）。

表2-5　纤维着色特征

| 纤维种类 | HI纤维鉴别着色剂着色特征 | 碘–碘化钾溶液着色特征 |
|---|---|---|
| 棉 | 灰 | 未染色 |
| 苎麻 | 青莲 | 未染色 |
| 蚕丝 | 深紫 | 浅黄 |
| 羊毛 | 红莲 | 浅黄 |
| 黏胶 | 绿 | 黑蓝青 |
| 铜氨 | — | 黑蓝青 |
| 醋酯 | 橘红 | 黄褐 |
| 维纶 | 玫红 | 蓝灰 |
| 锦纶 | 酱红 | 黑褐 |
| 腈纶 | 桃红 | 褐色 |
| 涤纶 | 红玉 | 未染色 |
| 氯纶 | — | 未染色 |
| 丙纶 | 鹅黄 | 未染色 |
| 氨纶 | 姜黄 | — |

## 六、含氯含氮呈色反应法

### （一）检验原理

可以依据FZ/T 01057.5—2007《纺织纤维鉴别试验方法　第5部分：含氯含氮呈色反应法》进行检验。含有氯、氮元素的纤维用火焰、酸碱法检测，会呈现特定的呈色反应。

### （二）检验用仪器与药品

仪器：酒精灯、铜丝、剪刀、镊子、试管、试管夹、红色石蕊纸等。

药品：碳酸钠。

### （三）检验方法与步骤

（1）试样的抽取和准备按FZ/T 01057.1的规定执行。

（2）含氯试验：

取干净的铜丝，用细砂纸将表面的氧化层除去，将铜丝在火焰中烧红立即与试样接触，然后将铜丝移至火焰中，观察火焰是否呈绿色，如含氯就会呈现绿色的火焰。

（3）含氮试验：

试管中放入少量切碎的纤维，并用适量碳酸钠覆盖，在酒精灯上加热试管，试管口放上红色石蕊试纸。如红色石蕊试纸变蓝色，说明有氮存在。

部分含氯含氮纤维的呈色反应如表2-6所示。

表2-6　检验报告

| 纤维名称 | Cl（氯） | N（氮） |
| --- | --- | --- |
| 蚕丝 | × | √ |
| 动物毛绒 | × | √ |
| 大豆蛋白纤维 | × | √ |
| 牛奶蛋白改性聚丙烯腈纤维 | × | √ |
| 聚乳酸纤维 | × | √ |
| 腈纶 | × | √ |
| 锦纶 | × | √ |
| 氯纶 | √ | × |
| 偏氯纶 | √ | × |
| 腈氯纶 | √ | × |
| 氨纶 | × | √ |

注　√——有，×——无。

（四）检验报告

填写检验报告。

# 七、其他方法

## （一）密度梯度法

不同纤维的密度各有差异，根据这一特点来鉴别纤维。密度梯度法是利用悬浮原理测定固体的密度。可依据FZ/T 01057.7—2007密度梯度法进行检验。其方法步骤如下：

（1）配制密度梯度液，将两种不同密度的液体相互混溶（一般选用二甲苯四氯化碳体系）。

（2）将配制成的混合液倒入梯度管中，管中液体会形成密度自上而下递增且呈连续性分布的梯度密度。

（3）标定密度梯度管，常用的是精密小球法，同时作出小球密度与液柱高度的关系曲线。

（4）将待测纤维进行脱油、烘干、脱泡预处理，做成小球投入密度梯度管内，待其平衡后，根据纤维悬浮位置，测得纤维密度，常见纤维的密度，如表2-7所示。

表2-7　常见纤维的密度

| 纤维 | 棉 | 亚麻 | 羊毛 | 蚕丝 | 黏胶纤维 | 醋酯纤维 | 锦纶 | 涤纶 | 腈纶 | 维纶 | 丙纶 | 氯纶 | 氨纶 |
|------|------|------|------|------|------|------|------|------|------|------|------|------|------|
| 密度/g/cm³ | 1.54 | 1.5 | 1.32 | 1.36 | 1.51 | 1.32 | 1.14 | 1.38 | 1.18 | 1.24 | 0.91 | 1.38 | 1.23 |

## （二）熔点法

纤维素纤维和蛋白质纤维不发生熔融，因此熔点法只是针对大部分化学纤维的鉴别。熔点法是根据纤维的熔融特征，在化纤熔点仪上或在附有热台和测温装置的偏光显微镜下，观察纤维消光时的温度来测定纤维的熔点，从而判断纤维种类（表2-8）。由于某些化纤的熔点比较接近，较难区分，还有一些纤维没有明显的熔点，所以熔点法一般不单独应用，而是作为证实某一种纤维的辅助方法。可依据FZ/T 01057.6—2007熔点法进行检验。

表2-8　常见纤维的熔点

| 纤维种类 | 熔点/℃ |
|------|------|
| 涤纶 | 255~260 |
| 丙纶 | 163~175 |
| 氯纶 | 200~210 |

续表

| 纤维种类 | 熔点/℃ |
|---|---|
| 氨纶 | 228～234 |
| 维纶 | 225～239 |
| 腈纶 | 不明显 |
| 锦纶 | 215～224 |
| 醋酯纤维 | 225～260 |

（三）双折射法

纺织纤维的折射率和双折射率与纤维分子的化学组成及其排列有关，不同纤维具有不同的折射率和双折射率，利用偏振光显微镜测定纤维的双折射率来鉴别各种纺织纤维（表2-9）。纤维折射率和双折射率测定通常应用液体浸没法和补偿法。可依据FZ/T 01057.9—2012双折射率法进行检验。

表2-9　常见纤维的折射率

| 纤维名称 | 平行折射率（$n_1$） | 垂直折射率（$n_\perp$） | 双折射（$\Delta n=n_1-n_\perp$） |
|---|---|---|---|
| 棉 | 1.576 | 1.526 | 0.050 |
| 麻 | 1.568～1.588 | 1.526 | 0.042～0.062 |
| 桑蚕丝 | 1.591 | 1.538 | 0.053 |
| 柞蚕丝 | 1.572 | 1.528 | 0.044 |
| 羊毛 | 1.549 | 1.541 | 0.008 |
| 黏胶纤维 | 1.540 | 1.510 | 0.030 |
| 高强纤维 | 1.551 | 1.510 | 0.041 |
| 铜氨纤维 | 1.552 | 1.521 | 0.031 |
| 醋酯纤维 | 1.478 | 1.473 | 0.005 |
| 涤纶 | 1.725 | 1.537 | 0.188 |
| 腈纶 | 1.510～1.516 | 1.510～1.516 | 0.000 |
| 改性腈纶 | 1.535 | 1.532 | 0.003 |
| 锦纶 | 1.573 | 1.521 | 0.052 |
| 维纶 | 1.547 | 1.522 | 0.025 |
| 氯纶 | 1.548 | 1.527 | 0.021 |
| 乙纶 | 1.570 | 1.522 | 0.048 |
| 丙纶 | 1.523 | 1.491 | 0.032 |
| 酚醛纤维 | 1.643 | 1.630 | 0.013 |
| 玻璃纤维 | 1.547 | 1.547 | 0.000 |
| 木棉 | 1.528 | 1.528 | 0.000 |

### （四）荧光法

利用紫外线荧光灯照射纤维，根据纤维不同的发光性质及荧光颜色的特点来鉴别纤维。不同纤维的荧光颜色如表2-10所示。

表2-10　常见纤维荧光颜色

| 纤维种类 | 荧光颜色 |
| --- | --- |
| 棉 | 淡黄色 |
| 蚕丝 | 淡蓝色 |
| 羊毛 | 淡黄色 |
| 涤纶 | 白光青天光很亮 |
| 维纶 | 淡黄色紫阴影 |
| 锦纶 | 淡蓝色 |
| 黏胶纤维 | 白色紫阴影 |

# 第二节　混纺纤维成分检验

分析混纺产品中纤维含量的方法很多，较常用的方法是定量化学分析法。定量化学分析法是利用适当的化学溶剂溶解混纺产品中某一纤维，将混纺产品的纤维组分进行化学分离，从而求得各种纤维在混纺产品中的含量。对于那些不易用溶剂进行化学分离的混纺产品，如棉/麻混纺产品等，必要时可用显微镜观察法，利用纤维不同的横截面和纵面等外观形态将纤维区分开来，计其根数并测量直径，从而计算出各组分的含量。

对于不需要化学溶解的样品，物理拆分法就可以定量。

## 一、检验原理

用电子天平称取一定质量的织物，用某些特定的化学试剂溶解织物纤维，称取残留物。如果是多种纤维，则每当进行完一次溶解后称量一次残留物，即称量经过溶解的残留物后，再一次溶解残留物，再称重直至剩余一种残留物为止。记录每次的称重值，最后计算相邻两次的差值便为溶解纤维的含量。

## 二、检验适用范围

本方法适用于混纺织物产品和交织产品。

## 三、检验记录

检验内容与结果，可按照表2-11进行记录。

表2-11　纺织品定量分析检验记录

| 样品编号 | | | 样品名称 | | 仪器编号 | | 005# 087# | | |
|---|---|---|---|---|---|---|---|---|---|

| 检验依据 | □FZ/T 01057.2—2007　　□FZ/T 01057.3—2007　　□FZ/T 01057.4—2007<br>□FZ/T 2910—2009　　　　□FZ/T 01026—2009　　　□FZ/T 01048—1997　　□FZ/T 01095—2002 |
|---|---|

| 定量测试方法及结论 |
|---|

| 选用方法 | 滤瓶号 | 室温量（g） | 净干量（g） | 滤瓶重（g） | 滤瓶重＋剩余物（g） | 剩余物（g） | 被溶物（g） | 被溶物 | | 折合公定回潮率、d值含量（%） | 剩余物净干含量（%） |
|---|---|---|---|---|---|---|---|---|---|---|---|
| | | | | | | | | 净干含量（%） | 净干平均值（g） | | |
| | | | | | | | | | | | |
| | | | | | | | | | | | |
| | | | | | | | | | | | |
| | | | | | | | | | | | |
| | | | | | | | | | | | |
| | | | | | | | | | | | |

净干重/室温重＝

| 试样 | | 公定回潮： | 净干含量（%） | | 公定回潮率含量（%） | |
|---|---|---|---|---|---|---|
| 备注 | | | | | | |

## 四、检验方法

由于混纺织物纤维种类不同，检验过程也不同。

（一）两种纤维混纺产品定量化学分析方法

两种纤维混纺产品即该织物由两种纤维构成，这种织物的定量化学分析方法就是用一种适当的化学试剂溶解两种纤维中的一种，称量残留物，从而分别计算出两种纤维的含量。

1. 检验原理

根据织物的定性分析选择适当的试剂溶解混纺织物，将不溶解的纤维织物经过水洗、烘干后称重，最后计算纤维各成分的含量百分率。

2. 检验标准及适用范围

可参考GB/T 2910—1997《纺织品　二组分纤维混纺产品　定量化学分析方法》、GB/T 2910.1—2009、GB/T 2910.24—2009等一系列标准进行检验，本方法适用于两种纤维组成的混纺产品。

3. 检验用仪器与药品

仪器：恒温振荡水浴锅、电热鼓风烘箱（图2-6）、精度为0.0001g的分析天平、真空抽气泵（图2-7）、索氏萃取器（图2-8）、干燥器、带塞三角烧瓶、玻璃砂芯坩埚（图2-9）、称量瓶、量筒、烧杯、抽气滤瓶、温度计等。

图2-6　电热鼓风烘箱

图2-7　真空抽气泵

图2-8　索氏萃取器

图2-9　玻璃砂芯坩埚

4. 检验用药品及试验条件（表2-12）

表2-12 检验用药品及试验条件

| 混纺织物中纤维成分 | 溶解纤维用化学试剂 | 试验条件 | 不溶纤维的修正值$d$ |
|---|---|---|---|
| 棉/涤 | 75%硫酸溶解棉纤维 | 45~50℃，1h | 涤纶的$d$值为1.00 |
| 棉/氨纶 | 二甲基甲酰胺或冰乙酸溶解氨纶 | 二甲基甲酰胺溶解条件（即前者）：90~95℃，20min 冰乙酸溶解条件（即后者）：115~120℃，20min | 棉的$d$值为1.00 |
| 麻/涤纶 | 75%硫酸溶解麻纤维 | 45~50℃，60min | 涤纶的$d$值为1.00 |
| 麻/氨纶 | 冰乙酸溶解氨纶 | 115~120℃，20min | 棉的$d$值为1.00 |
| 蚕丝/棉（麻） | 次氯酸钠溶解蚕丝 | 18~22℃，40min | 棉的$d$值为1.01 麻的$d$值为1.00 |
| 蚕丝/羊毛 | 75%硫酸溶解蚕丝 | 室温，60min | 羊毛的$d$值为0.985 |
| 蚕丝/涤（锦纶、腈纶、丙纶、玻璃纤维、黏胶纤维） | 次氯酸钠溶解蚕丝 | 18~22℃，40min | 不溶纤维的$d$值为1.00 |
| 羊毛/棉（苎麻） | 次氯酸钠溶解羊毛 | 18~22℃，40min | 棉的$d$值为1.01 麻的$d$值为1.00 |
| 羊毛/涤（锦纶、腈纶、丙纶、玻璃纤维、黏胶纤维） | 次氯酸钠溶解羊毛 | 18~22℃，40min | 不溶纤维的$d$值为1.00 |
| 毛/氨纶 | 75%硫酸溶解氨纶 | 室温，20min | 毛的$d$值为1.01 |
| 涤纶/氨纶 | 75%硫酸溶解氨纶 | 室温，20min | 涤纶的$d$值为1.01 |
| 涤纶/腈纶（丙纶） | 苯酚或四氯乙烷溶解涤纶 | 35~45℃，10min | 腈纶的$d$值为1.00 丙纶的$d$值为1.01 |
| 锦纶/棉（麻） | 80%甲酸溶解锦纶 | 室温，15min | 不溶纤维的$d$值为1.00 |
| 锦纶/涤（腈纶、丙纶、玻璃纤维、黏胶纤维） | 80%甲酸溶解锦纶 | 室温，15min | 不溶纤维的$d$值为1.00 |
| 腈纶/棉（麻、丝、毛） | 二甲基甲酰胺溶解腈纶 | 90~95℃，60min | 棉、毛的$d$值为1.01 麻、丝的$d$值为1.00 |
| 腈纶/涤（锦纶、黏胶纤维） | 二甲基甲酰胺溶解腈纶 | 90~95℃，60min | 不溶纤维的$d$值为1.01 |
| 维纶/棉（麻） | 80%甲酸溶解维纶 | 室温，15min | 不溶纤维的$d$值为1.00 |
| 维纶/涤（腈纶、氯纶、丙纶、黏胶纤维、玻璃纤维） | 80%甲酸溶解维纶 | 室温，15min | 不溶纤维的$d$值为1.00 |

续表

| 混纺织物中纤维成分 | 溶解纤维用化学试剂 | 试验条件 | 不溶纤维的修正值$d$ |
|---|---|---|---|
| 氨纶/锦纶（维纶） | 20%盐酸或80%甲酸溶解锦纶或维纶 | 室温，15min | 氨纶的$d$值为1.00 |
| 黏胶纤维/棉（亚麻、苎麻） | 甲酸和氯化锌溶解黏胶纤维 | 40℃，150min | 棉的$d$值为1.02<br>亚麻的$d$值为1.07<br>苎麻的$d$值为1.00 |
| 黏胶纤维/氨纶 | 二甲基甲酰胺或冰乙酸溶解氨纶 | 前者：<br>90～95℃，20min<br>后者：<br>115～120℃，20min | 黏胶纤维$d$=1.00 |
| 醋酯纤维/棉（麻、丝、毛） | 丙酮或冰乙酸溶解醋酯纤维 | 室温，60min | 不溶纤维的$d$值为1.00 |
| 醋酯纤维/涤（锦、腈） | 丙酮或冰乙酸溶解醋纤 | 室温，60min | 不溶纤维的$d$值为1.00 |

**注** 1. 棉/氨纶，最好利用拆分方法进行定量，因为使用化学溶剂进行溶解时，会造成纤维染料的溶解，进而影响检测结果的真实值。

2. 醋酯纤维分为二醋酯纤维和三醋酯纤维，如果鉴别这两者的话，可用二氯甲烷溶解三醋酯纤维。

5. 检验方法及步骤

（1）试样的预处理：由于织物纤维上存在一些后整理剂（如染料、浆料等）、天然纤维素纤维中的非纤物质及水溶性物质，如果不提前去除，可能会影响试验结果，造成纤维真实含量的较大误差。预处理有两种方法：对于容易去除的影响元素（如纤维上的油脂、水溶性物质及蜡），可采取一般处理；对于复杂的影响元素（如不能溶于水的浆料、树脂及天然纤维素纤维中的非纤维物质），可采取特殊处理。

①一般预处理：取具有代表性的试样5g左右，将试样放置于索氏萃取器中，用石油醚萃取1h，每小时至少循环6次，待试样中的石油醚挥发后，把试样浸入冷水1h，再在（65±5）℃且浴比为1∶100的水中浸泡1h，同时要不断搅拌溶液，然后对试样抽吸或离心脱水、晾干，以去除纤维上的油脂、蜡及其他水溶性物质。

②特殊预处理：对于不能用石油醚和水萃取去除不溶于水的浆料、树脂及天然纤维素纤维中的非纤维物质，则用特殊的方法处理。采用一些适当的试剂（如一定浓度的氯酸钠、丙酮或$N$，$N$-二甲基甲酰胺）进行溶解，还要保证使用的试剂对纤维的组成和含量不产生影响。如果织物上的染料不影响定量试验，则不需去除。

（2）取样：按照GB/T 10629—2009《纺织品 用于化学试验的实验室样品和试样的准备》取出经过预处理且具有代表性的织物试样，再依据织物的类型，对试样进行处理。由两种或两种以上不同的面料构成的纺织品应分别取样。每个试样至少两份，每份试样不少于1g。纺织品主要包括散纤维、纱线和织物。纺织品不同备样方法不同，下面将介绍一般样品与特殊样品的备样方法：

①如果试样是一般织物，则将织物拆成纱线。

②如果试样是有规律的花纹织物，取至少一个循环图案。

③如果试样是散纤维，要将这些纤维剪成1cm长的小段并充分混合。

④如果试样是毡类织物，则将其剪成细条或小块，剪样时要保证每个试样都要包含构成织物的所有纤维。

（3）检验步骤：

①将剪取的试样放入称量盒（图2-10）中，用电子天平称取不少于1g试样。

②将装有经过预处理试样的称量盒放入通风的烘箱中，在（105±3）℃温度下烘干至质量恒定，烘干结束后，将试样置于干燥器内冷却后称其净干量。

③按照定性检验的结果，选择适当的溶剂进行溶解处理，溶解结束后，将不溶纤维放入称量装置中，连同盖子放入烘箱内烘干，然后盖上盖子，迅速移入干燥器内冷却称重。

图2-10　称量盒

6. 织物纤维含量的计算方法

（1）净干含量百分率的计算：

$$P_1 = 100m_1d/m_0$$

$$P_2 = 100 - P_1$$

式中：$P_1$——不溶纤维的净干含量百分率，%；

　　　$P_2$——溶解纤维的净干含量百分率，%；

　　　$m_0$——预处理后的试样烘干质量，g；

　　　$m_1$——残留物的烘干质量，g；

　　　$d$——不溶解纤维在试剂处理时的质量修正系数，当不溶解纤维质量损失时，$d$值大于1。质量增加时，$d$值小于1。

其中

$$d = \frac{m_a}{m_b}$$

式中：$m_a$——溶解前不溶解纤维的烘干质量，g；

　　　$m_b$——溶解后不溶纤维的烘干质量，g。

（2）结合公定回潮率的含量百分率的计算：

$$P_m = \frac{100P(1 + 0.01a_2)}{P(1 + 0.01a_2) + (100 - P)(1 + 0.01a_1)}$$

式中：$P_m$——不溶纤维结合公定回潮率的含量百分率，%；

$P$——溶解纤维结合公定回潮率的含量百分率，%；

$a_1$——不溶纤维的公定回潮率，%；

$a_2$——溶解纤维的公定回潮率，%。

（3）结合公定回潮率和预处理中纤维及非纤维物质损失的含量百分率的计算：

$$P_A = \frac{100P\,[1 + 0.01(a_2 + b_2)]}{P\,[1 + 0.01(a_2 + b_2)] + (100 - P)\,[1 + 0.01(a_1 + b_1)]}$$

式中：$P_A$——不溶纤维结合公定回潮率和预处理中纤维损失的含量百分率，%；

$P$——溶解纤维结合公定回潮率和预处理中纤维损失的含量百分率，%；

$a_1$——不溶纤维的公定回潮率，%；

$a_2$——溶解纤维的公定回潮率，%；

$b_1$——预处理中不溶纤维的质量损失和（或）非纤维物质的去除率，%；

$b_2$——预处理中溶解纤维的质量损失和（或）溶解纤维中非纤维物质的去除率，%。

注意，若使用特殊预处理，$b_1$和$b_2$的数值必须是各纤维经预处理测得的。

7. 检验结果

检验结果为两次检验结果的平均值，若两次检验结果之差的绝对值大于1%，则应进行第三次检验，检验结果以三次平均值表示。检验结果计算至小数点后两位。

（二）三组分纤维混纺产品定量化学分析方法

三组分纤维混纺产品的定量分析方法类似于二组纤维定量的方法，首先混纺产品经定性鉴定后，用适当的试剂溶解纤维，同时记录纤维残留物的质量。该方法在取样时，可以取两块试样或一块试样进行试验。取两块试样进行检验的方法如下（假设三种纤维分别为$X$、$Y$、$Z$）：

（1）两块试样中的一块试样溶解$X$，另一块溶解$Y$，分别称两块试样残留物的质量，根据称重值计算各纤维的含量。

（2）两块试样中的一块试样溶解$X$和$Y$，另一块溶解$Y$，分别称两块试样残留物的质量，根据称重值计算各纤维的含量。

（3）两块试样中的一块试样溶解$X$和$Y$，另一块溶解$X$和$Z$，分别称两块试样残留物的质量，根据称重值计算各纤维的含量。

取一块试样进行检验的方法如下：

同一个试样，经依次溶解单种纤维的处理，分别去除两种纤维。其具体方法是先称取一定质量的试样，然后溶解纤维$X$，称出残留物的质量，进而得出溶解纤维的质量。再将剩余$Y$、$Z$两种纤维中的一种纤维溶解，称出剩余的不溶纤维质量，即第三种纤维$Z$或$Y$的质量。为了准确计算纤维含量，一般要另取一块相同试样作为平行试验用。所以最终的各纤维含量为两试样相同纤维的平均值。

1. 检验原理

将织物拆成纱线，进行预处理去除非纤维物质，然后烘干纤维并称其质量。按照定性分析的结果选择适当的试剂依次溶解单种纤维，记录每次溶解后的纤维质量，最后计算织物中各纤维的含量。

2. 检验标准及适用范围

可依据GB/T 2910.2—2009《纺织品　定量化学分析　第2部分：三组分纤维混合物》，本标准适用于三种纤维组成的混纺产品。

3. 检验用仪器与药品

仪器同二组纤维混纺产品定量化学分析方法，试剂如表2-13所示。

表2-13　三种纤维混纺产品定量分析所用试剂

| 序号 | 纤维种类 | | | 化学试剂 | 修正值 | | |
|---|---|---|---|---|---|---|---|
| | X | Y | Z | | $d_1$ | $d_2$ | $d_3$ |
| 1 | 羊毛 | 苎麻 | 涤纶 | 次氯酸钠溶解羊毛；75%硫酸溶解苎麻 | 1.00 | 1.00 | 1.00 |
| 2 | 羊毛 | 锦纶 | 棉或苎麻 | 次氯酸钠溶解羊毛；80%甲酸溶解锦纶 | 1.00 | 1.00 | 1.00 |
| 3 | 羊毛 | 黏胶纤维 | 棉或麻 | 次氯酸钠溶解羊毛；甲酸和氯化锌溶解黏胶纤维 | 1.00 | 1.03 | 1.03 |
| 4 | 羊毛 | 黏胶纤维 | 涤纶 | 次氯酸钠溶解羊毛；75%硫酸溶解黏胶纤维 | 1.00 | 1.00 | 1.00 |
| 5 | 羊毛 | 锦纶 | 涤纶 | 次氯酸钠溶解羊毛；80%甲酸溶解锦纶 | 1.00 | 1.00 | 1.00 |
| 6 | 羊毛 | 锦纶 | 腈纶 | 次氯酸钠溶解羊毛；80%甲酸溶解锦纶 | 1.00 | 1.00 | 1.00 |
| 7 | 丝 | 棉 | 涤纶 | 次氯酸钠溶解丝；75%硫酸溶解棉 | 1.03 | 1.00 | 1.00 |
| 8 | 丝 | 苎麻 | 涤纶 | 次氯酸钠溶解丝；75%硫酸溶解苎麻 | 1.00 | 1.00 | 1.00 |
| 9 | 锦纶 | 棉或黏胶纤维 | 涤纶 | 80%甲酸溶解锦纶；75%硫酸溶解棉或黏胶纤维 | 1.00 | 1.00 | 1.00 |
| 10 | 腈纶 | 亚麻 | 涤纶 | 二甲基甲酰胺溶解腈纶；75%硫酸溶解亚麻 | 1.00 | 1.00 | 1.00 |
| 11 | 腈纶 | 苎麻 | 涤纶 | 二甲基甲酰胺溶解腈纶；75%硫酸溶解苎麻 | 1.00 | 1.00 | 1.00 |

注　1. 此表适用于同一个试样依次溶解单种纤维。
　　2. $d_1$和$d_2$分别为X溶解后的Y纤维和Z纤维的修正值；$d_3$为X、Y溶解后的Z纤维的修正值。

4. 检验方法与步骤

（1）试样的预处理：同"（一）两种纤维混纺产品定量化学分析方法"中试样的预处理。

（2）取样：取经过预处理且具有代表性的织物试样，再依据织物的类型，对试样进行处理。其中，由两种或两种以上不同的面料构成的服装纺织品应分别取样。除此之外，还要另取一块相同试样作为平行试验用。

取样方法同"（一）两种纤维混纺产品定量化学分析方法"中的取样方法。

（3）检验步骤：前面三个步骤同"（一）两种纤维混纺产品定量化学分析"中的检验步骤。除此之外，还需再次用适当的试剂进行第二次溶解处理，溶解结束后，将不溶纤维放入称量装置中，连同盖子放入烘箱内烘干，然后盖上盖子，迅速移入干燥器内冷却、称重。

5. 织物纤维含量的计算方法

计算三组分混纺产品中各组分纤维的质量，以混纺产品总质量中三种纤维（$X$、$Y$、$Z$）的百分率表示。以净干质量为基准，结合公定回潮率和预处理中质量损失率计算。

三种纤维的净干含量百分率按下式计算：

$$P_1 = 1 - (P_2 + P_3)$$

$$P_2 = \frac{d_1 \times r_1}{m} - \frac{P_3 \times d_1}{d_2}$$

$$P_3 = \frac{d_3 \times r_2}{m}$$

式中：$P_1$——$X$纤维的净干含量百分率，%；

$P_2$——$Y$纤维的净干含量百分率，%；

$P_3$——$Z$纤维的净干含量百分率，%；

$m$——试样预处理后的干燥质量，g；

$r_1$——第一个试样经第一种溶剂溶解$X$纤维后，不溶纤维$Y$和$Z$的干燥质量，g；

$r_2$——第二个试样经第二种溶剂溶解$Y$纤维后，不溶纤维$Z$的干燥质量，g；

$d_1$——质量损失修正系数（经第一种试剂处理，$Y$纤维的质量损失）；

$d_2$——质量损失修正系数（经第一种试剂处理，$Z$纤维的质量损失）；

$d_3$——质量损失修正系数（经第一、二种试剂处理，$Z$纤维的质量损失）。

各组分结合公定回潮率和预处理质量损失的含量百分率计算方式如下：

设：$A = 1 + (a_1 + b_1)/100$，$B = 1 + (a_2 + b_2)/100$，$C = 1 + (a_3 + b_3)/100$

则：

$$P_X = \frac{P_1 \times A}{P_1 A + P_2 B + P_3 C}$$

$$P_Y = \frac{P_2 \times B}{P_1 A + P_2 B + P_3 C}$$

$$P_Z = 1 - (P_X + P_Y)$$

式中：$P_X$——X纤维结合公定回潮率和预处理质量损失的含量百分率，%；

$P_Y$——Y纤维结合公定回潮率和预处理质量损失的含量百分率，%；

$P_Z$——Z纤维结合公定回潮率和预处理质量损失的含量百分率，%；

$P_1$——X纤维净干含量百分率（第一个试样溶解在第一种试剂中的纤维），%；

$P_2$——Y纤维净干含量百分率（第二个试样溶解在第二种试剂中的纤维），%；

$P_3$——Z纤维净干含量百分率，%；

$a_1$——X纤维公定回潮率，%；

$a_2$——Y纤维公定回潮率，%；

$a_3$——Z纤维公定回潮率，%；

$b_1$——X纤维在预处理中的质量损失百分率，%；

$b_2$——Y纤维在预处理中的质量损失百分率，%；

$b_3$——Z纤维在预处理中的质量损失百分率，%。

试验过程中如果采取特殊预处理，则必须测出溶解造成各种单一纤维的质量损失率$b_1$、$b_2$、$b_3$；对于用石油醚和水萃取的一般预处理，除未漂白的棉、苎麻、大麻在预处理中的质量损失为4%，丙纶为1%外，其他纤维的修正系数$d_1$、$d_2$、$d_3$通常忽略不计。

### （三）同类型纤维混纺产品的含量分析

对于前面所提到的纤维定量分析，所检验的纤维间的性质特征差异较为明显。而下面提到的棉/麻、羊毛/兔毛等同类纤维的混纺织物，它们的结构特征、化学性质及其所体现出的性能极为相似，所以这种混纺产品难以用上面涉及的方法进行检测。

#### 1. 棉/麻混纺产品混纺比的测定

棉和麻均为纤维素纤维，其内部结构、化学组成及理化性能都基本相似，混纺后既不能用化学分析方法测定其成分含量，也不能用机械的方法将它们分离开，只能用纤维投影仪（图2-11）或纤维细度分析仪对纤维进行计数测量纤维的直径或横截面积，从而计算出两种纤维的质量百分比。

图2-11　纤维细度分析仪

2. 检验方法与步骤

（1）麻、棉纤维的识别：采用普通生物显微镜或纤维投影仪观察纤维。为了提高检测的准确性，有时可先将试样进行染色、烘干后用纤维切片器切片。

①将制备好的纤维纵向载玻片放在200～250倍的普通生物显微镜或放大500倍的纤维投影仪载物台上。

②通过目镜观察进入视野的各类纤维，根据纤维的形态结构特征鉴别其类型并计数。从靠近视野的最上角或最下角开始计数，当载玻片沿水平方向缓缓移动越过视野时，对通过目镜的所有纤维进行识别和计数。在越过视野每一个行程后，将载玻片垂直移动1～2mm后再沿水平方向缓缓移动越过视野，再次识别和计数，重复这种操作，直至全部载玻片看完，其计数总数在1500根以上。

（2）纤维直径的测定：计数完毕后，测量纤维的直径宽度。

①校准纤维投影仪，使纤维在投影平面上能放大500倍，然后将准备好的载玻片放在载物台上，使测量的纤维都在投影圆圈内。

②调整投影仪，测量纤维的投影宽度作为直径。一般棉纤维要测量200根以上，麻纤维测量400根以上。测量后计算每种纤维的平均直径，单位为μm。

（3）纤维横截面的测定：将准备好的载玻片放在纤维投影仪载物台上，校准投影仪，并在投影平面内放一张约30cm×30cm有坐标格的描图纸，使用铅笔将纤维图像描在描图纸上。如果一块载玻片上每种纤维不足100根，需重新制备另一块载玻片，直到每种纤维超过100根。描完后通过计算方格的个数计算每种纤维的横截面积，单位为mm²。

（4）各纤维含量的计算：

①按测定纤维的平均直径计算每种纤维的质量百分数。

$$A_1 = \frac{n_1 \times d_1{}^2 \times r_1}{n_1 \times d_1{}^2 \times r_1 + n_2 \times d_2{}^2 \times r_2} \times \frac{1}{100}$$

$$R = A_1$$

$$H = 9.662 + 1.018A_1$$

$$F = 9.564 + 1.038A_1$$

$$A_2 = 1 - A_1$$

式中：$A_1$——麻纤维的质量百分数，%；

　　　$A_2$——棉纤维的质量百分数，%；

　　　$n_1$——麻纤维的折算根数，根；

　　　$n_2$——棉纤维的折算根数，根；

　　　$d_1$——麻纤维的平均直径，μm；

　　　$d_2$——棉纤维的平均直径，μm；

$r_1$——麻纤维的密度，g/cm$^3$；

$r_2$——棉纤维的密度，g/cm$^3$；

$R$——苎麻纤维的质量百分数，%；

$H$——大麻纤维的质量百分数，%；

$F$——亚麻纤维的质量百分数，%。

② 按测定纤维的横截面积计算每种纤维的质量百分数。

$$A_1 = \frac{n_1 \times a_1 \times r_1}{n_1 \times a_1 \times r_1 + n_2 \times a_2 \times r_2} \times \frac{1}{100}$$

$$A_2 = 1 - A_1$$

式中：$A_1$——麻纤维的质量百分数，%；

$A_2$——棉纤维的质量百分数，%；

$a_1$——放大500倍麻纤维的横截面积，mm$^2$；

$a_2$——放大500倍的棉纤维横截面积，mm$^2$；

$n_1$——麻纤维的折算根数，根；

$n_2$——棉纤维的折算根数，根；

$r_1$——麻纤维的密度，g/cm$^3$；

$r_2$——棉纤维的密度，g/cm$^3$。

（5）各种纤维密度和参考直径，如表2-14所示。

表2-14　几种纤维的密度及直径

| 纤维种类 | 纤维密度/g/cm$^3$ | 直径/μm | 参考直径/μm |
| --- | --- | --- | --- |
| 棉 | 1.54 | 14.0～17.0 | 15.5 |
| 苎麻 | 1.51 | 22.0～31.0 | 26.0 |
| 亚麻 | 1.50 | 14.0～21.0 | 17.0 |
| 大麻 | 1.48 | 14.0～20.0 | 17.0 |

3. 羊毛/兔毛混纺产品混纺比的测定

不同的蛋白质纤维在碱性溶液中会有不同的溶解度，根据此性质可以进行蛋白质纤维混纺产品混纺比的定量分析，如羊毛/兔毛混纺产品混纺比的测定。具体方法步骤如下：

（1）取一定质量的同品种羊毛、兔毛及已知羊毛/兔毛混纺比的混纺产品，将这些样品进行预处理、烘干并称重。

（2）将样品放入65℃的0.75%碱性溶液中，浸泡1h后烘干、称重，同时计算出纯羊毛的溶解度$R_y$，纯兔毛的溶解度$R_t$及已知混纺比的羊毛/兔毛混纺产品的总溶解度$R'$。

（3）计算羊毛/兔毛混纺产品混纺比：

$$H_y = \cfrac{1}{1 + \cfrac{R_y - R}{a \times (R - R_t)}}$$

$$H_t = 1 - H_y$$

其中：

$$a = \frac{(R_y - R') \times H'_y}{(R' - R_t) \times (1 - H'_y)}$$

式中：$R_y$——纯羊毛的溶解度，g/100g；

$\quad\quad R_t$——纯兔毛的溶解度，g/100g；

$\quad\quad R'$——已知混纺比的羊毛/兔毛混纺产品的总溶解度，g/100g；

$\quad\quad R$——未知混纺比的羊毛/兔毛混纺产品的总溶解度，g/100g；

$\quad\quad H'_y$——已知混纺比的羊毛/兔毛混纺产品中羊毛的百分率，%；

$\quad\quad H_y$——待确定混纺产品的羊毛百分数率，%；

$\quad\quad H_t$——待确定混纺产品的兔毛百分数率，%。

---

思考题

1. 操作显微镜时应注意哪些事项？

2. 对比棉、毛、麻、丝、涤纶、锦纶、黏胶纤维、醋酯纤维的横纵向形态各有什么特征？

3. 燃烧法鉴别纤维种类时，可以从哪些特征现象判断？分析哪些织物的原料较为方便准确？

4. 鉴别棉、毛、麻、丝、黏胶纤维、涤纶、锦纶、腈纶、氯纶及丙纶，各采用哪种方法最简便，其原因是什么？

5. 化学溶解法定量分析时，试样为什么需要进行预处理？

6. 如何鉴别多种纤维混纺的纺织产品，有哪些方法？举例说明。

---

# 纤维基本特征参数检验

**课题名称：** 纤维基本特征参数检验

**课题内容：** 纤维的长度

纤维的细度

纤维的卷曲度

纤维的含油率

纤维的回潮率

纤维的热收缩性

纤维的熔点

**课题时间：** 14课时

**教学目的：** 让学生掌握鉴别纤维的基本特征参数定义及相关检验检测方法。

**教学方式：** 理论讲授和实践操作。

**教学要求：** 1. 熟悉常用纤维的基本特征参数检验检测内容。

2. 熟练操作相关检验检测的仪器。

3. 能正确表达和评价相关的检验结果。

4. 能够分析影响检验结果的主要因素。

# 第三章　纤维基本特征参数检验

## 第一节　纤维的长度

纺织纤维的长度直接影响纤维的加工性能和使用价值，反映纤维本身的品质和性能，故为纤维最重要的指标之一，是纺织加工中的必检参数。因纤维的品种不同、纤维的长度及整齐度差异很大。天然纤维如棉、麻、毛、绢丝等都是短纤维，纤维长度一般为25～250mm。化学纤维也有长短之分。

### 一、检测原理

根据纺织纤维长度分布的特点，创建了对应的纤维长度测试方法和长度指标，而且不同的测试方法测得的长度指标有所不同。可参照GB/T 16257—2008《纺织纤维　短纤维长度和长度分布的测定　单纤维测量法》、GB/T 13782—1992《纺织纤维长度分布参数试验方法　电容法》进行检验。

### 二、常用的纤维长度测试方法

（1）罗拉式长度分析仪法，简称罗拉法。其操作方法是使用罗拉式纤维长度分析仪，将一端排列整齐的棉纤维束，按一定组距分组称重，再算出纤维长度的各项指标。此方法适用于棉纤维的长度测定。

（2）梳片式长度分析仪法，简称梳片法。毛纤维的长度分自然长度和伸直长度。自然长度是指羊毛在自然卷曲状态下，纤维两端间的直线距离，一般用于测量毛丛长度。伸直长度是指毛纤维消除弯曲后的长度，一般用于测量毛条中的纤维长度。梳片法测定的是羊毛的伸直长度。

其操作方法是用梳片式纤维度分析仪将一定量的纤维试样梳理并排列成一端平齐有一定宽度的纤维束，再按一定组距对纤维长度进行分组，分别称出各组质量，按公式计算出有关长度指标。该方法适用于羊毛、苎麻、绢丝或不等长化纤的长度测定。

（3）中段切断称重法，简称中切法。其操作方法是将等长化纤排列成一端整齐的纤维束，再用中段切断器切取一定长度的中段，并称其中段和剩余两端纤维的质量，然后计算化纤的各项长度指标。此方法适用于等长化纤的长度测定。

（4）排图法操作方法是将纤维试样通过手工操作，排列成由长到短、一端平齐的纤维长度分布图，然后用图解法求出纤维长度的各项指标。此方法适用于棉或不等长化纤、羊毛、苎麻、丝等长度分布的测定。

（5）Almeter电容测量法，简称电容法。其操作方法是先用排样器将试验试样制成一定质量、一定厚度且一端平齐的试样，再将该试样移放到测量主机试样架的两层薄膜之间，当夹有试样的薄膜通过电容传感器时，其电容量的变化与测试区内纤维试样的质量变化成比例关系，由测量电路就可得到与纤维量成正比关系的模拟电信号，再经A/D转换成与纤维量成正比的数字信号，输入计算机。通过专用软件即可得到纤维长度指标和长度分布图。此方法适用于毛条、棉、麻纤维条子的长度测定。

## 三、检测步骤

### （一）罗拉式长度分析仪法

#### 1. 原棉试条的制备

将试验样品扯松、混和均匀，清除其中的不孕籽、破籽等较大杂质，然后分成两等份，分别通过纤维引伸器4～5次，制成2根棉条。再分别从横向将每根棉条一分为二，并将各半根合并（其中的两个半根合并后作为保留棉条）。再反复进行引伸，待纤维基本平直后，用镊子拣出籽屑、软籽皮、僵片、棉结及索丝等，然后再引伸4～5次，最后制成1根混合均匀、平直光洁的试验棉条。

纤维引伸器的罗拉隔距对应棉纤维的手扯长度，如表3-1所示。

表3-1　罗拉长度

| 手扯长度/mm | 23～27 | 29～31 | ≥33 |
|---|---|---|---|
| 罗拉长度/mm | 手扯长度+（7～8） | 手扯长度+（8～9） | 手扯长度+（9～10） |

2. 仪器的调整

（1）调整桃形偏心盘与溜板芯子，开始接触时指针应指在涡轮的16分度上。

（2）检查溜板内缘至罗拉的中心距离是否为9.5mm，如不符合此标准，则需将1号夹钳口至溜板原定3mm的距离予以放大或缩小。

（3）检查仪器盖子上的弹簧压力是否为6860cN及2号夹的弹簧压力是否为196cN。

（4）检查1号夹的钳口是否平直紧密，2号夹的绒布有无损伤、光秃等现象。

3. 取样

从原棉试条两边的纵向各取1个试样，每个试样的质量根据棉样手扯长度决定，试样应称准至0.1mg（表3-2）。为使试样有充分的代表性，尽可能一次取准为宜，以免产生误差。

表3-2　试样质量

| 手扯长度/mm | 23 ~ 27 | 29 ~ 31 | ≧33 |
|---|---|---|---|
| 试样质量/mg | 30 | 32 | 34 |

4. 整理棉束

将称准质量的棉束先用手扯整理数次，使纤维平直，一端整齐。然后用手捏住纤维整齐端，将1号夹从长至短夹取纤维，分层铺在限制器绒板上，铺成宽32mm、厚薄均匀、露出挡片、一端整齐、平直光滑、层次分明的棉束。整理过程中，不允许丢弃纤维。

5. 移放棉束

揭起仪器盖子，摇转手柄，使涡轮上的0刻度与指针重合，用1号夹从绒板上将棉束夹起，移置于仪器中，移置时1号夹的挡片紧靠溜板。用水平垫木垫住1号夹使棉束达到水平，放下盖子，松去夹子，拴紧盖子上的弹簧，使纤维受到6860cN的压力。

6. 分组夹取

放下溜板并转动手柄1周，涡轮上的刻度与指针重合。此时罗拉将纤维送出1mm，由于罗拉半径为9.5mm，故10.5mm以下的纤维处于未被夹持的状态，用2号夹陆续夹尽上述未被夹的纤维，置于黑绒板上，搓成条状或环状，这是最短的一组纤维。以后每转动手柄2转，送出2mm纤维，同样用上述方法将纤维收集在黑绒板上，当指针与刻度16重合时，将溜板抬起，以后2号夹都要靠近溜板边缘夹取纤维，直至取尽全部纤维。夹取纤维时，依靠2号夹的弹簧压力，不得再外加压力。

7. 分组称重

将各组纤维放在扭力天平上称重，称准至0.05mg，列表记录试验结果。

（二）梳片式长度分析仪法

1. 样品准备

（1）毛条：按标准规定的方法抽取批样。在每个毛包中任意抽取2个毛团，每个毛团抽取2根毛条，总数不得少于10根。从取好的试样中，随机抽取9根长约1.3m的毛条，作为试验样品。

（2）洗净毛散纤维：先用梳毛辊将散毛纤维梳理成条。把洗净毛散纤维试样放在工作台上充分混合后分成3份，分别将每份试样用手将纤维扯松理顺，边理边混合，使其成为平行顺直的毛束，再用梳毛辊将毛束梳理成毛条。操作时，先把扯松后的散毛束逐一贴到转动的梳毛辊针布的针尖上（梳毛辊转速宜慢，以免丢失或拉断纤维），针尖在抓取纤维的过程中，将纤维初步拉直并陆续缠绕、深入到梳毛辊的钢丝针布之内，使毛束受到梳理，直到所有制取的毛束被梳理完并均匀地缠绕在梳毛辊上，组成宽约50mm的毛条。然后用钢针将毛条一处挑开，将梳毛辊朝梳毛反向倒转，这样毛条便脱离梳毛辊，取下毛条。为了使试样混合均匀，需将毛条扯成几个小段，再进行一次混合梳理。最后取下的毛条供试验用。按上述方法梳理制成9根毛条，6根用于平行试验，3根作为备样。样品需进行预调湿及调湿处理。

2. 放样

从样品中任意抽取试样毛条3根，每根长约50cm，先后将3根毛条用双手各持一端，轻加张力，平直地放在第一台梳片仪上，3根毛条需分清，毛条一端露出仪器外约10~15cm，每根毛条用压叉压入下梳片针内，使针尖露出2mm即可，宽度小于纤维夹子的宽度。

3. 夹取

将露出梳片的毛条，用手轻轻拉去一端。离第一下梳片5mm（支数毛）或8mm（改良级数毛与土种毛）处用纤维夹子夹取纤维，使毛条端部与第一下梳片平齐，然后将第一梳片放下，用纤维夹子将1根毛条中全部宽度的纤维紧紧夹住并从下梳片中缓缓拉出，用预梳片从根部开始梳理2次，去除游离纤维。每根毛条夹取3次，每次夹取长度为3mm。将梳理后的纤维转移到第二台梳片仪上。用左手轻轻夹持纤维，防止纤维扩散，并保持纤维平直，纤维夹子钳口靠近第二梳片，用压叉将毛条压入针内并缓缓向前拖，使毛束尖端与第一下梳片的针内侧平齐。3根毛条继续夹取数次，在第二台梳片仪上的毛束宽度为10cm左右，质量为2.0~2.5g时停止夹取。

4. 分组取样并称重

在第二台梳片仪上先加上第一把下梳片，再加上4把上梳片，将梳片仪旋转180°，然后逐一降落梳片，直到最长纤维露出为止（如最长纤维超过梳片仪最大长度，则用尺测出最长纤维的长度），用夹毛钳夹取各组纤维并依次放入金属盒内，然后逐一用天平称重，精确到0.001g。以两次试验长度的算术平均值作为长度结果。若短毛率2次试验结果差异超过2次平均数的20%，则要进行第三次试验，并以3次算术平均值为其结果。

（三）中切法

（1）从经过标准温湿度调湿的试样中，用镊子随机从多处取出4000～5000根纤维，其样品质量范围可用公式计算：样品质量（mg）=线密度（dtex）×名义长度（mm）×根数/1000。然后用手扯法将试样整理成一端整齐的纤维束。

（2）将纤维束整齐端用手握住，另一手用1号夹子从纤维束尖端夹取纤维，并将其移到限制器绒板上，叠成长纤维在下、短纤维在上一端整齐、宽约25mm的纤维片。

（3）用1号夹夹住距离纤维束整齐端5～6mm处，先用稀梳，继而用密梳从纤维束末端开始，逐步靠近夹子，部分要经多次梳理，直至游离纤维被梳除。

（4）用1号夹将纤维束不整齐一端夹住，使整齐端露出夹子外20mm或30mm，按（3）所述方法梳除短纤维。

（5）梳下的游离纤维不能丢弃，将其置于绒板上加以整理，如有扭结纤维则用镊子解开，长于短纤维界限的（≥20mm）仍归入已整理的纤维束中，并将超长纤维、倍长纤维及短纤维取出分别放在黑绒板上。

（6）在整理纤维束时挑出的超长纤维，称重后仍归入纤维束中（如有漏切纤维，挑出另做处理，不归入纤维束中）。

（7）将已梳理过的纤维束在切断器上切取中段纤维（纤维束整齐端距刀口5～10mm，保持纤维束平直，并与刀口垂直）。

（8）将切断的中段及两端纤维、整理出的短纤维、超长纤维及倍长纤维在标准湿度条件下调湿平衡1h后，分别称出其质量（mg）。

（四）排图法

1. 取样

（1）散纤维样品：在排图前应按梳片法中介绍的散纤维制条方法制成3根纤维条，2条做平行试验，1条做备样。

（2）纤维条样品：可随机抽取3段条子，2段做平行试验，1段作备样。每份试样的质量为0.6～0.8g，视纤维种类而定。

2. 整理纤维束

先用手扯法将试样初步整理成一端较整齐的毛束，然后在黑绒板上按纤维长短依次叠成一端整齐的毛束。

3. 排出纤维长度分布图

用右手拇指和食指将毛束整齐端提紧，使尖端贴在黑绒板上，用左手压住纤维尖端，右手将毛束轻轻向后拉，把长纤维拉出并紧贴在绒板上。如此反复操作，直到右手中的纤维束从长到短全部排完为止。按要求排出纤维长度分布图（纤维从长到短排成直线且稀疏分布均匀，然后用玻璃板盖在黑绒板上，再用曲线尺将纤维长度分布图描绘在坐标纸上）。

（五）电容法

1. 样品制备

（1）取样：测试散纤维长度时，需按照梳片法中介绍的制条方法，先将散纤维制成条子后再测试。

测试精梳条子时、先从试验样品的均匀部分扯出长约1.2m、质量约15~30g的一段条子，并在稍加张力的情况下，加上少量捻度（30捻/m），在拉紧状态下，握持其中央部分，对折后握住两端，然后让中央部分逐渐放松，再在稍加张力下一转一转地加捻，使样品形成一段结实有规则的绞状待用（有经验指出，这种加捻动作可获得较正确的试验结果）。

测粗纱或15g/m以下的条子，需连续取出1.2m，用重叠方法合并成1根22~30g/m的条子，按以上精梳条子的方法加捻成绞状。

（2）预调湿和调湿：将加捻制成绞状的试样放在标准大气条件下调湿24h（当试样的回潮率大于公定回潮率时，需先进行预调湿）。根据具体情况，如未加和毛油的样品，调湿时间可适当减少。

2. 仪器校验与调整

将所需系统盘插入驱动器A、数据盘插入驱动器B依次接上有关电源，预热20min以上，当屏幕上出现"按回车键校准"时，按回车键进行校准。用三角形有机玻璃块对仪器进行校验，主要参数$L_n$（H）（截面加权平均长度或豪特长度）、$CV_n$（$CV_H$）（豪特长度变异系数）、$L_g$（B）（重量加权平均长度或巴布长度）、$CV_g$（$CV_B$）（巴布长度变异系数）的重现性不超过1%。系统偏差不超过2%。输入测试日期、时间，按回车键直至提示符"A>"出现，输入指定信号，按回车键，即可运行测试程序。按试样长度选择"长"档或"短"档。

3. 制样

在制样时，需将条子对折成"U"形，使条子两端能避免由于取样方向不同而给试验结果带来的误差。

4. 测试试样长度

将对折的条子平铺在取样器的针区上，其中宽度为50~100mm的纤维应舍去。将一端平齐的试样从载样针床上转移到主机的试样架上，用压叉将试样移至试样架下方的两层薄膜之间，按动"Start"按钮，试样架自动匀速通过电容传感器，即可测出纤维试样的长度指标，显示测试结果，并打印输出。测试结束，试样架自动退出。

## 四、检验结果计算和表示

（一）罗拉法

先计算各组的真实质量：所得的各组纤维，由于棉束厚薄不匀，纤维排列不完全平直，沟槽罗拉与皮辊不可能绝对平行，2号夹的夹持力不可能绝对均匀，而且纤维之间有抱合力等，使抽出的一定长度组纤维中包含比本组纤维长或短的一组纤维，故各组称得的质量必须进行修正。

1. 各组的真实质量为

本组质量的46%，相邻较好的一组质量的17%，相邻较长的一组质量的37%，这三者之和按以下经验公式计算：

$$g_i = 0.17G_{i-2} + 0.46G_i + 0.37G_{i+2}$$

式中：$g_i$——某长度组的真实质量，mg；

$\quad G_i$——某长度组的称见质量，mg；

$G_{i-2}$——短于某长度组2mm一组的称见质量，mg；

$G_{i+2}$——长于某长度组2mm一组的称见质量，mg。

真实质量总和与称见质量总和相差不应超过0.1mg，否则要检查重算，要注意数字修约。

2. 各项长度指标计算

（1）主体长度：是指纤维试样中数量最多（这里是指质量最重）的那部分的长度。

主体长度按下式计算：

$$L_m = (L_x - 0.5k) + \frac{g_x - g_{x-k}}{(g_x - g_{x-k}) + (g_x - g_{x+k})}$$

式中：$L_m$——主体长度，mm；

$\quad L_x$——质量最大组的纤维长度中值，mm；

$\quad k$——组距，一般为2mm；

$\quad g_x$——质量最大一组的质量，mg；

$g_{x-k}$——短于质量最大长度组2mm一组的质量，mg；

$g_{x+k}$——长于质量最大长度组2mm一组的质量，mg。

（2）品质长度$L_p$：是指比主体长度长的那部分纤维的平均长度，又称右半部平均长度。

品质长度按下式计算：

$$L_p = L_x + \frac{2g_{x+2} + 4g_{x+4} + \ldots}{g_y + g_{x+2} + g_{x+4} + \ldots}$$

$$g_y = g_x + \frac{(L_x + 0.5k) - L_m}{k}$$

式中：　$g_y$——在最重一组中，长度大于主体长度那部分纤维的质量，mg；

$g_{x+2}$，$g_{x+4}\ldots$——比主体长度长的各组纤维的质量，mg；

　　　$L_x$——质量最大组的纤维长度中值，mm；

　　　　$k$——组距，一般为2mm；

　　　$L_m$——主体长度，mm。

（3）基数（$S$）：是以主体长度$L_m$为中心，前后5mm范围内质量百分数之和，基数精确至1，当组距为2mm时，基数按下式计算：

如果$g_{x+k}$>$g_{x-k}$时：$S = \dfrac{g_x + g_{x+k} + 0.55g_{x-k}}{\sum g_i} \times 100\%$

如果$g_{x+k}$<$g_{x-k}$时：$S = \dfrac{g_x + g_{x-k} + 0.55g_{x+k}}{\sum g_i} \times 100\%$

式中：$\sum g_i$——各组纤维质量之和，mg。

（4）均匀度（$C$）：均匀度按下式计算，精确至10。

$$C = S \times L_m$$

式中：$C$——均匀度；

　　　$S$——基数，%；

　　　$L_m$——主体长度，mm。

3. 短绒率（$R$）

指长度在某一界限及以下的纤维质量占总质量的百分率。计算方法如下：

$$R = \frac{g_p + \sum g_{p-k}}{\sum g_i} \times 100\%$$

式中：$R$——短绒率，%；

　　$\sum g_i$——各组试样总质量，mg；

　　$\sum g_{p-k}$——某一界限长度组以下各组质量之和，mg；

　　　$g_p$——某一界限长度组的质量，mg。

当主体长度大于31mm时，界限长度为20mm；当主体长度为31mm及以下时，界限长度为16mm。

4．长度分布曲线图

以各组长度为横坐标，以各组长度对应的质量为纵坐标，画出棉纤维的长度—质量分布曲线图。

（二）梳片法

1．质量加权平均长度（$L_g$）

各组长度按质量加权的平均长度。质量加权平均长度按如下方法计算：

$$L_g = \frac{\sum L_i g_i}{\sum g_i}$$

式中：$L_g$——质量加权平均长度，mm；

　　　$L_i$——各组毛纤维的代表长度，即每组长度上限与下限的中值，mm；

　　　$g_i$——各组毛纤维的质量，mg。

2．加权主体长度（$L_m$）

在分组称重时，连续最重四组的加权平均长度。加权主体长度按如下方法计算：

$$L_m = \frac{L_1 g_1 + L_2 g_2 + L_3 g_3 + L_4 g_4}{g_1 + g_2 + g_3 + g_4}$$

式中：$g_1$、$g_2$、$g_3$、$g_4$——连续最重四组纤维的质量，mg。

　　　$L_1$、$L_2$、$L_3$、$L_4$——连续最重纤维的长度，mm。

3．加权主体基数（$S_m$）

连续最重四组纤维质量的总和占全部试样质量的百分率。加权主体基数按如下方法计算：

$$S_m = \frac{g_1 + g_2 + g_3 + g_4}{\sum g_i}$$

式中：　　　　　$S_m$——加权主体基数；

　　　$g_1$、$g_2$、$g_3$、$g_4$——连续最重四组纤维质量，mg；

　　　　　$\sum g_i$——全部试样质量，mg。

$S_m$数值越大，接近加权主体长度部分的纤维越多，纤维长度越均匀。

4．长度标准差$\sigma_m$和变异系数$CV$

为了进一步研究和分析羊毛纤维的离散程度，可计算长度标准差和变异系数，其计算式如下：

$$\sigma_m = \sqrt{\frac{\sum (L_i - L_g)^2 g_i}{\sum g_i}} = \sqrt{\frac{\sum g_i L_i^2}{\sum g_i} - L_g^2}$$

$$CV = \frac{\sigma_m}{L_g} \times 100\%$$

式中： $\sigma_m$——长度标准差；

$CV$——变异系数；

$L_i$——各组毛纤维的代表长度，mm；

$g_i$——各组毛纤维的代表质量，mg；

$L_g$——质量加权平均长度，mm。

5. 短毛率

30mm以下长度纤维的质量占总质量的百分率，计算方式如下：

$$短毛率=\frac{30mm\ 以下纤维的质量}{\sum g_i}\times 100\%$$

式中：$\sum g_i$——纤维总质量，mg。

6. 巴布长度和豪特长度

在国际标准中，推荐用梳片法分析测定羊毛纤维的巴布长度$L_B$和豪特长度$L_H$。其计算公式如下：

（1）巴布长度（$L_B$）：

$$L_B=\frac{\sum RL'}{100}=\frac{A}{100}$$

$$CV_B=\sqrt{\frac{M\times 100}{A^2}-1}\times 100\%$$

式中：$L_B$——巴布长度，mm；

$CV_B$——巴布长度变异系数，%；

$R$——每组的质量百分率，%；

$L'$——每组的纤维长度，mm；

$A$——$RL'$的累积数，即$\sum RL'$，mm；

$M$——$RL'^2$的累积数，即$\sum RL'^2$，mm²。

（2）豪特长度（$L_H$）：

$$L_H=\frac{100}{\sum\dfrac{R}{L'}}=\frac{100}{B}$$

$$CV_H=\sqrt{(A\times B)-1000}\times 100\%$$

式中：$L_H$——豪特长度，mm；

$CV_H$——豪特长度变异系数，%；

$R$——每组的质量百分率，%；

$L'$——每组的纤维长度，mm；

$A$——$RL'$的累积数，即$\sum RL'$，mm；

$B$——$R/L'$上的累积数，即$\sum（R/L'）$，mm。

### （三）中切法

当无过短纤维或过短纤维含量极小可以忽路不计时：

$$平均长度 = \frac{L_c \times (W_C + W_t)}{W_C}$$

$$倍长纤维率 = \frac{W_{OZ}}{W_O} \times 100\%$$

$$超长纤维率 = \frac{W_{OV}}{W_O} \times 100\%$$

式中：$W_O$——纤维总质量，mg；

$W_t$——两端切下的纤维束质量，mg；

$W_C$——中段纤维质量，mg；

$W_{OV}$——超长纤维质量，mg；

$W_{OZ}$——倍长纤维质量，mg；

$L_c$——中段纤维长度，mm。

### （四）排图法

通过手工操作将纤维试样按照由长到短、一端平齐排列，然后利用排图法（图3-1），纵坐标为纤维长度，横坐标为纤维根数百分率），求出相关指标。

取最长纤维$AL$的中点$A_1$，作横坐标$AB$的平行线，与轮廓线$\overset{\frown}{LB}$相交于$L_1$，过$L_1$作横坐标垂直线$L_1B_1$。

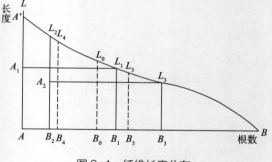

图3-1 纤维长度分布

取$AB_1$的1/4得$B_2$，过$B_2$作$AB$的垂直线与轮廓线$\overset{\frown}{LB}$相交于$L_2$。

取$L_2B_2$的中点$A_2$，作$AB$的平行线与轮廓线$\overset{\frown}{LB}$相交于$L_3$，过$L_3$作$AB$的垂直线得$B_3$。

取$AB_3$的1/4得$B_4$，过$B_4$作$AB$的垂直线交轮廓线$\overset{\frown}{LB}$于$L_4$；作$L_2L_4$线段的延长线交纵轴于$A'$。

令$AB_0 = 1/2AB_3$，过$B_0$作$AB$的垂直线交轮廓线$\overset{\frown}{LB}$于$L_0$。

令$B_5B_3 = 1/4AB_3$，过$B_5$作$AB$的垂直线交轮廓线$\overset{\frown}{LB}$于$L_5$。

于是可得到各项长度指标：最长纤维长度$AL$（mm）；有效长度$B_4L_4$（mm）；中间长度$B_0L_0$（mm）；交叉长度$AA'$（mm）；短纤维百分率为（$B_3B/AB$）×100%；整齐度为（$B_5L_5$/

$B_4L_4$）$\times 100\%$；长度变异率为$\left[ \left( B_4L_4 - B_5L_5 \right) / B_4L_4 \right] \times 100\%$。

（五）电容法

（1）纤维根数平均长度，又称豪特长度。

（2）根数长度变异系数$CV_H$。

（3）一定长度以下纤维含量的百分率以及一定百分率以下纤维量所对应的纤维长度；并且打印出长度截面（根数）频率直方图及长度截面（根数）累积频率分布图。

（4）纤维质量平均长度，又称巴布长度。

（5）质量长度变异系数$CV_B$。

（6）一定长度以下纤维量的百分率以及一定百分率纤维量所对应的纤维长度值，并且打印出长度质量频率直方图及长度质量累积频率分布图。


# 第二节　纤维的细度

纤维细度是指纤维的粗细程度。细度是纤维重要的形态尺寸和质量指标之一。纤维细度与纺纱工艺及成纱质量关系密切，而且直接影响织物风格。纤维细度有两种表示方法：一是直接法，用直径、投影宽度、截面积、周长、比表面积等指标表示；二是间接法，用纤维长度与质量之间的关系表示。

纤维细度测试方法也分直接法与间接法两种，直接法有显微投影测量法、激光细度测试法、计算机图像自动测量法等。间接法有中段切断称重法、气流仪法、振动法等。其中，显微镜法常用于羊毛细度和截面为圆形的纤维纵向投影直径的测量；中段法可用于测定各种纤维的细度，但对于有卷曲的纤维需消除卷曲后才能准确测定，一般多用于棉纤维或无卷曲的化纤长丝；气流法常用于间接测量棉纤维、毛纤维及化学纤维的细度。可参照的检验标准有GB/T 17260—2008《亚麻纤维细度的测定　气流法》、GB/T 34783—2017《苎麻纤维细度的测定　气流法》、GB/T 6498—2008《棉纤维马克隆值试验方法》等。


## 一、激光细度测试法

该法可快速测量羊毛及圆形截面纤维的直径及其分布。

（一）检验原理

将毛条或纤维束试样切割成约2mm的短片段并放入机内合适的混合液体中搅拌待用。

测量时，纤维液体自动流经位于激光光束及其检测器之间的测量槽，纤维逐根掠过并遮断激光光束，从而使光通量产生变化，用光电检测器检测出与单根纤维直径大小相应的电信号，并将其通过鉴别电路和模数转换电路，输入计算机进行数据处理，即可显示、打印出纤维细度的有关指标。

（二）检验步骤

1. 制备试样

将毛条或毛纤维束用专用切割器切成约2mm的短片段，放在玻璃器皿中，并充分混合。

2. 调整仪器

开机预热30min以上，检查液体质量比（用质量比为92%的异丙醇溶液）及仪器各部分是否正常。

3. 选择测试状态，输入相关内容

将专用系统盘插入仪器，打开仪器的各项开关，按指令调出主菜单，在主菜单中选择测试状态，按显示屏的要求输入测试日期、样品编号与名称、设定样品测试根数等。

4. 获取测试结果

从放样口放入短片段试样，当显示屏上显示的测量根数达到设定测量根数时，测试结果即出现在显示屏上。

（三）检验结果

仪器可自动显示并打印输出直径平均值、直径标准差、直径变异系数、直径分布直方图以及实验总根数和有效根数等测试结果。

## 二、中段切断称重法

该法大多用于棉纤维的系数测定。化学纤维（特别是长丝）的细度也可用该法测定，但需消除卷曲。该方法只能测算纤维的间接平均细度指标，无法获得细度的离散性指标。此外，棉纤维因沿长度方向粗细不匀，根、梢部细，中部粗，故其细度测算值比实际细度要偏粗。

（一）检验原理

将适量的纤维通过限制器绒板整理成一端平齐、平行伸直的纤维束，然后用纤维切断器在纤维中段切取10mm或20mm长的纤维束，再在天平上称重，对这一束中段纤维的根数进行计数。根据纤维切断长度根数和质量，计算出棉纤维的公制支数。

（二）检验仪器

仪器：Y171中段切取器、纺织天平、限制器绒板、黑绒板、一号夹子、梳片等。

（三）试样准备

1. 取样

从试验棉条纵向取出约1500～2000纤维。

2. 整理棉束

将试样手扯整理2次，用左手握住棉束整齐一端，右手用1号夹从棉束尖端分层夹取纤维置于限制器绒板上，反复移置2次，叠成长纤维在下、短纤维在上、一端整齐、宽5～6cm的棉束。

（四）检验步骤

1. 梳理

将整理好的棉束，用1号夹夹住距整齐端5～6mm处，梳去棉束上的游离纤维（梳理时先用稀梳后用密梳，从棉束尖端开始逐步靠近夹子），然后将棉束移至另一夹子，按表3-3梳理参数的要求梳理整齐端。

表3-3　梳理参数

| 手扯长度 | 梳去短纤维长度/mm | 棉束切断时整齐端外露/mm |
| --- | --- | --- |
| 31mm及以下 | 16 | 5 |
| 31mm以上 | 20 | 7 |

2. 切取

将梳理好的平直棉束放在Y171型纤维切断器（10mm）夹板中间，棉束应与切刀垂直，两手分别捏住棉束两端，用力均匀，使纤维伸直但不伸长，然后用下巴抵住切断。

3. 称重

用扭力天平分别称取棉束中段和两端纤维的质量准确至0.02mg。

4. 计数

纤维较粗的用肉眼直接计数，较细的则可借助显微镜或投影仪逐根计数。

（五）检验结果

根据纤维质量和根数，算出公制支数$N_m$（精确到0.1）。

$$N_{\mathrm{m}} = \frac{L}{G_{\mathrm{f}}} = \frac{10 \cdot n}{G_{\mathrm{f}}}$$

式中：$N_{\mathrm{m}}$——纤维的公制支数，公支；

$\quad\ G_{\mathrm{f}}$——中段纤维质量，mg；

$\quad\ L$——纤维长度，mm；

$\quad\ n$——纤维根数。

## 三、气流法

### （一）检验原理

在一定容积的容器内放置一定质量的纤维，当有一定压力差的空气流过容器时，空气的流量与纤维比表面积的平方成反比，从而间接测定纤维的细度。

### （二）检验仪器

Y145型气流仪（图3-2）、电子秤等。

### （三）检验步骤

（1）称取（5±0.01）g纤维。

（2）旋下试样筒盖，均匀放入试样，再旋紧筒盖。

（3）检查气流调节阀，逆时针旋转使其处于关闭状态。

（4）接通抽气泵电源。

图3-2　Y145气流仪

（5）缓慢打开气流调节阀，调节气流量，直至水压计液面下降到下刻线为止，读出转子流量计上平面指示的流量值$Q_1$。

（6）关闭气流调节阀。

（7）取出试样，开松颠倒位置再测定一次得$Q_2$，求出两次平均值：$Q_{\mathrm{平}} = 1/2 \times (Q_1 + Q_2)$。

（8）由干湿球温度计查出温度$t$，据$t$查修正系数$K$值。

（9）修正流量：$Q = Q_{\mathrm{平}} \times K$。

（10）根据$Q$查出对应的马克隆值。

# 第三节　纤维的卷曲度

通常把沿纤维纵向形成的规则或不规则的弯曲称为卷曲，卷曲与纤维的可纺性、成纱质量关系密切，对织物的柔软性、蓬松性、弹性、冷暖感等影响很大。卷曲的形态不同，其影响规律不同。化学纤维卷曲的方法有机械卷曲法、复合纺丝法、三维卷曲纺丝法以及各种变形加工方法等。可参照的标准有GB/T 14338—2008《化学纤维　短纤维卷曲性能试验方法》、GB/T 13835.9—2009《兔毛纤维试验方法　第9部分：卷曲性能》等。

## 一、检验方法

卷曲方法不同，纤维的卷曲特征亦不同，通常可用两类指标表示，即反映卷曲程度的卷曲数、卷曲率以及反映卷曲牢度的卷曲弹性回复率和卷曲回复率。

（1）卷曲数：指纤维单位自然长度内的卷曲数。是反映卷曲多少的指标。一般化学短纤维的卷曲数为12～14个/25cm；羊毛的卷曲数随羊毛品种、细度和生长部位而异。

（2）卷曲率：指纤维单位伸直长度内，卷曲伸直的长度所占的百分率。卷曲率的大小与卷曲数及卷曲形态有关。一般化学短纤维的卷曲率在10%～15%为宜。

（3）卷曲弹性回复率：指纤维经加载卸载后，卷曲的残留长度对卷曲伸直长度的百分率。是反映卷曲牢度的指标。一般化学短纤维的该值约为70%～80%。

（4）卷曲回复率：指纤维经加载卸载后，卷曲的残留长度对伸直长度的百分率，也是反映卷曲牢度的指标。一般化学短纤维的该值约为10%。

## 二、检验原理

用纤维卷曲弹性仪对纤维施加规定的负荷，在规定时间内，测定纤维在一定自然长度内的卷曲数以及卷曲伸直和卷曲回复的长度，然后算出有关卷曲指标。

## 三、检验仪器

XCP-1A纤维卷曲弹性仪（图3-3）、镊子等。

图3-3　XCP-1A纤维卷曲弹性仪

## 四、检验步骤

（1）打开仪器，预热30min。

（2）设置相关测试参数，如确定卷曲测试时的轻负荷和重负荷值。

（3）用镊子将上夹持器从测力杆钩子上取下，夹持纤维试样的一端，然后将上夹持器轻轻挂在测力杆钩子上，用镊子将纤维试样的下端松弛地夹入下夹持器钳口中。

（4）启动仪器（按启动钮1），下夹持器继续下降拉伸纤维，当传感器受力达到预先设定的轻负荷值时，仪器自动提取试样初始长度$L_0$，同时自动测取纤维卷曲数。

（5）启动仪器（按启动钮2），下夹持器下降拉伸纤维，当传感器受力达到预先设定的重负荷值时，仪器自动提取试样初始长度$L_1$，在重负荷情况下，纤维受力保持30s，30s后，下夹持器自动回升到起始位置，在松弛状态下停留120s，时间到后，下夹持器再次下降拉伸纤维到轻负荷，仪器将自动提取纤维的回复长度$L_2$。

（6）读取测试数据。

## 五、检验结果计算和表示

（1）卷曲数：

$$J_n = \frac{J_a}{2 \times L_0} \times 25 \text{ 或 } J_n = \frac{J_a}{2 \times L_0} \times 10$$

式中：$J_n$——纤维卷曲数，个/25mm或个/cm；

$\quad J_a$——纤维在25mm内全部卷曲的波峰数和波谷数；

$\quad L_0$——纤维在轻负荷下测得的长度，mm。

（2）卷曲率$J$（％）：

$$J = \frac{L_1 - L_0}{L_1} \times 100\%$$

式中：$J$——卷曲率，％；

$\quad L_0$——纤维在轻负荷下测得的长度，mm；

$\quad L_1$——纤维在重负荷下测得的长度，mm。

（3）卷曲回复率：

$$J_w = \frac{L_1 - L_2}{L_1} \times 100\%$$

式中：$J_w$——纤维卷曲回复率，％；

$\quad L_1$——纤维在重负荷下测得的长度，mm；

$\quad L_2$——纤维在重负荷下保持30s后卸载，回复2min，再在轻负荷下测得的长度，mm。

（4）卷曲弹性率：

$$J_{\mathrm{d}} = \frac{L_1 - L_2}{L_1 - L_0} \times 100\%$$

式中：$J_{\mathrm{d}}$——纤维卷曲弹性率，%；

　　　$L_0$——纤维在轻负荷下测得的长度，mm；

　　　$L_1$——纤维在重负荷下测得的长度，mm；

　　　$L_2$——纤维在重负荷下保持30s后卸载，回复2min，再在轻负荷下测得的长度，mm。

试验结果分别用上述指标20次测定结果的平均数和变异系数表示。

# 第四节　纤维的含油率

化学纤维的油剂分纺丝油剂和纺织油剂。施加纺丝油剂仅仅是为了纺丝工艺的需要，在后道工序中将被洗去再加上纺织油剂。使纺织工艺能顺利进行，纺织油剂因纤维品种及纺织加工工序要求而异，各种油剂的成分和配方并不相同。

原毛和毛条需要测定油脂含量。原毛油脂含量与净毛率、洗毛工艺以及羊种培育等有关。毛条的油脂包括洗毛后的残留油脂和为后道纺织加工所施加的油剂。毛条的油脂含量，不仅影响毛条的重量，而且影响后道加工工艺。

可参照的标准有GB/T 6504—2017《化学纤维　含油率试验方法》等。

## 一、检验方法

根据现行方法标准，使用索氏萃取法测定纤维含油率，操作步骤烦琐，周期较长，其中试样萃取及烘燥过程最为耗时，整个测试需1.5～2天，不适应大批量的分析。采用纤维油脂快速抽出器提取油分，可以满足快速检验的实际需要，具有操作简便迅速，试样及试剂用量少等优点，整个测试仅需4h，从而大幅度缩短了检验时间。这种方法适用于多种纤维油脂快速提取。

## 二、检验原理

测定纤维油脂的含量，采用有机溶剂提取法，其原理是以有机溶剂处理纤维，将纤维中的油剂提取于有机溶剂中，然后再蒸发全部溶剂，称量残余物即为油剂质量。

### 三、检验仪器和试剂

（1）仪器：YG981纤维油脂快速抽取器（图3-4）、AEL-200电子天平（精确到0.0001g）、Y801A型恒温烘箱、干燥器（装有变色硅胶）、蒸发皿、称量盒、钩子、镊子、量筒等。

（2）试剂：乙醚（分析纯）。

图3-4　YG981 纤维油脂快速抽取器

### 四、检验步骤

（1）连接主机与控温仪，接通电源。

（2）将"测量—设定"温度显示转换开关无色点一端按下，调节温度控制设备旋钮。使显示器显示的数字达到需控的温度［本试验使用（120±2）℃］，再将转换开关有色点一端按下。当显示器显示的温度达到温度控制设定点时，红色指示灯亮，试验即可开始。

（3）称好蒸发皿的质量（精确到0.0001g的天平称重），放在加热装置上并压好压圈。

（4）把2g试样用镊子放入抽油筒内，用加压手杆压实，然后放入10mL溶剂，盖好盖子，使溶剂缓慢流出。

（5）溶液不再流出时，将加压手杆放入提油筒内旋转上杆的手柄逐渐加压，使溶液缓慢流出。

（6）挤干溶液后，移开压力上杆和加压手杆，再将10mL溶液加入提油筒内重复缓流，在缓流过程中加压。

（7）待溶液挤干后，取出试样放在称量盒里，置于烘箱中，在100～110℃温度下烘至恒重（如用回潮率计算，可免除这一项）。

（8）蒸发皿溶剂蒸干后，冷却至室温即称重（精确到0.0001g的天平称重）。

### 五、检验结果计算和表示

（1）绝干计算法：

$$含油率 = \frac{油脂重}{脱脂样重 + 油脂重} \times 100\%$$

（2）回潮率计算法：

$$含油率=\frac{油脂重（1+回潮率）}{试样重}\times100\%$$

## 第五节　纤维的回潮率

纺织材料的吸湿或放湿不仅会引起材料本身的质量变化，而且会引起一系列的性质变化。对商品贸易、质量控制、性质测定以及生产加工都会产生影响。回潮率即试样的湿重与干重的差值与干重的百分比。可参照的标准有GB/T 9994—2018《纺织材料公定回潮率》、GB/T 6102.1—2006《原棉回潮率试验方法　烘箱法》、GB/T 6503—2017《化学纤维回潮率试验方法》、GB/T 6102.2—2009《原棉回潮率试验方法　电测器法》等，各种纤维的公定回潮率如表3-4所示。

表3-4　各种纤维的公定回潮率

| 纤维种类 | 公定回潮率/% | 纤维种类 | 公定回潮率/% |
|---|---|---|---|
| 原棉 | 8.5 | 苎麻 | 12.0 |
| 洗净细羊毛 | 16.0 | 黄麻 | 14.0 |
| 洗净异质毛 | 15.0 | 亚麻 | 12.0 |
| 山羊绒条 | 15.0 | 大麻 | 12.0 |
| 干毛条 | 18.25 | 罗布麻 | 12.0 |
| 油毛条 | 19.0 | 木棉 | 10.9 |
| 桑蚕丝 | 11.0 | 黏胶纤维 | 13.0 |
| 锦纶 | 4.5 | 铜氨纤维 | 13.0 |
| 腈纶 | 2.0 | 醋酯纤维 | 7.0 |
| 涤纶 | 0.4 | 莱赛尔纤维 | 13.0 |
| 维纶 | 5.0 | 莫代尔纤维 | 13.0 |
| 氨纶 | 1.3 | 碳纤维、玻璃纤维、金属纤维 | 0.0 |
| 丙纶、乙纶、氯纶 | 0.0 | 椰壳纤维 | 13.0 |

## 一、检测方法

纺织材料含湿量的测定方法大致可分为直接测定法和间接测定法两类。直接测定法是分别测出纺织材料的湿重和干重，经计算而得，这是目前测定纺织材料回潮率最基本的方法。直接测定法主要包括烘箱干燥法、红外线干燥法、真空干燥法、微波烘燥法、吸湿剂干燥法等，其中烘箱干燥法中的通风式烘箱干燥法是国家标准规定的方法。间接测试法是利用纺织材料中含湿量与某些性质密切相关的原理，通过测试这些性质来推测纺织材料的回潮率，如电阻测湿法、电容测湿法、微波吸收法等。此次采用YG747型通风式快速烘箱来进行烘箱干燥法测定回潮率的试验。

## 二、检验原理

烘箱干燥法是利用电热丝加热，当箱内温度升至规定值时把试样放入烘箱内，使纺织材料内的水分蒸发，并利用换气装置将湿空气排出箱外。由于纺织材料内水分不断蒸发和散失，质量不断减少，当质量烘至恒量时，即为纺织材料干重（烘燥过程中的全部质量损失都作为水分），经计算得出回潮率指标。

## 三、检验仪器

YG747型通风式快速烘箱。

## 四、检验步骤

（1）取样：按产品标准的规定或协议抽取样品；取样要有代表性，要采取措施，防止样品中水分有任何变化。

（2）校正烘箱上的链条天平，开启电源开关，通过控温仪的触摸键，调节烘燥温度。

（3）从密封的试样筒或塑料包装袋中取出试样，快速称取试样的烘前质量，精确至0.01g。将称好的试样扯松，扯落的杂质和短纤维应全部放回试样中。

（4）待烘箱内的温度上升至规定温度时，取下链条天平左方的砝码盘和放盘的架子，换上钩篮器和烘篮，校正链条天平的平衡。

（5）从烘箱中取出烘篮，将称好的试样放入烘篮内，将烘篮放入箱内相对应的篮座上。如不足8个试样，则应在多余的烘篮内装入等量的纤维（否则会影响烘燥速度）。关闭箱门，按下启动按钮，烘箱开始工作。

（6）试样烘至规定时间后（约30min），按下［暂停］按钮，1min后关闭排汽阀，打开伸缩盖，开启照明灯，旋转转篮手轮，用钩篮器钩住烘篮逐一称重，记录每个试样的质量。

（7）第一次称重后，关闭伸缩盖，打开排汽阀，按下启动按钮，5min后进行第二次称重，并记录每个试样的质量。

（8）如果2次称重之间的质量差小于第二次质量的0.05%，可认为已经烘干至恒重，第二次质量即为干燥质量（但不是绝对干燥质量）。如果2次称重的质量差大于第二次质量的0.05%，则应重复上述步骤进行第三次称重。

（9）用通风式干湿球温湿度计，测量烘箱周围空气的温湿度。

## 五、结果计算

$$W = \frac{G - G_0}{G_0} \times 100\%$$

式中：$W$——回潮率，%；

$\quad\quad G$——试样的烘前质量，g；

$\quad\quad G_0$——试样的烘干质量，g。

单份试样的$W$值计算精确至小数点后2位，多份试样的平均值，精确至小数点后1位。

注意，混纺纱线的公定回潮率是按混纺组分的纯纺纱线的公定回潮率（%）和混纺比例加权平均而得，取一位小数，四舍五入，其计算公式如下：

$$W_k(\%) = \frac{AW_{k1} + BW_{k2} + \cdots + NW_{kn}}{A + B + \cdots + N}$$

式中：$\quad\quad W_k$——混纺纱的公定回潮率，%；

$W_{k1}$、$W_{k2}\cdots W_{kn}$——混纺各组分的纯纺纱线的公定回潮率，%；

$\quad\quad A$、$B\cdots N$——混纺各组分的干态质量比。

# 第六节　纤维的热收缩性

通常合成纤维遇热会收缩，称为热收缩。热收缩会影响织物的尺寸稳定性，如果将热收缩差异较大的合成纤维交织，经印染高温处理，织物因收缩不匀会产生吊经、吊纬及折皱等疵点。

合成纤维的热收缩性随品种和纺丝工艺而异，热处理条件对其也有影响，如温度、时间、张力、介质（水、蒸汽、热空气）等。

可参照的标准有GB/T 6505—2017《化学纤维长丝热收缩率试验方法（处理后）》等。

## 一、检验方法

品种相同，热处理条件不同，其热收缩率就不同；而品种不同，即使热处理条件相同，其热收缩率差异也很大，经常测试以下3种不同条件下的热收缩率。

（1）热空气收缩率：纤维在一定温度的热空气中处理一定时间后的收缩率。

（2）饱和蒸汽收缩率：纤维在一定温度的饱和蒸汽中处理一定时间后的收缩率。

（3）沸水收缩率：纤维在100℃的沸水中处理一定时间，晾干后的收缩率。

此处以热空气收缩率为例。

## 二、检验原理

用纤维热收缩仪，测量单根纤维热处理前后的长度变化，计算其热收缩率。

## 三、检验仪器

XH–1纤维热收缩仪（图3–5）。

## 四、检验条件

（1）预加张力（即张力弹簧的质量）：参照纤维单强试验的张力（涤纶为0.075cN/dtex）。

（2）热处理条件：可根据不同产品需要，采用不同的热空气温度及热处理时间（表3–5）。

图3-5　XH–1纤维热收缩仪

表3-5　纤维热处理条件

| 纤维品种 | 热处理温度与介质 | 热处理时间/min | 热处理后的平衡时间/min |
|---|---|---|---|
| 涤纶 | 180℃干热空气 | 30 | 30 |
| 锦纶 | 100℃干热空气 | 30 | 30 |
| 腈纶 | 沸水或120℃蒸汽 | 30 | 30 |
| 维纶 | 沸水 | 30 | 30 |

（3）热处理后的平衡及长度测量的标准大气条件：温度（20±2）℃，相对湿度（65±2）%。

### 五、检验步骤

（1）从经过吸湿平衡的试样中随机取出6束纤维，每束取5根。分别用弯头镊子将纤维的一端夹入上弹簧夹中间，另一端夹入张力弹簧中。

（2）再用镊子夹住上弹簧，连同纤维和张力弹簧一起放入仪器样筒圆槽内，按样筒上的顺序排放。

（3）测量热处理前的纤维长度。开启电源，预热10min（此时测量开关应关断，指示红灯点），合上测量开关，将样筒放入仪器的中心轴上，即可自动测量和记录样筒上各顺序号纤维的长度$L_0$。测量完毕，轻抬夹环，使纤维处于松弛状态，取出样筒。

（4）将样筒连同纤维一起进行热处理。干热空气处理采用小型干热空气加热箱（烘箱）。加热至热处理温度后，迅速放入试验筒。处理30min后立即取出，放在标准温湿度下平衡30min。

蒸汽处理时，可采用装有压力表的压力锅，试样筒先放入锅内，扣上限压阀加热，锅内蒸汽压力达117.84kPa或限压阀开始放汽后开始计时，30min后停止加热。

经蒸汽处理后，将试样筒放入45℃的烘箱烘燥30min，然后放置在标准温湿度条件下平衡，如干热空气处理后，样筒可直接放在标准温湿度条件下平衡。

（5）测量热处理后的纤维长度：按上述（3）测量相应顺序号的纤维长度$L_1$。

### 六、结果计算和表示

按下式计算各纤维的热收缩率：

$$S_i = \frac{L_0 - L_1}{L_0 + 2} \times 100\%$$

式中：$S_i$——各纤维的热收缩率，%；

　　　$L_0$——热处理前的纤维长度，mm；

　　　$L_1$——热处理后的纤维长度，m；

　　　2——仪器参数。

计算试样的平均热收缩率和热收缩率变异系数。

## 第七节　纤维的熔点

一种物质由固体熔化成液体的温度，熔融分解时的温度，或化合物熔化时固液两相蒸气压一致时的温度就是该化合物熔点。熔点距是指一个样品在毛细管开始局部液化出现明显液滴时（初熔）至完全熔化（全熔）的温度范围。

## 一、检验方法和原理

### （一）偏光显微镜法及其原理

结晶聚合物如尼龙、聚乙烯、聚丙烯、聚甲醛等材料，是晶相与非晶相共同存在的聚合物。它们不像低分子晶相物质一样有明显的熔点，而是具有一个熔融范围。对于高聚物，利用偏光显微镜法测定其熔点比较合适及准确。

当光射入晶体物质时，由于晶体对光的各向异性作用而出现双折射现象，当物质熔化，晶体消失时，双折射现象也随之消失。基于这种原理，把试样放在偏光显微镜的起偏镜和检偏镜之间进行恒速加热升温，则从目镜中可观察到试样熔化、晶体消失时而发生的双折射消失的现象，双折射消失时的温度被定义为该试样的熔点。

### （二）毛细管法及其原理

在控制升温速率的情况下对毛细管中的试样加热，观察其形状变化，将试样开始变形时的温度作为该聚合物的熔点。

毛细管法是测定部分结晶聚合物的常用方法之一。该法适用于所有部分结晶聚合物及其混合料，即使非结晶聚合物也可适用。而且其仪器简单，操作方便，容易推广，因而得到广泛应用。

## 二、检验仪器和试样

### （一）偏光显微镜法

#### 1. 测试仪器

由带微型加热台的偏光显微镜、温度测量装置及光源等组成。微型加热台有加热电源，台板中间有一个作为光通路的小孔，靠近小孔处有温度测量装置可插入的插孔。加热台上面有热挡板和玻璃盖小室以供通入惰性气体保护试样。

#### 2. 制样

除粉状试样外，其他各种形状的试样都必须切成0.02mm以下的薄片。

把2~3mg试样放在干净的载玻片上，用盖玻片盖上，将此带有试样的玻片放在微型加热台上，加热到比受测材料的熔点高出10~20℃时，用金属取样勺轻压玻璃盖片，使之在二块玻片中间形成0.01~0.05mm的薄片。而后关闭加热电源，让其慢慢冷却，就制成了具有结晶体的试样。

（二）毛细管法

1. 仪器和材料

在金属塞块上有两个或多个孔，温度计和毛细管插入金属加热块上部凹陷部分构成的空室中。该空室侧壁上有4个互成直角的耐热玻璃窗。其中一个窗上装有观察毛细管的目镜，其余用来透入灯光以照亮空室内部，金属块带有加热系统，通过一个变阻器调节输入功率，以控制升温速度。

（1）装试样的毛细管：用耐热玻璃制成的一端封闭的管子，最大外径推荐为1.5mm。

（2）经过校准的温度计分度为1℃，安装时不应妨碍仪器内的热分散。

2. 制样

（1）最好用粒度不大于100μm的粉末或厚度为10～20μm的薄膜切片。如果样品为不易研成粉末的颗粒，则可用刀片切成约5mm长，截面尺寸略小于毛细管内径的细丝。对比试验时，应使用粒度相同或相近（粉末状试样）或厚度近似（非粉末试样）的试样。

（2）为便于观察和比较，试样的装样高度约为5～10mm，并可用自由落体法在坚硬表面上敲击以使其尽可能紧密填实。

（3）如果没有其他规定或约定，试样应在23℃和相对湿度（50±5）%条件下状态调节后再进行测定。

## 三、检验步骤及结果表示

（一）偏光显微镜法

（1）把制备好的试样，放在偏光显微镜加热台上，将光源调节到最大亮度，使显微镜聚焦，转动检偏镜得到暗视场。对于空气能引起降解的试样，必须在热挡板和盖玻片小室内通入一股微弱的惰性气体，以保护试样。

（2）调节加热电源，以标准规定的升温速率进行加热，注意观察双折射现象消失时的温度值，记下此时的温度，就是试样的熔点。

（二）毛细管法

（1）校准温度测量系统：在接近或包含试验所使用的温度范围内定期用试剂或标准物质对仪器的温度测量系统进行校准。

（2）测试：把温度计和装好试样的毛细管插入加热空室中，开始快速加热，当试样温度到达比预期的熔点低大约20℃时。调整升温速度到（2±0.5）℃/min。仔细观察并记录试样形状开始改变的温度。

（3）粉末状试样，一般指试样从不透明变得刚刚完全透明时的温度；不能达到透明阶段的试样，可用试样出现萎缩、凝聚时的温度代替。

（4）非粉末试样，一般指试样锐边消失时的温度；但一些薄膜试样熔融时往往黏附在管壁上，不易观察到锐边的消失，可用试样出现坍塌、黏附时的温度代替。

（5）用第二个试样重复上述操作步骤。如果测得的两次结果之差超过3℃，结果无效。应另取两个新的试样重测。

（6）以测得的两个有效结果的算术平均值作为试样熔点。

## 四、检验注意事项

（一）偏光显微镜法

1. 试样的状态

制备试样时，一定要轻微在盖玻片上施压，使之在两玻片间形成0.01～0.05mm平整的膜。如不施加压力，熔化后试样表面不平整，对光的折射及反射干扰晶体的双折射，从而无法判定其熔化终点，或产生较大的误差。

2. 升温速率

升温速率越快，则温度计指示值滞后越大，所读取的熔点值偏高。所以升温时，要在到达低于试样的熔点10～20℃的温度时，以1～2℃/min的速度升温。

3. 惰性气体保护

有些材料，在加热过程中空气能引起氧化、降解，从而造成无法观察到双折射消失的现象。

（二）毛细管法

1. 状态调节条件

不同状态调节条件对上述试验结果基本没有影响，但考虑到试验的样品有限，故仍采纳了ISO 3146—1985对试样状态调节条件所做的规定。

2. 升温速率

随着升温速率的增加，试样熔点逐渐变低。这是由于温度计指示相对滞后的缘故。

3. 控温起点高低

当测试起点温度比预期的熔点低10～20℃时，试验结果基本一致；而起点温度距预期的熔点约5℃时，试验结果比前者低。

4. 试样粒度大小

一般说来，粗粒熔点低于细粒，细丝状试样熔点又低于粗粒。但粒度小于200μm以后，这种影响就不明显了；另外，粉末试样紧密填实与否对结果也有一些影响。

5. 装样高度的影响

当试样高度为20mm时，所测熔点均低于高度为5mm左右的结果，这可能是由于仪器内温度分布不是绝对均匀所致。高度在2mm时，不易观察和判断。

---

思考题

1. 纤维长度分布是什么？有哪几种形式？

2. 纤维的细度有哪些表达方式？

3. 所谓的纤维的细度不均是指什么？对于纤维长度上的细度不均和截面不均，该如何测量？

4. 纤维的卷曲对加工和使用有什么影响？

5. 纤维的含油率对其哪些性能有影响？

6. 什么是回潮率？什么是公定回潮率？试区别各自的意义及表达内容。

7. 什么是纤维的吸湿滞后性？影响纤维吸湿的因素有哪些？吸湿对纤维的其他哪些性能有影响以及有何影响？对常见纤维的吸湿性能进行排序。

8. 纤维的热收缩性对织物的服用性能有何影响？比较氯纶、维纶、腈纶、锦纶和涤纶的热收缩性能。

9. 为什么长丝的热收缩率大于短纤维？

---

# 纤维力学性能检验

**课题名称：** 纤维力学性能检验

**课题内容：** 纤维的拉伸性能

纤维的耐摩擦性能

纤维的耐疲劳性能

纤维的弯曲与扭转性能

纤维的压缩弹性性能

**课题时间：** 10课时

**教学目的：** 让学生掌握纤维力学性能的机理及其影响因素，了解相关检验

检测原理，熟悉纤维力学性能指标。

**教学方式：** 理论讲授和实践操作。

**教学要求：** 1. 熟悉纤维力学性能的检验检测内容。

2. 熟练操作相关检验检测的仪器。

3. 能正确表达和评价相关的检验结果。

4. 能够分析影响检验结果的主要因素。

# 第四章 纤维力学性能检验

## 第一节 纤维的拉伸性能

纤维在纺织品加工和使用中都会受到各种外力作用而产生变形，甚至被破坏。纤维承受各种外力作用所呈现的特性称为力学性能。纤维的力学性能是纤维品质检验的重要内容，它与纤维的纺织加工性能和纺织品的服用性能关系非常密切。

纤维力学性质测试的主要项目有拉伸性能，包括一次拉伸断裂、拉伸弹性（定伸长弹性或定负荷弹性）、蠕变与应力松弛、拉伸疲劳（多次拉伸循环后的塑性变形）、压缩性能以及表面摩擦性能等。

可参照的标准有GB/T 14334—2006《化学纤维 短纤维取样方法》、GB/T 14335—2008《化学纤维 短纤维线密度试验方法》、GB/T 14337—2008《化学纤维 短纤维拉伸性能试验方法》等。

### 一、检验原理

被测单纤维的一端由上夹持器夹持住，另一端施加标准规定的预张力后由下夹持器夹紧。测试时下夹持器以恒定的速度拉伸试样，下夹持器下降的位移即为纤维的伸长量。试样受到的拉伸力通过和上夹持器相连的传感器转变成电信号，经放大器放大及A/D转换器转换后，由单片机计算出纤维在拉伸过程中的受力情况。

图 4-1 YG（B）005A 型电子单纤维强力机

### 二、检验仪器

YG（B）005A型电子单纤维强力机（图4-1）、镊子、天平等。

## 三、检验方法

（1）取样：按GB/T 14334要求取出实验室样品。

（2）环境及修正：①预调湿用标准大气，温度不超过50℃，相对湿度为10%～25%；②调湿和测试用标准大气按GB 6529执行：温度（20±2）℃，相对湿度（65±3）%。

（3）试样及制备：从实验室样品中随机均匀取出10g作为测试样品，进行预调湿和调湿，使试样达到吸湿平衡（每隔30min连续称量的质量递变量不超过0.1%）。从已达平衡的样品中随机取出约500根纤维，均匀铺放于绒板上以备测定。

（4）确定测试参数：①名义隔距长度：纤维名义长度大于或等于35mm时名义隔距长度为20mm；纤维名义长度小于35mm时为10mm。

②拉伸速度按表4-1设定。

表4-1 纤维拉伸速度设定

| 纤维平均断裂伸长率/% | <8 | ≥8，<50 | ≥50 |
| --- | --- | --- | --- |
| 拉伸速度/mm/min | 50%名义隔距长度 | 100%名义隔距长度 | 200%名义隔距长度 |

**注** 名义隔距长度是纺织材料拉伸试验开始时，两夹钳钳口之间的试样（已加规定预张力）长度。

③预张力设定：腈纶、涤纶：0.075cN/dtex；丙纶、氯纶、锦纶：0.05cN/dtex。注意，预张力按纤维的名义线密度计算，湿态试验时，预张力为干态时的一半，某些纤维如不适合上述预张力，经有关部门协商可另行确定。

④计算线密度：按GB/T 14335—2008《化学纤维 短纤维线密度试验方法》测定该试样的平均线密度。

（一）纤维的一次拉伸断裂试验

1. 一次拉伸断裂试验的表征指标

该试验是测定纤维受外力拉伸至断裂时所需要的力和产生的变形。常用的指标有断裂强力、强度和断裂伸长率。

（1）断裂强力（绝对强力）：纤维能够承受的最大拉伸力，由强力仪直接测得，单位为N（牛顿）、cN（厘牛）。

（2）相对强力：用以比较不同粗细纤维拉伸断裂性质的指标。根据纤维细度指标的不同，对应的强度指标有：

①断裂强度（$P_t$）：指每特（或每旦）纤维能承受的最大拉伸力，又称比强度。计算式如下：

$$P_t = \frac{P}{T_t} \text{ 或 } P_D = \frac{P}{N_d}$$

式中：$P_t$——特数制断裂强度，N/tex；

$\quad\quad P_D$——旦数制断裂强度，N/旦；

$\quad\quad P$——纤维的断裂强力，N；

$\quad\quad T_t$——纤维的线密度，tex；

$\quad\quad N_d$——纤维的旦数，旦。

纤维的断裂强度通常用cN/dtex或cN/旦表示。

②断裂长度（$L_R$）：指纤维自身重量与其断裂强力相等时所具有的长度。即一定长度的纤维，其重量可将自身拉断，该长度即为断裂长度。其计算式为：

$$L_R = \frac{P}{g} \times N_m$$

式中：$L_R$——纤维的断裂长度，km；

$\quad\quad P$——纤维的断裂强力，N；

$\quad\quad g$——重力加速度，9.8m/s$^2$；

$\quad\quad N_m$——纤维公制支数，公支。

③断裂应力（$\sigma$）：指纤维单位面积上能承受的最大拉伸力。其计算式为：

$$\sigma = \frac{P}{S}$$

式中：$\sigma$——断裂应力，N/mm$^2$，即MPa（兆帕）；

$\quad\quad P$——纤维断裂强力，N；

$\quad\quad S$——纤维的截面积，mm$^2$。

在上述3个强度指标中，$P_t$、$P_D$、$L_R$只能用于相同品种（密度一定）不同粗细纤维的相对强力比较。而$\sigma$可用于不同品种、不同粗细纤维之间相对强力的比较。3个强度之间的换算式如下：

$$\sigma = \gamma \times P_t = 9 \times \gamma \times P_D = \gamma \cdot L_R \cdot g$$

式中：$\sigma$——断裂应力，N/mm$^2$；

$\quad\quad \gamma$——纤维密度，g/cm$^3$；

$\quad\quad P_t$——纤维的断裂强度，N/tex；

$\quad\quad P_D$——纤维的断裂强度，N/旦；

$\quad\quad g$——重力加速度，为9.8m/s$^2$；

$\quad\quad L_R$——纤维的断裂长度，km。

（3）断裂伸长率（$\varepsilon$）：指纤维拉伸至断裂时产生的伸长量占原始长度的百分率。断裂伸长率反映纤维承受拉伸变形的能力。计算式如下：

$$\varepsilon = \frac{\Delta L}{L_0} \times 100\% = \frac{L_a - L_0}{L_0} \times 100\%$$

式中：$\varepsilon$——纤维的断裂伸长率，%；

　　$\Delta L$——纤维拉伸至断裂时的伸长量，mm；

　　$L_a$——纤维断裂时的长度，mm；

　　$L_0$——纤维的原始长度，即夹持长度，mm。

2. 拉伸曲线及其表征指标

纤维拉伸至断裂过程中，其负荷（或应力）与伸长（或应变）的关系曲线，称为拉伸曲线。拉伸曲线反映了纤维在拉伸全过程中负荷—伸长的变化及其对应关系，与上述一次拉伸断裂质变相比，它能提供更多的反映拉伸全过程负荷—伸长变化信息，这些信息对于全面了解纤维的力学性质及其对纺织加工和服用性能的影响极有帮助。

纤维的品种不同，其拉伸曲线形态也不同，从拉伸曲线上可算出下述拉伸指标。

（1）断裂强力（$P_a$）：在拉伸曲线上，断裂点a所对应的强力。根据纤维细度指标，可计算出各种强度指标，如$P_t$、$P_D$、$L_R$及$\sigma$等。

（2）断裂伸长量（$\Delta L$）：在拉伸曲线上断裂点a所对应的断裂伸长量，可计算出断裂伸长率（%）。

（3）初始模量（$E$）：指拉伸曲线起始段直线部分的斜率。其大小表示纤维在小负荷作用下变形难易的程度。$E$值越大，表示纤维在小负荷作用下越不易变形；反之亦然。也可根据实际情况，设定一定的伸长值（$L_1$、$L_2$、$L_3$），直接测得所对应的负荷值。

（4）断裂功（$W$）：指拉断纤维外力所做的功。用拉伸曲线与纵、横坐标之间的面积所对应的功表示，单位为N·cm。折算成单位体积或单位质量纤维所做的功，称为断裂比功。常用单位细度（1tex）、单位长度（1cm）纤维所做的功表示，单位为N/tex。

上述各项指标，可由CRE型纤维电子强力机直接测得并显示、打印出其读数，需要时还可画出纤维的拉伸曲线图。

（二）纤维的拉伸弹性试验

将纤维拉伸至一定伸长量$L_1$后，停止拉伸，使试样松弛一定时间（定时$T_1$），然后使下夹持器回升，当纤维的内应力减少至0（实际上是预加张力值）时，伸长回复的值即为纤维的急弹性变形值。此时再让纤维松弛一定时间（定时$T_2$），下夹持器继续回升到原位，至定时$T_2$结束。此后，再将该纤维拉伸一次，当纤维内应力等于设定预张力值时，对应的拉伸值即为塑性变形值。

纤维受拉力作用会产生伸长变形。外力去除后，变形的回复可分成3部分。

（1）急弹性变形：外力去除后立即恢复的变形。

（2）缓弹性变形：外力去除后需等一定时间才逐渐恢复的变形。

（3）塑性变形：外力去除后不能恢复的变形（在规定的条件和时间内）。

## 四、检测步骤

（一）纤维的一次拉伸断裂试验

（1）开机，预热30min。

（2）设定试验参数。

①按［1］键，选择［$F_1$］功能，并输入日期、试样批号、操作员代号。

②按［ENTER］键，输入试样线密度"$L–dt$"、预加张力"$P–ts$"。

预加张力：棉纤维为0.2cN/tex，涤纶、腈纶为0.75cN/tex，其他纤维为0.5cN/tex。湿态试验时，预加张力为干态的一半。

③按［ENTER］键，输入统计次数"$Count$"、夹持距离"$L_0$"。

根据纤维平均长度设定隔距长度"$L_0$"：纤维平均长度＜35mm，$L_0$为10mm；纤维平均长度≥35mm，$L_0$为20mm。

④按［ENTER］键，分别在3个设定点上设置伸长率"$L_1$""$L_2$""$L_3$"（根据实际需要设定）。

⑤按［设定］键两下，仪器进入测试状态，此时才可进行仪器校正，设置调速，观察下夹持器位置的升降及打印方式选择等。

零位校准：将上夹持器挂上，然后按［5/校正］键，观察［F］是否为0。若［F］为0，直接按［·/ESC］键，转入测试状态，若不为0，则按［2/清零］键，清0。当［F］的跳动值≤0.1cN，则按［·/ESC］键，进入测试状态。

力值校准：进行0位调整后，挂上配套吊盘，再将100cN力值的砝码放入吊盘中，看其是否与屏显相符［屏显（9.99±0.1）cN］。若两者不符，则按［ENTER←］键，仪器将自动进行力值校准。

拉伸速度（下夹持器下降速度）调节：按［8/调速］键，输入设定的速度，再按［Enter］键，使仪器回到测试状态。

夹持距离调整：将夹持器调整至与设定的$L_0$相符。

（3）夹装试样。取下上夹持器，松开螺母，用镊子夹住纤维的一端并穿过夹持器中部的榫槽，再拧紧螺母。夹紧试样，用预加张力夹（力值与设定预加张力相同）夹住试样的另一端，将该上夹持器挂上挂钩，松开下夹持器装夹螺母，让夹有预张力的试样在自重作用下穿过夹持器中间的榫槽，拧紧螺母，夹紧试样。

（4）按启动键，开始测试。纤维断裂后，下夹持器可自动回至原来位置。

（5）重复（3）、（4）的操作步骤，直至完成设定的试验次数（每批试样测50，或根据其强力不匀的情况而定）。

（6）测试结果打印输出。在屏显为测试状态时按下［6/打印］键，根据打印要求选择数字键：按下数字键［1］为详细打印；按下数字键［2］为汇总打印；按下数字键［3］为曲线打印。

（二）纤维的拉伸弹性试验

（1）开机，预热30min。

（2）选择功能键［$F_2$］，并设定参数，日期、试样批号、操作者代号、线密度、预加张力、统计次数、加持距离等。具体操作见［$F_1$］功能中的参数设定。

（3）按［ENTER］键，设置定时$T_1$和定时$T_2$。

（4）按［ENTER］键，设置定伸长值$L$。

（5）按［设定］键2次，仪器进入测试状态，此时进行仪器校正、拉伸速度设置、下夹持器升降位置观察试验及打印方式选择。

（6）夹装试样，然后按启动键［16］，开始测试。

## 五、试验结果

读取试验结果并作相关记录。常见纤维的拉伸曲线，如图4-2所示。

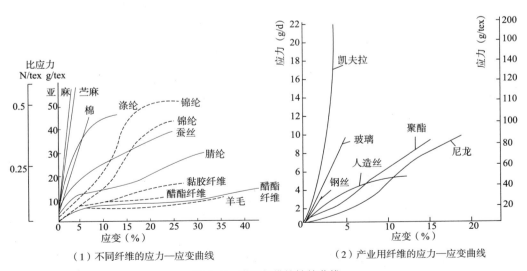

（1）不同纤维的应力—应变曲线　　　　（2）产业用纤维的应力—应变曲线

图4-2　常见纤维的拉伸曲线

## 六、拉伸断裂机理及影响因素

（一）纤维的拉伸断裂机理

纤维开始受力时，其变形主要是纤维大分子链本身的拉伸，即键长、键角的变形。拉伸曲线接近直线，基本符合胡克定律。当外力进一步增加，无定型区中大分子链克服分子链间次价键力而进一步伸展和取向，这时一部分大分子链伸直，紧张的可能被拉断，也有可能从不规则的结晶部分中抽拔出来。次价键的断裂使非结晶区中的大分子逐渐产生错位滑移，纤维变形比较显著，模量相应逐渐减小，纤维进入屈服区。当错位滑移的纤维大分子链基本伸直平行时，大分子间距就靠近，分子链间可能形成新的次价键。这时继续拉伸纤维，产生的变形主要又是分子链的键长、键角的改变和次价键的破坏，进入强化区，表现为纤维模量再次提高，直至达到纤维大分子主链和大多次价键的断裂，致使纤维解体，如图4-3所示。

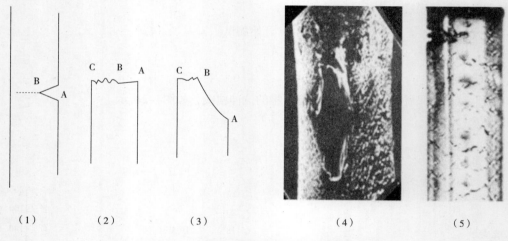

（1）　　　　　（2）　　　　　（3）　　　　　（4）　　　　　（5）

图4-3　纤维拉伸断裂时的裂缝和断裂面

（二）影响纺织纤维拉伸性质的因素

1. 纤维的内部结构

（1）聚合度：聚合度越高，强度越高。

（2）纤维大分子的取向度：取向度增大，纤维断裂强度增加，断裂伸长率降低（图4-4）。

（3）结晶度：纤维的结晶度越高，纤维的断裂强度、屈服应力和初始模量表现得较高（图4-5）。

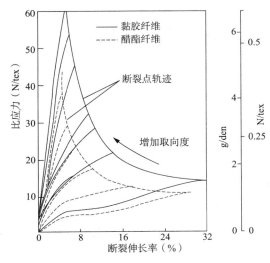

图 4-4　不同取向度纤维的应力—应变曲线

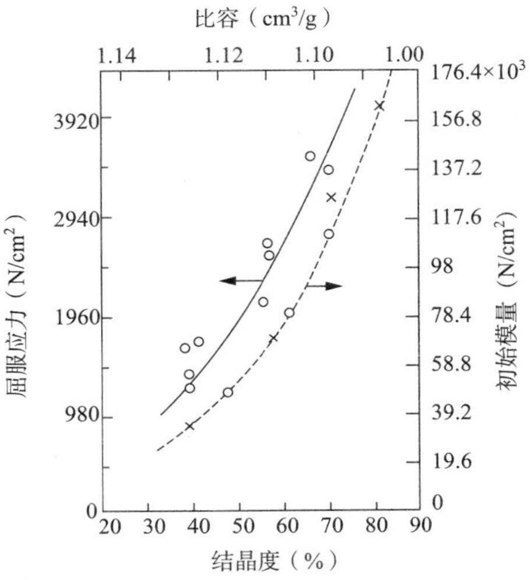

图 4-5　聚丙烯纤维结晶度对拉伸性能的影响

2. 试验条件的影响

（1）温度和相对湿度：一般情况下，温度高，拉伸强度下降，断裂伸长率增大，拉伸初始模量下降（图4-6）。纺织材料吸湿的多少，对它的力学性质影响很大，绝大多数纤维随着回潮率的增加而强力下降，所有纤维的断裂伸长量都是随着回潮率的升高而增大（图4-7）。

（2）试样长度：试样越长，弱环出现的概率越大，测得的断裂强度越低。

（3）试样根数：由束纤维试验所得的平均单纤维强力比单纤维试验时的平均强力低。

（4）拉伸速度：拉伸速度对纤维断裂强力与伸长率的影响较大。

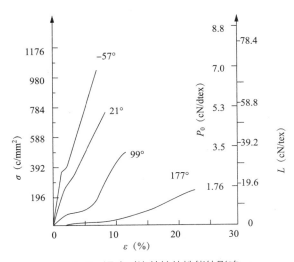

图 4-6　温度对涤纶拉伸性能的影响

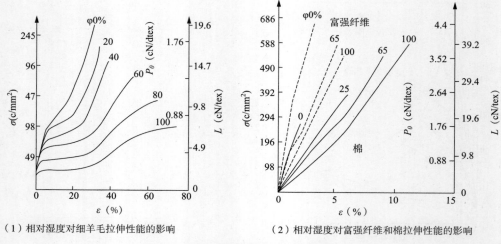

（1）相对湿度对细羊毛拉伸性能的影响　　　　　（2）相对湿度对富强纤维和棉拉伸性能的影响

图4-7　相对湿度对纤维拉伸性能的影响

## 第二节　纤维的耐摩擦性能

　　纤维的耐摩擦性能通常用摩擦阻力和摩擦系数表示，摩擦阻力是两个相互接触的物体在法向压力作用下，沿着切向相互移动的阻力。摩擦力分静摩擦力和动摩擦力，摩擦力与法向压力的比值，称为摩擦系数，也分静摩擦系数和动摩擦系数。由于纺织纤维固有的结构特点（细、长、柔软、表面微细结构独特，而且有各种附加物等），即使法向压力为零，纤维之间做相对运动时也会产生摩擦阻力，该阻力称为抱合力。当摩擦力和抱合力同时存在时，这两种阻力之和统称为切向阻力。纤维的摩擦性能与纤维的表面结构、纤维表面的附加物（如棉蜡糖分油脂油剂等）以及化学纤维中是否有消光剂有关。纺织纤维的摩擦性能不仅直接影响到纺织工艺的顺利进行，而且与纱、织物的质量关系密切，特别是合成纤维广泛应用于纺织工业后，纤维摩擦特性的研究倍受关注。

### 一、检验原理

　　测量短纤维的摩擦系数一般用绞盘法，将纤维以一定角度$\theta$包围在绞盘上（辊轴的材料可以是钢、陶瓷或包覆纤维），纤维的两端分别挂上相同重量$f_0$的张力夹，其中一端的张力夹挂在扭力天平钩子上，另一端分别垂下，当辊轴顺时针做等速回转时，由于纤维与绞盘表面存在着摩擦力，使纤维两端的张力不等（$f_1>f_2$），此时扭力天平指针偏向一边。为了测量扭力天平称钩上受力大小，可扳动手柄，使天平指针回复到零位，此时天平读数为$m$。则$f_2=f_0$，而$f_1=f_0-m$，根据欧拉公式，纤维在绞盘上的摩擦系数可用下式计算：

$$f_2 = f_1 e^{\mu\theta}$$

$$\mu = \frac{1}{\theta} \ln \frac{f_2}{f_1}$$

式中：$f_2$——绞盘紧端的纤维张力，cN；

　　　$f_1$——绞盘松端的纤维张力，cN；

　　　$\theta$——纤维与绞盘之间的包角，（°）；

　　　$\mu$——摩擦系数。

## 二、检验仪器

Y151型纤维摩擦系数测试仪（图4-8、图4-9）、镊子等。

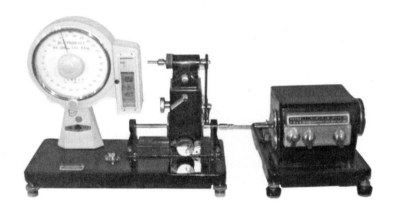

图 4-8　Y151 型纤维摩擦系数测试仪

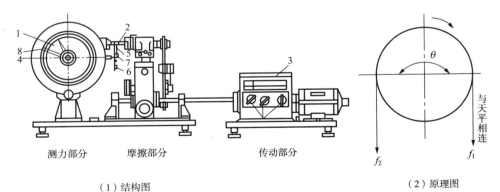

（1）结构图　　　　　　　　　　　　　　　　（2）原理图

图 4-9　Y151 型纤维摩擦系数测试仪结构图与原理图

1—刻度盘　2—纤维试样辊　3—变速箱　4—变速旋钮　5—纤维
6—扭力天平钩　7—张力夹　8—手柄

### 三、检验用试样

当需要测定纤维与纤维之间的摩擦系数时，应首先制作纤维试验辊。

（1）将试样先在标准大气条件下调湿，再将试样制成试验辊，试验辊制作的好坏是保证试验结果正确的关键。试验辊的表面要求光滑，不得有毛丝，不得沾有汗污，纤维要平行于金属芯轴，均匀地排列在芯轴的表面。

（2）从试样中任意取出0.5g左右的纤维，用手整理成大致平行整齐的纤维束（注意手必须洗净，防止手中油汗污染纤维）。然后用手夹持纤维束的一端，用梳子梳理另一端，将纤维束中的纤维结和乱纤维去掉，梳完后再倒过来梳另一端，此时纤维片的宽度约为30mm，厚约为0.5mm。

（3）将纤维片用镊子夹到纤维成型板上，并使纤维片超出成型板上端边20mm，将此超出部分折入成型板的下侧，并用夹子夹住。

（4）将成型板上的纤维片用金属梳子梳理整齐后，再用塑料透明胶带粘住成型板前端（即不夹夹子的一端），将纤维片粘住胶带两端各留出5mm左右，粘在试验台上。

（5）去掉夹子，抽出成型板，将弯曲的纤维剪掉，使留下的纤维片长度在30mm左右，揭起粘在试验台上的塑料透明胶带右端，将其粘在金属芯轴顶端，旋转芯轴。这样用塑料透明胶带粘住的纤维片就卷绕在芯轴的表面。将露出辊芯上端（约2～3mm）的胶带和粘住的纤维折入端孔，用顶端螺钉和垫圈固定，然后再用金属梳子梳理不整齐的一端，使纤维平行于金属芯辊，均匀地排列在芯轴的表面，并用剪刀剪齐，从金属芯轴的右端套入螺母，从金属芯轴的左端套入螺钉拧紧（注意拧紧时只转动螺母而不能转动螺钉）。检查纤维辊表层是否平滑、如有毛丝，则用镊子夹取。最后将做好的纤维辊插入辊芯架内，重复以上步骤，共做5个纤维辊。

如果测定纤维与金属或纤维与橡胶间的摩擦系数，可直接将金属辊芯或橡胶辊芯插入主轴内孔。

### 四、检验步骤

（一）动摩擦系数的测定

（1）接通电源，打开扭力天平开关，校准扭力天平的零位。

（2）将准备好的纤维辊（或金属辊）插进仪器主轴内孔，用紧固螺钉固紧。

（3）在试样中任选1根纤维，在两端夹上100mg的张力夹头各1个，将其中的1个张力夹头跨骑在扭力天平秤钩上，另一个绕过纤维辊表面，自由地悬挂在纤维辊的另一端。如果被测纤推较粗，或卷曲数很多，可选用150mg或200mg的张力夹头。

（4）调节纤维辊的前后、左右、高低位置，以保证测试纤维在纤维辊上的包角为180°，使测试纤维垂直悬挂，不能歪斜。

（5）调节纤维辊转速至30r/min（即ADG档），开动电动机，使扭力天平指针偏向右边，转动扭力天平手柄，直至扭力天平的指针回到中央，记录扭力天平上的读数。每根挂丝重复此测定操作2～3次，记录其平均值。每个纤维辊要测挂6根丝，5个纤维辊共测定30个数值（可根据需要增减测定次数），分别记录之，求出扭力天平读数的平均值，计算动摩擦系数值。

### （二）静摩擦系数的测定

使纤维辊不转动，缓慢转动扭力天平手柄，直至纤维与纤维辊之间发生突然滑移，读取扭力天平指针开始偏转时扭力天平上的读数。测试次数与动摩擦系数相同。动摩擦系数测试与静摩擦系数测试交替进行，同一根纤维测定静摩擦系数后，可接着测定动摩擦系数。静摩擦系数的计算公式与动摩擦系数的计算公式相同。

## 第三节　纤维的耐疲劳性能

纤维的疲劳指在小于断裂强度的恒定拉伸负荷的长时间作用下，或在多次加负荷、去负荷的反复循环作用下材料被破坏的现象。耐疲劳性通常是指纤维在反复负荷作用下，或在静负荷的长时间作用下不被损伤或破坏的性能。

### 一、疲劳破坏形式

#### （一）静态疲劳（蠕变疲劳）

纤维材料在一个较弱的恒定拉伸力作用下，开始时纤维材料迅速伸长，然后伸长速度逐步变慢，最后趋于不明显，到达一定时间后，材料在最脆弱的地方发生断裂。这是由于蠕变过程中，外力对材料不断做功，直至材料被破坏，也称为静态疲劳或蠕变疲劳。即由恒定负荷长时间作用，蠕变过程所致的疲劳。

静态疲劳指标为材料被破坏的时间。

#### （二）动态疲劳（拉伸疲劳）

多次动态（或拉伸）疲劳，它是指纤维材料经受多次加负荷、减负荷的反复循环作用，因为塑性变形的逐渐积累，纤维内部局部损伤，形成裂痕，最后被破坏的现象。即由加负荷、减负荷交替作用，塑性变形逐渐积累所致的疲劳。

动态疲劳指标是指坚牢度或耐久度，即材料能承受交替负荷作用的循环次数。

## 二、测试方法

（1）选择一定大小的恒定负荷作用于纤维，直至纤维被破坏，测其所需要的时间。

（2）纤维在某一恒定负荷反复拉伸作用下直至被破坏，测其所需要的拉伸循环次数。

（3）纤维经定负荷或递增定负荷反复拉伸作用后，测其累积的塑性变形值。

本试验采用方法（3）。

## 三、检验原理

### （一）定负荷反复拉伸试验

将纤维拉伸至设定的负荷值（负荷的上限）$F^+$后，下夹头上升。当纤维内应力逐渐减少至设定的负荷下限$F^-$时，下夹头再下降，开始第二次拉伸，如此重复上述过程，直至反复拉伸到达设定的循环次数$n$，仪器自动测出其塑性变形，单次试验结束。

### （二）负荷递增反复拉伸试验

与定负荷反复拉伸试验基本相同，区别在于递增定负荷反复拉伸试验中的负荷上限$F^+$与下限$F^-$不是恒定的，而是在每一次拉伸后都有一个递增量。

## 四、检验仪器

YG（B）005A型电子单纤维强力机、镊子等。

## 五、检测步骤

### （一）定负荷反复拉伸试验

（1）开机，接通电源，预热30min。

（2）设定参数。先按［·/ESC］键，再按［设定］键，进入功能选择，按数字［5］，为定负荷反复拉伸试验。接着设置日期、试样批号、夹持距离、预加张力等参数。

（3）按［ENTER］键，设置定时$T_1$=0、$T_2$=0（根据需要，$T_1$、$T_2$可不为0），反复拉伸循环次数为$n$。

（4）按［ENTER］键，设置定负荷上限值$F^+$、定负荷下限值$F^-$。

（5）按［设定］键2次，进入测试状态，即可进行仪器的校正、调速、下夹头位置升降观察、试验及打印方式选择。

（6）夹装试样，按［启动］键，开始测试。显示屏将跟踪显示测试过程中所处的功能状态代号、循环次数及总塑性变形值$L_3$。测试完毕，下夹头自动复位。

（7）试验结果打印输出、经定负荷（$F^-\sim F^+$）反复拉伸后测得的总塑性变形值平均数$X_{mean}$、均方差$DT$及变异系数$CV$。

### （二）负荷递增反复拉伸试验

基本与定负荷反复拉伸试验相同，但需在第（5）个步骤后，增加一个步骤，即按［ENTER］键，设置负荷上限递增量$DTE^+$和负荷下限递增量$DTE^-$，其余全部按定负荷反复拉伸试验的操作步骤进行。

定负荷值要根据实际使用情况以及纤维试样拉伸曲线屈服点附近对应的负荷值来确定。

## 六、纤维耐疲劳性能的影响因素

（1）纤维材料性能：纤维的拉伸断裂功大，纤维弹性回复率大，则纤维耐疲劳性好。

（2）试验或实际应用条件：每次加负荷较小，加负荷停顿时间较短，卸负荷后停顿时间较长，则纤维耐疲劳性好。

# 第四节　纤维的弯曲与扭转性能

纤维在纺织加工和使用过程中都会遇到弯曲。纤维抵抗弯曲作用的能力较小，具有非常突出的柔顺性。纤维在垂直于其轴线的平面内受到外力的作用就产生扭转。纤维弯曲变形的回复性能是影响织物起皱的因素，纤维的弯曲和扭转性能使纤维受到压缩作用。

## 一、检验原理和方法

### （一）纤维的弯曲性能检验

根据Euler载荷原理，即利用纤维轴向的载荷来产生弯曲，由于纤维长径比较大，因此压缩过程中偏心作用成为主导，纤维被弯曲，而不是被纯压缩。采用下端握持，上端铰链的单纤维压缩弯曲模型来构造测量装置。

### （二）纤维的扭转性能检验

测试纤维或纱线的抗扭刚度及研究其扭转性能，不像测试纤维或纱线的强伸特性时用测试仪器那么方便，往往需要在实验室搭建测试装置。纤维和纱线扭转性能的测试方法与原理基本可分为两类：扭摆型、扭力秤型。

图4-10  单扭摆原理示意图

#### 1. 扭摆型

各种测量纤维和纱线的扭转性能的扭摆型装置设计得复杂多样，但其基本原理大致相同。原理示意图如图4-10所示。

扭摆法是研究纤维和纱线扭转性能最基本也是最方便的方法。当纤维试样被加捻再放开，摆动会逐渐衰减。它可通过测量与纤维相挂的棒或圆盘的低频摆动周期，从而计算得到纤维的抗扭刚度。计算式如下：

$$\varGamma = \frac{\pi}{2} \cdot \eta_f \cdot G \cdot r^4$$

式中：$\varGamma$——抗扭刚度，$cN \cdot cm^2$；

$\eta_f$——纤维的弯曲截面形状系数；

$G$——纤维剪切弹性量，$cN/cm^2$；

$r$——纤维截面按等面积折合成正圆形时的半径，cm。

在单摆基础上研制出复合摆，即惯性盘装在扭丝与样品间。用双摆的方法将纤维浸入到液体中获得纤维的抗扭刚度；双摆技术克服了由液体带来的阻尼难题。在前人双摆的基础上研究改进了双摆技术，测量单根纤维的抗弯刚度和抗扭刚度。用16～110mg（长113～216cm）的轻合金棒悬挂于115cm长纤维下，可控制扭摆周期约为4～10s，在该情况下，阻尼可以忽略。以束纤维代替单纤维测量苎麻纤维的抗扭刚度。用扭摆型方法测试混纺纱的扭转性能，纱线试样须做成环状。

#### 2. 扭力秤型

扭力秤原理示意如图4-11所示。试样居于下端的加捻头和上端已知其扭转性能的扭丝之间。平衡指针或其他指示装置介于样品与扭丝之间。当样品被加捻时，由指针或其他指示装置（如光杠杆方法）来表示样品扭矩的大小。

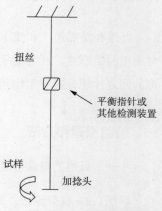

图4-11  扭力秤原理示意图

## 二、检测设备和试样

纤维扭转性能的扭摆型装置（图4-12）、镊子等。

图 4-12　扭摆型装置

## 三、试样准备

根据所需纤维针的长度，用双面胶粘贴于模板的横档上，将纤维平行伸直地粘贴于双面胶上，再覆盖单面胶。按平行于双面胶方向沿虚线剪开，可得长度相等的一组纤维针；与双面胶成一定角度剪开，可得长度梯度变化的一组纤维针；分两次剪开，可得长度台阶变化的一组纤维针。再沿与纤维轴平行方向虚线剪开，即可获得单纤维针。单纤维试样放入金属夹头，准备进行压缩弯曲实验（图4-13）。

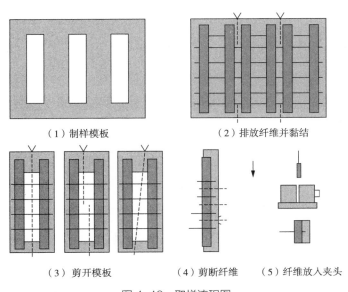

（1）制样模板　　　　　　（2）排放纤维并黏结

（3）剪开模板　　　（4）剪断纤维　　（5）纤维放入夹头

图 4-13　取样流程图

## 四、检测步骤

分别对20根羊毛纤维和15根脱胶丝纤维进行了弯曲实验，纤维针的基本参数如表4-2所示，分别做羊毛和蚕丝单纤维试样的直径分布图和长径比分布图（图4-14），图中虚线分别为直径平均值和长径比平均值。虽然羊毛的平均直径 $\bar{D}_w$（28.06μm）大于蚕丝的平均直径 $\bar{D}_s$（10.67μm），但由于丝纤维等效弯曲模量较大，因此在切断纤维时需要注意调整单纤维试样的长度，使得羊毛的平均长径比（30.68）小于蚕丝的平均长径比（60.29），从而让羊毛和蚕丝单纤维弯曲实验有更强的可靠性。

表4-2 羊毛和蚕丝单纤维试样基本参数

| 试样种类 | 试样数/个 | 直径范围/μm | 直径平均值/μm | 标准差/μm | 长径比范围 | 长径比平均值 |
|---|---|---|---|---|---|---|
| 羊毛 | 20 | 18.57～42.09 | 28.06 | 7.03 | 18.01～43.88 | 30.68 |
| 蚕丝 | 15 | 8.38～12.26 | 10.67 | 1.21 | 39.41～80.19 | 60.29 |

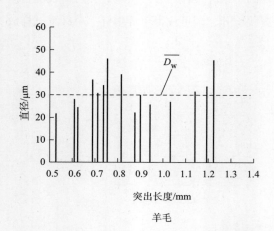

羊毛

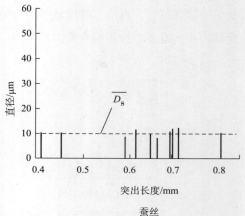

蚕丝

（1）单纤维试样直径分布图

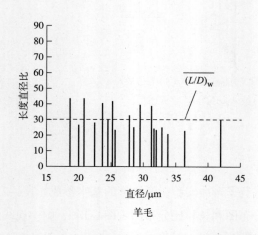

羊毛

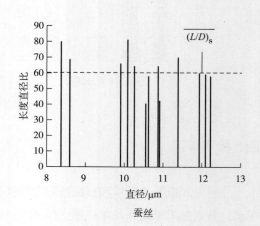

蚕丝

（2）单纤维试样长径比分布图

图4-14 单纤维试样直、长径比分布图

## 五、检验结果计算和表示

纤维抗弯刚度反映了纤维抵抗弯曲的能力，其综合了纤维本质弯曲因素（即弯曲模量）和横截面因素（即直径与横戴面形状），如图4-15所示。在定量化分析单纤维弯曲性能时，有必要把纤维本质弯曲因素分离出来。因此对单纤维的等效弯曲模量进行了实验计算。根据压缩弯曲仪的实验原理，考虑纤维截面形态的影响，相应的临界载荷$P_{cr}$按下式计算：

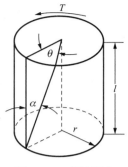

图4-15 扭转刚度

$$P_{cr} = \frac{20.19E_B K_B I_0}{L^2} = (0.99E_B K_B)\frac{D^4}{L^2}$$

式中：$P_{cr}$——压缩弯曲临界载荷，cN；

$I_0$——惯性矩，$cm^4$；

$E_B$——等效弯曲模量，$cN/cm^2$；

$K_B$——截面形状系数；

$L$——单纤维突出长度，cm；

$D$——纤维直径，cm。

常用纤维的扭转性能如表4-3所示。

### 表4-3 常用纤维的扭转性能

| 纤维种类 | 剪切强度/cN/tex | | 拉伸强度/cN/tex | |
|---|---|---|---|---|
| | R.H.65% | 水湿 | R.H.65% | 水湿 |
| 棉 | 8.4 | 7.6 | 23.5 | 21.6 |
| 亚麻 | 8.1 | 7.4 | 25.5 | 28.4 |
| 蚕丝 | 11.6 | 8.8 | 31.4 | 24.5 |
| 普通黏胶 | 6.4 | 3.1 | 17.6 | 6.9 |
| 富强纤维 | 10.4 | 9.4 | 70.6 | 58.8 |
| 铜氨纤维 | 6.4 | 4.6 | 17.6 | 7.8 |
| 醋酯纤维 | 5.8 | 5.0 | 11.8 | 7.8 |
| 锦纶 | 11.2 | 9.5 | 39.2 | 35.3 |
| 偏氯纶 | 9.8 | 9.4 | 19.6 | 24.5 |

纤维的剪切与拉伸强度，如表4-4所示。

表4-4　纤维的剪切与拉伸强度

| 纤维种类 | 断裂捻角 α（°） | |
| --- | --- | --- |
| | 短纤维 | 长丝 |
| 棉 | 34 ~ 37 | — |
| 羊毛 | 38.5 ~ 41.5 | — |
| 蚕丝 | — | 39 |
| 亚麻 | 21.5 ~ 29.5 | — |
| 普通黏胶纤维 | 35.5 ~ 39.5 | 35.5 ~ 39.5 |
| 强力黏胶纤维 | 31.5 ~ 33.5 | 31.5 ~ 33.5 |
| 铜氨纤维 | 40 ~ 42 | 33.5 ~ 35 |
| 醋酯纤维 | 40.5 ~ 46 | 40.5 ~ 46 |
| 涤纶 | 59 | 42 ~ 50 |
| 锦纶 | 56 ~ 63 | 47.5 ~ 55.5 |
| 腈纶 | 33 ~ 34.5 | — |
| 酪素纤维 | 58.5 ~ 62 | — |
| 玻璃纤维 | — | 2.5 ~ 5 |

# 第五节　纤维的压缩弹性性能

纤维的压缩弹性是纤维堆抵抗压力及压缩后回弹的能力。纤维块体加压后再解除压力，纤维块体积逐渐膨胀，但一般不能恢复到原来的体积。压缩后的体积（或一定截面时的厚度）回复率即表示了纤维块体被压缩后的回复弹性。

纺织材料后加工工艺过程及服用性能，如保暖性和透气性等性质与纤维的压缩弹性回复率关系密切。压缩弹性回复率大，纺织材料的保持孔隙的能力大，能储存较多的空气，故保暖性良好，透气性能也好。

## 一、检验原理和方法

表示纤维堆的压缩弹性的指标主要有压缩率及压缩回弹力。

采用恒定压力法来检验纤维的压缩弹性，需要对试样施加恒定的轻、重压力，保持一定的时间，分别测试试样的厚度。

## 二、检验仪器和试样

压板、天平、砝码、秒表、钢直尺、纤维压缩弹性仪（图4-16）。

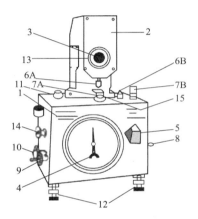

图4-16　纤维压缩弹性仪

1—本体　2—指示仪室　3—指示仪　4—压力计　5—零点指示板　6A—织物用测定子　6B—纤维块用测定子
7A—织物加压台　7B—纤维块容器及加压台　8—回转指示仪送入把手　9—回转加压把手
10—压力计零点调整把手　11—水准器　12—水准调节螺旋脚
13—指示仪零点调整装置　14—停止把手　15—试样

## 三、检测步骤

（1）取样，试样尺寸为20cm×20cm，调湿时间为24h。

（2）将试样均匀地放入圆形的容器中（测纤维时6A处换上6B），转动加压手柄至100g，此时杠杆失去平衡，然后旋转示压计手柄直至杠杆重新达到平衡（杠杆的平衡位置可通过棱镜观察），1min后在测厚计上读得试样厚度为$a$。

（3）转动加压手柄至1000g，同上操作使其达到平衡，1min后在测厚计上读得试样厚度为$b$。

（4）缓慢均匀地转动加压手柄，使指针回复至100g，同上操作在回复过程中不断校正平衡位置。3min后在测厚计上读得试样厚度为c。

（5）试验结束后，转动加压手柄和示压计手柄至零位。在容器内取出试样，重复上述操作再做第二个试样。

## 四、结果计算和表示

$$压缩回弹率 = \frac{c-b}{a-b} \times 100\%$$

$$压缩率 = \frac{a-b}{a} \times 100\%$$

式中：$a$——初负荷100g时试样厚度，mm；

　　　$b$——重负荷1000g时试样厚度，mm；

　　　$c$——回复至初负荷100g时试样厚度，mm。

---

思考题

1. 分别阐述初始模量、断裂功、断裂伸长量、弹性回复率的物理意义。
2. 影响纤维拉伸性能的因素有哪些？
3. 分析纤维摩擦的机理及影响纤维摩擦系数的因素。列举纤维摩擦中的基本现象及其产生的原因。
4. 什么是纤维疲劳？造成其产生的因素有哪些？
5. 阐述纤维疲劳性能与纤维拉伸性能之间的关系。
6. 表示纤维弯曲、扭转性能的指标是什么？纤维的弯曲与扭转性能影响织物哪些性能？

---

# 纤维其他性能检验

**课题名称：** 纤维其他性能检验

**课题内容：** 品级

异性纤维含量

马克隆值

疵点

导电性

**课题时间：** 10课时

**教学目的：** 让学生掌握纤维品级、异性纤维含量、马克隆值、疵点及导电性能评定的标准、内容、指标及方法。

**教学方式：** 理论讲授和实践操作。

**教学要求：** 1. 熟悉纤维其他性能的检验检测内容。

2. 熟练操作相关检验检测的仪器。

3. 能正确表达和评价相关的检验结果。

4. 能够分析影响检验结果的主要因素。

# 第五章　纤维其他性能检验

## 第一节　品级

纱线品质取决于纤维性质和工艺，而纺纱工艺又受到纤维性质的影响。采用相同的纺纱设备，在相同的纺纱条件下，有些纤维容易纺纱，成纱品质优良；而有些纤维的加工性能差，纺纱速度低，产品质量差。现代纺纱技术要求原料的加工性能好，即不但能加工出符合质量要求的产品，还必须使成本降低、经济效益提高。因此，在纺纱投产之前，必须对原材料的品质进行考核和品质评定。可参照的标准有GB 1103—2012系列标准、GB/T 14464—2008《涤纶短纤维》、FZ/T 52002—2012《锦纶短纤维》、GB/T 16602—2008《腈纶短纤维和丝束》、GB/T 14463—2008《粘胶短纤维》、GB/T 6097—2012《棉纤维试验取样方法》。

### 一、检验原理和方法

在纺织原料品质标准中，分短纤维和长丝两大类。短纤维类包括棉、羊毛、麻、绢纺原料和各种化学短纤维；长丝类包括生丝和各种化纤长丝。长丝类纤维品质评定中一般包括物理机械性能、外观均匀度和疵点，有些长丝还需测定低分子含量等。短纤维性质中的纤维长度、细度、强伸性质、截面形状与表面特征及杂质和疵点对成纱质量都有影响，在原料品质评定中应多加注意。

（一）原棉品级条件（表5-1）

（二）原棉品级条件参考指标

原棉品级条件参考指标如表5-2所示。

表5-1 原棉品级条件

| 品级 | 籽棉 | 皮辊棉 | | | 锯齿棉 | | |
|---|---|---|---|---|---|---|---|
| | | 成熟程度 | 色泽特征 | 轧工质量 | 成熟程度 | 色泽特征 | 轧工质量 |
| 一级 | 早、中期优质白棉，棉瓣肥大，有少量一般白棉和带淡黄尖、黄线的棉瓣、杂质很少 | 成熟好 | 色洁白或乳白，丝光好，稍有淡黄染 | 黄根、杂质很少 | 成熟好 | 色洁白或乳白，丝光好，微有淡黄染 | 索丝、棉结、杂质很少 |
| 二级 | 早、中期好白棉，棉瓣大，有少量轻雨锈棉和个别僵瓣棉，杂质少 | 成熟正常 | 色洁白或乳白，有丝光，有少量淡黄染 | 黄根、杂质少 | 成熟正常 | 色洁白或乳白，有丝光，稍有淡黄染 | 索丝、棉结、杂质较少 |
| 三级 | 早、中期一般白棉和晚期好白棉，棉瓣大小都有，有少量雨锈棉和个别僵瓣棉，杂质稍多 | 成熟一般 | 色白或乳白，稍见阴黄，稍有丝光，淡黄染、黄染稍多 | 黄根、杂质稍多 | 成熟一般 | 色白或乳白，稍有丝光，有少量淡黄染 | 索丝、棉结、杂质较少 |
| 四级 | 早、中期较差的白棉和晚期白棉，棉瓣小，有少量僵瓣或轻霜、淡灰棉，杂质较多 | 成熟稍差 | 色白略带灰、黄，有少量污染棉 | 黄根、杂质较多 | 成熟稍差 | 色白略带阴黄，有淡灰、黄染 | 索丝、棉结、杂质稍多 |
| 五级 | 晚期较差的白棉和早、中期僵瓣棉，杂质多 | 成熟较差 | 色灰白带阴黄，污染棉较多，有糟绒 | 黄根、杂质多 | 成熟较差 | 色灰白有阴黄，有污染棉和糟绒 | 索丝、棉结、杂质较多 |
| 六级 | 各种僵瓣棉和部分晚期次白棉，杂质很多 | 成熟差 | 色灰黄，略带灰白，各种污染棉、糟绒多 | 杂质很多 | 成熟差 | 色灰白或阴黄，污染棉、糟绒较多 | 索丝、棉结、杂质多 |
| 七级 | 各种僵瓣棉、污染棉和部分烂桃棉，杂质很多 | 成熟很差 | 色灰暗，各种污染棉、糟绒很多 | 杂质很多 | 成熟很差 | 色灰黄，污染棉、糟绒多 | 索丝、棉结、杂质很多 |

表5-2 原棉品级条件参考指标

| 品级 | 成熟系数 ≥ | 断裂比强度/cN/tex≥ | 轧工质量 | | | | |
|---|---|---|---|---|---|---|---|
| | | | 皮辊棉 | | 锯齿棉 | | |
| | | | 黄根率/% ≤ | 毛头率/% ≤ | 疵点粒/100g ≤ | 毛头率/% ≤ | 不孕籽含棉率/% |
| 一级 | 1.6 | 30 | 0.3 | 0.4 | 1000 | 0.4 | 20～30 |
| 二级 | 1.5 | 28 | 0.3 | 0.4 | 1200 | 0.4 | 20～30 |
| 三级 | 1.4 | 28 | 0.5 | 0.6 | 1500 | 0.6 | 20～30 |
| 四级 | 1.2 | 26 | 0.5 | 0.6 | 2000 | 0.6 | 20～30 |
| 五级 | 1.0 | 26 | 0.5 | 0.6 | 3000 | 0.6 | 20～30 |

（三）涤纶短纤维的质量指标

涤纶短纤维的质量指标如表5-3所示。

表5-3 涤纶短纤维的质量指标

| 序号 | 项目 | 棉型 | | | | | | 中长型 | | | 毛型 | | |
|---|---|---|---|---|---|---|---|---|---|---|---|---|---|
| | | 高强棉型 | | | 普强棉型 | | | | | | | | |
| | | 优等品 | 一等品 | 合格品 | 优等品 | 一等品 | 合格品 | 优等品 | 一等品 | 合格品 | 优等品 | 一等品 | 合格品 |
| 1 | 断裂强度（cN/dtex）≥ | 5.50 | 5.30 | 5.00 | 5.00 | 4.80 | 4.50 | 4.60 | 4.40 | 4.20 | 3.80 | 3.60 | 3.30 |
| 2 | 断裂伸长率[a]（%） | $M_1\pm4.0$ | $M_1\pm5.0$ | $M_1\pm8.0$ | $M_1\pm4.0$ | $M_1\pm5.0$ | $M_1\pm10.0$ | $M_1\pm6.0$ | $M_1\pm8.0$ | $M_1\pm12.0$ | $M_1\pm7.0$ | $M_1\pm9.0$ | $M_1\pm13.0$ |
| 3 | 线密度偏差率（%）± | 3.0 | 4.0 | 8.0 | 3.0 | 4.0 | 8.0 | 4.0 | 5.0 | 8.0 | 4.0 | 5.0 | 8.0 |
| 4 | 长度偏差率（%）± | 3.0 | 6.0 | 10.0 | 3.0 | 6.0 | 10.0 | 3.0 | 6.0 | 10.0 | — | — | — |
| 5 | 超长纤维率（%）≤ | 0.5 | 1.0 | 3.0 | 0.3 | 1.0 | 3.0 | 0.3 | 0.6 | 3.0 | — | — | — |
| 6 | 倍长纤维含量（mg/100g）≤ | 2.0 | 3.0 | 15.0 | 2.0 | 3.0 | 15.0 | 2.0 | 6.0 | 30.0 | 5.0 | 15.0 | 40.0 |
| 7 | 疵点含量（mg/100g）≤ | 2.0 | 6.0 | 30.0 | 2.0 | 6.0 | 30.0 | 3.0 | 10.0 | 40.0 | 5.0 | 15.0 | 50.0 |
| 8 | 卷曲数[b]（个/25mm） | $M_2\pm2.5$ | $M_2\pm3.5$ | $M_2\pm3.5$ | $M_2\pm2.5$ | $M_2\pm3.5$ | $M_2\pm3.5$ | $M_2\pm2.5$ | $M_2\pm3.5$ | $M_2\pm3.5$ | $M_2\pm2.5$ | $M_2\pm3.5$ | $M_2\pm3.5$ |
| 9 | 卷曲率[c]（%） | $M_3\pm2.5$ | $M_3\pm3.5$ | $M_3\pm3.5$ | $M_3\pm2.5$ | $M_3\pm3.5$ | $M_3\pm3.5$ | $M_3\pm2.5$ | $M_3\pm3.5$ | $M_3\pm3.5$ | $M_3\pm2.5$ | $M_3\pm3.5$ | $M_3\pm3.5$ |
| 10 | 180℃干热收缩率[d]（%） | $M_4\pm2.0$ | $M_4\pm3.0$ | $M_4\pm3.0$ | $M_4\pm2.0$ | $M_4\pm3.0$ | $M_4\pm3.0$ | $M_4\pm2.0$ | $M_4\pm3.0$ | $M_4\pm3.5$ | ≤5.5 | ≤7.5 | ≤10.0 |
| 11 | 比电阻[e]（Ω·cm）≤ | $M_5\times10^8$ | $M_5\times10^9$ | $M_5\times10^9$ | $M_5\times10^8$ | $M_5\times10^8$ | $M_5\times10^9$ | $M_5\times10^8$ | $M_5\times10^9$ | $M_5\times10^9$ | $M_5\times10^8$ | $M_5\times10^9$ | — |
| 12 | 10%定伸长强度（cN/dtex）≥ | 2.80 | 2.40 | 2.00 | — | — | — | — | — | — | — | — | — |
| 13 | 断裂强度变异系数（%）≤ | 10.0 | 15.0 | 15.0 | 10.0 | — | — | 13.0 | — | — | — | — | — |

a $M_1$为断裂伸长率中心值，棉型20.0%~35.0%范围内选取，中长型25.0%~40.0%范围内选取，毛型35.0%~50.0%范围内选取，确定后不得任意变更；

b $M_2$为卷曲数中心值，由供需双方在8.0个/25mm~14.0个/mm范围内选取，确定后不得随意变更；

c $M_3$为卷曲率中心值，由供需双方在10.0%~16.0%范围内选取，确定后不得随意变更；

d $M_4$为180℃干热收缩率中心值，由供需双方在10.0%~16.0%范围内选取，高强棉型在≤7.0%范围内选取，中长型在≤9.0%范围内选取，普强棉型在≤10.0%范围内选取，确定后不得随意变更；

e $M_5\geq1.0\,\Omega\cdot cm$且$<10.0\,\Omega\cdot cm$。

注：
1. 线密度偏差率以名义线密度为计算依据。
2. 长度偏差率以名义长度为计算依据。

（四）中长型涤纶短纤维的质量指标（表 5-4）

表5-4　中长型涤纶短纤维的质量指标

| 考核项目 | 高强中长型 | | | | 普强中长型 | | | |
|---|---|---|---|---|---|---|---|---|
| | 优等品 | 一等品 | 二等品 | 三等品 | 优等品 | 一等品 | 二等品 | 三等品 |
| 断裂强度（cN/dtex）≥ | 4.00 | 3.800 | 3.600 | | 3.70 | 3.50 | 3.30 | |
| 断裂伸长率（%）$M_1 \pm$ | 6.0 | 8.0 | 10.0 | 12.0 | 7.0 | 9.0 | 11.0 | 13.0 |
| 线密度偏差率（%）± | 4.0 | 5.0 | 6.0 | 8.0 | 4.0 | 5.0 | 6.0 | 8.0 |
| 长度偏差率（%）± | 3.0 | 6.0 | 7.0 | 10.0 | — | | | |
| 超长纤维率（%）≤ | 0.3 | 0.6 | 1.0 | 3.0 | — | | | |
| 倍长纤维含量（mg/100g）≤ | 2.0 | 6.0 | 15.0 | 30.0 | 5.0 | 15.0 | 20.0 | 40.0 |
| 疵点含量（mg/100g）≤ | 3.0 | 10.0 | 15.0 | 40.0 | 5.0 | 15.0 | 25.0 | 50.0 |
| 卷曲数（个/25mm）$M_2 \pm$ | 2.5 | 3.5 | | | 2.5 | 3.5 | | |
| 卷曲率（%）$M_3 \pm$ | 2.5 | 3.5 | | | 2.5 | 3.5 | | |
| 180℃干热收缩率/（%）$M_4 \pm$ | 2.0 | | 3.5 | | ≤5.5 | ≤7.5 | ≤9.0 | ≤10.0 |
| 比电阻（Ω·cm）≤ | $M_5 \times 10^8$ | | $M_5 \times 10^9$ | | $M_5 \times 10^8$ | | $M_5 \times 10^9$ | |
| 10%定伸长强度（cN/dtex）≥ | — | | | | — | | | |
| 断裂强度变异系数（%）≤ | 13.0 | — | | | — | | | |

（五）锦纶短纤维性能指标（表5-5）

表5-5　锦纶短纤维性能指标

| 序号 | 项目 | 0.89~2.21dtex | | | 2.22~3.32dtex | | | 3.33~14.0dtex | | |
|---|---|---|---|---|---|---|---|---|---|---|
| | | 优等品 | 一等品 | 合格品 | 优等品 | 一等品 | 合格品 | 优等品 | 一等品 | 合格品 |
| 1 | 线密度偏差率（%） | ±9.0 | ±11.0 | ±13.0 | ±8.0 | ±10.0 | ±12.0 | ±6.0 | ±8.0 | ±10.0 |
| 2 | 长度偏差率（%） | ±8.0 | ±10.0 | ±12.0 | ±8.0 | ±10.0 | ±11.0 | ±6.0 | ±8.0 | ±10.0 |
| 3 | 断裂强度（cN/dtex）≥ | 3.80 | 3.60 | 3.40 | 3.80 | 3.60 | 3.40 | 3.80 | 3.60 | 3.40 |
| 4 | 断裂伸长率（%） | $M_1^a±12.0$ | $M_1±14.0$ | $M_1±16.0$ | $M_1±12.0$ | $M_1±14.0$ | $M_1±16.0$ | $M_1±12.0$ | $M_1±14.0$ | $M_1±16.0$ |
| 5 | 疵点含量（mg/100g）≥ | 15.0 | 25.0 | 50.0 | 10.0 | 20.0 | 40.0 | 10.0 | 20.0 | 40.0 |
| 6 | 倍长纤维含量（mg/100g）≤ | 20.0 | 40.0 | 70.0 | 20.0 | 40.0 | 70.0 | 20.0 | 60.0 | 80.0 |
| 7 | 卷曲数[b]（个/25mm） | $M_2^b±2.0$ | $M_2±2.5$ | $M_2±3.0$ | $M_2±2.0$ | $M_2±2.5$ | $M_2±3.0$ | $M_2±2.0$ | $M_2±2.5$ | $M_2±3.0$ |

注　a $M_1$为断裂伸长率中心值，由供需双方协商确定，确定后不得任意变更。
　　b $M_2$为卷曲数中心值，由供需双方协商确定，确定后不得任意变更。

（六）腈纶短纤维性能指标（表5-6）

表5-6　腈纶短纤维性能指标

| 性能项目 | | 指标值 | | |
|---|---|---|---|---|
| | | 优等品 | 一等品 | 合格品 |
| 线密度偏差率（%） | | ±8 | ±10 | ±14 |
| 断裂强度[a]（cN/dtex） | | $M_1±0.5$ | $M_1±0.6$ | $M_1±0.8$ |
| 断裂伸长率[b]（%） | | $M_2±8$ | $M_2±10$ | $M_2±14$ |
| 长度偏差率（%） | ≤76mm | ±6 | ±10 | ±14 |
| | >76mm | ±8 | ±10 | ±14 |

续表

| 性能项目 | | 指标值 | | |
|---|---|---|---|---|
| | | 优等品 | 一等品 | 合格品 |
| 倍长纤维含量（mg/100g） | 1.11～2.21dtex ≤ | 40 | 60 | 600 |
| | 2.22～11.11dtex ≤ | 80 | 300 | 1000 |
| 卷曲数$^c$（个/25mm） | | $M_3 \pm 2.5$ | $M_3 \pm 3.0$ | $M_3 \pm 4.0$ |
| 疵点含量（mg/100g） | 1.11～2.21dtex ≤ | 20 | 40 | 100 |
| | 2.22～11.11dtex ≤ | 20 | 60 | 200 |
| 上色率$^d$（%） | | $M_4 \pm 3$ | $M_4 \pm 4$ | $M_4 \pm 7$ |

注 a 断裂强度中心值$M_1$由各生产单位根据品种自定，断裂强度下限值：1.11～2.21dtex不低于2.1cN/dtex、2.22～6.67dtex不低于1.9cN/dtex、6.68～11.11dtex不低于1.6cN/dtex。
　　b 断裂伸长率中心值$M_2$由各生产单位根据品种自定。
　　c 卷曲数中心值$M_3$由各生产厂根据品种自定。
　　d 上色率中心值$M_4$由各生产单位根据品种自定。

## （七）黏胶短纤维性能指标（表5-7）

### 表5-7　黏胶短纤维性能指标

| 序号 | 项目名称 | 棉型黏胶短纤维 | | | 中长型黏胶短纤维 | | | 毛型和卷曲毛型黏胶短纤维 | | |
|---|---|---|---|---|---|---|---|---|---|---|
| | | 优等品 | 一等品 | 合格品 | 优等品 | 一等品 | 合格品 | 优等品 | 一等品 | 合格品 |
| 1 | 干断裂强度（cN/dtex）≥ | 2.15 | 2.00 | 1.90 | 2.10 | 1.95 | 1.80 | 2.05 | 1.90 | 1.75 |
| 2 | 湿断裂强度（cN/dtex）≥ | 1.20 | 1.10 | 0.95 | 1.15 | 1.05 | 0.90 | 1.10 | 1.00 | 0.85 |
| 3 | 断裂伸长率（%） | $M_1 \pm 2.0$ | $M_1 \pm 3.0$ | $M_1 \pm 4.0$ | $M_1 \pm 2.0$ | $M_1 \pm 3.0$ | $M_1 \pm 4.0$ | $M_3 \pm 2.0$ | $M_3 \pm 3.0$ | $M_3 \pm 4.0$ |
| 4 | 线密度偏差率（%）± | 4.00 | 7.00 | 11.00 | 4.00 | 7.00 | 11.00 | 4.00 | 7.00 | 11.00 |
| 5 | 长度偏差率（%）± | 6.0 | 7.0 | 11.0 | 6.0 | 7.0 | 11.0 | 7.0 | 9.0 | 11.0 |
| 6 | 超长纤维率（%）≤ | 0.5 | 1.0 | 2.0 | 0.5 | 1.0 | 2.0 | — | — | — |
| 7 | 倍长纤维含量（mg/100g）≤ | 4.0 | 20.0 | 60.0 | 4.0 | 30.0 | 80.0 | 8.0 | 50.0 | 120.0 |
| 8 | 残硫量（mg/100g）≤ | 12.0 | 18.0 | 28.0 | 12.0 | 18.0 | 28.0 | 12.0 | 20.0 | 35.0 |
| 9 | 疵点含量（mg/100g）≤ | 4.0 | 12.0 | 30.0 | 4.0 | 12.0 | 30.0 | 6.0 | 15.0 | 40.0 |
| 10 | 油污黄纤维（mg/100g）≤ | 0 | 5.0 | 20.0 | 0 | 5.0 | 20.0 | 0 | 5.0 | 20.0 |
| 11 | 干断裂强力变异系数（$CV$）（%）≤ | 18.0 | — | | 17.0 | — | | 16.0 | — | |
| 12 | 白度（%） | $M_2 \pm 3.0$ | — | | $M_2 \pm 3.0$ | — | | $M_4 \pm 3.0$ | — | |
| 13 | 卷曲数（个/25mm） | — | — | — | — | — | — | $M_5 \pm 2.0$ | | $M_5 \pm 3.0$ |

注　$M_1$、$M_3$为干断裂伸长率中心值，$M_1 \geq 19\%$，$M_3 \geq 18\%$；$M_2$、$M_4$为白度中心值，$M_2 \geq 65\%$，$M_4 \geq 55\%$；$M_5$为卷曲中心值由供需双方协商确定，卷曲数只考核卷曲毛型黏胶短纤维；中心值亦可根据用户需求确定，一旦确定，不得随意更改。

## 二、检验步骤及结果表示

（一）原棉品级检验

1. 检验仪器与工具

棉花分级室（自然光照分级室或人工光照分级室）、黑绒板、小钢尺、各种杂质标样、皮辊棉和锯齿棉实物标准各一套。

2. 取样

（1）试样为不同品级的锯齿棉或皮辊棉，取样应具有代表性。

（2）从10包原棉中（不足10包按10包计）抽1包，每个取样棉包抽取检验样品约300g形成批样。

（3）成包原棉从棉包上部开包后，去掉棉包表层的棉花，抽取完整成块样品，供品级、长度、马克隆值、异性纤维和含杂率等检验，装入取样筒；再从棉包10～15cm深处，抽出检验样品，装入取样筒内，密封。

3. 检验

（1）检验品级时，手持棉样压平、握紧并举起，在实物标准旁进行对照，使棉样密度与品级实物的标准密度相似，确定品级。

（2）分级时，应用手将棉样从分级台上抓起，使底部呈平行状态转向上，拿至稍低于肩胛离眼睛40～50cm处，与实物标准对照进行检验。凡在本标准以上、上一级标准以下的原棉即定为该品级。

（3）原棉品级应按取样数逐一检验，并记录其品级。

4. 检测结果和表示

$$平均品级=\frac{（品级甲×棉样包数）+（品级乙×棉样包数）+\cdots}{棉样总包数}$$

（二）化学短纤维品级检验

1. 检验仪器与工具

电子单纤维强力仪、中段切断器、卷曲弹性仪、比电阻仪、热收缩仪、烘箱、索氏萃取器、原棉杂质分析机、镊子、钢尺、黑绒板。

2. 检测步骤

（1）水中软化点检测：从梳理整齐的试样中取出25根纤维，合并成一束，在一端挂上一个铅锤（70mg），然后绑在玻璃刻度板上，使纤维束下端的铅锤的上边线对准刻度的基准线，上端的绑结线与下端基准线之间的长度为20mm。每批试样测五束。将绑有试样的刻度板固定在温度计上，并将温度计插入盛有2/3容积水的耐压玻璃管中，悬挂在橡皮塞上，加上压紧装置。加热至80℃后，控制升温速度为1℃/min。当纤维收缩100%时，读取温度计上的温度，作为水中软化点的测定值。

（2）色差试验：在批量样品中，每包随机取一小束（约1g），用手扯法整理，使纤维基本平直，将整理好的纤维束平铺于绒板上（绒板颜色与纤维颜色成对比色），将最深一束与最浅一束的色差（包括同一束内部的色差），按标准评定变色用灰色样卡进行比较，评定其等级。本白色纤维不考虑色差。

（3）纤维上色率的测定：按标准规定配制染液，并将配制好的染液吸入染色管，放入染色小样中，当温度达到70℃时，纤维入染，在105℃下恒温染色1h。染色结束将热水放掉，放入冷却水冷却至室温。然后从染色管中吸取3mL残液，并移入100mL容量瓶中，用分光光度计在620nm波长下测定溶液的吸光度。

3. 检验结果和表示

化学短纤维的上色率用以下公式计算：

$$上色率=\frac{染液吸光度-残液吸光度}{染液吸光度}\times100\%$$

在化学短纤维的品质检验中，对不同的纤维还需要进行特殊的检验，如黏胶纤维要进行硫量检验。不同的化纤，根据检测得到的各项指标，对照标准要求评定其等级。

# 第二节　异性纤维含量

异性纤维是指混入棉花中的对棉花及其制品质量有严重影响的非棉纤维和色纤维，如化学纤维、毛发、丝、麻、塑料膜、塑料绳、染色线（绳、布块）等。这里又将异性纤维分成两类，一是非棉纤维的其他纤维性物质，二是有色纤维。

参照标准有GB/T 6097—2012《棉纤维试验取样方法》、GB/T 6499—2012《原棉含杂率试验方法》、GB 1103.1—2012《棉花　第1部分：锯齿加工细绒棉》、GB 1103.2—2012《棉花　第2部分：皮辊加工细绒棉》。

## 一、检验原理和方法

异性纤维含量检验仅适用于成包皮棉。采用手工挑拣方法，计算棉包中异性纤维含量，检验结果保留两位小数。

## 二、检验方法和结果表示

### （一）取样

（1）按批抽取样品检验：该方法是从棉花加工的过程中，在皮滑道上直接抽取，从10棉包的棉花里共抽取2kg的样本，照此法进行完毕并将样品汇总，即为待检验的样本。

（2）逐包抽取样本检验：这种方法要求检验对象为同一天、同一籽垛以及同一生产线的产品。在皮滑道上直接抽取，从10包棉包里共抽取2kg的抽检样本，汇总后即为该检验样本。

### （二）检测步骤及结果

（1）这两种检验方法采用的都是人工挑选的方法。

（2）设样本总质量为$Z$，所挑选出来的异性纤维为$T$，结果为$V$。

（3）使用1kg刻度的磅秤称量总量$Z$，并保留三位有效数字。

（4）在光线充足或者检验台上仔细挑选棉花样本中的非棉纤维。

（5）利用0.1mg的磅秤称量挑选出来的全部非棉纤维。

（6）通过公式$V=T/Z$即能够计算出异性纤维的含量。

# 第三节　马克隆值

在国际贸易中，马克隆值列为棉花质量的考核指标。马克隆值试验是各国普遍采用的一种测试方法，马克隆值越大，表示纤维越成熟，线密度越大。国际上将马克隆值3.5～4.9作为优质马克隆值，我国GB 1103—2007《棉花 细绒棉》将马克隆值分为A、B、C三级，B级为标准级，A级取值范围为3.7～4.2，品质最好；B级取值范围为3.5～3.6和4.3～4.9；C级取值范围为3.4及以下和5.0及以上，品质最差。

参照标准有GB/T 6097—2012《棉纤维试验取样方法》、GB/T 6498—2008《棉纤维马克隆值试验方法》、BS ISO 2403—2014《纺织品棉纤维马克隆值的测定》、GB 1103—2012系列标准。

## 一、检验原理

通过气流仪测试棉纤维马克隆值。气流仪是在一定压力差下，测量纤维集合体的空气流量，根据流量与纤维的比表面积之间的关系来间接地测量纤维的细度。气流仪上指示的透气性的刻度，可以标定为马克隆值；也可以用流量或压力差读数表示，再换算成马克隆值。

## 二、检验仪器和取样

Y175型气流仪（图5-1）、天平（分度值为0.01g）、蒸馏水、漏斗、镊子、干湿球温度计等。

图5-1 Y175型气流仪

## 三、检验步骤

（1）取样：从实验室样品中均匀地抽取10g或30g，供气流仪检测棉纤维成熟度或马克隆值用；从抽取的试验样品中拣去明显杂质。如棉籽、沙粒等，调湿后按仪器规定的质量称取2个或3个试样，称量精确度为试样质量的±0.2%。

（2）压差表及压差天平调整：仪器通气前，首先观察压差表指针是否停在零位，如有偏差，应调节压差表底部的"调零螺丝"。然后将手柄放在后面的位置，即手柄杆和水平面垂直、接通气泵电源（或捏动充气球），向储气筒内充气，待储气筒内浮塞停稳后。此时压差表指针仍应指在零位；如有偏差，应调整仪器内部的基准通气口，使指针指在零位。从压差表下部钩子上取下8g砝码放置在称样盘内，旋转天平调正旋钮，直到指针指示在压差表"◆"形符号的中间。

（3）校正阀校验：仪器开启后，接通电源，将校正阀插入试样筒内。将手柄向下扳至前位，将校正阀顶端的圆柱塞拉出，检查压差表的指针是否在"mic 6.5"，若不在，可调节零位调节阀，直至合适。将校正阀的圆柱塞推入，检查压差表的指针是否在"mic 6.5"，如果不符合，调节量程调节阀，直至达到标定值。重复校验，直至两个标定值基本符合，然后将手柄回复至后位，取出校正阀，放回校正阀托架内。

（4）校准棉样校验：将马克隆值较低和较高的校准棉样分别放入试样筒内，将手柄向下扳至前位，检查压差表指针是否在校准棉样的标定值。如果指针不在标定值，对低马克隆值的棉样，调节零位调节阀直至合适；对高马克隆值的棉样，调节量程调节阀直至合适。重复校验，直至指示值和标定值之间的误差不超过0.1，然后用马克隆值处于中间范围的校准棉样在仪器上进行测试，若仪器指示的马克隆值和标定值的差异不超过0.1，则该仪器已校准，可进行正常测试；若超过0.1，则重复上述步骤，根据差异情况适当地将高、低马克隆值的棉样的值调得偏高或偏低于标定值，使三个校准样的仪器指示值与标定值之间的误差都不超过0.1。

（5）仪器调整好后，检测试样：将试样均匀地装入试样筒，可用手扯松纤维，以分解开棉块，但不要过分地牵伸，防止纤维趋向平行。然后盖上试样筒上盖，并锁定在规定的位置上。

（6）将手柄扳至前位，从压差表上读取马克隆值（精确到两位小数）。

（7）将手柄扳至后位，打开试样筒上盖，取出试样，准备下一个试样的测试。

（8）测试两个试样，如果两个试样的马克隆值差异超过0.10，则从同样品中再取一个新试样进行测试，根据三个试样的测试结果计算平均值。注意，从仪器中取出试样时不要丢失纤维，并尽可能地避免以手接触试样，以保持试样原有的温湿度。

## 四、检验结果和表示

取两次试验结果的平均值作为马克隆值的最终结果，修约至两位小数。

# 第四节 疵点

疵点是指生产过程中形成的不正常异状纤维，包括僵丝、并丝、硬丝、注头丝、未牵伸丝、胶块、硬板丝、粗纤维等。疵点的存在会影响纤维的可纺性和成品质量。

参照标准有GB/T 6103—2006《原棉疵点试验方法》、GB/T 14339—2008《化学纤维短纤维疵点试验方法》、GB/T 18147.6—2000《大麻纤维试验方法 第6部分：疵点试验方法》等。本文以原棉疵点检验为例。

## 一、检验原理和方法

疵点检验可称取一定质量的试样，在原棉杂质分析机上反复处理二次后，将落下物放在黑绒板上，用镊子拣出疵点，称重后折算成每100g纤维中含疵点纤维的质量（mg/100g），也可采用手拣法，直接用手拣出称重后，折算成每100g纤维的疵点纤维的质量（mg/100g），丙纶短纤维采用此法。以下主要介绍原棉疵点检测方法。

## 二、检验仪器

天平（分度值为0.01g、0.2mg、0.02mg）、镊子、黑绒板、光面黑板、玻璃压板、原棉疵点灯箱（灯泡8W、磨砂玻璃罩）等。

## 三、检验步骤

### （一）取样

试样为原棉。测试棉结的实验室样品，批量在300包及以下的棉花，抽取1份实验室样品；批量为301～600包的棉花，抽取2份实验室样品；批量大于600包的棉花，抽取3份实验室样品。从实验室样品中均匀地抽取锯齿棉10g或皮辊棉10g和5g各一份，供检测原棉疵点用。取样中若发现棉籽或危害性杂物，应予以剔除。

1. 锯齿棉

（1）从10g试样（精确至0.01g）中，用镊子拣取破籽、不孕籽、索丝、软籽表皮和僵片，分别计数或称取质量（精确至0.2mg）。

（2）将拣过以上各项疵点的试样均匀混合后，随机称取2份质量各2g（精确至0.01g）的试样，一份用于拣取棉结和带纤维籽屑，另一份仅用于拣取棉结，分别计数或称取质量（精确至0.02mg）。棉结两次试验结果的差值应符合允许偏差（一份实验室样品在重复条件下进行的两次棉结测试试验，其试验结果的差值不得大于2粒；若大于2粒，应增试一次，并以三次试验结果的算术平均值为该实验室样品的试验结果）。

（3）试验过程中若发现棉籽或危害性杂物，应予以剔除，其质量由实验室样品中的同一样品补偿。

2. 皮辊棉

（1）从10g试样（精确至0.01g）中，用镊子拣取破籽、不孕籽、软籽表皮和僵片，分别计数或称取质量（精确至0.2mg）。

（2）将已拣出以上各项疵点的试样均匀混合后。随机移取2g试样（精确至0.01g），拣取带纤维籽屑，计数或称取质量（精确至0.02mg）。

（3）从5g试样（精确至0.01g）中拣取黄根，称取质量（精确至0.2mg）。

（4）试验过程中若发现棉籽或危害性杂物，应予以剔除，其质量由实验室样品中的同一样品补偿。

### （二）检验结果计算与修约

1. 单项疵点粒数

$$N_i = \frac{n_i}{m_i} \times 100$$

式中：$N_i$——单项疵点粒数，粒/100g；

　　　$n_i$——从试样中拣出的单项疵点的粒数，粒；

　　　$m_i$——试样的质量，g。

2. 总疵点粒数

$$N = \sum_{i=1}^{n} N_i$$

式中：$N$——总疵点粒数，粒/100g；

$N_i$——单项疵点粒数，粒/100g；

$i$——疵点类别。

3. 黄根率

$$L_8 = \frac{m_8}{m} \times 100\%$$

式中：$L_8$——黄根率，%；

$m_8$——从试验试样中拣出的黄根的质量，g；

$m$——试验试样的质量，g。

疵点粒数的计数为整数，黄根质量百分率的计算结果按GB/T 8170—2008的规定修约至两位小数。

# 第五节　导电性

在电场作用下，电荷在材料中定向移动而产生电流的特征称为材料的导电性质。导电能力的大小主要与材料对电流阻碍的作用有关，其物理量常用电阻表示。反映纤维材料导电性质的物理量为纤维的比电阻。比电阻的值越大，纤维的导电能力越差。比电阻有表面比电阻、体积比电阻和质量比电阻三种。合成纤维的吸湿能力一般较差，回潮率低，比电阻较高，在加工过程中容易产生静电，影响加工的顺利进行。因此，测量合成纤维的比电阻，对预测纤维的加工性能具有重要的意义。

可参照标准有：GJB 6919—2009《导电纤维丝束性能测试评价方法》、FZ/T 52050—2018《导电涤纶短纤维》、FZ/T 52032—2014《导电锦纶短纤维》等。

## 一、检验原理

根据欧姆定律，把一定质量的纤维放入一定容积的测试盒里，放入压块后一起放入箱体内，对试样进行加压，使其具有一定密度，两端加上一定电压，通过表头测出试样电阻值，代入公式计算出纤维的质量比电阻和体积比电阻。

## 二、检验仪器

YG321型纤维比电阻仪（图5-2）、天平（精度为0.01g）、镊子、黑绒板、粗梳、密梳。

图 5-2　YG321 纤维比电阻仪

## 三、检验步骤

（1）取样：从实验室样品中随机均匀取出30g以上纤维，用手扯松后置于标准温湿度下调湿平衡4h以上。从已达吸湿平衡的样品中，随机称取两份15g纤维试样，做比电阻测定用。

（2）仪器在使用前，［电源］开关应在［关］的位置，［倍率］开关置于［∞］处，［放电-测试］开关置于［放电］位置。

（3）将仪器接地端用导线妥善接地。

（4）接通电源，合上［电源］开关，将［放电-测试］开关拨至［100V测试］档。待仪器预热30min后慢慢调节［∞］旋钮，使表头指针指在［∞］处。

（5）将［倍率］开关拨至［满度］位置，调节［满度］调节旋钮，使表头指针指在［满度］位置。

（6）将［倍率］开关再拨至［∞］处和［满度］位置。检查表头指针是否在［∞］和［满度］处。这样反复几次，直至把仪器调好为止。注意，调试时不能把测试盒放入箱体内。

（7）用四氯化碳将测试盒内清洗干净，并用纤维比电阻仪测试其绝缘电阻，不低于10min后待用。

（8）将称好的15g试样均匀放入盒内，推入压块，并放入箱体内，转动加压手柄，直至摇不动为止。

（9）将［放电-测试］开关拨至［放电］，待极板上因填装纤维而产生的静电散逸后，再将［放电-测试］开关拨至［100V测试］档。

（10）拨动［倍率］开关，使表头指针稳定在一定读数上。这时"表头读数×倍率"即为被测纤维在一定密度下的电阻值。为了减少读数误差，表头指针应尽量在表头右半部偏转，否则可选择50V测试档，注意这时被测纤维电阻值的大小为"表头读数×倍率"。

（11）测试过程中指针有不断上升现象时，以通电后1min的读数作为被测纤维的电阻值。

（12）将［放电-测试］开关拨至［放电］位置，倍率选择开关拨至［∞］位置，取出纤维测试盒，进行第二份试样的测试。

## 四、实验结果计算与修约

（1）体积比电阻：

$$\rho_v = R \times \frac{m}{l^2 \times d}$$

（2）质量比电阻：

$$\rho_m = R \times \frac{m}{l^2}$$

式中：$\rho_v$——试样的体积比电阻，$\Omega \cdot cm$；

$\rho_m$——试样的质量比电阻，$\Omega \cdot g/cm^2$；

$R$——试样的电阻值，$\Omega$；

$l$——两极板间的距离，$cm$；

$m$——试样质量，$g$；

$d$——试样密度，$g/cm^3$。

---

思考题

1. 阐述原棉、皮辊棉和锯齿棉的定义。

2. 我国细绒棉评级的依据是什么？化学纤维品质评定的要素是什么？阐述天然纤维和化学纤维品质评定的重要性。

3. 阐述马克隆值的定义及其重要性。

4. 阐述纤维比电阻的定义，列举影响纤维比电阻的主要因素。

---

# 纱线篇

●
●
●

## 纱线基本特征检验

**课题名称：** 纱线基本特征检验

**课题内容：** 纱线的基本结构特征

纱线基本特征参数检验

**课题时间：** 7课时

**教学目的：** 让学生客观且全面地认识纱线，熟练地分析和测试纱线的基本结构、细度、捻度、含油率及回潮率。

**教学方式：** 理论讲授和实践操作。

**教学要求：** 1. 熟悉常用纱线的结构特征，能正确识别织物中纱线的类别。

2. 掌握纱线的细度、捻度、含油率及回潮率的检验检测内容。

3. 熟练操作相关检验检测的仪器。

4. 能正确表达和评价相关的检验结果。

5. 能够分析影响检验结果的主要因素。

# 第六章　纱线基本特征检验

## 第一节　纱线的基本结构特征

纱线结构的要求是外观形态的均匀性，内在组成质量和分布的连续性，以及纤维间相互作用的稳定性。描述结构特征的参数主要是四类：反映纤维堆砌特点的纱线的体积密度；反映多股加捻和多重复捻纱线的根数、加捻方向等参数；反映纱线外观粗细及变化的直径及直径变异系数，或纱线质量及其均匀性的线密度及线密度不匀（条干不匀）；表达纱线结构稳定性的纤维间的摩擦系数、缠结点或接触点数、作用片段或滑移长度等。结构特征参数的决定因素主要是纤维的排列状态、堆砌密度及纤维间的相互作用。

### 一、常用纱线的结构特征

#### （一）环锭纱

（1）基本结构特征是内紧外松。

（2）半数纤维呈圆锥形螺旋线；小部分纤维不发生内外转移，呈圆柱形螺旋线。

（3）小部分纤维弯勾、打圈、对折等。

（4）多数纤维头端外露形成毛羽，少数头端弯曲、皱缩或卷绕其他纤维。

#### （二）自由端纱

（1）纤维内外转移不显著，多数纤维呈圆柱形螺旋线。

（2）纱条中纤维伸直度低，弯勾、打圈、对折的纤维数量多。

（3）转杯纺纱内松外紧、外层多包缠纤维、内层纤维取向性高。

（4）自由端纱表面粗糙，光泽差、手感硬但条干均匀度好。

（三）复合纱和结构纱

复合纱的结构特征，由其长/短、短/短、长/长复合比例与张力所决定（图6-1）。这种结构可有效提高纱强，增加纱的连续性和平稳性。结构纱的结构特征，由其纤维分布方式和聚集密度决定（图6-2）。

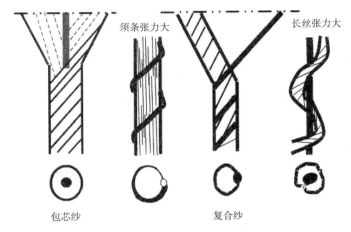

图6-1 长/短纱复合纱结构示意图

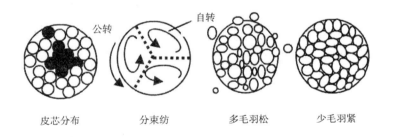

图6-2 典型结构纱的结构示意图

（四）长丝纱

（1）无捻长丝纱：横向结构极不稳定，柔软。

（2）有捻长丝纱：纵横向都很稳定，硬挺。

（五）变形纱

加工方法不同，卷曲形态不同，堆砌密度与排列及其分布也不同。如螺旋形、波浪形、锯齿形、环圈形等（图6-3～图6-6）。

图 6-3　正反两个方向的螺旋形圈

单一丝

混纤丝

花色丝

图 6-4　空气变形丝的形态

图 6-5　膨体纱的形态

填塞箱变形丝

刀口变形丝

编结拆散变形丝

齿轮卷曲变形丝

图 6-6　各种变形纱的形态

（六）股线

股线结构稳定性受到股线内单纱根数与单纱捻向的影响（图6-7）。一次并捻单纱的根数在3根以内股线结构稳定；4~5根有不稳定因素；6根及以上，必然回到3根的稳定态。

单纱和股线的捻向相反时，捻回稳定，股线结构均匀稳定。

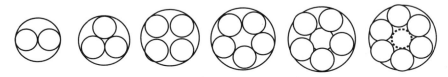

图6-7　股线各种单纱的排列

常用纱线的外观结构特征如下。

（1）短纤纱：毛羽多且长短不一，手感较柔软、蓬松，纤维与纱轴有一定斜角，粗细不匀较显著。

（2）单纱：由短纤维通过纺纱工艺加捻而成。退捻分解后可直接得到短纤维。

（3）股线：由两根或两根以上的单纱合股而成。毛羽较少，条干较均匀，退捻后得到的是单纱。

（4）竹节纱：沿纱的长度方向有长短不一、粗细不一的粗节，且有一定规律性。

（5）变形丝：长丝经过各种变形加工后改变了纱线结构，蓬松柔软，有的伸缩性较好，因变形工艺不同，外观形态各异。

（6）高弹丝：伸缩性较大，弹性优良，其中的单丝呈不同直径的螺旋形卷曲，有丝辫与丝圈结构。手感柔软、蓬松。

（7）低弹丝：伸缩性、弹性低于高弹丝。螺旋卷曲的直径较小，螺距较大。没有明显的丝辫、丝圈结构。

（8）空气变形丝：表面有丝圈、丝弧，单丝之间相互交缠较好，伸缩性很小，有短纤纱风格，有一定蓬松性。

（9）网络丝：有网络结处纤维互相交缠，结构较紧密。无网络结处纤维基本上呈平行分布，较蓬松。

（10）复合变形丝：具有复合变形工序形成的外观特征，将其分解后可看到复合变形前两种变形丝的外观特征。

（11）低弹网络丝：既有网络结，又有低弹丝特征。

（12）异收缩长丝网络丝：有网络结，两个网络结之间两股长丝的长度不一。短的是高收缩纤维，长的是低收缩纤维，松散在纱身外面的是高收缩纤维。

（13）异色长丝网络丝：有网络结，两股长丝的颜色不同，阳离子改性涤纶与普通涤纶网络丝染色后就有此效果。

（14）异纤低弹网络丝：有网络结，各根丝粗细不一，有低弹丝形态特征。

（15）异收缩空变丝：有空变丝特征，但蓬松性更显著。

（16）异色空变丝：有空变丝特征，由两种色丝构成。

（17）肥瘦丝高弹变形网络丝：有网络结，其他部位有高弹丝特征，单丝有不规则的粗细节。

（18）混合丝：由茧丝与其他纤维在制丝工程中复合而成。

（19）复合抱合丝：茧丝与化纤长丝平行排列，伸缩较小，光泽好。

（20）复合交络丝：茧丝与化纤长丝或短纤纱通过空气喷嘴交络在一起，故两种纤维的黏附性较好。

（21）复合缠络丝：茧丝与化纤长丝通过高速涡流将茧丝呈环圈状缠绕在化纤长丝外面，蓬松性较好。

（22）复合纱：由短纤维或短纤纱与长丝通过包芯、包覆或加捻制成，具有短纤纱与长丝的复合特征。

（23）包芯纱或包覆丝：一般芯为长丝，外包短纤维，如棉/氨包芯纱的芯是氨纶，棉为外包纤维，弹性很好；涤/棉包芯纱的芯为涤纶长丝，棉为外包纤维。也有长丝包覆长丝的，如棉/氨包芯丝、蚕丝/氨纶包芯丝等。

（24）花式线：由芯纱、饰线及股线组成，饰线呈各种形态固定在芯纱上，有结节、圆圈、毛绒、波浪、螺旋等各种花式效应。

（25）短纤纱长丝复合纱：由短纤纱（如棉纱、毛纱、麻纱等）与长丝（如黏胶长丝、涤纶长丝等）复捻制成。表观具有两者的复合特征，退捻后可分离成短纤纱与长丝。

（26）新型短纤纱：相对于传统的环锭纱而言。采用新型的纺纱方法（如转杯法、喷气法、平行纺、赛络纺等）纺制而成，其特点是高速高产、卷装容量大、工艺流程短。新型纱的结构不同于环锭纱，随纺纱方法的不同，具有各自纱线的结构特征。

（27）转杯纱：（与传统的环锭纱比较）纱表面有许多包缠纤维，捻度多，且在径向分布不均匀，即捻度存在分层结构，手感较硬；条干均匀度较好（短片段细度不匀）、毛羽少，蓬松度好，杂质较少。

（28）涡流纱：涡流纱与转杯纱的结构相似，纱中内外层纤维捻角不同，呈包芯结构，较蓬松。但短片段不匀率较高，粗细节、棉结较多。

（29）喷气纱：由无捻或少捻的芯纱和外包纤维组成，外包纤维以螺旋形包缠较多，平行无包缠最少，无规则包缠次之。与传统的环锭纱相比，喷气纱的粗细节少，条干较好，3mm以上长毛羽少，呈单向分布，结构较蓬松。同特纱比较，其直径较大，捻度较少，强力低。

（30）平行纱：由无捻平行的短纤维和长丝组成，其中长丝以螺旋形包缠在短纤维上，平行纱结构蓬松，直径比同特环锭纱大，手感丰满，条干均匀，表面毛羽少。

（31）赛络纱：两组分有间距地通过环锭细纱机，在前罗拉处合并加捻，外观近似单纱，单组分捻向与成纱捻向相同，成纱表面纤维排列较整齐，纱线结构紧密、光洁、毛羽少，手感柔软、光滑，长细节较多。

（32）自捻纱：靠两根单纱的假捻而自捻成纱。

## 二、纱线的组成纤维定性和定量

对于混合纤维或混纺纱，一般先用显微镜观察，确认其中含有几种纤维，然后再用其他适当方法逐一鉴别。对于经过染色或整理的纤维，一般先进行染色剥离或其他适当预处理，才能使鉴别结果正确可靠。对双组分纤维或复合纤维，常先用显微镜观察，然后用溶解法和红外吸收光谱法等逐一鉴别，具体见第三章第二节。

# 第二节　纱线基本特征参数检验

## 一、纱线的细度

纱线的细度主要是指纱线的粗细程度，纱线的粗细影响织物的结构、外观和服用性能，如织物的厚度、刚硬度、覆盖性和耐磨性等。纱线细度指标有直接指标和间接指标两种，但由于直接指标如直径、面积、周长在测量上的困难，故很少使用。一般纱线粗细指标按我国法定计量单位（常采用特克斯）来表示。纱线细度衡量的指标有定长制和定重制两种，前者数值越大、表示纱线越粗，如线密度和旦数；后者数值越大，表示纱线越细，如公制支数和英制支数。

可参照标准有GB/T 4743—2009《纺织品　卷装纱　绞纱法线密度的测定》、GB/T 29256.5—2012《纺织品　机织物结构分析方法　第5部分：纱线　线密度的测定》等。

（一）检验原理

在规定规格大小的织物中，测量出其单位纱线密度及其质量，并测出纱线的长度，记录其数据，通过线密度、纤度、公制支数、英制支数等指标表示其纱线细度。

## （二）检验适用范围

本方法适用于纱、线及卷装纱（不包括筒装高弹纱）。

## （三）检验仪器

天平（天平感重≤0.01g）、YG086C缕纱测长仪（图6-8）、烘箱等。

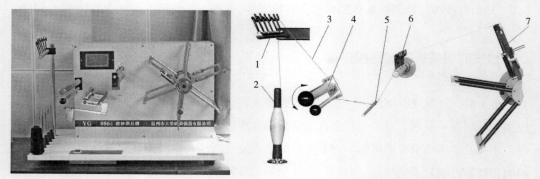

（1）YG086C缕纱测长仪　　　　　　　　（2）缕纱测长仪装样

图6-8　缕纱测长仪及其装样

1—导纱架　2—纱管　3—试样　4—张力器　5—张力杆　6—横动排纱器　7—纱框

## （四）检验方法与步骤

（1）取样：试样为纱线及有支持的卷状丝。长丝纱至少为4个，短纤维至少为10个，每个卷装取1缕绞纱。

（2）启动缕纱测长器：设定缕纱测长器绞纱定长、摇纱张力、摇纱速度。

缕纱长度：绞纱长度200m（线密度＜12.5tex）或100m（线密度为12.5～100tex）或10m（线密度>100tex）。

摇纱张力：（0.5±0.1）cN/tex。

摇纱速度：200r/min。

（3）将纱管插在纱锭上，并引入导纱钩，经张力调整器、张力检测棒、横动导纱钩，然后把沙头端逐一扣在纱框夹纱片上。

（4）计数器清零后，开始摇取绞纱：将绕好的各缕纱头尾打结接好，接头长度不超过2.5cm。

（5）把纱框上活动叶片向内档落下，逐一取下各缕纱后将其复位。

（6）重复上述动作，摇取其他批次缕纱。

（7）用天平逐缕称取缕纱质量（g），精确至0.01g，然后将全部缕纱在标准大气条件下用烘箱烘至恒定质量。如果干燥质量是在非标准大气条件下测定的，则需将其修正到标准大气条件下的干燥质量。

（五）实验结果计算与修约

1. 线密度（Tt）

指1000m长的纺织材料，在公定回潮率时的质量（g）。若纱线的长度为$L$（m），在公定回潮率时的质量为$G$（g），则该纱线的线密度（Tt）为

$$Tt = \frac{G}{L} \times 1000$$

线密度的单位为特克斯，简称特，单位符号为tex。

特数越大，表示纱线越粗。股线的特数，以组成股线的单纱特数乘以合股数来表示，如单纱为14特的二合股股线，则股线特数为$14 \times 2$，当股线中两根单纱的特数不同时，则以单纱的特数相加来表示。

2. 纤度（$N_d$）

旦尼尔，简称旦，又称纤度$N_d$，指9000m长的纺织材料在公定回潮率时的质量（g）。若纱线的长度为$L$（m），在公定回潮率时的质量为$G$（g），则该纱线的纤度$N_d$（旦）为

$$N_d = \frac{G}{L} \times 9000$$

纤度越大，表示纱线越粗。通常用来表示化学纤维和长丝的粗细。如复丝由$n$根纤度为D旦的单丝组成，则复合丝的纤度为$n$D旦。股线的细度表示方法常把股数写在前面，如$2 \times 70$旦，表示二股70旦的长丝线；$2 \times 3 \times 150$旦，表示该复合股线先由两根150旦的长丝合股成线，然后将三根这种股线再复捻而成。

3. 公制支数（$N_m$）

简称公支，指在公定回期率时，1g重的纺织材料所具有的长度（m）。若纱线长度为$L$（m），公定回潮率时的质量为$G$（g），则公制支数为

$$N_m = \frac{L}{G}$$

公制支数越大，表示纱线越细。股线的公制支数以组成股线的单纱支数除以合股数来表示，如50/2表示单纱细度为50公支的二合股股线。如果组成股线的单纱支数不同，则将单纱支数用斜线分开，如21/22/23表示单纱细度分别为21公支、22公支、23公支的三根纱线组成的股线。

4. 英制支数（$N_e$）

简称英支，指公定回潮率时，1磅重的纱线所具有的长度，其标准长度视纱线种类而不同，如棉型和棉型混纺纱长840码为1英支，精梳毛纱560码为1英支，而粗梳毛纱256码

为1英支，麻纱线则是300码为1英支等。英制支数常用来表示棉纱线的细度。股线英制支数的表示方法与公制支数的表示方法相同，只是在英制支数数值的右上角加以"s"将其与公制支数区分开来。

5. 纱线细度指标之间的换算关系

$$线密度=1000/公制支数=纤度/9=C/英制支数$$

式中：$C$为换算常数，纯棉纱的$C$值为583，化纤纱的$C$值为590。

计算结果按数值修约规则进行修约。

## 二、纱线的捻度

加捻是成纱的必要条件，是纺纱生产的主要过程之一，而且加捻的程度对纱线性能的影响很大。如环锭纺纱从牵伸装置中输出的带状纤维束，通过加捻才能具有一定强度、弹性、光泽和手感等物理机械性能。加捻使原来平行伸直的纤维与纱轴发生倾斜，成近乎螺旋线的形状，使纱条内纤维之间产生相互抱合的压力，让纤维间的接触面上产生阻碍相对移动的摩擦力，从而具有强力；同时产生捻缩，使纱条具有弹性。捻度的多少又反映出纱的光泽与手感的差别。衡量加捻程度的指标有捻度、捻系数等。

纱线的捻度有S和Z两个方向。锭子按顺时针方向回转时，所加的捻度为Z捻（反手捻）；反之为S捻（顺手捻）（图6-9）。捻向除特殊要求外一般为Z捻。由于纱线存在条干的粗细不均和纱疵，因此不同的截面上的抗扭强度不等，所加的捻度就不可能完全均匀分布到纱条每个片段上。

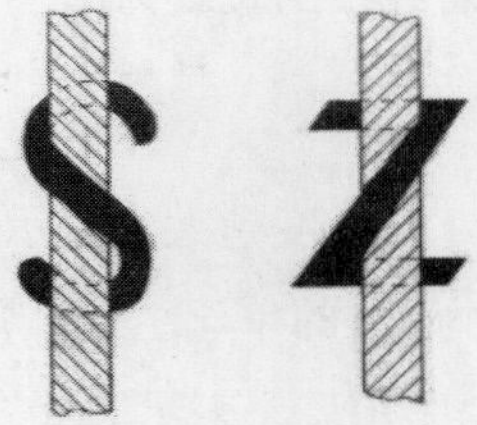

图6-9 捻向示意图

（一）检验方法

纱线捻度的测定有两类方法：一是直接计数法；二是退捻加捻法。其中退捻加捻法又分为：退捻加捻A法、退捻加捻B法、三次退捻加捻法。直接计数法适用于短纤维单纱、有捻复丝、股线、缆线；退捻加捻法适用于棉、毛、丝、麻及其混纺纤维的单纱。可参照的标准有GB/T 2543.1—2015《纺织品　纱线捻度的测定　第1部分：直接计数法》、ISO 2061—2010《纺织品　纱线捻度的测定　直接计数法标准》、GB/T 2543.2—2001《纺织品　纱线捻度的测定　第2部分：退捻加捻法》、ISO/DIS 17202《纺织品　纱线捻度的测定　第2部分：退捻加捻法》、GB/T 14345—2008《化学纤维　长丝捻度试验方法》、FZ/T 10001—2016《转杯纺纱捻度的测定　退捻加捻法》等。

（二）检验原理

（1）直接计数法：使纱线在规定的张力下，用纱夹夹持已知纱线试样长度的两端，旋转纱线的一端，使纱线试样退捻，直至单纱中的纤维或股线中的单纱完全平行分开为止。退去的捻回数（$n$）即为纱线的捻回数，根据$n$及试样长度即可求得纱线的捻度。

（2）退捻加捻法：首先将试样进行退捻，用纱夹夹持已知纱线试样长度的两端，旋转纱线的一端，使纱线试样退捻，待纱线捻度退完，然后再进行加捻，反方向回转加捻，直到纱线长度与试样原始长度相同时，纱夹停止回转。

各类单纱、股线捻度测定的技术条件，如表6-1、表6-2所示。

**表6-1　各类单纱捻度测定的技术条件**

| 方法 | 类别 | 试样长度/mm | 预加张力 | | 限位/mm | 取样只数 | 每个样品试验次数 | 试验总次数 |
| --- | --- | --- | --- | --- | --- | --- | --- | --- |
| | | | 按特数计算/cN/tex | 按支数计算/公支 | | | | |
| 直接计数法 | 棉及其混纺纱 | 25 | 0.2×线密度 | | | 20 | 5 | 100 |
| | 中长纤维纱 | 50 | 0.2×线密度 | | | 20 | 2 | 40 |
| | 粗梳毛纱 | 50 | 0.1×线密度 | 100/支 | | 10 | 4 | 40 |
| | 精梳毛纱 | 50 | 0.1×线密度 | 100/支 | | 10 | 4 | 40 |
| | 绒线单纱、 | 100 | 0.1×线密度 | 100/支 | | 10 | 4 | 40 |
| | 针织绒单纱 | 100 | 0.1×线密度 | 100/支 | | 10 | 4 | 40 |
| | 复丝 | 500 | 0.5×线密度 | 旦/18 | | 10 | 4 | 40 |
| | 绢丝 | 50 | 0.3×线密度 | 300/支 | | 10 | 4 | 40 |
| | 绸麻纱 | 100 | 0.1×线密度 | 100/支 | | 10 | 4 | 40 |
| | 亚麻纱 | 50 | 0.3×线密度 | 300/支 | | 10 | 4 | 40 |
| | 黄麻纱 | 200 | 0.1×线密度 | 100/支 | | 10 | 4 | 40 |
| 退捻加捻法 | 棉纱及混纺纱 | 250 | | | 4 | 20 | 2 | 30 |
| | 中长纤维纱 | 250 | 0.3×线密度 | | 2.5 | 20 | 2 | 40 |
| | 粗梳毛纱 | 250 | 0.1×线密度 | 100/支 | 2.5 | 10 | 4 | 40 |
| | 精梳毛纱 | 250 | 0.1×线密度 | 200/支 | 2.5 | 10 | 4 | 40 |
| | 精梳混纺毛纱 | 250 | 0.1×线密度 | 300/支 | 2.5 | 10 | 4 | 40 |
| | 绢丝 | 250 | 0.3×线密度 | 300/支 | 2.5 | 10 | 4 | 40 |
| | 有捻单丝 | 500 | 0.5×线密度 | 旦/支 | — | 10 | 4 | 30 |
| | 苎麻纱及混纺 | 250 | 0.2×线密度 | 100/支 | 2.5 | 10 | 4 | 40 |

表6-2 股线捻度测定技术条件

| 方法 | 类别 | 试样长度/mm | 预加张力 | | 取样只数 | 每个试样试验次数 | 试验总次数 |
| --- | --- | --- | --- | --- | --- | --- | --- |
| | | | 按股线特数计算/cN/tex | 按公支计算 | | | |
| 直接计数法 | 棉型、中长股线 | 250 | 0.2×线密度 | | 20 | 2 | 40 |
| | 毛型股线 | 250 | 0.1×线密度 | 100/支 | 10 | 4 | 40 |
| | 长丝股线 | 500 | 0.5×线密度 | 旦/18 | 10 | 2 | 20 |
| | 绢纺股线 | 500 | 0.3×线密度 | 300/支 | 10 | 2 | 20 |
| | 苎麻股线 | 250 | 0.1×线密度 | 100/支 | 10 | 4 | 40 |
| | 亚麻股线 | 250 | 0.3×线密度 | 300/支 | 10 | 2 | 20 |
| | 黄麻股线 | 250 | 0.1×线密度 | 100/支 | 10 | 2 | 20 |

（三）检验仪器

Y331A电子纱线捻度仪（图6-10）、烘箱、天平、缕纱测长仪等。

图6-10 Y331A电子纱线捻度仪

（四）试样

试样长度为夹钳隔距长度［（500±1）mm］，从批量样品中抽取10个卷装。如果从同一卷装中取2个及2个以上的试样，各个试样之间至少有1m以上的随机间隔。如果从不同卷装中取2个以上的试样，则把试样分组，每组不超过5个，各组之间应有数米间隔（表6-3）。

表6-3 批量样品取样

| 一批或一次装载货物的箱数 | ≤3 | 4~10 | 11~30 | 31~75 | ≥76 |
| --- | --- | --- | --- | --- | --- |
| 随机抽取的最少箱数 | 1 | 2 | 3 | 4 | 5 |

（五）检测步骤

1. 直接计数法测定纱线捻度

（1）检查电子纱线捻度仪是否正常。

（2）测定试样捻向：握持纱线的一端，悬垂至少100mm长的试样，观察其捻度的倾斜方向，与字母"S"中间部分一致的为S捻，与字母"Z"中间部分一致的为Z捻。

（3）设定检验参数：

①检验方式选择［直接计数法］。

②选择转速为［Ⅰ］（约1500r/min）或［Ⅱ］（约750r/min）或［Ⅲ］（慢速可调整）。

③选择最小张力［（0.5±0.1）cN/tex］，如果被测纱线在规定张力下伸长达到或超过0.5%，则应调整预加张力，使伸长不超过0.1%。

（4）放开伸长仪，并设置预置捻回数（要比实测要小）。

（5）装夹试样。将移动纱夹（左纱夹）用定位片刹住，使伸长指针对准伸长弧标尺"0"位；先弃去试样始端数米，在不使纱线受到意外伸长和退捻的条件下，将试样的一端夹入移动纱夹内，再将另一端引入解捻纱夹（右纱夹）的中心位置；放开定位片，纱线在预加张力下伸直，当伸长指针指在伸长弧标尺"0"位时，用右纱夹夹紧纱线，用剪刀剪断露在右纱夹外的纱尾。

（6）启动旋转夹钳进行退捻，至预定捻数时自停，使用挑针从左到右分离，观察解捻情况。使用点动解捻或者用手动旋钮，直至完全解捻，即股线中的单纱全部分开，此时仪器显示的是该段纱线的捻回数。记录捻回数、捻向与试样初始长度。

（7）重复以上操作，进行下次实验，直到全部测试完毕。

2. 退捻加捻法测定纱线捻度

（1）检查电子纱线捻度仪是否正常。

（2）测定试样捻向：同"1. 直接计数法测定纱线度"中的"测定试样捻向"。

（3）设定检验参数：检验方式选择［退捻加捻法］。调节转速调节钮使转速为［（1000±200）r/min］。左右纱夹距离调整到500mm，调整预加张力到［（0.5±0.1）cN/tex］，伸长值的25%作为允许伸长的限位位置。

（4）装夹试样方法同直接计数法。

（5）开始试验，使右夹头按设定转向开始旋转，当左夹头伸长指针离开零位又回到零位时，仪器自停，此时仪器显示的是本次测试的捻回数。记录捻回数、捻向与试样初始长度。

（6）重复以上操作，进行下次实验，直到全部测试完毕。

（六）实验结果计算与修约

1. 平均捻度（$T_{tex}$或$T_m$）

$$T_{tex} = \frac{\sum\limits_{i=1}^{n} x_i}{n \cdot L} \times 10$$

$$T_m = T_{tex} \times 10$$

式中：$T_{tex}$——线密度制捻度，捻/10cm；

　　　$T_m$——公制捻度，捻/m；

　　　$x_i$——各试样测试捻回数（退捻加捻法测得的捻回数，即仪器读数，需除以2）；

　　　$L$——试样长度，cm；

　　　$n$——试样数。

2. 捻度变异系数（$CV$）

$$CV = \frac{1}{\overline{x}} \times \sqrt{\sum_{i=1}^{n} (x_i - \overline{x})^2 / (n-1)} \times 100\%$$

式中：$CV$——捻度变异系数；

　　　$x_i$——第$i$个试样的测试捻度，捻/m；

　　　$\overline{x}$——试样的平均捻度，捻/m；

　　　$n$——试样数。

3. 捻系数（$\alpha_{tex}$）

$$\alpha_{tex} = T_{tex}\sqrt{T_t}；\alpha_m = T_m / \sqrt{N_m}$$

式中：$\alpha_{tex}$——捻系数；

　　　$T_t$——试样线密度，tex；

　　　$N_m$——试样公制支数，公支；

　　　$T_m$——公制捻度，捻/m。

4. 捻系率（$\mu$）

$$\mu = [(L_0 - L_1) / L_0] \times 100\%$$

式中：$\mu$——捻系率，%；

　　　$L_1$——退捻后试样长度，mm；

　　　$L_0$——试样原始长度，mm。

按数值修约规则进行修约，捻度修约到小数点后一位，捻度变异系数修约到小数点后两位，捻系数修约到整数位。

常用低支纱的捻度主要有：

（1）10s：50捻/10cm，如包芯线。

（2）12s：56捻/10cm，如防火线。

（3）16s：59捻/10cm，如特品线。

（4）21s：69捻/10cm。

（5）10s/2：35捻/10cm，如防静电线。

（6）12s/2：50捻/10cm，如热熔线。

（7）21s/2（强捻）：56捻/10cm。

（8）21s/2（强捻）：26捻/10cm。

（9）32s/2：56捻/10cm。

（10）32s/2：36捻/10cm。

（11）40s/2：60捻/10cm。

（12）40s/2：40捻/10cm，如热熔丝。

## 三、纱线的含油率

（一）检验原理

化学纤维含油率测试分为索氏萃取法和皂液洗涤法两种试验方法，适用于不同要求的化学纤维。为提高检验速度等目的，可以使用皂液洗涤法。但是，在质量或公量仲裁中，必须以索氏萃取法为依据。

索氏萃取法：化纤油剂在特定的化学溶剂中能被很好地溶解分离而除去，利用化纤油剂的这一特点，使用化学溶剂，在索氏萃取器中对纤维试样进行循环萃取，以达到测定试样含油率的目的。化学溶剂应对纤维无溶解和腐蚀作用，沸点不宜太高，毒性应小。若几种化学溶剂混合使用，必须相溶性好、沸点接近。含油率测试结果有争议时，采用中性皂液洗涤法。

皂液洗涤法：化纤油剂本身含有表面活性剂，所以这些油剂具有形成水溶液的能力，同时皂液本身的有效成分主要也是表面活性剂。表面活性剂的作用，加上特定的机械洗涤力的作用，纤维上的非纤维物质就会完全地转移到皂液中而被洗去。利用这一特点，将试样放在机械振荡器中，用皂液进行洗涤，根据试样洗涤前后的质量差，计算试样的含油率。

可参照的标准有GB/T 6504—2017《化学纤维　含油率试验方法》等。

（二）试样材料

涤纶长丝编织袋（脱脂，100mm×140mm，编号备用）、中性皂片、软水、试样纱线。

（三）检验仪器

恒温水浴锅、恒温烘箱、索氏萃取器（图6-11）、滤纸、称量瓶、天平等。

（四）操作步骤

（1）取样：

测定含油率短纤维每份称取5g，精确到0.01g。纱线合并成1绞，保证每个卷装均被取到，均匀剪取。

（2）萃取法：

①将索氏萃取器的蒸馏瓶洗净，置于（105±3）℃烘箱中，烘至恒重（前后两次称重相差0.0005g以内）移入干燥器中，冷却至室温，准确称量，精确到0.1mg。

②将试样用定性滤纸包成圆柱状，置于萃取器中，倒入乙醚（1.5倍萃取器容量）。

③调节水浴锅温度，使溶剂回流次数每小时6～8次，总回流时间不少于2h。

④将萃取后的试样取出，溶剂回收利用，试样在（105±3）℃条件下烘至恒重，记录质量数值。

⑤将蒸馏瓶放入烘箱中，在（105±3）℃条件下烘至恒重。将烧瓶移入干燥器中，冷却30～45min，准确称量，精确到0.1mg。

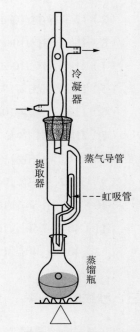

图6-11 索氏萃取器结构

（3）中性皂液洗衣法：

①洗涤液的制备：将中性皂片溶于软水（钙镁离子的含量为5mg/L）中，浓度为5g/L。

②洗涤前试样质量测定：先称取试样袋质量，然后将试样放入试样袋中，再称取质量，前后相减，获得洗涤前质量，精确到0.1mg。

③洗涤：将试样袋（内装试样）放入内存皂液的洗槽中，浴比至少为1∶25，控制温度70～75℃，搅动30min。再在洗槽中加入70～75℃的水，确保除去所有的泡沫和污垢。若使用超声波洗槽，常温下操作。

④漂洗：试样用80～85℃的水洗涤2次，每次5min，保持试样袋在水中搅动。若使用超声波洗槽，以流水漂洗。洗涤后，最好用离心机脱水或绞干。

⑤烘干：将脱水后的试样袋（内装试样）分别装入密闭的称量容器中，打开盖子，放入烘箱中，在（105±3）℃条件下烘至恒量。盖上盖子，在干燥器中冷却30～45min，称量容器质量，减去容器和试样袋质量，得到洗涤后每个试样的干燥质量，精确到0.1mg。

⑥测定试样含水率：称取2份试样均5g，精确至0.01g。按照标准GB/T 6503—2017测定试样含水率。

（五）实验结果计算与修约

（1）萃取法：

$$Q = \frac{m_2 - m_1}{m_3 + m_2 - m_1} \times 100\%$$

式中：$Q$——试样含油率，%；

　　　$m_1$——萃取前蒸馏瓶烘干质量，g；

　　　$m_2$——试验后蒸馏瓶烘干质量，g；

　　　$m_3$——萃取试样质量，g；

（2）中性皂液洗涤法：

$$Q = \frac{m_1(1 - W) - m_2}{m_1(1 - W)} \times 100\%$$

式中：$Q$——试样含油率，%；

　　　$m_1$——试样洗涤前质量，g；

　　　$m_2$——试样洗涤后质量，g；

　　　$W$——纤维含水率，%，含水率修约至小数点后两位。

## 四、纱线的回潮率

纱线的纤维材料在一定的大气温湿度的条件下，会有吸湿或放湿的现象，使纱线在环境中最后达到含湿量的平衡。纤维材料的吸湿或放湿除了会引起材料本身重量的变化，还会引起材料特性的变化，如强度、伸长、摩擦、导电性能等。决定纱线纤维材料的含湿量有两个因素：一是纤维材料的种类，一般天然纤维和再生纤维的吸湿性好，而合成纤维的吸湿性较差；二是纤维材料放置环境的大气温湿度条件，干燥的纤维材料放在相对湿度较高的环境中，纤维将吸湿，反之较湿润的纤维材料放在干燥的环境中将放湿。

测试回潮率的方法有两类：一类是直接法，是分别测出试样的湿重和干重，按回潮定义公式计算求得试样的回潮率，如烘箱法、红外线干燥法、干燥剂吸干法等；二类是间接法，是利用纤维材料的电阻、介电常数、介电损耗等物理量和纤维材料中水分的关系，间接测量纤维材料中含湿量的方法，如电阻测湿仪法。

可参照标准有：GB/T 6503—2017《化学纤维　回潮率试验方法》、GB/T 9995—1997

《纺织材料含水率和回潮率的测定　烘箱干燥法》、GB/T 6102.1—2006《原棉回潮率试验方法　烘箱法》、GB/T 6102.2—2012《原棉回潮率试验方法　电阻法》等。

（一）检验原理

烘箱干燥法：根据GB/T 9995—1997《纺织材料学含水率和回潮率的测定　烘箱干燥法》测定回潮率。试样在烘箱内暴露于流动的加热至规定温度的空气中，直至达到恒重。烘燥过程中的全部质量损失都作为水分，并以回潮率表示。恒重是指纺织材料在干燥处理过程中按规定的时间间隔称重，当连续两次称见质量的差值小于后一次称见质量的0.1%时，后一次的称见质量即为恒重。供给烘箱的大气应为纺织品调湿和试验用标准大气，若在非标准大气条件下测量烘干质量，需修正非标准大气条件下的数值。

电阻测湿仪法：纤维材料及其制品的含湿量与其电阻呈指数函数关系。含湿量高，则电阻小，反之亦然。当对其外加一定的电压，根据欧姆定律，通过试样的电流大小也相对应。由此，即可间接测得试样的回潮率。测试时的温度会影响到回潮率准确性，若温度高，则电阻值低，测出的回潮率偏高；反之温度低，电阻值高，测出回潮率偏低。因此测算出的结果要进行温度修正。

（二）检验仪器

烘箱干燥法：烘箱（通风式）、称重容器、干燥器试样容器、天平（感重≤0.01g）。
电阻测湿仪法：YG201B型多用纱线测湿仪及附件。

（三）试样

根据测试需要抽取实验室样品。各类纱线的卷装数至少为10个。

（四）检测步骤

1．烘箱干燥法

（1）确定烘燥时间：因为不同材料的纱线试样，其内部结构、含湿量及在烘箱内暴露程度不同，而有不同的烘燥时间特性。为防止烘烤平衡的失真，不同试样应用不同的烘燥时间及不同的连续称重时间间隔。首先测出相对于烘燥时间的试样质量损失，画出其失重与烘燥时间关系曲线，即试样的烘燥特性曲线。从曲线上可找出失重至少为最终失重的98%所需的时间，作为正式实验的始称时间。用该时间的20%作为连续称重的时间间隔。如YG747型烘箱做棉纱回潮率时，达到恒重的烘燥时间约为40min。

（2）烘燥温度：不同的纤维材料在烘箱内试样暴露处的温度应不同，如表6-4所示。

表6-4　不同纤维材料的烘燥温度

| 纤维材料 | 腈纶 | 氯纶 | 桑蚕丝 | 其他所有纤维 |
|---|---|---|---|---|
| 烘燥温度/℃ | 110±2 | 77±2 | 140±2 | 105±2 |

（3）称量试样烘前的质量：试样从密封的容器中取出后，即可称其试样的质量，并做记录，精确至0.01g。

（4）烘燥与称量烘干质量：

①箱内称重法：把试样放入烘箱的称重容器内，按表6-4纤维所对应的温度烘燥，并按照上述规定的起止时间和间隔时间称重，称重前应关断烘箱的气流，称重精确至0.01g。

②箱外称重法：把试样与称重容器一起放入烘箱，按表6-4纤维所对应的温度烘燥。在烘箱内先将称重容器盖好，再取出放入干燥器，冷却至室温后，试样与容器一起称重，精确至0.01g。然后再放回烘箱，按规定间隔时间重复烘干、冷却、称重，直至恒温。记录试样连同容器的质量$B$（g），若空的容器质量为$C$（g），则计算试样的烘干质量$G_0=B-C$。

（5）计算：按回潮率（含水率）定义公式计算每份试样的回潮率（含水率），精确到小数点后两位。结果取几份试样的平均值，精确到小数点后一位。

$$R = \frac{G - G_0}{G_0} \times 100\%$$

式中：$R$——回潮率，%；

　　　$G$——试样烘前质量，g；

　　　$G_0$——试样烘干质量，g。

$$M = \frac{G - G_0}{G} \times 100\%$$

式中：$M$——含水率，%；

　　　$G$——试样烘前质量，g；

　　　$G_0$——试样烘干质量，g。

回潮率$R$与含水率$M$的相互转换关系为：

$$R = \frac{M}{1 - M} \text{ 或 } M = \frac{R}{1 + R}$$

（6）非标准大气条件下烘干质量的修正：

$$C = a \cdot (1 - 6.58 \times 10^{-4} \cdot e \cdot r)$$

式中：$C$——用作修正至标准大气条件（温度为20℃，相对湿度为65%）下烘干质量的修正系数；

　　　$a$——由纤维种类决定的常数；

$e$——送入烘箱的饱和水蒸气压力（$e$值取决于温度和大气压力），Pa；

$r$——送入烘箱空气的相对湿度。

$$G_s = G_0 \cdot (1 + C)$$

式中：$G_s$——在标准大气条件下的烘干质量，g；

$G_0$——在非标准大气条件下测得的烘干质量，g。当修正系数$C$小于0.05%时，烘干质量可不修正。

2. 电阻测湿仪法

（1）仪器调整：

检查并校正仪器机械零点。开启测湿仪电源开关，进行零位和满度调整。

①零位调整：将测量选择开关打到［W］档，将量程开关打到3～11任一档，旋转［零位调节］旋钮，使指针与零刻度线重合。②满度调整：将量程开关打到红线档，旋动［调满］旋钮，使指针与满度线重合，零刻度线与满度线要反复调节。调整后，将测湿探头插入测湿仪中，指针应不偏离刻度线。

（2）温度调整：测湿仪应预热约10min左右。将测量选择开关拨到［$T_1$］档（当试样估计0～20℃时）或［$T_2$］档（当试样估计20～35℃时），旋动［调满］旋钮，使指针与满刻度线重合。

（3）测量筒子纱的温度：把测量探头插入筒子纱中，待温度计指针稳定后记录温度。每个筒子纱测试一次，测试完毕后，拔出温度探头，再插入下一只筒子纱。

（4）测定回潮率：把测湿仪量程开关拨到［W］档，将测湿探头的两根探针平稳的插入筒子纱中。在距筒子边缘1cm处插入测湿探头（两根针应沿筒子端面半径方向），拨动量程开关，使表头指针在刻度0～1.0之间。每一端面沿直径方向测试点，测试完毕，将筒子纱翻转，在另一端面沿直径方向测试两点，与原测试点呈十字交叉。每个筒子纱测试四点，记录测试结果。

（5）测试结果计算与修约：根据温度读数、回潮率读数$W'$，查棉筒子回潮率温度修正系数表，得到温度修正系数$K$，计算实际回潮率：

$$W = W' + K$$

式中：$W$——实际回潮率，%；

$W'$——测得的回潮率，%；

$K$——温度修正系数。

计算至小数点后两位，按数值修约规则修约至小数点后一位。

思考题

1. 什么是纱？什么是线？什么是纱线？

2. 单纱是最基本的连续纱线，其包括哪些产品？

3. 纱线分类的主要依据是什么？

4. 阐述影响纱线结构特征的主要因素。

5. 简述复合纱与结构纱的种类、结构特征及区别依据。

6. 简述环锭纱与转杯纱在结构上的差异。

7. 如何区分包缠纱与包芯纱？

8. 如何识别高弹变形丝和低弹变形丝？

9. 纱线的细度测试有哪些常用的方法？

10. 纱线的捻向有哪几种？如何辨别？如何表示股线的纱向？

11. 检验纱线捻度时应注意哪些问题？

12. 为何一般纱的捻向与股线的捻向相反？加捻对纱线结构和性能有什么影响？

13. 概述影响纱线含水率的影响因素以及测试方法。

# 纱线力学性能检验

课题名称：纱线力学性能检验

课题内容：纱线的拉伸性能

纱线的耐摩擦性能与耐疲劳性能

纱线的弯曲与扭转性能

纱线的压缩性能

课题时间：10课时

教学目的：让学生掌握和了解纱线的拉伸、耐摩擦、耐疲劳、弯曲与扭转、压缩性能诸方面的内容

教学方式：理论讲授和实践操作。

教学要求：1. 熟悉常用纱线的力学性能。

2. 熟练操作相关检验检测的仪器。

3. 能正确表达和评价相关的检验结果。

4. 能够分析影响检验结果的主要因素。

# 第七章 纱线力学性能检验

## 第一节 纱线的拉伸性能

纱线的外形与纤维相似，细而长，引起纱线受力最基本的形式为轴向拉伸。纱线是由纤维须条或长丝束经加捻得到的集合体，因此，用于表征纤维力学性质的指标完全适用于纱线，纱线的力学性质不仅与纤维本身特征有关，更重要的是取决于纤维在纱线中的排列形态，同时纱线的拉伸强力与构成织物的强力有直接关系。纱线的强力实际上反映了织物耐用性能的一个重要指标，也是最常规的检验项目。纱线拉伸性能的指标主要有平均断裂强力、平均断裂伸长率、断裂强力变异系数、断裂伸长率变异系数、平均断裂时间等。纱线的拉伸断裂性能是纱线品质评定的重要检测项目之一，对纱线生产、工艺的制定、工艺的调整、织造工艺及生产效率等都有着重要的意义。

测试单纱强力机主要有：（1）等速牵引强力试验机（CRT）：量程的选取应使平均断裂强力在强力试验机最大读数的20%～80%范围内；（2）等速伸长强力试验机（CRE）：在强力机启动2s之后，其单位时间内的夹头间距离增加率应保持均匀，波动不超过±5%；（3）等速加负荷强力试验机（CRL）：在强力机启动2s之后，其单位时间内的负荷增加率应保持均匀，波动不超过±10%。随着纺织测试仪器自动化程度的提高，全自动单纱强力试验机已逐渐取代普通单纱强力机。

国家标准GB/T 3916—2013《纺织品　卷装纱　单根纱线断裂强力和断裂伸长率的测定》规定采用等速伸长型强力试验机（CRE）。该标准适用于除玻璃纱、弹性纱、芳纶纱、陶瓷纱及聚丙烯扁丝纱以外的所有纱线。

### 一、检验原理和方法

在一定试验条件下，被测试样的一端夹持在仪器的上夹持器上，另一端加上标准规定的预张力后用下夹器夹紧，采用相对实验初始长度每分钟恒定速度拉伸试样，将单根纱线拉伸至断裂，仪器即自动显示并输出有关拉伸断裂指标，记录断裂强力和断裂伸长值。

## 二、检验仪器仪器

YG063型全自动单纱强力机（图7-1）、黑绒板、镊子、天平等。

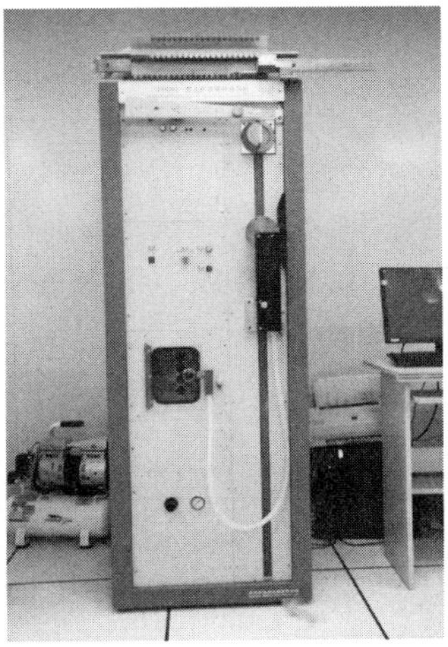

图7-1　全自动单纱强力机

## 三、检验条件

（1）夹持长度（夹距）：通常为50mm，特殊情况（如试样的平均断裂伸长率大于50%）为250mm。

（2）拉伸速度：采用每分钟100%伸长（相对于试样原长）的恒定拉伸速度。即当夹距为500mm时，拉伸速度为500mm/min；夹距为250mm时，拉伸速度为250mm/min。

（3）预加张力：调湿试样为（0.5±0.1）cN/tex；湿态试样（0.25±0.05）cN/dtex；变形丝施加既能消除纱线卷曲又不使其伸长的预张力。

（4）大气条件：

①预调湿处理：当试样回潮率大于公定回潮率时，需要在温度为（45±5）℃，相对湿度为10%~25%条件下进行预调湿，卷装纱样品或绞纱样品预调湿时间不少于4h。

②调湿及试验用标准大气：温度（20±2）℃，相对湿度（65±3）%。

③调湿时间：绞纱试样需8h以上，卷装紧密的试样至少48h以上。

（5）试样：

①按产品标准或协议规定抽取实验室样品。

②如果同时需要测定平均值和变异系数，应从实验室样品中抽取20个卷装，试样至少测100根；短纤纱伸裁试验至少测200根。若只需测定平均值，则短纤纱至少测50根，其他品种纱线测20根。试样应均匀从10个卷装中采集。

③来自织物中抽取的纱线试样，织物样品应充分满足试样的数量和长度要求。在抽取过程中应避免捻度损失。同时取样要有代表性，如机织物的经向试样应取自不同的经纱，纬向试样应从不同区域随机抽取。针织物试样，应尽量抽取有代表性的纱线。

④试样应按规定要求进行预调湿、调湿处理，并在标准大气中测试。

## 四、检验步骤

（1）预热仪器：测试前10min开启电源预热仪器，同时显示屏会显示测试参数。

（2）确定预张力：调湿试样为（0.5±0.10）cN/tex，湿态试样为（0.25±0.05）cN/tex 变形纱施加预张力要求既能消除纱线卷曲又不使之伸长，如果没有其他协议，变形纱建议采用表7-1中的预张力（线密度超过50tex的地毯纱除外）。

表7-1　几种纱线的预张力

单位：cN/tex

| 聚酯和聚酰胺纱 | 醋酸、三醋酸和黏胶纱 | 双收缩和喷气膨体纱 |
|:---:|:---:|:---:|
| 2.0±0.2 | 1.0±0.1 | 0.5±0.05 |

（3）隔距：根据测试需要设置，一般采用500mm，伸长率大的试样采用250mm。拉伸速度：根据测试需要设置，一般情况下500mm隔距时采用500mm/min速度，250mm隔距时采用250mm/min速度，允许更快的速度。

（4）输入其他参数，如次数、纱号等。

（5）选择测试需要的方法：如定速拉伸测试、定时拉伸测试、弹性回复率测试等。

（6）装好试样，点击［启动］按钮，开始试验。仪器下夹持器上升到顶部，夹住纱线，然后移动到设定的夹持距离位置停下，引纱时开始加张力，完成后，下夹持器向下移动，拉断纱线，试验完成一次。然后下夹持器上升到顶部夹纱继续试验，直到试验的次数全部完成后停止。

注意，在停止状态，可点击［纱架左移］和［纱架右移］按钮来移动管架位置，当强力窗口的力值不为0时，可按［清零］按钮清零，［缩放］按钮可设置曲线窗口的 $X$（伸长）、$Y$（强力）坐标格大小，来缩放曲线。［剔除］按钮可以删除最近一次的试验数据，［统计］按钮可以显示所有试验数据和统计报告，并可存储试验数据。

## 五、检验结果和表示

电子式强力机能直接显示和打印长丝的断裂强力、断裂强度、模量、断裂伸长率、断裂功等指标及它们的变异系数。按数值修约规则进行修约，断裂强力、断裂强度、模量、断裂伸长率、变异系数等修约到小数点后两位，断裂伸长率修约到小数点后一位。

## 第二节　纱线的耐摩擦性能与耐疲劳性能

### 一、纱线的耐摩擦性能

在纺织加工过程中，经常存在纱线与纱线、纱线与机件之间的相对运动，从而会出现纱线之间或纱线与其他材料的摩擦问题。纱线与纱线之间具有足够的摩擦力是织物尺寸稳定性良好的必要条件，但是过大的摩擦力会造成织造过程中的打纬困难从而影响布面的质量。摩擦系数的大小还会直接影响到织物的外观和风格。所以，纱线摩擦系数的测定具有较为重要的意义。

（一）检测原理和方法

将纱线绕在摩擦棒（摩擦角为 $\alpha$）上，纱线输入端的张力为 $t_2$。输出端的张力为 $t_1$，由于纱线与摩擦棒之间存在摩擦阻力，故 $t_1 > t_2$，且 $t_1/t_2 = e^{\alpha f}$。通过测量头 $T_1$ 和测量头 $T_2$，分别测出纱线的张力 $t_1$ 和 $t_2$，根据欧拉公式，即可算出纱线的摩擦系数 $f$。可参考的标准有 JISL 1095—2010《普通细纱试验方法》、JISL 1095—1979《纱线摩擦系数的测定》、ASTM D3412—2001《纱线与纱线之间摩擦系数的标准试验方法》、ASTM D3108—2001《纱线与固体材料之间摩擦系数的标准试验方法》等。

（二）检测仪器

纱线动态摩擦系数测定仪（图7–2）、镊子、纺织天平等。

图 7-2　纱线摩擦系数测定仪

（三）检验步骤

（1）取样：根据测试需要抽取实验室样品，各类纱线的卷装数至少为10个，每个卷装测试次数至少10次。试样调湿及测试应在标准大气条件下进行，试样调湿至少24h以上。

（2）卷取装置参数设定：

①导纱速度：按下按钮使卷取装置开始运行，再利用速度刻度盘来设定或改变基准速度，其比例为1∶15。共有四种基准速度（m/min）：20～300，4～60，0.1～1.5，20～30。若将大卷取辊换成小卷取辊，所有的速度又可按1∶10的比例细分。纱线速度一旦设定，测试过程中就不能改变，否则将影响测试结果。

②纱线张力：输入张力 $t_2$，通过滞后阻力盘（刻度范围1～10）设置，根据要求设定

张力标准。

③摩擦角：摩擦角的设置就是确定纱线绕过摩擦体的角度，摩擦角的选取如表7-2所示。其值不能低于90°。较小的摩擦系数建议设置较大的摩擦角。摩擦角的具体设定方法如表7-3所示。

表7-2 摩擦角的选择

| 摩擦系数$f$ | 最大允许摩擦角 | 摩擦系数$f$ | 最大允许摩擦角 |
| --- | --- | --- | --- |
| 0.01 | 6圈（6×360°） | 0~0.33 | 2.5圈（2×360°+180°） |
| 0~0.16 | 4圈（4×360°） | 0~0.75 | 300° |

表7-3 摩擦角的设定方法

| 摩擦角 | 180°或540° | 90°~180° | 180°~360° |
| --- | --- | --- | --- |
| 绕纱方法 | 绕过摩擦棒 | 依次绕过导纱辊、摩擦棒，间隔15°调节设置摩擦角的转向盘 | 依次绕过摩擦棒、导纱辊 |

（3）摩擦系数仪参数设定：

①摩擦角：根据卷曲装置上设定的摩擦角，设置主机上摩擦角测量位置。可通过圈数调节旋钮（设定圈数）和度数调节旋钮（设定低于360°的摩擦角）来设置。圈数调节器与实际刻度相连，用于读取摩擦系数$f$的值，并通过信号灯颜色表示，摩擦系数与摩擦角、指示灯的关系如表7-4所示。

表7-4 摩擦系数$f$与摩擦角、指示灯的关系

| 摩擦角刻度 | 指示灯 | 摩擦系数范围 |
| --- | --- | --- |
| 0和1 | 白灯 | 0~1 |
| 2和3 | 黄灯 | 0~0.33 |
| 4和5 | 红灯 | 0~0.166 |

②仪器设定：通过方式开关，将仪器设置在各种标定和测量位置上。方式开关有五个设定位置：［$t_1$、$t_2$的调零］，［$t_1$、$t_2$的标定］，［测量$f$1：1］，［测量$f$1：10］，［测量$t_1$和$t_2$］。

在打开摩擦系数仪之前，需要检查$t_1$的电流计、$t_2$的电流计和$f$的电流计是否处于［0］位。如不是，则用每个电流计下的调节螺钉进行校准。

③方式开关的五个设定位置的具体操作如下：

[$t_1$和$t_2$的调零] 用于测量头$T_1$和测量头$T_2$的调零。将摩擦系数仪打开，测量头必须与仪器连接好，并固定在测量位置上，纱线试样未插入。轻压测量头的测量棒，然后让弹簧回复到初始位置，接着用电位计分别将电流计置[0]。

[$t_1$和$t_2$的标定] 用于测量头$T_1$和测量头$T_2$的标定。将标定重锤系在纱线上，再将纱线插入测量头$T_2$，使纱线向下缓慢滑动，通过调节标定电位计，使$T_2$的电流计达到满刻度。$T_1$的标定类似，只不过纱线向上拉起，对应电位计和电流计。当范围选择开关为[100]时，满刻度即为[100]。测量头上的张力释放后，电流计应回复到[0]，否则要重新调零。

[测量$f$1∶1] 用于对摩擦系数测量值$f$进行定值。$f$值可以从电流计直接读出，对应刻度范围由调节旋钮决定，由有色指示灯指示。

测量过程中，应根据表7–5进行参数调整。

**表7–5　摩擦系数仪参数调整**

| 信号类型 | 正常状态 | 异常状态调整 |
|---|---|---|
| [测量范围太小] 指示灯2 | 不得亮起 | 测量范围选择开关调到[100]或[50]位置；若未奏效，更换更低灵敏度测量头。也可以采用[INERT]测量方式 |
| [测量范围太小] 指示灯3 | 不得亮起 | 测量范围选择开关调到[50]或[25]位置；若未奏效，更换更低灵敏度测量头 |
| $t_1$的电流计，$t_2$的电流计 | $t_1 \leqslant 100$，$t_2 \geqslant 220$ | 减少摩擦角，重新设置[圈数]调节旋钮和[度数]调节旋钮 |

纱线张力对应的测试频率为400Hz，摩擦系数对应的测试频率为100Hz。如果按[INERT]旋钮，则对应测试频率均减少到1Hz。对于测量纱线振荡时的张力及摩擦系数的平均值是适当的。INERT测量值由[INERT]旋钮的指示值表示。

如果摩擦系数的INERT测量值与标准值有区别，最好用INERT值。

[测量$f$1∶10] 用于对摩擦系数测量值$f$进行定值，当输入纱线张力$t_2$很小时（电流计的指示刻度小于5个刻度），应采用[1∶10]的位置。通过采用灵敏度高10倍的测量头，使电流计的指示值为实际值的10倍。本方式对摩擦系数$f$的读数无影响。本方式的测量头组合为：$t_1$=10cN、40cN、100cN，$t_2$=100cN、400cN、1000cN。

[测量$t_1$和$t_2$] 可同时测量两种相互独立的纺线张力，此时电流计不显示$f$的测量值。

（4）检验：经过上述的调试准备工作后，即可进行纱线摩擦系数的测量，其试验步骤如下：

①根据设定的摩擦角所规定的引纱路线，引出纱线。

将纱线从筒管上引出→穿过导纱器→绕过滞后阻力盘→越过导纱辊→经过测量头$T_2$→越过导纱辊→绕过摩擦棒或绕过导纱辊和摩擦棒→越过导纱辊→经过测量头$T_1$→越过导纱辊→卷绕到大卷取轴上。

②根据设定的摩擦角，将主机上的［圈数］调节旋钮和［度数］调节旋钮放在相应的位置上。

③根据设定的纱线张力，将主机上的纱线张力范围选择开关放在相应的位置上。

④将主机上的开关方式放在选定位置上，如［测量$f1:1$］或其他。

⑤打开主要电源开关，即可开始测试。

（四）检验结果

纱线摩擦系数的测试结果直接由摩擦系数$f$的电流计显示。

## 二、纱线的耐疲劳性能

疲劳破坏是材料在多次拉伸、弯曲、压缩或联合作用下，其结构逐渐破坏的过程。纱线在交变应力逐步作用下，某些薄弱环节产生损伤，直至达到足够循环次数后，发展到整体完全破坏断裂的过程。

纱线耐疲劳性能的内涵、测试原理、检验仪器、检验步骤与纤维耐疲劳性能检验相同。但试样的夹持长度、预加张力、定负荷值或定伸长值、拉伸循环次数等试验参数与纤维的不同，可根据纱线的实际使用情况酌情决定。

纱线的耐疲劳性能检验同纤维耐疲劳性能检验。

# 第三节　纱线的弯曲与扭转性能

## 一、纱线的弯曲性能

纱线的抗弯曲能力较小，则纱线具有非常突出的柔顺性，实际上纱线较少发生弯曲破坏。但是，纱线的弯曲性能极大地影响织物的弯曲刚度和剪切刚度以及织物的悬垂性能。纱线的弯曲刚度也称抗弯刚度，用来表征纱线抵抗弯曲变形的能力。由于纱线的弯曲刚度在纱线生产加工和织物服用过程中的重要作用，目前国内外测量纱线弯曲刚度的方法主要有以下几种：

（1）三点弯曲法：利用改进的拉伸测试仪，先将纱线两端钩住，然后再给纱线的中点施加载荷，使纱线产生弯曲，通过计算得到纱线的弯曲刚度（图7-3），其表达式为：

$$B = \frac{Fl^3}{48x}$$

式中：$B$——纱线的弯曲刚度，$cN \cdot mm^2$；

$F$——施加的载荷，$cN$；

$l$——纱线的长度，$mm$；

$x$——纱线的挠度，$mm$。

该方法适用于测试较粗、弯曲刚度较大的纱线。

（2）悬臂梁法：应用材料力学中的悬臂梁模型，将纱线看作一各向同性的弹性体，根据纱线弯曲刚度的不同（图7-4），采用不同的测试方法和计算公式。对于弯曲刚度较小的纱线，采用自重法测试其弯曲刚度，其表达式为：

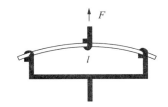

图7-3　三点弯曲法测量纱线弯曲刚度示意图

$$B = \frac{ql^3}{8x}$$

式中：$B$——纱线的弯曲刚度，$cN \cdot mm^2$；

$q$——纱线自重产生的均匀载荷，$cN$；

$l$——纱线的长度，$mm$；

$x$——纱线自由端的挠度，$mm$。

而对于弯曲刚度较大的纱线，则需要在其自由端加载一外力，使其产生弯曲变形，其弯曲刚度的表达式为：

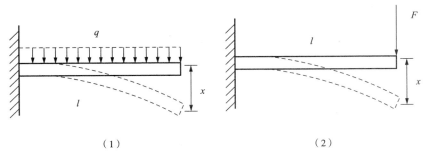

（1）　　　　　　　　　　　　　　（2）

图7-4　悬臂梁法测量纱线弯曲刚度示意图

$$B = \frac{Fl^3}{3x}$$

式中：$B$——纱线的弯曲刚度，$cN \cdot mm^2$；

    $F$——纱线自由端加载的外力，$cN$；

    $l$——纱线的长度，$mm$；

    $x$——纱线自由端的挠度，$mm$。

（3）心形法：将纱线圈成心形夹持在夹头中，其中纱线在悬挂时，其心形所包含的面积为纱线的弯曲刚度（图7-5），其表达式为：

$$B = 1000\frac{(l_1 + l_2)H}{l\delta}$$

式中：$B$——纱线的弯曲刚度，$cN \cdot mm^2$；

  $l_1$、$l_2$——心形的宽度，$mm$；

    $H$——心形上凸的高度，$mm$；

    $l$——悬垂高度，$mm$；

    $\delta$——纱线的线密度，$tex$。

该法适用于弯曲刚度较大的纱线。

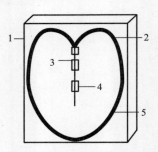 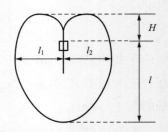

图 7-5　心形法测量纱线弯曲刚度示意图

1—木板托座　2—心性铁皮　3—纱线夹　4—重力夹　5—纱线

（4）圈状环挂重法：将纱线制成圈状环并挂在一支点上，圈状环在重锤的重力作用下发生弯曲变形（图7-6），其弯曲刚度计算式为：

$$B=0.0047mg（2\pi r）^2 2\cos\theta/\tan\theta$$

式中：$B$——纱线的弯曲刚度，$cN \cdot mm^2$；

  $mg$——重锤的重力，$N$；

    $r$——圈状环半径，$mm$；

    $\theta$——$493d/2\pi r$；

    $d$——圈状环最低点挠度，$mm$。

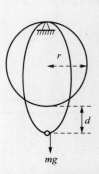

图 7-6　圈状环挂重法测量纱线弯曲刚度示意图

该法也适用于弯曲刚度较大的纱线。

（5）简支梁法：先将纱线挂在钩子上，再用中间挂有重锤的支架对称地挂在纱线的两端，使纱线产生一定的弯曲变形（图7-7），其弯曲刚度的计算式为：

$$B = \frac{mgl^3}{48x}$$

式中：$B$——纱线的弯曲刚度，$\text{cN·mm}^2$；

$mg$——施加的载荷，N；

$l$——纱线的长度，mm；

$x$——纱线的挠度，mm。

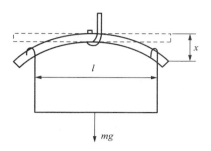

图7-7　简支梁法测量纱线弯曲刚度示意图

该法对于弯曲刚度较小的纱线不适用。

（6）频闪摄影法：在悬臂梁法的基础上，采用快速摄影的方法，记录下纱线在自重作用下从水平位置瞬间发生的弯曲变形，其表达式为：

$$B = \frac{\delta \cdot l^4 \cdot 10^{-3}}{8x}$$

式中：$B$——纱线的弯曲刚度，$\text{cN·mm}^2$；

$\delta$——纱线的线密度，tex；

$l$——纱线的长度，mm；

$x$——纱线的挠度，mm。

（7）改进电子单纱强力仪复合弯曲测量法：在三点弯曲法的基础上，利用改进的单纱强力仪给纱线施加外力使其弯曲变形，通过计算得到其弯曲刚度，其表达式为：

$$B = \frac{l^3}{48} K_b(x)$$

式中：$B$——纱线的弯曲刚度，$\text{cN·mm}^2$；

$K_b(x)$——在$x$位置时纱线的弯曲斜率，cN/cm；

$l$——纱线的长度，cm。

该法的适用范围较广，既可以测试纱线的弯曲刚度，也可以测试织物的弯曲刚度。

此外，还有卡尔列恩法、扭力天平法、实测估计值法、Platt法则、共振振动法等纱线弯曲刚度测量方法。

## 二、弯曲刚度检测

### （一）检测仪器

（1）JN-B型精密扭力天平：称量范围5mg，精度0.01mg。

（2）0～300mm高度游标卡尺：微调范围0～4mm，精度0.02mm（图7-8）。

（二）测试条件

温度（20±8）℃，相对湿度（65±8）%；悬臂梁长度$l$取10mm；挠度值为（1±0.02）mm。

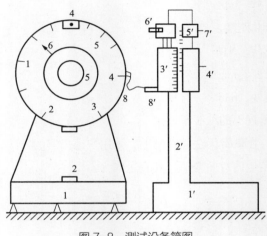

图 7-8  测试设备简图

（三）检测步骤

（1）扭力天平及高度游标卡尺应处于水平状态，并将扭力天平零点调整完毕后进行测试。

（2）按扭力天平的调节步骤（水平、调零等）把天平调节好后设置在实验台适当位置。

（3）调节游标卡尺的游标高度，使量爪在天平的游动称钩附近在微调范围内自由运动后，把滑动固定螺丝旋紧，以后只利用微调。

（4）纱线的准备：为了减少捻度退解对其抗弯刚度的影响，先取一根较长纱线在其自由状态下用剪刀剪下约2cm（最好此段纱线较直，避免受到由于纱线缠绕在筒子上产生的弯曲影响），然后用透明的胶带纸垂直固定在游标尺的量爪上。纱线必须平行于量爪的边缘，悬出部分$L$必须在10mm范围内；不用手来摸纱线以免捻度退解。

（5）确定测试的基准点：将粘好纱线的游标尺放到天平附近，使量爪处于游动称钩上面。纱线不能接触称钩，小心调节微调钩，使高度游标卡尺的量爪上平面下移至与扭力天平游动称钩处于同一水平面为止，这样就确定了基准点，基准点的确定十分重要，既不能使纱线在基准点时接触称钩导致$F$与$L$都偏大；也不能使纱线与称钩脱离太远导致$F$与$L$偏小。基准点是产生误差的因素之一。

（6）F力的测试：在基准点确定好以后，继续调节微调螺丝，量爪继续下降，当量爪下降10mm时停止调节；调节天平，在平衡指示针处于平衡时的读数即为F的大小。之后把微调螺丝反方向旋转，纱线与称钩脱离，调节天平示零确定基准点，再测，反复进行15次。

（四）检测结果计算

1. 纱线的抗弯刚度计算公式

$$R_y = EI$$

式中：$R_y$——纱线的弯曲刚度，$cN \cdot cm^2$；

$E$——纱线的弯曲弹性模量，$cN/cm^2$；

$I$——纱线的截面惯性矩，$cm^4$。

2. 影响纱线弯曲刚度的因素

（1）纤维的弯曲刚度、摩擦性能、细度以及拉压模量。

（2）纱线的结构是影响纱线弯曲刚度的最主要因素。

（3）纱线的线密度。

（4）纱线的捻度。

## 三、纱线的扭转性能

纱线受到扭转力矩作用后，在垂直其轴线的平面内就产生扭转变形和剪切应力。纱线的加捻和合股加捻就是扭转变形。纱线的扭转刚度是衡量纱线扭转难易程度的重要指标。扭转刚度或抗扭刚度越大，纱线产生扭转变形所需扭矩也越大，加捻越困难。纱线的抗扭转矩与纤维材料纱线线密度、纱线的捻度和捻回的稳定程度有关。

扭转强度特性指标通常以具有初始捻度$T_0$（捻/10cm）的纱线，再同向加捻到断裂时单位长度附加的捻回数$T$来表示。据测试，各种纤维制成的18tex纱线，具有初始捻度$T_0=50 \sim 55$捻/10cm，其附加捻回数分别为：棉纱1842捻/m、黏胶短纤维1691捻/m、普通黏胶长丝1921捻/m、强力黏胶长丝1288捻/m。

## 四、纱线的扭转性能检测

（一）抗扭刚度检测

测定纱线抗扭转刚度的方法如下：纱线由夹持器夹住，挂于固定在门形支架上的纱钩上，下端固定于轻质盘上，轻质盘是一旋转摆（图7-9）。

在纱线的可逆变形组分作用下，旋转摆开始逆加捻方向旋转解捻，而后则反复地加捻解捻旋转，用秒表测出第二解捻周期持续的时间$t$。当纱线为圆形截面时，极惯矩$J_0$可近似看作为$0.1d^4$。抗扭刚度计算式如下：

$$C = GJ_0 = 0.4\pi^2 ld^4 h\rho / (t^2 g)$$

式中：$C$——抗扭刚度，$cN \cdot cm^2$；

      $g$——重力加速度，$m/s^2$；

      $l$——摆长，$cm$；

      $d$——圆盘直径，$cm$；

      $h$——圆盘厚度，$cm$；

      $\rho$——圆盘材料密度，$g/cm^3$；

      $t$——旋转摆的转动周期，$s$。

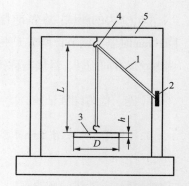

图7-9　测定纱线的旋转摆仪
1—纱线试样　2—夹持器　3—轻质盘
4—钩子　5—π型支架

（二）扭矩测定

扭矩采用光杠杆原理放大并测定。图中，由激光源A、小镜片M、记录板B及入射光和反射光组成光杠杆系统。经激光源A产生点光源发射到小镜片M上。当对纱线试样Y施加一定捻度，磷铜片P发生扭转，使小镜片M产生一旋转角度，反射光点产生侧向位移，被记录于记录板B上。当小镜片M与记录板B之间的距离L保持不变时，纱线的扭矩$T_y$与反射光线的侧向位移$S$成正比关系，即采用反射光线的侧向位移$S$可测量纱线的扭矩$T_y$。当P尺寸固定后，可改变小镜片M与记录板B之间的距离L以测量不同纱线的扭矩，还可通过改变P的抗扭刚度改变测试系统的灵敏度。

扭矩测试方法如图7-10所示。

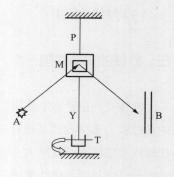

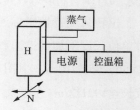

图7-10　扭矩测定装置

（三）扭转刚度的影响因素

纱线的抗扭转矩与纤维材料、纱线线密度、纱线的捻度和捻回的稳定程度有关。

## 第四节　纱线的压缩性能

纱线在纺织加工和使用过程中，经常会受到压缩变形，如纱线经过压辊，经轴与滚筒之间，纱线要绕在卷装筒上，纱线在织物中相互交织时，织物承受外力拉伸时等。纱线的压缩变形表现为受压方向被压扁，在垂直于受力方向则变宽。纱线横向压缩变形的指标可用直径变化率或横截面积变化率来表示。

单根纱线的径向压缩特性的测试方法是：在100Pa压力下测定其初始面积。将纱线压在薄片之间，薄片裁成正方形，在对角线方向施加压力，测定其面积。测得数据如图7-11所示。

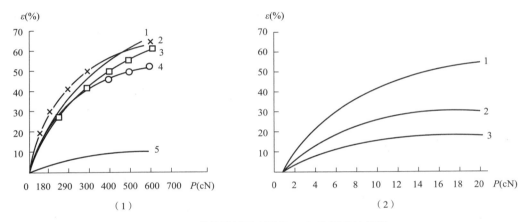

图 7-11　纱线横截面变形率 $\varepsilon$ 与负荷 $P$ 的关系

其截面积的变形率$\varepsilon$是随着负荷$P$（cN）的增大而增大，开始时增加迅速，之后逐渐平稳。在压缩量相同的情况下，施加在结构紧密的单根纤维上的压力较施加在结构蓬松的纱线上的压力大得多。例如，施加在羊毛纤维上的压力较毛纱大8倍。

织物内纱线的截面形态，受到纤维原料、织物组织、织物密度、织造参数等因素的影响，因此在讨论织物结构概念时，应充分考虑纱线在织物内被压扁的实际情况。不同学者提出的纱线截面形态模型如图7-12所示。

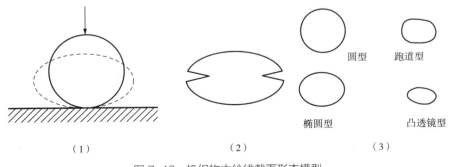

图 7-12　机织物中纱线截面形态模型

纱线横向压缩变形的指标计算：

直径变化率：$\varepsilon_d = (d_0 - d)/d_0 \times 100\%$

横截面积变化率：$\varepsilon_s = (S_0 - S)/S_0 \times 100\%$

式中：$d_0$、$d$——纱线的原始直径和压扁后的直径，cm；

$\quad\quad S_0$、$S$——纱线的原始横截面积和压缩后的横截面积，$cm^2$。

采用椭圆形截面时，纱线压缩特性用压扁系数$\eta$表示：

$$\eta = d'/d$$

式中：$\eta$——压扁系数，其值一般在0.8左右；

$\quad\quad d$——纱线的计算直径，cm；

$\quad\quad d'$——垂直布面方向的直径，cm。

采用跑道形截面时，其长、短径分别为：

$$d_L = \lambda_L d$$
$$d_S = \lambda_S d$$

式中：$d$——纱线的计算直径，cm；

$\quad\quad d_L$——跑道形的长径，cm；

$\quad\quad d_S$——跑道形的短径，cm；

$\quad\quad \lambda_L$——纱线的延宽系数；

$\quad\quad \lambda_S$——纱线的压扁系数。

---

思考题

1. 评定纱线拉伸性能的指标有哪些？影响纱线拉伸性的因素主要有哪些？

2. 测定纱线弯曲刚度的方法有哪些？分析影响纱线弯曲刚度的因素。

3. 简述纱线拉伸、耐摩擦性能、耐疲劳和压缩性能的影响因素。

---

# 纱线其他性能检验

课题名称：纱线其他性能检验

课题内容：条干均匀度

疏点检验

课题时间：4课时

教学目的：让学生掌握和了解纱线的条干均匀度、疵点的定义及其检验检测标准。

教学方式：理论讲授和实践操作。

教学要求：1. 掌握纱线的条干均匀度、疵点检验检测方法。

2. 熟练操作相关检验检测的仪器。

3. 能正确表达和评价相关的检验结果。

4. 能够分析影响检验结果的主要因素。

# 第八章　纱线其他性能检验

## 第一节　条干均匀度

纱线细度不匀是指沿纱线长度方向的粗细不匀，它是纱线品级评定项目之一。纱线细度不匀与布面质量加工性能及织物服用性能关系密切。当纱线细度不匀显著时，则纱的强力下降，织造断头率增加，而且在织物表面会形成多种疵点，如阴影、云斑、横路、纵向条纹、粗细节等，影响织物外观和内在质量。

可参考的标准有GB/T 3292.1—2008《纺织品　纱线条干不匀试验方法　第1部分：电容法》、GB/T 3292.2—2009《纺织品　纱线条干不匀试验方法　第2部分：光电法》、FZ/T 98001—2009《电容式条干均匀度仪》等。本文省略光电法。

### 一、检验原理和方法

常用的纱线细度不匀检测方法有以下3种：测长称重法、黑板条干法、电容式条干均匀度仪法。本章重点介绍黑板条干法、电容式条干均匀度仪法。

#### （一）测长称重法

用纱框测长器摇取一定片段长度的纱线若干绞，分别称出各绞纱线质量，然后计算其质量变异系数$CV$。

棉型纱线，每绞片段长度为100m，摇30绞；毛型纱线每绞片段长度有所差异，如精梳毛纱为50m，粗梳毛纱为20m，各摇20绞。纱线的（片段）质量变异系数是用片段长度的质量不匀来间接反映粗细不匀，而且反映的是长片段不匀。

#### （二）黑板条干法

将纱线按一定密度均匀地绕在黑板上，共摇10块黑板，然后在规定的检验条件下，与标准样对照，进行评定。

（三）电容式条干均匀度仪法

当纱条以一定速度连续通过平板式空气电容器的极板时，纱条线密度的变化引起电容量的相应变化，经过一系列的电路转化和运算处理，将最终信息分别输入积分仪、波谱仪、记录仪和疵点仪，就可得到纱条的不匀率数值、不匀率曲线、波长谱图及粗节、细节棉结等测试结果。

## 二、检测仪器和试样

（一）黑板条干法

YG381型摇黑板机、黑板（18cm×25cm×0.2cm）10块及棉、毛、麻或混纺纱条等试样若干。

（二）电容式条干均匀度仪法

电容式条干均匀度仪及附件。试样为细纱、粗纱或条子若干。

条子3个卷装；粗纱4个卷装；短纤维纱10个卷装；长丝纱5个卷装。在未规定的情况下，每个卷装各测试1次。

试样应按规定进行预调湿和调湿，一般非卷装纱调湿24h，筒装纱48h，测试也应在标准大气条件下进行。

## 三、检测步骤

（一）黑板条干法

（1）根据纱线品种和粗细，调节摇黑板机的绕纱间距。
（2）将试样摇在黑板上，绕纱密度均匀、排列整齐，必要时可手工调整。
（3）选择与试样组别对应的标准样照两张，样照应垂直平放在评级台的支架上。
（4）检验者（目力正常）与黑板的距离为（1±0.1）m，视线应与纱板中心水平（表8-1）。

表8-1 样照分组与绕纱密度

| 样照分组 | 细度/tex | 绕纱密度/根/cm |
| --- | --- | --- |
| 1 | 5~7（120~75） | 19 |
| 2 | 8~10（74~56） | 15 |

续表

| 样照分组 | 细度/tex | 绕纱密度/根/cm |
|---|---|---|
| 3 | 11~15（55~37） | 13 |
| 4 | 16~20（36~29） | 11 |
| 5 | 21~34（28~17） | 9 |
| 6 | 36~98（16~6） | 7 |

**注** 括号内的是对应的英制支数。

### （二）电容式条干均匀度仪法

（1）打开稳压电源、显示器、打印机、主机开关，预热仪器30min。

（2）设定实验参数：设定初始参数（包括材料名、厂名、测试者、测试号、试样线密度、纤维长度、纤维线密度）；设定试样类型（棉型或毛型）；预加张力大小应使纱条无伸长，保证试样无跳动地通过电容检测区，根据纱线粗细和仪器面板上纱线粗细与槽号的对应关系表确定槽号，其他实验参数选择如表8-2所示。

表8-2 实验参数选择

| 材料 | 试样长度/m | 测试速度/（m/min） | 测试时间/min | 量程/% |
|---|---|---|---|---|
| 条子 | 50 | 25 | 1 | ±25 |
| 粗纱 | 100 | 50 | 2 | ±50 |
| 短纤维纱 | 400 | 400 | 1 | ±100 |
| 长丝纱 | 400 | 400 | 1 | ±10或12.5 |

（3）确认各项参数无误后，引纱并使设备进入测试状态。引纱是将试样材料从纱架上引出。经过导纱装置（纱线与导纱装置呈45°角）、张力装置，引入电容器极板及胶辊中。

（4）按屏幕提示，取出测量槽中的试样，然后按任意键，进行无料调零。

（5）无料调零结束后，按照屏幕提示，把试样放入调量槽中，开始进行试样测试。测试时应注意控制纱线张力，使试样在测量槽中无抖动。

（6）每一次测试完成后，屏幕显示图形，可打印图形或选择退出该图形。图形显示或打印后，自动进入下一次测试。

（7）批次测试完成后，退出测试，输出统计结果，打印报表。

（8）所有试样测试结束后，关闭主机电源开关，然后关闭稳压器总电源开关。

## 四、实验结果计算与修约

### （一）黑板条干法

纱线条干的品级分四个级别，分别为优级、一级、二级、三级。评级规定如下：

（1）根据纱线的条干总均匀度和含杂程度与标准样照对比作为评级的主要依据，对比结果好于或等于一级样照的评为一级，差于一级样照的评为二级。

（2）严重疵点、阴阳板、一般规律性不匀评为二级，严重规律性不匀评为三级。

（3）一级纱的大棉结根据产品标准另行规定。

①粗节：纱线的投影宽度比正常纱线的直径粗（以目力所能辨认为界）。

②细节：纱线的投影宽度比正常纱线的直径细（以目力所能辨认为界）。

③阴影：由较多直径偏细的纱线排列在一起而在黑板表面形成阴暗的块状。

④严重疵点：有两种情况，即严重粗节（直径粗于原纱1~2倍、长5cm及以上的粗节）和严重细节（直径细于原纱0.5倍、长10cm及以上的细节）。

⑤规律性不匀：有两种情况，即一般规律性不匀（纱线条干粗细不匀并形成规律，占黑板表面1/2及以上）和严重规律性不均匀（黑板呈规律性不匀，其明影深度大于一级最深的阴影）。

⑥阴阳板：黑板表面的纱线有明显粗细分界线。

⑦大棉结：由一根或多根纤维缠结形成的未曾分解的团粒，比棉纱直径大3倍及以上的棉结。

### （二）电容式

（1）条干不匀变异系数。当测试一批试样时，可计算平均值和标准差，从而计算出条干不匀变异系数。计算公式如下：

①标准差$S$：

$$S = \sqrt{\frac{\sum (x_i - \bar{x})^2}{n-1}}$$

式中：$x_i$——第$i$个试样的长度值，cm；

$\bar{x}$——试样的平均长度，cm；

$n$——试样的总个数。

②变异系数$CV$：

$$CV = \frac{S}{\bar{x}} \times 100\%$$

（2）不匀曲线：该曲线是纱条的试样长度与其对应的不匀率关系图，它能直观地反映纱条不匀的变化，并给出不匀的平均值，但要从不匀曲线判断纱线不匀的结构特征有些困难。

（3）波谱图：即以条干不匀波波长（对数）为横坐标，振幅为纵坐标的图形，可用来分析纱条不匀的结构和不匀产生的原因。

（4）变异长度曲线：即纱条的细度变异与纱条片段长度间的关系曲线。

（5）偏移率—门限图：即纱条上粗细超过一定界限的各段长度之和与取样长度之比的百分数。

（6）千米疵点数：疵点通常分为以下几档：

棉结：+400%、+280%、+200%、+140%；粗节：+100%、+70%、+50%、+35%；细节：-60%、-50%、-40%、-30%。

当测试批试样时，可计算平均值和标准差。按数值修约规则进行修约、千米疵点数为整数，其余均保留两位小数。

# 第二节　疵点检验

纱疵是指纱线上的重大疵点，一般分为3大类，即短粗节、长粗节、长细节。短粗节是指纱疵截面比正常纱线粗100%以上，长度在8cm以下，细分为16级；长粗节指纱疵截面比正常纱线粗45%以上，长度在8cm以上（包括双纱），细分为3级；长细节指纱疵截面比正常纱线细30%～75%，长度在8cm以上，细分为4级。

可参考的标准有FZ/T 01050—1997《纺织品　纱线疵点的分级与检验方法　电容式》等。

## 一、检测原理和方法

电容式纱疵分级仪与络筒机组合使用（也可将纱疵仪装在络筒机上，至少应装5个检测器）。络筒纱线以一定速度连续通过由空气电容器组成的检测器，当相同的电介质连续通过检测器时，纱条质量（纱疵或条干不匀）的变化会引起电容量的相应变化，将其转化为电信号，经过电路运算处理后，即可输出表示各级纱疵的指标。

## 二、检验条件

（1）仪器与试样：纱疵分级仪、络筒机、打印机等。试样为纯纺或混纺短纤维纱线。

（2）按标准规定随机抽取一定数量试样，日常试验1组试样长度不少于$10 \times 10^4$m（毛纺纱可适当减少，但至少为$5 \times 10^4$m），而仲裁检验应进行4组以上试验。

（3）试样的调湿和试验应在二级标准大气下进行［温度（20±2）℃，相对湿度为（65±3）%］，调湿时间24h以上，对于大而紧的样品卷装，或一个卷装需进行多次测试者，应调湿平衡48h以上，若样品比较潮湿，应先进行预调湿处理。

（4）如果实验室不具备上述标准大气条件，可以在以下稳定的温湿条件下进行调湿和试验，即平均温度为18～28℃（温度变化不超过该范围某平均温度的±3℃），相对湿度为55%～70%（相对湿度变化不超过该范围某平均相对湿度的±3%）。

（5）如样品为交货批，按表8-3随机地从整个货批中抽取一定的箱数，从每箱中取1个卷装。如样品来自生产线，则随机地从机台上抽取5～10个筒子纱或能满足测试长度要求的若干个满管纱作为实验室样品。所取样品应均匀分配到各检测器上。

**表8-3　取样的箱数**

| 货批中的箱数 | 取样箱数 | 货批中的箱数 | 取样箱数 |
|---|---|---|---|
| 5箱及以下 | 全部 | 25箱以上 | 10箱 |
| 6～25箱 | 5箱 | — | — |

## 三、检测步骤

设定线密度、络纱速度、初设材料值、预加张力的试验参数。

（1）线密度：按名义线密度设定。

（2）络纱速度：推荐采用600m/min，而且要保证仪器的设定速度与络纱速度的差异不超过±10%。

（3）初设材料值：棉、毛、黏胶纤维、麻为7.5；天然丝为5.5；腈纶、锦纶为5.5；丙纶为4.5；涤纶为3.5；氯纶为2.5。

该材料值需反复调整，直到仪器指示材料值误差小于2%，而且在试验过程中应避免该值产生突变。

（4）预加张力：根据样品线密度大小，以保证纱条移动平稳、抖动尽量小为原则。纱线线密度为10tex及以下时，张力圈为0～1个；线密度为10.1～30tex时，张力圈为1～2个；线密度为30.1～50tex时，张力圈为2～3个；线密度大于50tex时，张力圈个数为3～5个。

各张力圈重量不等，按络筒机的配置依次施加。

## 四、检测结果表示

试验结果用 $10 \times 10^4$ m 纱疵数和 $10 \times 10^4$ m 有害纱疵数表示，有害纱疵数的范围根据产品标准或有关合同确定。产品验收和仲裁检验时，取4组试样的平均值，必要时可计算其标准差。10万米纱疵数保留整数，其余保留3位有效数字。

## 五、检测注意事项

（1）在试验过程中，应保持测量槽内除试样外无其他杂物，如纱线断头余物、飞花等。

（2）每次接头后必须等纱线速度达到正常后才放入调量槽。

（3）样品退绕到卷装的最后数圈时，为防止产生脱圈现象，应废弃这部分纱线。

---

思考题

1. 简述纱线的条干不均的表达和检验检测方法，并给出各自的特点及其选择依据。

2. 造成纱线条干不均的原因有哪些？

3. 什么是纱线疵点？一般分为几类？

---

# 织物篇

## 织物基本结构检验

**课题名称：** 织物基本结构检验

**课题内容：** 织物正反面的识别

织物经纬向的识别

织物的密度

织物的厚度

织物的单位面积重量

**课题时间：** 7课时

**教学目的：** 让学生准确识别机织物、针织物及非织造布，快速确定织物的正反面、经纬向，熟练分析与测试织物组织、密度及重量。

**教学方式：** 理论讲授和实践操作。

**教学要求：** 1. 准确地辨别织物的类别。

2. 熟悉进行织物组织、密度及厚度等基本结构和参数的分析与测定。

3. 熟练操作相关检验检测的仪器。

4. 能正确表达和评价相关的检验结果。

5. 能够分析影响检验结果的主要因素。

# 第九章　织物基本结构检验

　　不同材料制作成的服装实用性能存在很大差异，不同的工作环境或场所穿着的服装不只是款式各有千秋，就连材料也存在着千差万异。例如，晚礼服的材料主要是运用真丝类，职业装主要运用化纤等。不同纤维所表现的性能也各有差异，比如棉织物透气性、吸湿性较强，适合夏季、内衣的制作材料；麻织物具有强度高、吸湿性好、导热强、挺爽、透气出汗的特性，拥有独特的粗犷风格和凉爽透湿性能，是理想的夏季面料；丝织物是高档的服装材料，主要以天然蚕丝纤维和各种人造丝、合成纤维丝制成，具有柔软滑爽、光泽明亮等特点，穿着舒适、华丽、高贵；涤纶织物具有挺爽、保型性好、耐磨、尺寸稳定、易洗快干特性等，适合制作日常服装。

## 第一节　织物正反面的识别

　　在各类纺织面料中，有些面料的正反面难以区别，在服装缝制过程中稍有疏忽就容易搞错，造成差错，如色泽深浅不匀、花纹不等，严重的还会造成明显的色差、花型混淆不清、织物颠倒，影响成衣外观。识别面料正反面除采用眼看、手摸的感官方法外，也有从面料的组织结构特征、花色特色、特殊整理后的外观特殊效应，以及从织物的商标贴头和印章等方面来识别。

### 一、根据织物的组织结构识别

　　（1）平纹织物：平纹组织的织品正反面难以识别，因而在实际上无正反面的区别（印花布除外）。一般平纹织品正面比较平整光洁，色泽匀净鲜明。
　　（2）斜纹织物：斜纹组织分单面斜纹、双面斜纹两种。单面斜纹的纹路在正面清晰明显，反面则模糊不清。另外，在纹路的倾斜方面，单纱织品的正面纹路是自左上向右下倾斜，半线织物或全线织物的纹路则是自左下向右上倾斜，双面斜纹的正反面纹路基本相同，但是斜向相反。

（3）缎纹织物：由于缎纹织品的正面经纱或纬纱浮出布面较多，布面平整紧密，富有光泽。而反面的纹路又像平纹，又像斜纹，光泽比较暗淡。此外，经面斜纹及经面缎纹正面的经浮点多，纬面斜纹及纬面缎纹正面的纬浮点多，见图9-1。

  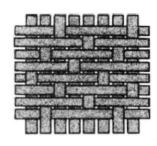

（1）平纹组织　　　　　　　　　（2）斜纹组织　　　　　　　　　（3）缎纹组织

图 9-1　织物组织结构

## 二、根据面料花纹和色彩识别

各种织物正面的花纹及图案比较清晰、洁净，图案的造型及线条轮廓比较精细明显、层次分明、色彩鲜艳生动饱满；反面则较正面色泽浅淡、线条轮廓比较模糊、花纹缺乏层次、光泽亦较暗淡。

## 三、根据面料组织变化和花纹识别

提花、提格、提条织物的织纹花纹变化多。凡是织纹正面，一般浮纱较少，条纹、格子和提出的花纹都比反面明显，而且线条清晰、轮廓突出、色泽匀净、光洋明亮柔和；反面则花纹比较模糊，轮廓不清、色泽暗沉。也有个别提花织物反面的花纹别具一格而显别致，色彩调和文静，因此在制衣时利用反面作正料。只要织物纱线结构合理、浮长均匀、不影响使用牢度，反面亦可作正面使用。

## 四、根据面料布边识别

一般织物的布边正面较反面平整、挺括，反面的布边边缘向里卷曲。无梭织机织造的织物，正面的布边比较平整，反面边沿很易找到纬纱头的毛丛。有些高档面料，如呢绒，在织物的布边上织有字码或其他文字，正面的字码或文字都较清晰、明显、光洁；反面的字码或文字比较模糊，字体呈反写状。

### 五、根据织物特殊整理后外观效应识别

（1）起毛织物：织物正面耸立密集的毛绒，反面为无绒毛地组织。地组织明显的如长毛绒、丝绒、平绒、灯芯绒等。有的织物绒毛密集，连地组织的织纹也难以看出。

（2）烂花织物：经化学处理的烂花花纹正面轮廓清晰、有层次、色泽鲜明，如果是绒面烂花，则绒面丰满平齐，如烂花绸、乔其绒等。

### 六、根据商标和印章识别

整匹面料出厂前检验时，一般都粘贴产品商标纸或说明书，粘贴的一面为面料的反面；每匹每段两端盖有出厂日期和检验印章的是面料的反面。与内销产品不同，外销产品商标贴头和印章则盖在正面。

## 第二节　织物经纬向的识别

### 一、区别织物经纬向的主要依据

（1）如被鉴别的面料是有布边的，则与布边平行的纱线方向便是经向，另一方是纬向。

（2）上浆的是经纱的方向，不上浆的是纬纱的方向。

（3）一般织品密度大的一方是经向，密度小的一方是纬向。

（4）筘痕明显的布料，则筘痕方向为经向。

（5）对半线织物，通常股线方向为经向，单纱方向为纬向。

（6）若单纱织物的成纱捻向不同时，则Z捻向为经向，S捻向为纬向。

（7）若织品的经纬纱特数、捻向、捻度都差异不大时，则纱线条干均匀、光泽较好的为经向。

（8）若织品的成纱捻度不同时，则捻度大的多数为经向，捻度小的为纬向。

（9）毛巾类织物，其起毛圈的纱线方向为经向，不起毛圈者为纬向。

（10）条子织物，其条子方向通常为经向方向。

（11）若织品有一个系统的纱线具有多种不同的特数时，这个方向则为经向。

（12）纱罗织品，有扭绞的纱的方向为经向，无扭绞的纱的方向为纬向。

（13）在不同原料的交织物中，一般棉毛或棉麻交织的织品，棉为经纱；毛丝交织物中，丝为经纱；毛丝棉交织物中，则丝、棉为经纱；天然丝与绢丝交织物中，天然丝为经纱；天然丝与人造丝交织物中，则天然丝为经纱。由于织物用途极广，品种也很多，对织物原料和组织结构的要求也是多种多样，因此在判断时，还要根据织品的具体情况来定。

## 二、检验原理

分析机织物组织，也就是找出经、纬纱线的交织规律，确定其是何种组织类型。

## 三、检验工具与试样

在对织物的组织进行分析的工作中，常用的工具是照布镜、分析针（缝衣针）、剪刀、镊子、尺子、意匠纸、染色纸和笔等。

用颜色纸的目的是为了分析织物时有适当的背景衬托，少费眼力。在分析色织物时，可用白色纸做衬托，而在分析浅色织物时，可用黑色纸做衬托。织物颜色与底纸颜色用对比色，使分析结果更清晰、更准确。

## 四、检验步骤

（一）取样

分析织物时，结果的准确程度与取样的位置、样品面积大小有关，因此对取样的方法应有一定的要求。由于织物品种很多，彼此之间差别又大，因此，在实际工作中样品的选择还应根据具体情况来定。

1. 取样位置

织物在织机上处于张持状态，尤其布边受力较大，下机后，由于经纬纱的张力平衡作用，使织物的幅宽和长度都发生变化，造成织物边部和中部以及织物两端的经纬密度有一定的差异。另外，在染整的过程中，织物各部位所产生的机械变形也不同。为了使测量的数据准确且具有典型的代表性，对取样的位置有两个要求：

（1）采样时不要靠近织物的两端和两边，一般距布边要大于5cm。

（2）所取样品不能有明显的瑕疵如跳纱、结子、并纱等。

2. 取样大小

简单组织的织物试样可以取得小些，一般为15cm×15cm；组织循环较大的色织物可以取20cm×20cm；色纱循环大的色织物至少应取一个色纱循环所占的面积。对于大提花织物，因其经纬纱循环数很大，一般分析部分具有代表性的组织结构即可。因此，一般取为20cm×20cm或25cm×25cm。即使样品尺寸较小，取样大小至少也要大于5cm×5cm。

（二）观察试样

用肉眼或放大镜观察试样。

# 第三节　织物的密度

织物密度是指单位长度内纱线的根数，可分为经向密度和纬向密度。

织物密度是一项反映织物紧密程度的重要指标，可用于比较纱线特（支）数相同的织物的紧密程度。对纱线粗细不同的织物进行紧密度的比较，采用紧度即用纱线特数和密度求得的相对指标。

织物紧密度与织物的重量、强度、弹性、耐磨性、通透性、保暖性（针织物的起毛起球及钩丝性）等有很大的影响。织物的密度直接决定织物的手感和风格，它也关系到产品的成本和生产效率的高低。因此，在产品标准中对不同织物规定了不同的密度，织物的密度是一项重要的纺织品检测项目。

织物密度检测方法一般分成拆纱法和密度镜法，然而对于不同的织物，检测方法不同，具体检测方法以织物特征为准进行选取。

## 一、机织物密度测定

（一）拆纱法

参考标准GB/T 29256.5—2012《纺织品　机织物结构分析方法　第5部分：织物中拆下纱线线密度的测定》、FZ/T 01093—2008《机织物结构分析方法　织物中拆下纱线密度的测定》等。

测量织物中拆下纱线线密度有两种方法。一是从没有除去非纤维物质的织物中拆下纱线线密度的测定方法。二是从去除非纤维物质以后的织物中拆下纱线线密度的测定方法。根据需要可选用其中的一种。

标准GB/T 29256.5—2012和FZ/T 01093—2008适用于大多数机织物拆下纱线线密度的

测定，不适用于在一定伸直张力下不能消除纱线上的卷曲，以及在织造整理和该方法分析过程中纱线受到破坏的织物。注意，用本标准的方法得到的织物中纱线的线密度可能会与织造前原纱的线密度不同。如果样品不够大，其结果可能会有明显差异。

1. 检验原理和方法

从长方形的织物试样中拆下纱线，测定其伸直长度，在试验用的标准大气中调湿后测定其质量，或测定其烘干质量加上商业允贴或公定回潮率。根据质量与伸直长度总和计算线密度。

在测定纱线干燥质量时，当加热到105℃，除水以外的挥发性物质容易引起显著的损失，这时应使用"在标准大气中调湿后测定质量"的方法。

可以对未去除非纤维物质的纱线进行测定，也可以对去除非纤维物质后的纱线进行测定。

2. 检验仪器和试样

仪器：天平（精度为试样最小质量的0.1%）、测定纱线伸直长度的装置（同FZ/T 01091规定的装置）、通风烘箱等。

试样：调湿和试验用的大气，按GB 6529规定的标准大气进行预调湿、调湿和试验。

将样品调湿至24h。从调湿过的样品中裁剪经纬向试样至少2块。注意，每个试样的长度最好相同，约为250mm，宽度至少包括50根纱线。

3. 检验步骤

（1）未去除非纤维物质的织物中拆下纱线线密度的测定：

①分离纱线和测量长度：按照FZ/T 01091的规定，调整好伸直张力，从每一试样中拆下并测定10根纱线的伸直长度（精确至0.5mm）。然后从每个试样中拆下至少40根纱线，与同一试样中已测取长度的10根形成一组。

②测定线密度：在标准大气中调湿后测定质量：试样在GB 6529规定的预调湿用的标准大气中预调湿4h，然后暴露在试验用的标准大气中24h，或者每隔至少30min其质量的递变量不大于0.1%。将2组经纱一起称重，2组纬纱一起称重。

烘干值加上商业允贴或公定回潮率：把试样放在通风烘箱中加热至105℃，并烘至恒定质量，直至每隔30min质量递变量不大于0.1%。将2组经纱一起称重，2组纬纱一起称重。

（2）去除非纤维物质后的织物中拆下纱线线密度的测定：

按ISO 1833-1中关于纤维混合物定管分析前非纤维物质的去除方法除去非纤维物质，再按"在标准大气中调湿"或"烘干值加上商业允贴或公定回潮率"方法测定其质量。

①分离纱线和测量长度：按FZ/T 01091的规定，从每个试样上拆下10根纱线并测量其伸直长度，然后再从每个试样中拆下至少40根纱线。

②股线中单纱线密度的测定：按上述程序测定的股线的线密度值，其结果表示最终线

密度值。如果需要各单纱的线密度值（例如，单纱线密度不同的股线），先分离股线，将待测的一组分单纱留下，然后按上述方法测定其伸直长度和质量。

4. 检测结果的计算和表示

（1）计算调湿纱线经纬纱的线密度，单位为特克斯（tex）。

$$调湿纱线的线密度=\frac{纱线的质量（g）\times1000}{平均伸直长度（m）\times称重的纱线根数}$$

（2）计算烘干纱线经纬纱的线密度，单位为特克斯（tex）。

$$烘干纱线的线密度=\frac{烘干纱线的质量（g）\times1000}{平均伸直长度（m）\times称重的纱线根数}$$

（3）计算加商业允贴或公定回潮率的烘干纱线密度，单位为特克斯（tex）。

$$烘干纱的线密度（加商业允贴或公定回潮率）$$
$$=\frac{烘干纱线的线密度\times（100+纱线的商业允贴或公定回潮率）}{100}$$

单纱线密度相同的股线，以单纱的线密度值乘股数来表示；单纱线密度不同的股线，以单纱的线密度值相加来表示。

（二）密度镜法

1. 检验仪器

织物密度镜（图9-2）、钢尺、剪刀、分析针等。

2. 检验原理

使用移动式织物密度分析器，测定织物经向或纬向一定长度内的纱线根数，并折算成10cm长度内的纱线根数。要求每块样品经纬向换不同位置数三遍以上，求平均值为最后值。

3. 实验方法与操作步骤

（1）取样：将要检测的试样放在标准大气中调湿24h，把试样放在测量平台上，在距头尾至少5cm处选择测定位置。纬密在每匹不同经向至少测定5次，经密在每匹的全幅范围内同一纬向不同位置至少测定5处（离开布边至少3cm），以保证有足够的代表性。每一处的最小测定距离按表9-1进行。

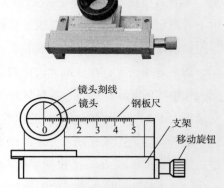

图9-2　织物密度镜

表9-1　每处的最小测定距离

| 密度/根/cm | < 10 | 10～25 | 26～40 | >40 |
|---|---|---|---|---|
| 最小测定距离/cm | 10 | 5 | 3 | 2 |

（2）仪器调整：转动织物密度分析器的螺杆，使刻度线与刻度尺上的零位线对齐。

（3）操作步骤：

①移动式织物密度镜测定法：将移动式放大镜平放在织物上所选测定部位处，刻度尺沿经纱或纬纱方向，将零位线放置在两根纱线的中间位置。用手缓慢转动螺杆，计数刻度线所通过的纱线根数，直至刻度线与刻度尺的50mm处对齐，即可得出织物5cm内的纱线根数，再折算成10cm长度内所含纱线的根数。计数经纱或纬纱需精确至0.5根，如终点落在纱线上，不足0.25根，不计；0.25～0.75根，记为0.5根；大于0.75根，记为1根（图9-3）。

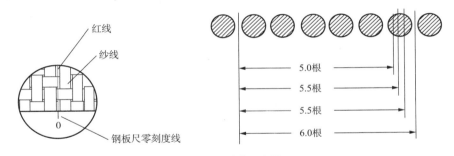

图9-3　计数示意图

②织物分解点数法：不能用密度镜数出纱线根数时，可按规定的测定次数，在织物的适当部位剪下长、宽略大于最小测定距离的试样。在试样的边部拆去部分纱线，再用钢尺测量，使试样长、宽各达规定的最小测定距离，允许误差0.5根纱。然后对准备好的试样逐根拆点根数，将测得的一定长度内的纱线根数折算成10cm长度内所含纱线的根数，并分别求出算术平均值。密度计算精确至0.01根，然后按数值修约规则进行修约。

③织物分析镜法：织物分析镜的窗口宽度为（2±0.005）cm或（3±0.005）cm，测试时将织物分析镜放在摊平的织物上，选择一根纱线并使其平行于分析镜窗口的一边，逐一计数窗口内的纱线根数也可计数窗口内的组织循环个数，通过织物组织分析或分解该织物，确定一个组织循环的纱线根数，计算方法为测量距离内纱线根数=组织循环个数×一个组织循环的纱线根数＋剩余纱线根数。该方法适用于密度大、纱线线密度小的规则组织的织物。

4. 实验结果计算与修约

根据所给织物试样中经、纬纱线的线密度和测得的经、纬向密度，计算织物紧度。

经向紧度：

$$E_t = \frac{d_t \cdot P_t}{100} \times 100\%$$

式中：$E_t$——经纱紧度，%；

   $d_t$——经纱直径，mm；

   $P_t$——经纱密度，根/10cm。

纬向紧度：

$$E_\omega = \frac{d_\omega \cdot P_\omega}{100} \times 100\%$$

式中：$E_\omega$——纬纱紧度，%；

   $d_\omega$——纬纱直径，mm；

   $P_\omega$——纬纱密度，根/10cm。

总紧度：

$$E = E_t + E_\omega - E_t \cdot E_\omega$$

式中：$E$——总密度，%；

   $E_t$——经纱紧度，%；

   $E_\omega$——纬纱紧度，%。

纱线直径：

$$d = 0.0357\sqrt{\frac{Tt}{r}}$$

式中：$d$——纱线直径，mm；

   $Tt$——经（纬）纱线线密度，tex；

   $r$——经（纬）纱线密度，g/cm³。

常用纱线的$\gamma$值，如表9-2所示。

表9-2　常用纱线的$\gamma$值

| 纱线类别 | 棉纱 | 精梳毛纱 | 粗梳毛纱 | 丝 | 绢纺纱 | 绦/棉纱（65/35） | 绦/棉纱（50/50） |
|---|---|---|---|---|---|---|---|
| $\gamma$ /g/cm³ | 0.8~0.9 | 0.75~0.81 | 0.65~0.72 | 0.8~0.9 | 0.83~0.95 | 0.85~0.95 | 0.74~0.76 |

## 二、针织物密度测定

针织物密度一般是指线圈密度，它是在针织物上每单位面积内的线圈总数，单位为圈数/100cm²。

（一）检验仪器

直尺、放大镜等。

（二）检验步骤

（1）取样：一般为15cm×15cm的试样。

（2）将试样放在检验台上，试样必须要保证无褶皱或无变形，且保持自然状态。

（3）沿着线圈数横列（纵行）方向，计数10cm内的横列（纵行）线圈数（$Q_1$），在不同的试样位置测量4次，求出平均值。注意，测量时，读数保留至0.5个线圈；计算结果时，精确至0.5个线圈。

（三）检验结果

线圈密度=$Q_1 \times Q_2$

式中：$Q_1$、$Q_2$分别表示横列、纵行4次的平均值，圈数/10cm。

# 第四节 织物的厚度

织物的厚度指在一定压力下从织物的上表面到下表面之间的距离，以毫米（mm）为单位，它反映了织物的厚薄程度。织物按厚度不同可分为薄型、中厚型和厚型三类。织物厚度主要与纱线细度、织物组织和织物中纱线弯曲程度有关。

织物厚度是服装设计中需要仔细考虑的因素之一，织物厚度不仅影响服装的保暖性、透气性、防风性、刚度、悬垂性、舒适性、耐磨性及重量等一系列性能，还将直接影响服装的造型，如服装设计中抽皱或褶裥的设计，薄型织物比较适用，而较厚的织物使用效果不佳。织物厚度对缝纫机参数和服装生产中一次裁剪织物层数的计数也非常重要。可参考的标准有GB/T 3820—1997《纺织品和纺织制品厚度的测定》等。

## 一、检验仪器

YG（B）141D型织物厚度测试仪（图9-4）、剪刀等。

织物厚度仪的直径和面积参数，如表9-3所示。

图9-4 YG（B）141D 织物厚度仪

表9-3　压脚直径和面积

| 直径/mm | 7.98 | 11.28 | 25.22 | 35.68 | 50.46 |
|---|---|---|---|---|---|
| 面积/mm² | 50 | 100 | 500 | 1000 | 2000 |

## 二、检验原理

试样放置在参考板上，平行于该板的压脚将规定压力施加于试样规定面积上，规定时间后测定并记录两板间的垂直距离，即为试样厚度测量值。

## 三、检验步骤

（1）取样：试样取样时，测定部位应在距布边150mm以上区域内按阶梯形均匀排布，各测定点都不在相同的纵向和横向位置上，且应避开影响试验结果的疵点和折皱。对易于变形或有可能影响试验操作的样品，如某些针织物、非织造布或宽幅织物等，应裁取足够数量的试样，试样尺寸不小于压脚尺寸。

试验前，样品或试样应在松弛状态下于标准大气中调湿平衡，通常需调湿16h以上，合成纤维样品至少平衡2h，公定回潮率为零的样品可直接测定。

（2）仪器调整：

①清洁仪器基准板和压脚测杆轴，使之不粘有任何灰尘和纤维，检查压脚轴的运动灵活性。

②根据被测织物的要求，更换压脚，加上压重块（表9-4）。对于表面呈凹凸不平花纹结构的样品，压脚直径应不小于花纹循环长度，如需要，可选用较小压脚分别测定，并报告凹凸部位的厚度。

表9-4　主要技术参数表

| 样品类别 | 压脚面积/mm² | 加压压力/kPa | 加压时间（读取时刻）/s | 最小测定数量/次 | 说明 |
|---|---|---|---|---|---|
| 普通类 | 2000±20（推荐）100±1 10000±100（推荐面积不适宜时再从另两种面积中选用） | 1±0.01 非织造布：0.5±0.01土工布：2±0.01 20±0.1 200±1 | 30±5 常规：10±2（非织造布按常规） | 5 非织造布及土工布：10 | 土工布在2kPa时为常规厚度，其他压力下的厚度按需要测定 |
| 毛绒类 | | 0.1±0.001 | | | |
| 蓬松类 | 20000±100 40000±200 | 0.02±0.0005 | | | 厚度超过20mm的样品，也可使用GB/T 3820—1997附录A中A2所述仪器 |

**注**　1. 不属毛绒类、疏软类、蓬松类的样品，均归入普通类。蓬松类样品的确定按GB/T 3820—1997附录A中A1进行。

　　2. 选用其他参数，需经有关各方同意，例如，根据需要，非织造布载土工布压脚面积也可选用2500mm²，但应在试验报告中注明。另选加压时间时，其选定时间延长20%后厚度应无明显变化。

③根据需要将压重时间开关拨至［5s］或［30s］，试验次数开关拨至［单次］或［连续］。

④接通电源，电源指示灯亮，按［开］按钮，仪器动作。

⑤调好零位，空试几次，待零位稳定后再正式测试织物。

（3）操作步骤：

①按［开］按钮，当压脚升起时，把被测织物试样在无皱折、无张力的情况下放置在基准板上。

②在压脚压住被测织物试样30s（或5s）时，读数指示灯自动闪亮，尽快读出百分表上所示厚度数值，并做好记录。如指示灯不亮，则读数无效。

③采用连续测试时，读数指示灯熄灭后，压脚即自动上升，自动进行下一次测试。采用［单次］测试时，压脚不再往复运动。

④利用压脚上升和再落下的间隙时间，可调整被测织物试样的测试部位。测试部位离布边大于150mm，并按阶梯形均匀排布，各测试点都不在相同的纵向和横向位置。

⑤测试完毕，取出被测织物试样，在压脚回复至初始位置（即与基准板贴合）时，随即关掉电源。

## 四、实验结果计算与修约

计算所测织物厚度的算术平均值（修约至0.01mm）和变异系数$CV$（%）（修约至0.1%）。

# 第五节 织物的单位面积质量

面料的面密度（单位面积质量）是纺织产品在生产与商业买卖中常用的评价指标，其常用单位是每平方米织物的质量，单位是$g/m^2$，缩写为FAW。

在纺织品贸易时，将织物偏离（主要为偏轻）于产品品种规格所规定质量的最大允许公差（%）作为品等评定的指标之一。一般来说，织物面密度随纱线密度和纱线粗细的改变而改变。

可参考的标准有GB/T 4669—2008《纺织品 机织物 单位长度质量和单位面积质量的测定》、FZ/T 70010—2006《针织物平方米干燥重量的测定》、FZ/T 01094—2008《机织物结构分析方法 织物单位面积经纬纱线质量的测定》、FZ/T 20008—2015《毛织物单位面积质量的测定》等。

## 一、检验仪器及工具

通风式干燥箱、干燥器、钢尺、剪刀、天平、工作台、切割器等。

## 二、检验原理

将织物按规定尺寸剪取试样，放入干燥箱内干燥至衡量后称重，计算单位面积干燥质量，再结合公定回潮率计算单位面积公定质量。

## 三、检验步骤

（1）取样：将试样在标准大气中调湿24h使之达到平衡。把调湿过的样品放在工作台上，在适当的位置，使用切割器切割10cm×10cm的方形试样或面积为10cm²的圆形试样5块。对于大花型织物，当其中含有质量明显不同的局部区域时，要选用包含此花型完全组织整数倍的样品，然后测量样品的长度、宽度和质量，并计算单位面积质量。

（2）干燥：将所有试样一并放入通风式干燥箱的称量容器内，在（105±3）℃下干燥至恒定质量（以至少20min为间隔连续称量试样，直至两次称量的质量之差不超过后一次称见质量的0.2%）。

（3）称量：称量试样的质量，精确至0.01g。

## 四、检验结果计算与修约

（1）单位面积干燥质量：

$$m_{dua} = \frac{m}{S}$$

式中：$m_{dua}$——试样的单位面积干燥质量，$g/m^2$；

$m$——试样的干燥质量，g；

$S$——试样的面积，$m^2$。

计算求得5块试样的测试结果及其平均值。

（2）单位面积公定质量：

$$m_{rua} = m_{dua}[A_1(1+R_1) + A_2(1+R_2) + \cdots + A_n(1+R_n)]$$

式中：　　$m_{rua}$——试样的单位面积公定质量，$g/m^2$；

$A_1$，$A_2$，…，$A_n$——试样中各组分纤维按净干质量计算得到的质量分数；

$R_1$，$R_2$，…，$R_n$——试样中各组分纤维的公定回潮率，%。

---

思考题

1. 简述织物的分类。

2. 什么是针织物？纬编针织物？

3. 鉴别织物正反面、经纬向的特征有哪些？

4. 什么是织物密度？什么是经密？

5. 机织物密度的测试方法有几种？各适用于什么类型的织物？

6. 测定织物厚度时，应注意哪些事项？

---

# 织物成分与外观保形性检验

**课题名称：** 织物成分与外观保形性检验

**课题内容：** 织物的原料鉴别

织物外观保形性检验

**课题时间：** 30课时

**教学目的：** 让学生了解织物外观保形性的相关内容，掌握检验检测方法，对检验检测结果能进行正确表达和评价，并拥有分析影响检验检测结果准确性的能力。

**教学方式：** 理论讲授和实践操作。

**教学要求：** 1. 能选择适当的方法对织物成分、外观保形性的内容进行检验检测。

2. 熟练操作相关检验检测的仪器。

3. 能正确表达和评价外观保形性的测试结果。

4. 能够分析外观保形性的影响因素。

# 第十章　织物成分与外观保形性检验

## 第一节　织物的原料鉴别

　　织物原料鉴别前，需取样。在具体样品制片的过程中，将样品中同一种类的纱线若干根排列整齐于操作台上（原则上纱线多于等于两根，有利于排除因颜色相近而漏验的情况），用玻片轻轻刮使纱线前端成排列整齐的散纤维状，用纱剪将散纤维剪下置于载玻片上，这样制得的样品纤维排列整齐疏散又具有很好的代表性，便于观察，节省时间（图10-1～图10-3）。此法也可用于颜色繁多的纯棉色织布，将若干种颜色排成一排一次性制样，相当节省时间。但是西装、女装等纱线种类繁多成分复杂的面料，还是建议仔细分析组织结构，每种纱线分开制样比较稳妥。

图 10-1　制片过程一

图 10-2　制片过程二

图 10-3　制片过程三

　　织物原料鉴别、织物中纤维的含量检验具体步骤见第二章纤维成分检验。

# 第二节　织物外观保形性检验

## 一、织物的抗皱性能

织物被搓揉挤压时发生塑性变形而形成折皱的性能，称为织物的折皱性能。织物抵抗此类折皱的能力，称为抗皱性。有时，抗折皱性也理解为当卸去引起织物折痕的外力后，由于织物的急、缓弹性而使织物逐渐回复到起始状态的能力。织物的抗皱性能主要由折皱回复性决定。折皱回复性是指去除外力后，织物从形变中回复原状的能力。因而，通过测定织物的折皱回复性，可以判断织物的抗皱性能。如羊毛织物有较高的折皱回复性，因此抗皱性能很好；而棉织物的折皱回复性较差，所以抗皱性能较差，可以通过抗皱整理加以改善。

由折痕回复性差的织物做成的衣服，在穿着过程中容易起皱，不仅严重影响织物的外观，而且因为沿着折痕与皱纹方向产生剧烈的磨损，会加速衣服的损坏。因此，折皱和回复性能是考核织物性能的重要指标之一。

（1）折痕回复性：织物在规定条件下折叠加压，卸除负荷后，织物折痕处能回复到原来状态至一定程度的性能。

（2）折痕回复角：在规定条件下，受力折叠的试样卸除负荷，经一定时间后，两个对折面形成的角度。织物的折痕回复性通常用折痕回复角表示。折痕回复角大，则织物的抗皱性好。

参考标准有GB/T 3819—1997《纺织品　织物折痕回复性的测定　回复角法》。

（一）检验方法

（1）折痕水平回复法：测定试样折痕回复角时，折痕线与水平面平行的回复角度的测量方法。

（2）折痕垂直回复法：测定试样折痕回复角时，折痕线与水平面垂直的回复角度的测量方法。

（二）检验原理

一定形状和尺寸的试样，在规定条件下折叠加压保持一定时间。卸除负荷后，让试样经过一定的回复时间，然后测量折痕回复角，以测得的角度来表示织物的折痕回复能力。

（三）检验设备及工具

YG（B）541E型织物折皱弹性仪（图10-4）、剪刀、尺子等。

图 10-4　YG(B)541E 织物折皱弹性仪

（四）试样

（1）每个样品至少20块试样，其中经向、纬向各10块，每个方向的正面对折和反面对折各5个。

（2）日常试验可只测样品的正面，即经向和纬向各5个。

（3）水平法试样尺寸为40mm×15mm的长方形。

（4）折痕垂直法试样的长为20mm，宽为15mm。

（五）检验步骤

1. 水平法试验步骤

（1）将按图10-5裁好的试样长度方向两端对齐折叠，并用宽口钳夹住，夹住位置离布端不超过5mm。再将其移至平板上，使试样正确定位后，随即轻轻加上10N的压力重锤，加压时间为5min。试样在样品上的采集部位如图10-6所示。

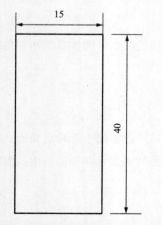

图 10-5　折痕垂直法试样形状与尺寸

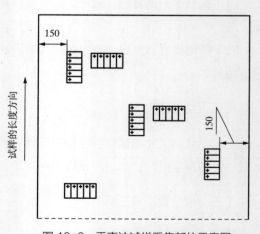

图 10-6　垂直法试样采集部位示意图

（2）加压时间一到，即卸去负荷。用夹有试样的宽口钳转移至回复角测量装置的试样夹上，使试样的一翼被夹住，另一翼自由悬垂（通过调整试样夹，使悬垂的自由翼始终保持垂直位置）。

（3）试样卸压后5min读取折痕回复角，读至最临近1°。如果自由翼轻微卷曲或扭转，则以该翼中心和刻度盘轴心的垂直平面作为折痕回复角读数的基准。

2. 折痕垂直法试验步骤

（1）将样品置于标准大气中调湿，一般调湿至少12h。每个样品至少裁剪20个试样（经、纬向各10个），测试时，每个方向的正面对折5个。日常试验可测试样正面，即经、纬向对折各5个。试样形状和尺寸如图10-7所示，试样在样品上的采集部位如图10-8所示。试样回复翼的尺寸长为20mm，宽为15mm。

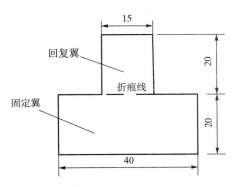

图10-7　折皱弹性仪法试样形状与尺寸

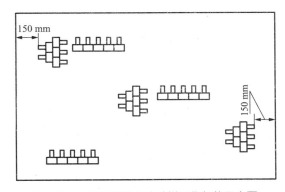

图10-8　折皱弹性仪法试样采集部位示意图

（2）打开总电源开关，仪器指示灯亮。按开关键，光源灯亮。将试验翻板推倒，贴在小电磁铁上，此时翻板处于水平位置。

（3）将剪好的试样，按五经、五纬的顺序，将试样的固定翼装入夹内，使试样的折叠线与试样夹的折叠标记线重合，再用手柄沿折叠线对折试样（不要在折叠处施加任何压力），然后将对折好的试样放在透明压板上。

（4）按工作按钮，电动机启动。此时10只重锤每隔15s按程序压在每只试样翻板的透明压板上，加压重量为10N。

（5）当试样承压时间将达到规定的时间5min±5s时，仪器发出报警声，鸣示做好测量试样回复角的准备工作。

（6）加压时间一到，投影仪灯亮，试样翻板依次释重后抬起。此时应迅速将投影仪移至第一只翻板位置上，用测角装置依次测量10只试样的急弹性回复角，读数一定要等相应的指示灯亮时才能记录，读至临近1°。如果回复翼有轻微的卷曲或扭转，以其根部挺直部位的中心线为基准。

（7）再过5min，按同样方法测量试样的缓弹性回复角。当仪器左侧的指示灯亮时，说明第一次试验完成。

（8）在同样的条件下，对其余样品进行测试。

### （六）结果计算

分别计算以下各向折痕回复角的算术平均值，计算至小数后一位，修约至整数位。

（1）经向（纵向）折痕回复角，包括正面对折和反面对折。

（2）纬向（横向）折痕回复角，包括正面对折和反面对折。

（3）总折痕回复角，用经、纬向折痕回复角算术平均值之和表示。

（4）必要时，可测量和计算各自的缓弹性折痕回复角。

## 二、织物的褶裥保持性能

在服装造型加工中，为使服装美观，织物经熨烫形成的褶裥，如西裤的挺缝、百褶裙的褶裥等。褶裥在穿着和洗涤后经久保型的程度称为褶裥保持性。

可以看出织物的褶裥保持性和织物的折痕回复性是一个问题的两个方面，织物的褶裥保持性好的材料回复性必定较差，反之亦然。出色的设计师正是利用材料的不同特性进行设计的。例如，化纤织物的褶裥保持性较好，可以设计有褶裥的款式，而天然纤维织物就不用费心设计有褶裥的款式了。

与织物的褶裥保持性密切相关的另一个保型性指标是织物的免烫性能，免烫性又叫"洗可穿性"，表示服装经过洗涤保持原有形态、不需进行熨烫整理的性能。现在很多高档织物都进行免烫整理，目的就是为了提高织物的服用性能。

参考标准有AATCC 88C—2014《重复家庭洗涤后的织物折痕保持性》、FZ/T 20022—2010《织物褶裥持久性试验方法》等。

### （一）检验原理

将织物试样正面在外对折缝牢，覆上衬布，在定温、定压、定时下熨烫，冷却后在定温、定浓度的洗涤液中按规定方法洗涤处理，干燥后，将其放入评级箱，与标准样照对比，进行目测评级。

### （二）检验设备与工具

评级箱、电熨斗、剪刀、尺子、褶裥保持性试验用布样若干。

（三）检验步骤

（1）裁剪两块试样，经向120mm、纬向100mm。

（2）将试样正面朝外，沿经向对折，用缝线固定其位置，保证褶裥在同一经纱上。

（3）试样放在熨垫上，上面覆盖2层经水浸湿的熨布。

（4）将电熨斗加热至155℃，待降温到150℃时，将熨斗压在试样上30s，然后撤去。

（5）缝线。

（6）将熨好的试样放在空气中冷却6h以上，再用单层干熨布覆盖试样，压熨30s，然后拆去缝线。

（7）展开试样，在溶液中浸5min［浴比为1∶50，合成洗涤浓度为3g/L，温度为（40±2）℃］。

（8）提起试样，顺着烫缝轻擦15次；再用另一端轻擦15次，2次共约1min。然后用20～30℃的清水漂洗2次。用夹子夹住试样，展开一角悬挂晾干。在标准大气条件下调试试样2h。

（四）检验结果评级

由3名评级者，各自对试样逐块进行评级。评级时，将试样放入评级箱内，灯光位置应与试样褶裥平行，对比标准样照，评出试样级别。

褶裥持久性分为5级。5级最好（褶裥很明显，顶端呈尖角状），1级最差（褶裥基本消失）。

## 三、织物的悬垂性能

织物因自重而自然下垂形成波浪曲面形态的性能叫织物的悬垂性。悬垂性是表征轻薄织物造型性能的重要指标，尤其对裙装具有重要意义。悬垂性好的织物制成服装能显示出平滑均匀的轮廓曲面，线条流畅，形态优美。悬垂性好的织物的视觉表现能力优异，因此在时装设计上要选择悬垂性适宜的面料。

参考标准有GB/T 23329—2009《纺织品　织物悬垂性的测定》。

（一）检验原理

将圆形试样置于圆形夹持盘间，用与垂直的平行光线照射，得到试样投影图，再通过光电转换计算或描图求得悬垂系数。

（二）检验仪器

YG（B）811E型全自动织物悬垂性能测试仪（图10-9）、天平、透明纸环、钢尺、剪刀、半圆仪等。

（三）试样制备

1. 取样

在距布边至少100mm处，剪取3块试样，试样应无折痕、无疵点，在每块圆形试样的圆心处剪直径为4mm的定位孔。

2. 试样的尺寸标准

（1）仪器夹持盘直径为18cm时，先使用直径为30cm的试样进行预实验，并计算该直径时的悬垂系数。

①若悬垂系数在30%～85%范围内，则所有试样直径为30cm。

②若悬垂系数在30%～85%范围以外，试样直径除了采用30cm外，还要按③和④所述条件选取对应的试样直径进行补充测试。

图10-9　YG（B）811型全自动织物悬垂性能测试仪

③对于悬垂系数小于30%的柔软织物，所用试样直径为24cm。

④对于悬垂系数大于85%的硬挺织物，所用试样直径为36cm。

（2）当仪器夹持盘直径为12cm时，所有试样的直径均为24cm。

（四）预试验

（1）取一个试样，其正面朝下，放在下夹持盘上。

（2）若试样四周形成了自然悬垂的波曲，则可进行测量。

（3）若试样弯向夹持盘边缘内侧，则不可进行测量，但要在检验报告中记录此现象。

（五）检验步骤

1. 纸环法

（1）将纸环放在仪器上，其外径与试样直径相同。

（2）将试样正面朝上，放在下夹持盘上，使定位柱穿过试样的定位孔然后立即将上夹持盘放在试样上，使定位柱穿过上夹持盘的中心孔。

（3）从上夹持盘放到试样上时开始用秒表计时，30s后，打开灯源，沿纸环上面的投影边缘描绘出投影轮廓线。

（4）取下纸环，放在天平上称取纸环的质量，记作$m_1$，精确至0.01g。

（5）沿纸环上描绘的投影轮廓线剪取，弃去纸环上未投影的部分，用天平称量剩余纸环质量，记作$m_2$，精确至0.01g。

（6）将同一试样反面朝上，使用新的纸环，重复步骤（5）。

（7）一个样品至少取3个试样，对每个试样的正反两面均进行测试，所以一个样品至少进行6次上述操作。

（8）计算每个样品的悬垂系数，以百分率表示：

$$D = \frac{m_2}{m_1} \times 100\%$$

式中：$D$——悬垂系数，%；

$\quad m_1$——纸环的总质量，g；

$\quad m_2$——代表投影部分的纸环质量，g。

分别计算试样正面和反面的悬垂系数平均值，并计算样品悬垂系数的总体平均值。

2. 图像处理法

（1）将试样正面朝上，放在下夹持盘上，使定位柱穿过试样的定位孔，然后立即将上夹持盘放在试样上，使定位柱穿过上夹持盘的中心孔。

（2）从上夹持盘放到试样上时开始用秒表计时，30s后，利用仪器拍下试样的投影图像。

（3）读取悬垂系数、悬垂波数、最大波幅、最小波幅及平均波幅等试验参数。

（4）对同一试样的反面朝上进行试验，重复步骤（3）。

（5）一个样品至少取3个试样，对每个试样的正反两面均进行测试，所以一个样品至少进行6次上述操作。

（6）结果表示：

$$D = \frac{A_s - A_d}{A_0 - A_d} \times 100\%$$

式中：$D$——悬垂系数；

$\quad A_s$——试样投影面积，$cm^2$；

$\quad A_d$——夹持圆盘面积，$cm^2$；

$\quad A_0$——未悬垂试样的初始面积，$cm^2$。

分别计算试样正面和反面的悬垂系数平均值，并计算样品悬垂系数的总体平均值。

## 四、织物的起毛起球性能

服装穿着时受机械摩擦力作用的部位容易起毛起球。织物的纤维被钩出，进而这些被钩出的纤维互缠成球。各种纤维、纱线和织物都会产生起毛起球现象。

（一）起毛起球影响因素

合成纤维构成的织物极易起毛起球，尤其是其短纤维最为严重。由于合成纤维的强力和抗曲性能较高，使形成的球不易从纤维上脱落，而且合成纤维的静电很容易吸附外来粒子产生起球。

织物起毛起球还受纤维长度和细度、纤维强度、纱线捻度、织物组织、纺线方式及所用的整理剂种类等影响。由于长纤维凸出在织物表面上的纤维末端较少，而且它可以更牢固地固定在纱线上，所以长度越长的纤维起毛起球越少；较粗纤维有刚性，不易起毛起球；低强度纤维形成的小球容易脱落；捻度高的纱线较为紧密，束缚了纤维的可移性，进而降低了织物的起毛起球率；与斜纹、缎纹织物相比，平纹织物由于交织点多且交叉长度短，所以不易起球；针织物由于显露的纱线表面积大，比机织物易起毛起球；含少量低级棉的轻薄织物比厚重织物易起球。另外，在混纺织物中，涤纶含量越高，则越容易起球。

（二）起毛起球检测方法

起毛起球直接影响着服装的美观性和实用性，织物起毛起球的检测对于服装检验是不可或缺的一项。测定起毛起球的方法有圆轨迹法、起球箱法、马丁代尔法等三种主要方法。可参考的标准有GB/T 4802.1—2008《纺织品　织物起毛起球性能的测定　第1部分：圆轨迹法》、GB/T 4802.2—2008《纺织品　织物起毛起球性能的测定　第2部分：改型马丁代尔法》、GB/T 4802.3—2008《纺织品织物起毛起球性能的测定　第3部分：起球箱法》、GB/T 4802.4—2009《纺织品　织物起毛起球性能的测定　第4部分：随机翻滚法》。

（三）检验仪器

起毛起球仪（图10-10）、滚筒式起球仪（图10-11）、马丁代尔仪（图10-12）、评级箱（图10-13）、圆盘取样器（图10-14）。

（1）

（2）

图 10-10　起毛起球仪

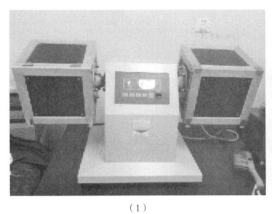
（1）

（2）

图 10-11　滚筒式起球仪

（1）

（2）

图 10-12　马丁代尔仪

图 10-13　评级箱

图 10-14　圆盘取样器

（四）检验方法

1. 圆轨迹法

圆轨迹法是模拟服装穿着过程中受服装本身或外物摩擦起毛起球情况。

（1）圆轨迹法试验原理：采用尼龙刷和织物磨料或单用织物磨料，使试样摩擦起毛起球，然后在规定光照条件下评定织物表面起毛起球的性能。

（2）圆轨迹法试验标准及适用范围：依据GB/T 4802.1—2008进行检测。本标准方法适用于各种纺织品，多用于毛织物。

（3）圆轨迹法试验仪器：起毛起球仪、圆盘取样器、评级箱等。

（4）检验步骤：

①试样预处理：如需预处理，采用双方协议的方法水洗或干洗样品。

②取样：在距样品织物布边10cm以上部位随机取5块试样，每个试样直径为（113±0.5）mm。

试样要求：各试样不应有相同的横行和竖列（即纬纱和经纱）。

5块试样应包括布料所有的色泽和组织结构，否则增加试样块数。为方便区分试样的正反面，在每个试样的反面做个标记。当织物无明显的正反面时，两面都要进行检测。另取一块评级所需的对比样，尺寸与试样相同。将试样在GB/T 6529规定的标准大气条件下调湿至少16h，试验环境为试验用标准大气。

（5）填写检验记录（表10-1）。

**表10-1　织物起毛起球检验原始记录（仅供参考）**

| 样品编号 | | 样品名称 | | | | |
|---|---|---|---|---|---|---|
| 产品标准 | | 产品等级 | □优等品　□一等品　□合格品　□二等品 | | | |
| 检验依据 | GB/T4 802—2008 | 样品等级 | | | | |
| 大气条件 | ℃　%RH | 仪器编号 | □020#　□067#　□037#　□025# | | | |
| 检验参数设置 | | | | | | |
| 压力 | □490cN　□590 cN　□780 cN<br>□196 cN | 粗纺毛针织物起球箱转数 | | | 精纺毛针织物起球箱转数 | |
| 起毛起球 | □10　□30　□50　□150 | | | | | |
| 起毛次数 | □50　□150　□600　□1000 | 7200 | | | □14400　□10800 | |
| 检验记录 | | | | | | |
| —————— | 正面 | | | 反面 | | |
| | 检验员（评级员） | 检验员（评级员） | | 检验员（评级员） | 检验员（评级员） | |

续表

| 试样编号 | | | |
|---|---|---|---|
| 1 | | | |
| 2 | | | |
| 3 | | | |
| 4 | | | |
| 5 | | | |
| 单人平均值 | | | |
| 全员平均值 | | | |
| 报出结果 | | | |
| 标准参数 | 优等品≥ | 一等品≥ | 合格品≥ 　　　　二等品≥ |
| 备注 | 视觉（状态）描述：<br>5级：无变化<br>4级：表面轻微起毛和（或）轻微起球<br>3级：表面中度起毛和（或）中度起球，不同大小和密度的球覆盖试样的部分表面<br>2级：表面明显起毛和（或）起球，不同大小和密度的球覆盖试样的大部分表面<br>1级：表面严重起毛和（或）起球，不同大小和密度的球覆盖试样的整个表面<br>是否参照样照进行评级　□是　□否 | | 试样粘贴处 |

（6）检验步骤：

①试验前用刷子将尼龙刷清洁干净。

②把海绵垫片（或泡沫塑料垫片）、试样装在试验夹头，试样正面必须朝外，同时将磨料装在磨台上；

③按照表10-2调节试样夹头加压重量及摩擦转数；

表10-2　参数表

| 参数类别 | 压力/cN | 起毛次数 | 起球次数 | 使用织物类型 |
|---|---|---|---|---|
| A | 590 | 150 | 150 | 工作服面料、运动服面料、紧密厚重织物等 |
| B | 590 | 50 | 50 | 合成纤维长丝外衣织物等 |
| C | 490 | 30 | 50 | 军需服（精梳混纺）面料等 |
| D | 490 | 10 | 50 | 化纤混纺、交织织物等 |
| E | 780 | 0 | 600 | 精梳毛织物、轻起绒织物、短纤纬编针织物、内衣面料等 |
| F | 490 | 0 | 50 | 粗疏毛织物、绒类织物、松结构织物等 |

**注** 1. 表中未提及的其他织物可按照表中所列类似织物或按有关各方商定选择参数类别；

2. 根据需要或有关各方协商同意，可适当选择参数类别，但应在报告中说明；

3. 考虑到所有类型织物测试或穿着时的起球情况是不可能的，因此可以采用有关各方商定的试验参数，并在报告中说明。

（7）评级：取下试样，沿织物经（纵）向将1块已测试样和1块未测试样并排放在评级箱的试样板的中间。如需要，可采用适当方式（如用胶带）固定在适宜的位置，已测试样放置在左边，未测试样放置在右边。

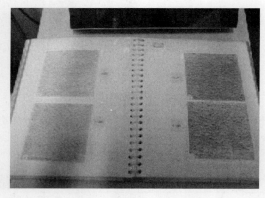

图 10-15　部分起毛起球标准样照

①如果所测试样测试前未经过预处理，那么对比样也应为未经预处理的试样。

②如果所测试样测试前经过预处理，那么对比样也应为经过预处理的试样。

在评级箱中，从试样的前方直接观察每一块试样。根据试样表面上起球大小、球覆盖试样表面的密度、形态对比标准样照（图10-15），参照表10-3评级标准评定每块试样的起球等级。如果介于两级之间，则记为半级，如2.5。

表10-3　评级标准

| 等级 | 表现形式 |
| --- | --- |
| 5级 | 无变化 |
| 4级 | 轻微起毛或（和）起球 |
| 3级 | 中度起毛或（和）起球 |
| 2级 | 明显起球 |
| 1级 | 严重起球 |

（8）结果计算：

①记录每块试样的级数，单个人员的评级结果为其对所有试样评定等级的平均值。

②样品的试验结果为全部人员评级的平均值，如果平均值不是整数，修约至最近的0.5级，并用"—"表示，如3—4；如果单个测试结果与平均值之差超过半级，则应同时报告每一块试样的级数。

2. 马丁代尔法

（1）马丁代尔法试验原理：将试样装在试样夹上，羊毛织物磨料或试样本身织物装在磨台上，安装结束后，在规定压力条件下，使试样与磨料按利萨茹图形的轨迹进行规定次数的摩擦。摩擦结束后，用评级箱评定织物起毛起球等级。

（2）马丁代尔法试验标准及适用范围：依据GB/T 4802.2—2008进行检测。本标准方法适用于各种纺织品，多用于机织物。

（3）马丁代尔法试验仪器：马丁代尔耐磨仪、评级箱、加压重锤等。

（4）试样制备：

①毛毡的制备：按照GB/T 21196.1要求，作为一组试样的支撑材料（即织物垫片），其有两种尺寸（图10-16）。

顶部（试样夹具）：直径为（90±1）mm。

底部（磨台）：直径为（140±5）mm。

毛毡可以连续使用，直到破损或被污染后更换。另外，毛毡两面均可使用。

图 10-16 毛毡

②磨料的选取：安装在磨台上，用于摩擦试样的织物。采用羊毛织物磨料或试样织物，尺寸为直径（140±5）mm的圆或边长（150±2）mm的方形。如果试样为装饰织物，则采用GB/T 21196.1规定的羊毛织物作磨料。注意，每次试验必须更换新磨料。

③试样预处理：如需预处理，采用双方协议的方法水洗或干洗样品。

④取样：磨料为试样织物：在距织物布边10cm以上部位随机取至少3组试样，每组2块试样，试样尺寸为直径（140±5）mm的圆或边长（150±2）mm的方形。试样要求：各试样不应有相同的横行和竖列（即纬纱和经纱）；6块试样应包括布料所有的色泽和组织结构，否则增加试样块数。

为方便区分试样的正反面，在每个试样的反面做个标记。当织物无明显的正反面时，两面都要进行检测。另取一块评级所需的对比样，尺寸与试样相同。

每组的2块试样，一块装在试样夹具中，另一块作为磨料装在磨台上。除试验用试样块数外，还要再取一块与试样尺寸相同的比对样，用来评级。

磨料为羊毛织物：在距织物布边10cm以上部位随机取至少3块试样，其余要求同"磨料为试样织物"时的取样方法。

⑤试样调湿和试验用环境：将试样在GB/T 6529规定的标准大气条件下进行调湿，试验环境为试验用标准大气。

（5）填写检验记录：同"圆轨迹法"试验记录报告。

（6）检验步骤：

①将直径为（90±1）mm的毛毡垫片放入夹具中，紧接着将制备好的试样以正面朝上的方式放在毛毡垫片上，允许多余的试样从试样夹具边上延伸出来，以保证试样完全覆盖住试样夹具的凹槽部分。

②将装有试样和毛毡垫片的试样夹具放置在辅助装置的大头端的凹槽处，要使试样夹具与辅助装置紧密连在一起。如需要，在导板上、试样夹具的凹槽上放置加载块。

③将试样夹具环再拧紧到试样夹具上，保证试样和毛毡垫片不发生移动且不变形。注意，如果织物是轻薄的针织物，应保证试样在安装时没有明显的伸长。

④在起球台（即磨台）上放置一块直径为（140±5）mm的毛毡，其上放置试样或羊毛织物磨料，试样或羊毛织物磨料正面向上。

⑤为防止起球台（磨台）上的试样或磨料起皱或折叠，将加压重锤放在上一步骤中的起球台上，并用固定环固定，同时还要保证磨台上的磨料受到的张力相同。

⑥按照表10-4进行起球试验参数设置。

表10-4 起球试验参数

| 类别 | 纺织品种类 | 磨料 | 负荷质量/g | 评定阶段 | 摩擦次数 |
|---|---|---|---|---|---|
| 1 | 装饰织物 | 羊毛织物磨料 | 415±2 | 1 | 500 |
| | | | | 2 | 1000 |
| | | | | 3 | 2000 |
| | | | | 4 | 5000 |
| 2[a] | 机织物（除装饰织物以外） | 机织物本身（面/面）或羊毛织物磨料 | 415±2 | 1 | 125 |
| | | | | 2 | 500 |
| | | | | 3 | 1000 |
| | | | | 4 | 2000 |
| | | | | 5 | 5000 |
| | | | | 6 | 7000 |
| 3[a] | 针织物（除装饰织物以外） | 针织物本身（面/面）或羊毛织物磨料 | 155±1 | 1 | 125 |
| | | | | 2 | 500 |
| | | | | 3 | 1000 |
| | | | | 4 | 2000 |
| | | | | 5 | 5000 |
| | | | | 6 | 7000 |

**注** 试验表明，通过7000次的连续摩擦后，试验和穿着之间有较好的相关性。因为2000次摩擦后还存在的毛球，经过7000次摩擦后可能已经被磨掉了。

　a 对于2、3类中的织物，起球摩擦次数不低于2000次。在协议的评定阶段观察到的起球级数即使为4～5级或以上，也可在7000次之前终止试验（达到规定试验次数后，无论起球好坏均可终止试验）。

（7）评级：达到表10-4中的第一个摩擦阶段后进行评级。评级方式同圆轨迹法。

（8）结果计算：结果计算方式同圆轨迹法。

（9）完成检验记录报告。

3. 起球箱法

（1）起球箱法试验原理：将装有试样的聚氨酯载样管放入具有恒定转速、内壁衬有软木的木箱中，经过规定的设置参数翻转。试验结束后，利用评级箱对试样起毛起球性能进行评定。

（2）起球箱法试验标准及适用范围：依据GB/T 4802.3—2008进行检测。本标准方法适用于各种纺织品，多用于毛针织物。

（3）起球箱法试验仪器：起球箱、聚氨酯载样管（图10-17）、缝纫机（图10-18）、评级箱等。

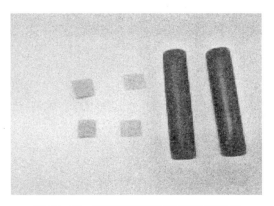

图 10-17 聚氨酯载样管及固定用松紧条

图 10-18 缝纫机

（4）检验方法与步骤：

①试样预处理：如需预处理，采用双方协议的方法水洗或干洗样品。

②取样：在距样品织物布边10cm以上部位随机取4块试样，每个试样尺寸为114mm×114mm。要求各试样不应有相同的横行和竖列（即纬纱和经纱）。

为方便区分试样的反正面，在每个试样的反面做个标记。当织物无明显的正反面时，两面都要进行检测。另取一块评级所需的对比样，尺寸与试样相同，即尺寸为114mm×114mm。

③试样调湿和试验用环境：将试样在GB/T 6529规定的标准大气条件下进行调湿至少16h，试验环境为试验用标准大气。

④试样安装：取已经裁好的2个试样，如果可以辨别试样正反面，则将这两个试样正面向内折叠且折叠方向与织物纵（经）向一致，利用缝纫机在距边12mm处进行缝合，缝制成试样管，缝合针迹密度应使接缝均衡。

取另2个试样，分别向内折叠且折叠方向与织物横（纬）向一致，缝制成试样管状，缝合针迹密度应使接缝均衡。

将缝制好的2块纵（经）向试样和2块横（纬）向试样内、外面进行对调，使织物正面朝外。在试样管的两端各剪去6mm长的端口，以防止缝纫变形。

用均匀张力将试样管套在聚氨酯载样管上，使试样两端距聚氨酯载样管边缘的距离相等，同时还要保证接缝部位分开且平整地贴在聚氨酯载样管上。用松紧条（或PVC胶带）缠绕每个试样的两端使试样固定在聚氨酯载样管上，且聚氨酯载样管的两端各有6mm裸露。如果用PVC胶带的话，要求固定试样的每条胶带长度不超过聚氨酯载样管圆周的1.5倍（图10-19）。

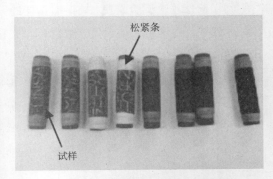

图10-19　聚氨酯载样管上的试样

（5）填写检验记录：同圆轨迹法试验记录报告。

（6）检验步骤：将套有试样的4个聚氨酯载样管放入同一起球箱内，关紧盖子；设定协议规定的转动次数（注意，在没有规定或协议的情况下，一般粗纺织物翻转7200r，精纺织物翻转14400r），启动仪器，开始试验。

（7）评级：试验结束后，取出聚氨酯载样管，拆下试样套，拆去缝线，将试样展开，放在评级箱中。评级方法同圆轨迹法。

（8）结果计算：结果计算方式同圆轨迹法。

（9）完成检验记录报告。

## 五、织物的钩丝性能

织物在服用过程中，接触到坚硬的物体，将织物中的纱线拉出或钩断，使布面发生抽紧、皱缩、纱线断头浮在布面的现象，叫钩丝。钩丝不仅直接影响织物的美观，还会影响织物的坚牢度。一般针织物和化纤长丝织物易产生钩丝现象，针织物往往因钩丝而脱散，形成破洞。

参考标准有GB/T 11047—2008《纺织品　织物钩丝性能评定　钉锤法》等。

### （一）检验原理

将筒状试样套于转筒上，用链条悬挂的钉锤置于试样表面。当转筒以恒速转动时，钉锤在试样表面随机翻转、跳动，并钩挂试样，试样表面产生钩丝。经过规定转数后，取出试样，在规定条件下与标准样照对比评级。

（二）检验仪器

YG(B)518D型钉锤钩丝试验仪（图10-20）、用于固定样品的橡胶环（8个）、厚度为3～3.2mm毛毡垫（备用品）、卡尺、画样板、厚度不超过3mm的评定板（幅面为140mm×280mm）、具有一定弹性和可挠性的试样垫板（幅面为100mm×250mm）、放大镜（用于检查针钉尖端）、缝纫机、剪刀、钢直尺、钩丝级别标准样照。

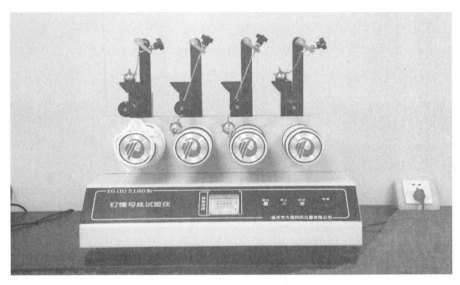

图10-20　钉锤钩丝试验仪

（三）试样制备

（1）每份样品至少取550mm×全幅，不要在距离匹端1m内取样，样品应平整、无皱、无疵点。

（2）在经过标准大气调湿的样品上，按图10-21的排样方法，剪取纵向试样和横向试样各2块。试样的长度为330mm，宽度为200mm。

（3）先在试样反面做有效长度（即试样套筒周长）标记线，伸缩性大的针织物为270mm，一般织物为280mm。然后将试样正面朝里对折，

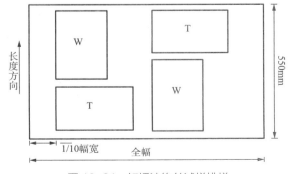

图10-21　钉锤法钩丝试样排样

沿标记线平直地缝成筒状，再翻转，使织物正面朝外。如果试样套在转筒上过紧或过松，可适当调节周长尺寸，使其松紧适度。

（四）检验步骤

（1）导杆高度离圆筒中心距离为100mm；导杆偏离圆筒中心右方的距离为25mm；钉锤中心到导杆中心的链条垂直长度为45mm；转筒速度为（60±2）r/min；试验转数为600r。

（2）将筒状试样的缝边分向两侧展开，小心套在转筒上，使缝口平整。用橡胶环固定试样一端、展开所有折皱，使试样表面圆整，再用另一橡胶环固定试样另一端。在装放针织物横向试样时，应使其中一块试样的纵行线圈头端向左，另一块试样向右；机织物经向和纬向试样应随机地装放在不同的转筒上，即试样的经（或纬）向不一定在同样的转筒上试验。

（3）将钉锤绕过导杆，轻轻放在试样上，并用卡尺设定钉锤位置。

（4）启动仪器，注意观察钉锤应能自由地在整个转筒上翻转跳动，否则应停机检查。

（5）达到600r后，小心地移去钉锤，取下试样。

（6）试样取下后至少放置4h后再评级。试样固定于评定板上，使评级区处于评定板正面。直接将评定板插入筒状试样，使缝线处于背面中心。

（五）评级

将试样放入评级箱观察窗内，标准样照放在另一侧，对照评级。评级时，根据试样钩丝（包括紧纱段）的密度（不论长短），按表10-5列出的级数，对每一块试样进行评级。如果介于两级之间，记录半级，如3.5。如果试样钩丝中含中、长钩丝，则应按表10-6的规定，在原评级的基础上顺降等级。一块试样中，长钩丝累计顺降最多为1级。

表10-5 织物钩丝性视觉描述评级

| 级数 | 状态描述 |
|------|----------|
| 1 | 表面严重钩丝和（或）紧纱段，不同密度的钩丝（紧纱段）覆盖试样的整个表面 |
| 2 | 表面明显钩丝和（或）紧纱段，不同密度的钩丝（紧纱段）覆盖试样的大部分表面 |
| 3 | 表面中度钩丝和（或）紧纱段，不同密度的钩丝（紧纱段）覆盖试样的部分表面 |
| 4 | 表面轻微钩丝和（或）紧纱段 |
| 5 | 表面无变化 |

表10-6　试样中、长钩丝顺降的级别

| 钩丝类别 | 占全部钩丝比例 | 顺降级别（级） |
|---|---|---|
| 中钩丝 | ≥1/2～3/4 | 1/4 |
| | ≥3/4 | 1/2 |
| 长钩丝 | ≥1/4～1/2 | 1/4 |
| | ≥1/2～3/4 | 1/2 |
| | ≥3/4 | 1 |

## 六、织物洗后外观变化

服装织物经洗涤后，有的外观会有显著变化。"洗后外观"是一项综合指标。对于织物而言，它主要包括水洗尺寸变化、洗后外观平整度；对于服装而言，它主要包括水洗尺寸变化、洗后外观平整度、洗后褶裥外观、洗后接缝外观。

### （一）织物外观平整度的检验

1. 外观平整度检验原理

织物经模拟洗涤和干燥程序后，在标准温度下调湿平衡，利用相关照明设备，将试样与外观平整度立体标准样板进行对比观察并对试样的平整度进行评级。

2. 外观平整度检验标准及适用范围

依据GB/T 13769—2009《纺织品　评定织物经洗涤后外观平整度的试验方法》进行试验，本标准方法适用于可洗涤和干燥的纺织织物、服装和其他纺织制品。

3. 外观平整度检验仪器

洗衣机或干洗机、外观平整度立体标准样板。

4. 检验方法与步骤

（1）试样的制备：沿样品长度方向剪取3块尺寸为38cm×38cm的试样，为防止试样边缘散落将其剪成锯齿形，并标明长度方向。

（2）试样预处理：将试样沿长度方向无折叠地垂直悬挂在GB/T 6529规定的标准大气中调湿至少4h，最多24h，并在该标准大气中进行试验。

（3）填写检验记录（表10-7）。

表10-7　织物洗涤后外观检验原始记录（仅供参考）

| 样品编号 | | 样品名称 | | 样品数量 | |
|---|---|---|---|---|---|
| 产品标准 | | 产品等级 | □优等品 □一等品 □合格品 □二等品 | | |
| 仪器型号 | □Y089E<br>□FOM71CLS | 仪器编号 | □022# □033# | 大气条件 | ℃　%RH |
| 洗涤程序 | A | 洗涤次数 | 次 | 干燥程序 | |
| 检验依据 | □GB/T 13769—2009　　□GB/T 13770—2009　　□GB/T 13771—2009 | | | | |
| 检验员 | 试样编号 | 试样编号 | 试样编号 | 平均值 | |
| | | | | | |
| | | | | | |
| | | | | | |
| 报出结果 | 级 | | | | |
| 标准参数 | □≥3.5级 | | □≥3.0级 | | |
| 判定 | □符合 | □不符合 | □实测 | | |
| 备注 | | | | | |

（4）洗涤：依据GB/T 8629进行水洗程序或依据GB/T 19981进行干洗程序。

5. 评级

（1）三名观测者各自独立地对每块经过洗涤的试样评定等级。

（2）将试样沿长度方向垂直放置在观测板上，在试样的两侧各放置一块与之外观相似的外观平整度立体标准样板，以便比较评级。

（3）关闭室内其他所有的灯，悬挂式荧光灯应为观测板的唯一光源，可在观测板的两侧挂上黑色布帘来消除反射光线影响，观察者站在试样的正前方，离测试板1.2m处进行观察。

（4）确定与试样外观最相似的外观平整立体标准样板等级，当试样的外观平整度处于标准样板两个整数等级的中间而无半个等级的标准样板时，可用两个整数级之间的中间等级表示（表10-8）。

表10-8　外观等级评定

| 等级 | 外观 |
|---|---|
| SA-5 | 相当于标准样板SA-5 |
| 4.5 | 标准样板SA-4和SA-5的中间 |

| 等级 | 外观 |
|------|------|
| SA-4 | 相当于标准样板SA-4 |
| SA-3.5 | 相当于标准样板SA-3.5 |
| SA-3 | 相当于标准样板SA-3 |
| 2.5 | 标准样板SA-2和SA-3的中间 |
| SA-2 | 相当于标准样板SA-2 |
| 1.5 | 标准样板SA-1和SA-2的中间 |
| SA-1 | 相当或差于标准样板SA-1 |

**注** 等级越高，说明越平整。例如SA-5相当于标准样板SA-5，表示外观最平整，原有外观平整度保持性最佳；SA-1相当于标准样板SA-1，表示外观最不平整，原有外观平整度保持性最差。

6. 结果表示

将3名观测者对一组三块试样评定的9个级数值求平均值，计算结果修约至最近的半级。

7. 完成试验记录报告

填写试验记录报告。

（二）织物洗后褶裥外观的检验

1. 织物洗后褶裥外观检验原理

将带有褶裥的织物试样经模拟洗涤和干燥程序后，在标准温度下调湿平衡，利用相关照明设备，将试样与褶裥外观立体标准样板进行对比观察并评级。

2. 织物洗后褶裥外观检验标准及适用范围

依据GB/T 13770—2009进行试验，本标准方法适用于可洗涤和干燥的纺织织物、服装和其他纺织制品。

3. 织物洗后褶裥外观检验仪器

洗衣机或干洗机、褶裥外观立体标准样板、蒸汽熨斗或干烫熨斗。

4. 检验方法与步骤

（1）试样的制备：沿样品长度方向剪取3块尺寸为38cm×38cm的平整试样，中间有一条贯穿的褶裥，为防止试样边缘散落将其剪成锯齿形。注意，如试样表面有褶皱，则用熨斗烫平。

（2）试样预处理：夹住试样两角或使用全宽夹持器将每块试样悬挂在GB/T 6529规定的标准大气中调湿4～24h，并在该标准大气中进行试验，悬挂时要使褶裥保持垂直。

（3）填写检验记录：同平整度检验报告记录表。

（4）洗涤：依据GB/T 8629进行水洗程序或依据GB/T 19981进行干洗程序。

5. 评级

（1）三名观测者各自独立地对每块经过洗涤的试样评定等级。

（2）将试样沿褶裥方向垂直放在观测板上，注意不要使褶裥变形。在试样的两侧各放置一块与之外观相似的褶裥外观立体标准样板（其中左侧放1、3或5级；右侧放2或4级），以便进行评级。

（3）除悬挂式荧光灯和泛光灯外，关闭室内其他所有的灯，可在观测板的两侧挂上黑色布帘来消除反射光线的影响，观察者站在试样的正前方，离测试板1.2m处进行观察。

（4）根据与试样外观最相似的褶裥外观立体标准样板等级或处于标准样板整级中间的等级来确定试样褶裥外观等级（表10-9）。

表10-9　褶裥外观等级评定

| 等级 | 褶裥外观 |
| --- | --- |
| 5 | 相当于标准样板CR-5 |
| 4.5 | 标准样板CR-4和CR-5的中间 |
| 4 | 相当于标准样板CR-4 |
| 3.5 | 相当于标准样板CR-3和CR-4的中间 |
| 3 | 相当于标准样板CR-3 |
| 2.5 | 标准样板CR-2和CR-3的中间 |
| 2 | 相当于标准样板CR-2 |
| 1.5 | 标准样板CR-1和CR-2的中间 |
| 1 | 相当或差于标准样板CR-1 |

注　等级越高，说明越平整。例如CR-5相当于标准样板CR-5，表示原有褶裥保持性最佳；CR-1相当于标准样板CR-1，表示原有褶裥保持性最差。

6. 结果表示

将3名观测者对一组三块试样评定的9个级数值求平均值，计算结果修约至最近的半级。

7. 完成试验记录报告

按要求完成试验记录报告。

（三）织物洗后接缝外观平整度的检验

1. 织物洗后接缝外观平整度检验原理

将缝合的织物试样经模拟洗涤和干燥程序后，在标准温度下调湿平衡，利用相关照明设备，将试样与后接缝外观平整度立体标准样板或标准样照进行对比观察并评级。

2. 织物洗后接缝外观平整度检验标准及适用范围

依据GB/T 13771—2009进行试验，本标准方法适用于可洗涤和干燥的纺织织物、服装和其他纺织制品。

3. 织物洗后接缝外观平整度检验仪器

洗衣机或干洗机、接缝外观平整度立体标准样板、接缝外观平整度标准样照、蒸汽熨斗或干烫熨斗。

4. 检验方法与步骤

（1）试样的制备：沿样品长度方向剪取3块尺寸为38cm×38cm的无褶皱试样，为防止试样边缘散落将其剪成锯齿形，在每块试样中间采用同方式缝制一条沿长度方向的接缝。注意，如试样表面有褶皱，则用熨斗烫平；如预计洗涤处理后有较严重的散边现象，应在离试样边1cm处用尺寸稳定的缝线松弛地缝制一圈。

（2）试样预处理：夹住试样两角或使用全宽夹持器使每块试样的接缝保持垂直地悬挂在GB/T 6529规定的标准大气中调湿4~24h，并在该标准大气中进行试验。

（3）填写检验记录：同平整度检验报告记录表。

（4）洗涤：依据GB/T 8629进行水洗程序或依据GB/T 19981进行干洗程序。

5. 评级

（1）三名观测者各自独立地对每块经过洗涤的试样评定等级。

（2）将试样沿接缝方向垂直放在观测板上，在试样的两侧各放置一块与之外观相似的接缝外观平整度立体标准样板（单针迹或双针迹）或在试样的一侧放置与之外观相似的接缝外观平整度样照（单针迹或双针迹），以便进行评级。

（3）除悬挂式荧光灯外，关闭室内其他所有的灯，可在观测板的两侧挂上黑色布帘来消除反射光线的影响，观察者站在试样的正前方，离测试板1.2m处进行观察。

（4）根据与试样外观最相似的接缝外观平整度立体标准样板等级或标准样照或处于标准样板整级中间的等级来确定试样接缝外观平整度等级（表10-10）。

表10-10 接缝外观平整度等级评定

| 等级 | 接缝外观 |
| --- | --- |
| 5 | 相当于标准样板或标准样照5 |
| 4.5 | 标准样板或标准样照4和5的中间 |
| 4 | 相当于标准样板或标准样照4 |
| 3.5 | 相当于标准样板或标准样照3和4的中间 |

续表

| 等级 | 接缝外观 |
|------|----------|
| 3 | 相当于标准样板或标准样照3 |
| 2.5 | 标准样板或标准样照2和3的中间 |
| 2 | 相当于标准样板或标准样照2 |
| 1.5 | 标准样板或标准样照1和2的中间 |
| 1 | 相当或差于标准样板或标准样照1 |

**注** 等级越高，说明越平整。例如5相当于标准样板或标准样照5，表示接缝外观平整度最佳；1相当于标准样板或标准样照1，表示接缝外观平整度最差。

6. 结果表示

将3名观测者对一组三块试样评定的9个级数值求平均值，计算结果修约至最近的半级。

7. 完成试验记录报告

按要求完成试验记录报告。

## 七、织物水洗尺寸变化

服装织物都会经过水洗或干洗，在洗涤过程中织物的外形、尺寸会发生一些变化，这就要求织物应具有较好的外观保持性来抵抗洗涤带来的不良影响。影响尺寸变化的因素❶主要有机械力、水、温度、纤维性质等。现实生活中，由于一些服装存在较差的外观保持性，而使这些本来合体美观的服装经水洗或干洗后，造成服装尺寸的伸长或收缩、外形变化等，引起消费者的不满。

织物试样经过规定条件作用，其长度或宽度的尺寸发生改变。其尺寸的改变一般基于试样原始长度的百分率改变。如伸长为试样长度或宽度的伸长而导致尺寸改变。缩水为在洗涤过程中试样长度或宽度的变小而导致尺寸改变。衡量织物尺寸变化的指标通常用缩水率表示。

参考标准有GB/T 8629—2017《纺织品　试验用家庭洗涤和干燥程序》、GB/T 8630—2013

---

❶ 机械力影响：服装或织物洗涤时，服装织物处于无张力的湿热状态，洗涤液、热、机械外力使织物纤维和纱线松弛收缩，造成服装织物发生松弛现象，进而影响服装或织物的尺寸稳定性。
水的影响：服装或织物中的亲水性纤维在水的作用下使织物的经或（和）纬向发生膨胀，从而使服装织物产生收缩。
温度的影响：针对合成纤维的织物，合成纤维织物在洗涤或熨烫时，受热易发生热收缩。
纤维性质的影响：主要包括纤维结构，如毛类织物在水洗或干洗过程中，受力反复作用，纤维发生变形，纤维间产生相对位移，造成织物松弛收缩、膨胀收缩或毡化收缩。

《纺织品　洗涤和干燥后尺寸变化的测定》、GB/T 8628—2013《纺织品　测定尺寸变化的试验中织物试样的准备、标记及测量》。

（一）检验原理

洗涤和干燥前，在规定的标准大气中调湿并对织物作一对标记，量取尺寸，经家庭洗涤后，干燥后再次调湿，测定这对标记的尺寸变化。目前普通家用洗衣机含有4个洗涤温度，三种搅拌方式，两个清洗温度和四个干燥程序。

（二）检验仪器与试剂

1. 仪器及工具

A型洗衣机（水平滚筒、前门加料型洗衣机）和B型洗衣机（顶部加料、搅拌型洗衣机）、Y（B）743型翻滚烘干机（图10-22）、调湿平铺网架、滴干或挂干架、AATCC1993标准参考洗衣粉、920mm×920mm的正方形搭布（类型1：漂白棉布，类型2：50/50涤棉漂白平纹布）、不灭标记笔（也可采用缝线作标记点）、钢尺、缩水板、尺子。

2. 试剂

水洗试验用标准洗涤剂有三种：

（1）AATCC1993标准洗涤剂WOB（不含荧光增白剂），其成分如表10-11所示，用于顶部加料的B型洗衣机。

图10-22　Y（B）743型翻滚烘干机

表10-11　标准洗涤剂WOB

| 成分 | 含量/% |
|---|---|
| 直链烷基苯磺酸钠（LAS） | 18.00 |
| 固体铝硅酸钠 | 25.00 |
| 碳酸钠 | 18.00 |
| 固体硅酸钠 | 0.50 |
| 硫酸钠 | 22.13 |
| 聚乙二醇 | 2.76 |
| 聚丙烯酸钠 | 3.50 |
| 有机硅消泡剂 | 0.04 |
| 水分 | 10.00 |

| 成分 | 含量/% |
|------|--------|
| 杂质 | 0.07 |
| 总和 | 100 |

（2）无磷ECE标准洗涤剂（不含荧光增白剂），其成分如表10-12所示，用于A型和B型洗衣机。

**表10-12　无磷ECE标准洗涤剂**

| 成分 | 含量/% |
|------|--------|
| 直链烷基苯磺酸钠（平均链长$C_{11.5}$） | 7.5 |
| 乙氧基脂肪醇$C_{12\sim18}$（7EO） | 4.0 |
| 钠皂（链长$C_{12\sim17}$：46%；$C_{18\sim20}$：54%） | 2.8 |
| 无机载体上8%抑泡剂 | 5.0 |
| 铝硅酸钠（沸石4A） | 25.0 |
| 碳酸钠 | 9.1 |
| 丙烯酸与马来酸共系钠盐 | 4.0 |
| 硅酸钠（$SiO_2$：$Na_2O$=3.3：1） | 2.6 |
| 羧甲基纤维素 | 1.0 |
| 乙二撑三胺五氯酚（甲基膦酸） | 0.6 |
| 荧光增白剂（芪型） | — |
| 硫酸钠（添加剂） | 6.0 |
| 水 | 9.4 |
| 过硼酸钠四水合物 | 20 |
| 乙二胺四乙酸 | 3.0 |
| 总和 | 100 |

（3）无磷IEC标准洗涤剂（含荧光增白剂），其成分如表10-13所示。

**表10-13　无磷IEC标准洗涤剂**

| 成分 | 含量/% |
|------|--------|
| 直链烷基苯磺酸钠（平均链长$C_{11.5}$） | 7.5 |
| 乙氧基脂肪醇$C_{12\sim18}$（7EO） | 4.0 |
| 钠皂（链长$C_{12\sim17}$：46%；$C_{18\sim20}$：54%） | 2.8 |

续表

| 成分 | 含量/% |
|---|---|
| 无机载体上8%抑泡剂 | 5.0 |
| 铝硅酸钠（沸石4A） | 25.0 |
| 碳酸钠 | 9.1 |
| 丙烯酸与马来酸共系钠盐 | 4.0 |
| 硅酸钠（$SiO_2$：$Na_2O$=3.3：1） | 2.6 |
| 羧甲基纤维素 | 1.0 |
| 乙二撑三胺五氯酚（甲基膦酸） | 0.6 |
| 荧光增白剂（芪型） | 0.2 |
| 硫酸钠（添加剂） | 5.8 |
| 水 | 9.4 |
| 过硼酸钠四水合物 | 20 |
| 乙二胺四乙酸 | 3.0 |
| 总和 | 100 |

## （三）试样制备

### 1. 取样

水洗试样为单件服装或织物样品，其中织物试样要求：每个样品剪取4块平整且具有代表性的试样，每块尺寸为500mm×500mm，各边分别与织物长度和宽度方向平行。4块试样分2次洗涤，每次洗涤2个试样。注意，如果幅宽小于650mm，可采取全幅试样进行试验；如果织物边缘在试验中可能发生脱落，则应使用尺寸稳定的缝线对试样锁边。

### 2. 试样预处理

将试样放置在GB 6529规定的大气中预调湿、调湿至少4h或达到恒重，并在该标准大气中进行试验。

### 3. 陪洗物

对于A型洗衣机所用陪洗物，标准规定如表10-14所示。

表10-14　A型洗衣机所用陪洗物

| 陪洗物特性 | 纯涤纶（聚酯）变形长丝针织物 | 纯棉漂白机织物 | 50/50涤棉平纹漂白机织物 |
|---|---|---|---|
| 织物单位面积质量/g/m² | 310±20 | 155±5 | 155±5 |
| 陪洗片尺寸/cm | （20±4）×（20±4） | （92±5）×（92±5） | （92±5）×（92±5） |
| 陪洗质量/g | （50±5） | — | — |

对于B型洗衣机而言，本书中使用的陪洗物类型如表10-15所示。

表10-15　陪洗物类型

| 陪洗物特性 | 类型1（纯棉） | 类型2（50/50涤棉） |
|---|---|---|
| 纱线（环锭纱）/tex | 37×1（16/1） | 18.6×1（30/2） |
| 织物密度/cm | 210×（190±20） | 190×（190±20） |
| 织物单位面积质量/g/m² | 155±5 | 155±5 |
| 陪洗片尺寸/cm | 92×（92±2） | 92×（92±2） |
| 陪洗质量/g | 130±10 | 130±10 |

### （四）填写检验记录

填写服装洗涤检验原始记录（表10-16）、织物水洗尺寸变化率相关记录（表10-17）。

表10-16　服装洗涤检验原始记录（仅供参考）

| 样品编号 | | | 样品名称 | | | 检验依据 | | |
|---|---|---|---|---|---|---|---|---|
| 产品等级 | | | 明示洗涤温度 | | | 仪器编号 | | □022# □023# □036# |
| 大气条件 | ℃ %RH | | 程序选择 | | | 干燥方法 | | |
| 水洗尺寸变化率检验记录 | | | | | | | | |

| 部位 | 领围 | | | 胸围 | | | 衣长 | | | 裤长 | | | 腰围 | | |
|---|---|---|---|---|---|---|---|---|---|---|---|---|---|---|---|
| 试样号 | 洗前 | 洗后 | % | 洗前 | 洗后 | % | 洗前 | 洗后 | % | 洗前 | 洗后 | % | 洗前 | 洗后 | % |
| | | | | | | | | | | | | | | | |
| | | | | | | | | | | | | | | | |
| | | | | | | | | | | | | | | | |
| 平均值 | | | | | | | | | | | | | | | |
| 报出结果 | | | | | | | | | | | | | | | |
| 标准参数 | | | | | | | | | | | | | | | |

表10-17　织物水洗尺寸变化率（仅供参考）

| 样品编号 | | 样品名称 | | 样品数量 | |
|---|---|---|---|---|---|
| 产品标准 | | 产品等级 | | □优等品 □一等品 □合格品 □二等品 | |
| 仪器型号 | □Y089E □FOM71CLS | 仪器编号 | □022# □033# | 大气条件 | ℃ %RH |
| 洗涤程序 | A | 洗涤次数 | 次 | 干燥程序 | |

续表

| 检验依据 | GB/T 8628—2001　GB/T 8629—2001　GB/T 8630—2002 | | | | | |
|---|---|---|---|---|---|---|
| | □经向　□直向　□衣长　□裤长　□长度 | | | □纬向　□横向　□胸围　□腰围　□中腿 □宽度 | | |
| 试样编号 | 洗涤前 | 洗涤后 | 收缩率/% | 洗涤前 | 洗涤后 | 收缩率/% |
| | | | | | | |
| | | | | | | |
| | | | | | | |
| | | | | | | |
| | | | — | | | — |
| | | | | | | |
| | | | | | | |
| | | | | | | |
| | | | | | | |
| | | | | | | |
| 平均值 | | | | | | |
| 报出结果 | % | | | % | | |
| 标准参数 | % | | | % | | |

（五）检验步骤

1. 洗涤前尺寸测量

（1）试样为服装制品：就服装制品测量而言，一般用量尺测取接缝间或接缝交点之间的距离。测量时，将服装所有闭合处闭合，不要进行无必要的拉伸；对于有弹性的服装织物应在松弛状态测量；被检服装的对称部位应做对应测量，如袖子。

①测量部位：

上衣类测量部位：前片长、后片长、领圈长度、袖下缝长、摆缝长、肩宽、胸宽、袖宽、袖口宽等。

裤类测量部位：前裆、后裆、裤腿长（长裤：从裆缝交点沿腿内侧到裤脚口的长度；短裤：从一个裤口经裤裆至另一个裤口的长度）、腰宽、裆宽（大腿根部的宽度）、膝部

（中裆）宽（裆缝交点至裤脚口一般距离处的宽度）、裤口或裤脚口宽等。

裙类测量部位：裙长（在前身中心线和后身中心线测量裙腰接缝处至底边的长度，不含腰头）、腰宽等。

②做标记：把试样无张力地平放在一个平坦、光滑的平面上，注意避开有折皱或折痕的地方。利用不褪色墨水或织物标记器在服装测量部位做标记，也可在服装测量部位缝进与服装织物色差显著的细线。

③测量：测量两标记点间的距离，并记录量取的尺寸。

（2）试样为织物：将试样放在平滑测量台上，在试样的长度和宽度方向上至少各做3对标记，在距离试样边缘至少50mm处做标记，并且每对标记之间至少相距350mm。标记均匀分布在试样上。

2. 洗涤

（1）A型洗衣机洗涤程序如表10-18所示；B型洗衣机洗涤程序如表10-19所示。

表10-18　A型洗衣机洗涤程序

| 程序编号 | 加热、洗涤和冲洗中的搅拌 | 总负荷（干质量）/kg | 洗涤 | | | | 冲洗1 | | 冲洗2 | | | 冲洗3 | | | 冲洗4 | | |
|---|---|---|---|---|---|---|---|---|---|---|---|---|---|---|---|---|---|
| | | | 温度 | 水位 | 洗涤时间 | 冷却 | 水位 | 冲洗 | 水位 | 冲洗 | 脱水 | 水位 | 冲洗 | 脱水 | 水位 | 冲洗 | 脱水 |
| 1A | 正常 | 2±0.1 | 92±3 | 10 | 15 | 要 | 13 | 3 | 13 | 3 | — | 13 | 2 | — | 13 | 2 | 5 |
| 2A | 正常 | 2±0.1 | 60±3 | 10 | 15 | 不要 | 13 | 3 | 13 | 3 | — | 13 | 2 | — | 13 | 2 | 5 |
| 3A | 正常 | 2±0.1 | 60±3 | 10 | 15 | 不要 | 13 | 3 | 13 | 2 | — | 13 | 2 | 2 | 13 | 2 | 2 |
| 4A | 正常 | 2±0.1 | 50±3 | 10 | 15 | 不要 | 13 | 3 | 13 | 3 | — | 13 | 2 | — | — | — | — |
| 5A | 正常 | 2±0.1 | 40±3 | 10 | 15 | 不要 | 13 | 3 | 13 | 3 | — | 13 | 2 | — | 13 | 2 | 5 |
| 6A | 正常 | 2±0.1 | 40±3 | 10 | 15 | 不要 | 13 | 3 | 13 | 2 | — | 13 | 2 | — | — | — | — |
| 7A | 柔和 | 2±0.1 | 40±3 | 13 | 8 | 不要 | 13 | 3 | 13 | 3 | 1 | 13 | 2 | 6 | — | — | — |
| 8A | 柔和 | 2±0.1 | 30±3 | 13 | 8 | 不要 | 13 | 3 | 13 | 3 | — | 13 | 2 | — | — | — | — |
| 9A | 柔和 | 2 | 92±3 | 13 | 12 | 要 | 13 | 3 | 13 | 3 | — | 13 | 2 | — | — | — | — |
| 10A | 柔和 | 2 | 40±3 | 13 | 1 | 不要 | 13 | 3 | 13 | 2 | 2 | — | — | — | — | — | — |

表10-19　B型洗衣机洗涤程序

| 程序编号 | 洗涤和冲洗中的搅拌 | 总负荷（干质量）/g | 洗涤 | | | 冲洗 | 脱水 |
|---|---|---|---|---|---|---|---|
| | | | 温度/℃ | 液位 | 洗涤时间/min | 液位 | 脱水时间 |
| 1B | 正常 | 2±1 | 70±3 | 满水位 | 12 | 满水位 | 正常 |
| 2B | 正常 | 2±1 | 60±3 | 满水位 | 12 | 满水位 | 正常 |

续表

| 程序编号 | 洗涤和冲洗中的搅拌 | 总负荷（干质量）/g | 洗涤 | | | 冲洗 | 脱水 |
|---|---|---|---|---|---|---|---|
| | | | 温度/℃ | 液位 | 洗涤时间/min | 液位 | 脱水时间 |
| 3B | 正常 | 2±1 | 60±3 | 满水位 | 10 | 满水位 | 柔和 |
| 4B | 正常 | 2±1 | 50±3 | 满水位 | 12 | 满水位 | 正常 |
| 5B | 正常 | 2±1 | 50±3 | 满水位 | 10 | 满水位 | 柔和 |
| 6B | 正常 | 2±1 | 40±3 | 满水位 | 12 | 满水位 | 正常 |
| 7B | 正常 | 2±1 | 40±3 | 满水位 | 10 | 满水位 | 柔和 |
| 8B | 柔和 | 2±1 | 40±3 | 满水位 | 8 | 满水位 | 柔和 |
| 9B | 正常 | 2±1 | 30±3 | 满水位 | 12 | 满水位 | 正常 |
| 10B | 正常 | 2±1 | 30±3 | 满水位 | 10 | 满水位 | 柔和 |
| 11B | 柔和 | 2±1 | 30±3 | 满水位 | 8 | 满水位 | 柔和 |

**注**　用冷水冲洗。

（2）洗涤具体步骤：

①将规定温度的水注入洗衣机中，再加入足量的洗涤剂，能在搅拌时产生良好的泡沫，同时要保证泡沫高度在洗涤周期结束时不超过（3±0.5）cm；

②将洗涤试样和足量的陪洗物装入洗衣机中，保证所有待洗载荷的空气中的干质量达到表10-19洗涤程序规定的总载荷质量；注意，如果测量试样的尺寸稳定性，则要求试样的质量不超过总载荷量的二分之一。

③洗涤结束后，取出试样，取样时不要拉伸或绞拧。

3. 干燥试样

将脱水后的试样悬挂在绳、杆上，在室内静止空气中晾干，该法称为悬挂晾干法。

干燥试样还有其他几种方法：

（1）滴干法：将试样从洗衣机中取出，不脱水，悬挂在绳、杆上，在室内静止空气中晾干。悬挂时，试样的经（纬）向应处于垂直位置。服装制品按使用方式悬挂。

（2）摊平晾干法：将试样平放在水平筛网干燥架上，用手抚平折皱，不得拉伸或绞拧，自然晾干。

（3）平板压烫：将试样放在压烫平板上，用手抚平折皱，根据试样要求，放下压头对试样压烫一个或多个短周期，直至烫干。压头设定适合压烫试样的温度，记录所用温度和压力。

（4）翻滚烘干（在确定使用该方法烘干时，要在洗涤试样前称重）：在洗涤程序结束后，立即将试样与陪洗物装入翻滚烘干机，具体细节参照GB/T 8629—2001中附录C。

（5）烘箱烘干法：把试样放在烘箱内的筛网上摊平，用手拆去折皱，不得拉伸或绞拧，设定烘箱温度为（60±5）℃进行试样烘干。

4. 测量试样

干燥试样后，再次进行试样调湿，调湿后再测量洗涤前所测标记部位，记录尺寸。

（六）计算结果

$$水洗后尺寸变化率=\frac{处理后尺寸-初始尺寸}{初始尺寸}×100\%$$

按GB/T 8710将计算结果修约至0.1%。结果会出现"+""–"，其中"+"表示伸长，"—"表示收缩。

（七）完成实验报告记录

按要求完成实验报告记录。

## 八、织物干洗尺寸变化

干洗，是使用有机溶剂来清洗纺织品的一道工序，溶解一些在水洗过程或湿态下不能膨胀、相互交联的油类和脂肪类及一些分散微小的污垢。为了更好地去除油渍和污渍，在溶剂中加入少量的水和表面活性剂。一些对湿度敏感的产品，在溶剂中不需加入水但要加表面活性剂使污垢容易清除并防止面料泛灰。干洗可以使用多种有机溶剂，但各国普遍使用的是四氯乙烯，因此本方法也采用四氯乙烯做溶剂。一般在做完干洗后都会做后处理，包括蒸汽处理和（或）热压处理。干洗缩率在经过蒸汽处理和（或）热压处理后会有改进。单一的处理只能有一点改善，多次处理后才有提高。通常情况下，经3~5次干洗及后整理后，织物的尺寸变化比较明显。

参考的标准有GB/T 19981.2—2014《纺织品　织物和服装的专业维护、干洗和湿洗第2部分：使用四氯乙烯干洗和整烫时性能试验的程序》、GB/T 8628—2013《纺织品　测定尺寸变化的试验中织物试样和服装的准备、标记及测量》等。

（一）检验原理

把调湿后的面料或成衣打印标记并测量长度，然后把样品进行干洗程序和后处理。然后再调湿测量样品的尺寸变化率。此方法规定了干洗的过程，使用商业用干洗机，测试面料或服装经过四氯乙烯干洗后的尺寸稳定性。此过程包括了普通材料和敏感材料的处理过程。对于特别敏感的材料，需要特殊预处理的，不包括在此方法中。通过此方法不仅可以测量一次干洗和后处理的尺寸稳定性，也可用来测量多次循环干洗后的尺寸稳定性，通常循环干洗次数不超过5次。

（二）检验仪器与试剂

1. 仪器

YG-6全自动干洗试验机（图10-23）、熨斗、烫
台、卷尺或直尺等。

图10-23　YG-6全自动干洗试验机

干洗机进行洗涤的参数设置如表10-20所示。

表10-20　洗涤参数

| 程序 | 载荷量/ kg/m³ | 溶剂温度/ ℃ | 洗涤剂量/ g/L | 加水量/ % | 干洗周期时间/min | | | | 烘干温度 | | 烘干除 味时间/ min |
|---|---|---|---|---|---|---|---|---|---|---|---|
| | | | | | 洗涤 | 中间脱液 | 冲洗 | 最后脱液 | 进 | 出 | |
| 正常材料 | 50±2 | 30±3 | 1+2 | 2 | 15 | 2 | 5 | 3 | 80±3 | 60±3 | 5 |
| 敏感材料 | 33±2 | 30±3 | 1 | 0 | 10 | 2 | 3 | 2 | 60±3 | 50±3 | 5 |
| 特敏材料 | 33±2 | 30±3 | 1 | 0 | 5 | 2 | 3 | 2 | 50±3 | 40±3 | 5 |

注　1. 针对于试样的载荷量，除非单个试样（织物、组合试样或服装）的质量超过了载荷的10%，试样质量都应不超
过载荷的10%，不足量用陪洗物补齐。
2. 洗涤剂量中，每升四氯乙烯和山梨糖醇酐单油酸酯溶液中含1g山梨糖醇酐单油酸酯。
3. 干洗机设定到进口控制或出口控制。

2. 水洗试验用试剂及陪洗物

（1）试剂：四氯乙烯、山梨糖醇酐单油酸酯。

（2）陪洗物：当试样质量不足时加入陪洗物，使每次试验都在基本相同的条件下进
行。陪洗物一般为白色或浅色的干净布片，其材料成分为约80%羊毛和20%棉或黏胶纤维
组成。每块布片为2层，沿布边缝合且尺寸为（300±30）mm×（300±30）mm。

（三）试样的制备

1. 织物试样要求

织物（干洗试样为单件服装或单个织物样品）的剪样尺寸不小于500mm×500mm，各
边分别与织物长度和宽度方向平行，同时将织物的四边用涤纶线包好边，防止脱边。

2. 试样预处理

将试样和陪洗物放置在GB 6529规定的标准大气中调湿至少16h，并在该标准大气中进
行试验。如果试样没有立即进行试验，则要将试样保存在密闭的塑料袋内，并在30min内
进行试验。

（四）洗涤前尺寸测量

1. 试样为服装制品

（1）测量规则：就服装制品测量而言，一般用量尺测取接缝间或接缝交点之间的距离。测量时，将服装所有闭合处闭合，不要进行不必要的拉伸；对于有弹性的服装织物应在松弛状态测量；被检服装的对称部位应做对应测量，如袖子。

（2）测量部位：

上衣类测量部位：前片长、后片长、领圈长度、袖下缝长、摆缝长、肩宽、胸宽、袖宽、袖口宽等。

裤类测量部位：前裆、后裆、裤腿长（长裤：从裆缝交点沿腿内侧到裤脚口的长度；短裤：从一个裤口经裤裆至另一个裤口的长度）、腰宽、裆宽（大腿根部的宽度）、中裆宽（裆缝交点至裤脚口一般距离处的宽度）、裤口或裤脚口宽等。

裙类测量部位：裙长（在前身中心线和后身中心线测量裙腰接缝处至底边的长度，不含腰头）、腰宽等。

（3）做标记：把试样无张力地平放在一个平坦、光滑的平面上，注意避开有折皱或折痕的地方。利用不褪色墨水或织物标记器在服装测量部位做标记，也可在服装测量部位缝上与服装织物色差显著的细线。

（4）测量：将试样抚平，用量尺测量两标记点间的距离，并记录量取的尺寸。

2. 试样为织物

将试样放在平滑测量台上，在试样的长度和宽度方向上至少各做3对标记，标记均匀分布在试样上。

（五）检验步骤

1. 干洗方法

依据GB/T 19981.2—2005可分为针对于正常材料❶、敏感材料❷和特敏材料❸的3种检验方法。

2. 正常材料的洗涤程序

（1）依据滚筒容积计算干洗载荷的全部质量，总装料质量为（50±2）kg，试样质量不足部分，由陪洗物补充。注意，对于试样的载荷量，除非单个试样（织物、组合试样或服装）的质量超过了载荷的10%，否则试样质量都不应超过载荷的10%。

---

❶ 正常材料：经常规干洗而不变形的材料。
❷ 敏感材料：干洗过程中，需要对机械作用、烘干温度、加水等因素采取一些限制措施的材料，如腈纶、丝绸等。
❸ 特敏材料：干洗过程中，需要大幅度降低机械作用、烘干温度或不加水的材料，如氯纶织物（聚氯乙烯）、山羊绒制品等。

（2）将调湿后的试样和陪洗物放入干洗机内，加入浴比为（6.5±0.5）L/kg的四氯乙烯和山梨糖醇酐单油酸酯溶液（每升溶液含1g山梨糖醇酐单油酸酯）。

（3）配制新乳液，按每千克载荷10mL山梨糖醇酐单油酸酯和30mL四氯乙烯进行混合，然后边搅拌边加入20mL水。注意，加入的水量相当于载荷量的2%；如果规定不能将助洗剂和四氯乙烯在机器外混合，则可将助洗剂（山梨糖醇酐单油酸酯和水）直接注入至干洗机内。

（4）关掉过滤器通路，将干洗机接通电源，在滚筒进口关闭后2min，用（30±5）s将乳液缓慢地注入至干洗机内、外笼之间的溶剂液面之下。

（5）启动仪器，保持机器转动15min，在整个试验期间，不使用过滤器，整个干洗过程中溶剂温度保持在（30±3）℃。

（6）排出溶剂，并离心脱液2min，除去装料中的溶剂。

（7）用与（2）中相同浴比的纯洗涤剂冲洗5min，排出溶剂，再次脱液3min（满速离心脱液至少2min）。

（8）在机器中，装料在循环热空气中翻滚适当时间，使试样干燥，此时热空气出口温度不超过60℃，进口温度不超过80℃。

（9）干燥结束后，取出试样，服装试样挂在衣架上（如果试样为织物，则将织物放置在平台上），一般试样静置至少30min。

（10）用适当的方法，如熨斗熨烫服装、蒸汽压烫、整齐烫模等对服装或织物进行整理。

（11）对试样再次调湿，调湿后再测量洗涤前标记部位，记录尺寸。

3. 敏感材料的洗涤程序

敏感材料的洗涤程序与正常材料的洗涤程序基本相同。但要在温度不超过60℃的机器中进行干燥，此时热空气出口温度不超过50℃，进口温度不超过60℃。

4. 特敏材料的洗涤程序

特敏材料的洗涤程序与正常材料的洗涤程序大致相同，但要注意，特别材料洗涤的，滚筒内的总装料质量为（33±2）kg。

配制新乳液时，按每千克载荷10mL山梨糖醇酐单油酸酯和30mL四氯乙烯进行混合，不加入水。如果规定不能将助洗剂和四氯乙烯在机器外混合，则可将山梨糖醇酐单油酸酯直接注入至干洗机内。

氯纶织物再次脱液时间为2min，其在洗涤机器中干燥时，热空气出口温度不超过40℃，进口温度不超过50℃。

（六）计算结果

$$干洗后尺寸变化率 = \frac{干洗后尺寸 - 干洗前尺寸}{干洗前尺寸} \times 100\%$$

根据公式来计算服装的主要尺寸变化率、试样织物的长度方向或宽度方向的尺寸变化率（%），计算结果修约至小数点后一位。其中结果会出现"+""–"，其中"+"表示伸长，"–"表示收缩。

（七）完成试验记录报告

按要求完成试验记录报告。

## 九、织物熨烫后尺寸变化

服装在制作过程中，特别是缝制完成后，必须经蒸汽熨烫这个工序，以获得服装外观平整、富有光泽的效果。服装蒸汽熨烫是用工业用蒸汽熨斗熨烫或用平板蒸汽压烫机，在一定压力、时间和一定蒸汽量下对服装进行处理。服装用衬应符合蒸汽熨烫的工艺要求，且经蒸汽熨烫后，保证服装不变形、不起皱。

参考的标准有 JIS L1057—2012《纺织品和针织品熨烫收缩率试验方法》、FZ/T 60031—2011《服装用衬经蒸汽熨烫后尺寸变化试验方法》。

（一）检验原理

把规定尺寸的试样，经规定的条件熨烫后，按压烫前后的尺寸变化，计算经、纬向和面积的尺寸变化率。

（二）检验仪器

压强为（1.5±0.2）kPa的电烫斗或其他试验条件相同的装置、最小刻度为毫米的直钢尺。200℃的温度计、中间带槽的石棉板（可将温度计埋入中间）、双层全毛素毯（尺寸约200mm×200mm）、做标记用的针、线、秒表。

（三）试样制备

（1）样品应在距大匹左右两端5m以上部位（或5m以上开匹处）裁取。

（2）样品不得少于20cm全幅。

（3）在距织物布边10cm以外部位随机截取不同经纬纱组成的试样，试样上不得有影响试验结果的疵点。

（4）分别在样品的中央和旁边部位画出70mm×70mm的两个正方形。然后以与试样色泽相异的细线，在正方形的四角作上标记（图10-24）。

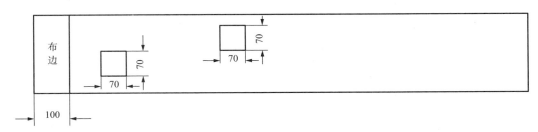

图 10-24　标记示意图（单位：mm）

（四）检验步骤

（1）将试样在试验用标准大气下平铺调湿至少24h，纯合成纤维产品至少调湿8h。

（2）将调湿后的试样无张力地平放在工作台上，依次测量经、纬向各对标记间的距离，精确到0.5mm，并分别计算出每块试样的经、纬向的平均距离。再按GB/T 8170修约到0.01mm。

（3）将温度计放入带槽的石棉板内，放上电熨斗或其他相应的装置加热到表面温度180℃以上，然后降温到180℃时，先将试样平放在毛毯上，再放上电熨斗，保持15s，然后移开电熨斗。

（4）将试样按（1）和（2）要求重新调温、测量和计算经、纬向平均距离。

（五）检验结果计算与修约

分别按下式计算试样的经、纬向和面积的尺寸变化率，并按GB/T 8170修约到0.1。以"＋"表示尺寸增加（试样伸长），以"－"表示尺寸减小（试样收缩）。

$$R_{\mathrm{j}} = \frac{L_2 - L_1}{L_1} \times 100$$

$$R_{\mathrm{w}} = \frac{L_4 - L_3}{L_3} \times 100$$

$$S = R_{\mathrm{j}} + R_{\mathrm{w}} - \frac{R_{\mathrm{j}} \times R_{\mathrm{w}}}{100}$$

式中：$R_{\mathrm{j}}$、$R_{\mathrm{w}}$——试样经向、纬向的尺寸变化率，%；

$L_1$——试样熨烫前经向标记间的平均距离，mm；

$L_2$——试样熨烫后经向标记间的平均距离，mm；

$L_3$——试样熨烫前纬向标记间的平均距离，mm；

$L_4$——试样熨烫后纬向标记间的平均距离，mm；

$S$——试样的面积尺寸变化率，%。

## 十、织物汽蒸尺寸变化

织物在热、湿条件下会产生收缩，如果不掌握和控制织物的汽蒸收缩率，就会给服装加工造成困难。

参考标准有FZ/T 20021—2012《织物经汽蒸后尺寸变化试验方法》。

### （一）检验原理

测定织物在不受压力的情况下，受蒸汽作用后尺寸变化，该尺寸变化与织物在湿处理中的湿膨胀和毡化收缩变化无关。

### （二）检验仪器

YG（B）742D型汽蒸收缩仪（图10-25）、订书机、尺子等。

### （三）试样制备

经向（直向）和纬向（横向）各取4条试样，试样尺寸为长300mm，宽50mm，试样上不应有明显疵点。

图 10-25　YG（B）742D 汽蒸收缩仪

### （四）检验步骤

（1）试样经预调温4h后，放置在标准大气中调湿24h，试样上用订书钉或GB/T 8628规定方法在相距250mm处两端对称地各作一个标记。

（2）用尺子量取标记间的距离作为汽蒸前长度，精确到0.5mm。

（3）以70g/min（允差20%）的蒸汽速度通过蒸汽圆筒至少1min，使圆筒预热，如圆筒过冷，可适当延长预热时间，试验时蒸汽阀保持打开状态。

（4）将4块试样分别平放在每一层金属丝支架上，立即放入圆筒内并保持30s。

（5）从圆筒内移出试样，冷却30s后再放入圆筒内，如此循环三次。

（6）3次循环后把试样放置在光滑平面上冷却，按照（1）预调湿和调湿后，量取标记间的长度为汽蒸后的长度，精确到0.5mm。

（五）检验结果计算与修约

每一块试样的汽蒸尺寸变化率按下式计算：

$$Q_5 = \frac{L_1 - L_0}{L_0} \times 100\%$$

式中：$Q_5$——汽蒸尺寸变化率，%；

$L_0$——汽蒸前长度，mm；

$L_1$——汽蒸后长度，mm。

## 十一、织物的掉毛量检验

参考标准有GB/T 25880—2010《毛皮掉毛测试方法　掉毛测试仪法》、FZ/T 01046—1996《兔毛产品掉毛量的测定》、FZ/T 72002—1993《针织人造毛皮》。

（一）检验原理

在试验用标准大气条件下，将有一定黏性的透明胶带粘贴在织物上并施加一定压力保持一定时间，随后以恒定的速度和角度将胶带从织物表面剥离。剥离下来的胶带，对照标准等级样照，确定织物掉毛等级。

（二）检验仪器

织物掉毛量测定仪、吹风机、剪刀、透明胶带等。

（三）试样制备

（1）从织物的不同部位至少取3块具有代表性的试样，确保试样的长边为经向（纵向），每块样品尺寸至少大于150mm×90mm，用吸风机去除试样表面及边沿松散、脱落的纤维。

（2）将试样放置在GB/T 6529规定的标准大气中调湿不少于12h。

（四）检验步骤

（1）将测试用胶带固定在仪器的胶带轴架上。

（2）设定试验参数：剥离角度为40°，剥离速度为2cm/s，时间为1min。

（3）将测试样品平铺在载样台上，确保样品剥离方向为逆毛方向，用夹持器夹紧试样，试验时测试面朝上。

（4）将胶带轴架上的胶带拉开，必要时撕去表面的1~2层，将胶带平行于试样的长度方向进行粘贴，确保胶带与样品的贴面无折痕、气泡，粘贴过程中不应对胶带施加任何向下的压力，用剪刀将胶带与轴架上的胶带卷剪断，保证胶带的粘贴长度与样品长度接近。

（5）将质量为1.0kg的重锤缓慢轻放在粘贴有胶带的织物上，确保重锤的边沿与胶带边沿平行，并用记号笔在试样宽度方向沿着重锤短边轮廓划两条记号线，在此过程中除重锤自重外，不应再对胶带施加任何额外压力。

（6）计时1min后，轻轻拿开重锤，松开剥离装置的把手，将胶带的起始剥离端夹入剥离装置，迅速按下操作界面的剥离键，启动剥离装置，开始剥离胶带。

（7）待胶带剥离完成之后，松开把手，取下剥离的胶带，用剪刀沿着记号笔剪掉两端多余的胶带，并贴在白板（或黑板）上。

（8）重复步骤（3）~（7），依次完成剩余试样的测试。

（五）评级

将测试后的样品放在D65标准光源下，按照掉毛等级样照确定每块试样的掉毛等级，并记录每块试样的级数，最终试验结果以所有试样的平均值表示。如果平均值不是整数，修约至最近的0.5级，并用"—"表示，如3—4。

---

思考题

1. 织物抗皱的主要影响因素有哪些？有哪些方法可提升织物的抗皱效果？
2. 简述织物褶裥保持性的基本概念、测量方法及影响因素。
3. 讨论悬垂性主要影响织物的哪些服用性能？
4. 织物的悬垂性与织物的结构有什么关系？
5. 试述织物起毛起球的过程及机理
6. 织物起毛起球的测试方法有几种？影响织物起毛起球的主要因素有哪些？
7. 总结哪些织物较容易钩丝？为什么？
8. 织物水洗后尺寸变化检测过程中，应注意哪些事项？
9. 什么是织物的缩水率？什么是织物尺寸变化率？

---

# 织物力学性能检验

**课题名称：** 织物力学性能检验

**课题内容：** 织物的拉伸性能

织物的撕裂性能

织物的顶破或胀破性能

织物的耐磨性能

织物的弯曲性能

织物的剥离强度性能

织物的纰裂强度性能

织物的压缩性能

**课题时间：** 16课时

**教学目的：** 让学生了解织物基本力学性能的内容和概念，熟悉织物拉伸性能、撕裂性能、顶破或胀破性能、耐磨性能、弯曲性能、剥离强度性能、纰裂强度性能及压缩性能的测试原理及方法，培养学生的检验检测技能，提升学生的实践能力、数据分析能力等。

**教学方式：** 理论讲授和实践操作。

**教学要求：** 1. 了解织物力学性能检验的指标及方法。

2. 能够选择适当的方法对织物力学性能进行检验检测。

3. 熟练操作相关检验检测的仪器。

4. 能正确表达和评价相关的检验结果。

5. 能够分析影响力学性能的主要因素。

# 第十一章 织物力学性能检验

织物的力学性能是指织物在被拉伸、剪切、扭曲、摩擦等外力作用下产生的变形以及被破坏的变化特性，是保障服装成品的良好服用性能的基础。织物自身所具有的抵抗外力、抗破坏能力的好坏，直接影响织物的耐用性。在生产和实用过程中，织物经常因受到外力的作用而导致损坏，外力的作用不同，损坏的程度也有所不同。如在穿着服装的过程中，衣服有时会被人拉扯，这时衣服就会被拉伸变长，承受拉伸力的作用；如果拉伸力量不断增加，这时服装已无法抵抗这个强大的外力负荷，导致服装破裂。

织物的拉伸断裂、撕破、顶破、钩丝和耐磨性能是织物重要的耐用性能，直接关系到织物的寿命。本章将围绕织物的力学性能展开检测，学习和掌握各种织物力学性能的检测方法和步骤。

## 第一节 织物的拉伸性能

服装在被穿戴过程中会经过日照、洗涤、磨损以及各种整理，常用断裂强力指标来评定这些因素对服装材料内在质量的影响。

织物拉伸性能指织物在拉伸外力的作用下受力与伸长变形的关系。织物在日常使用过程中，总会受到各种不同的物理、机械、化学等作用而逐渐遭到破坏。影响织物拉伸弹性的内部因素有纤维大分子组成的结构，纱线细度、大小与方向，纱与线类别、混成比，织物密度组织等，由它们组合在一起形成了拉伸性能差别不一的织物。

参考标准有GB/T 3923.1—2013《纺织品　织物拉伸性能　第1部分：断裂强力和断裂伸长率的测定（条样法）》、GB/T 3923.2—2013《纺织品　织物拉伸性能　第2部分：断裂强力的测定（抓样法）》。

## 一、拉伸断裂的概念

织物在服用过程中，遭到较大的拉伸力时，会发生拉伸断裂。在织物断裂强力的测定中，断裂强力是指在规定条件下进行的拉伸试验过程中，试样被拉断的最大力。它是表示拉伸力绝对值的一个指标，法定单位是牛（N）。其主要指标有：断裂强度、断裂伸长率、断裂伸长量等。将织物受力断裂毁坏时的拉伸力称为断裂强力；在拉伸断裂时所发生的变形与原长的百分率，称为断裂伸长率。织物的拉伸断裂功能取决于纤维的性质、纱线的构造、织物的组织以及染整后加工等要素。

## 二、拉伸断裂的检测方法

具有各向异性、拉伸变形能力小的机械性质的纺织品都要进行该性能的检测。作拉伸断裂试验时，试条的尺寸及其夹持方法对实验结果影响较大。常用的试条有：拆边纱条样、剪切条样。剪切条样一般用于不易抽边纱的织物，如缩绒织物、毡品、非织造布及涂层织物等。目前织物断裂强力测定方法主要有两种：一种是条样法，即整个试样的宽度都被夹持在夹钳内的断裂强力试验方法；另一种方法是抓样法，即仅将试样宽度的中央部分夹持。其中，条样法试验结果较相近，用布节约；抓样法试样准备简便快捷，试验结果接近实际情况，但所得强力、伸长值略高。条样法是拉伸试验最常用的。试条的工作长度对实验结果有显著影响，一般随着试样工作长度的增加，断裂强度与断裂伸长率有所下降。标准长度规定：一般织物为20cm，针织物和毛织物为10cm。特别需要时可自行规定，但所有试样必须统一。

（一）条样拉伸断裂试验

1. 条样拉伸断裂试验原理

将规定尺寸的条形试样的两端夹在强力仪两夹钳之间，仪器以恒定的伸长速率将试样拉伸至断裂，记录断裂强力及断裂伸长。

2. 条样拉伸断裂测试标准及适用范围

依据GB/T 3923.1—2013进行检测。它适用于机织物、针织物、非织造布、涂层织物及其他类型的纺织织物，不适用于弹性织物、纬平针织物、罗纹针织物、土工布、玻璃纤维织物、碳纤维织物和聚烯烃编织带等。

3. 拉伸断裂检测仪器

Instron万能试验机（图11-1）、剪刀、尺子等。

**4. 试样制备**

试验前，首先将试样在GB/T 6529规定的大气下进行预调湿、调湿。

（1）试样的制备：

①按照检测计划单进行剪取试验样品：剪取两组试样，一组为经向或纵向试样，另一组为纬向或横向试样。每组试样至少为5块，如果想要得到更精确的结果，就应该增加试样数量。距布边150mm内不得取样（图11-2），并保证所取样片无褶皱、无疵点。为了充分体现出样品的撕破性能，需要在样品中均匀剪取试样。

②除双方协议规定的尺寸外，一般每块试样的有效宽度为50mm（不包括毛边），长度至少为200mm，如果试样的断裂伸长率超过75%，试样长度至少为100mm。

③为防止在实验过程中经纬向织物的混淆，一般在条形试样上以字母"W"表示纬向织物；"T"表示经向织物或者在经向织物短边打剪口，纬向织物不做标记。

（2）试样处理：

①对于进行拉伸试验的试样的要求不同于撕破强力，由于不同织物在拉伸过程中表现不一样，需进行试样处理。

图 11-1　Instron 万能试验机

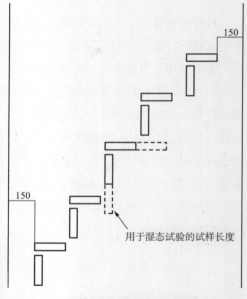

图 11-2　拉伸试验取样示意图（单位：mm）

处理方式：如一般机织物试样，在拉伸试验中纱线易从织物中脱出，从而影响实验的准确性，那么则要在条样长度方向的两侧拆去一定数量的纱线。注意，一般机织物，毛边约为5mm或15根纱线的宽度；较为紧密的机织物，较窄的毛边即可；稀松的毛边，毛边约为10mm。

针织物、非织造布、涂层织物及不易拆边纱的机织物试样，则不用进行毛边处理。

②如果需要进行检测试样的湿强力，剪取的试样长度应为干强试样的两倍（有些织物浸水后收缩可能较大），将试样在温度（20±2）℃的三级水中浸渍1h以上，也可用每升不超过1g的非离子湿润剂的水溶液代替三级水。

5. 填写检验记录

填写织物拉伸性能检验原始记录表（表11-1）。

### 表11-1 织物拉伸性能检验原始记录（仅供参考）

| 样品编号 | | 样品名称 | |
|---|---|---|---|
| 产品编号 | | 产品等级 | □优等品 □一等品 □合格品 |
| 大气条件 | ℃ %RH | 仪器编号 | □036# □075# □098# |
| 织物拉伸性能检验原始记录 | | | |
| 检验依据 | □GB/T 3923.1—2013（条样法） □GB/T 3923.2—2013（抓样法） | | |
| 检测参数 | □拉伸速度：50mm/min 隔距距离：100mm<br>□拉伸速度：100mm/min 隔距距离：200mm | | |
| 检验记录 | | | |

| 经向 | | | 纬向 | | |
|---|---|---|---|---|---|
| 测试值＼参数<br>顺序号 | 断裂强力：N | 断裂伸长率：% | 测试值＼参数<br>顺序号 | 断裂强力：N | 断裂伸长率：% |
| 1 | | | 1 | | |
| 2 | | | 2 | | |
| 3 | | | 3 | | |
| 4 | | | 4 | | |
| 5 | | | 5 | | |
| 平均值 | | | 平均值 | | |
| 报出结果 | | | 报出结果 | | |
| 标准参数 | | | 标准参数 | | |
| 备注 | | | | | |

6. 检验步骤

（1）按照GB/T 6529规定调制试验所需的标准大气。

（2）按照检验记录表的要求，在强力机的控制器上设定测试方法（织物拉伸）和参数（量程、夹距、速度、样数、样次、温湿度、预加张力等）。

①设置钳口距离（也称隔距），数值以检验记录报告中的检测参数为准；再设置拉伸数据，数值以检验记录报告中的检测参数为准（表11-2）。

表11-2　拉伸断裂参数设置

| 织物断裂伸长率/% | 隔距长度/mm | 拉伸速度/mm·min |
| --- | --- | --- |
| <8 | 200 | 20 |
| 8~75 | 200 | 100 |
| >75 | 100 | 100 |

②预加张力由按试样的单位面积质量来决定（表11-3）。

当断裂强力低于20N时，按概率断裂强力的（1±0.25）%确定预加张力。

一般试样的预张力，采用织物试样的自重即可。

当试样在预张力作用下产生的伸长大于2%时，应采用无张力夹持法（即松式夹持）。这对伸长变形较大的针织物和弹力织物更合适。

表11-3　预加张力的确定

| 试样单位面积质量/g·m$^{-2}$ | | 预加张力/N |
| --- | --- | --- |
| 一般织物 | 非织造布 | |
| ≤200 | <150 | 2 |
| 200~500 | 150~500 | 5 |
| >500 | >500 | 140 |

（3）校正传感器。

（4）按复位键使仪器复位。

（5）试样可在预张力下夹持或松式夹持（织物伸长率≤2%，则采用预张力夹持试样；反之，采用松式夹持），将试样夹在夹钳的中心位置，来保证拉力中心线通过夹钳的中心点。

（6）开启仪器，进行试验。注意，试验中，如果试样在钳口处滑移不对称或滑移量大于2mm，应舍弃试验结果；如果试样在距钳口5mm以内断裂，则作为钳口断裂。当进行完5块试验后，若钳口断裂的值大于最小的非钳口断裂的"正常值"，可以保留；如果小于最小的"正常值"，应舍弃，另加试验来得到5个"正常值"；如果所有的试验都是钳口断裂，或者得不到5个"正常值"，应报告单值。钳口断裂结果必须在报告中指出。

7. 检验结果

（1）记录仪器测定的数据：

计算公式：

预张力夹持试样时：

$$E = \frac{\Delta L}{L_0} \times 100\%$$

松式夹持试样时：

$$E = \frac{\Delta L' - L_0'}{L_0 + L_0'} \times 100\%$$

式中：$E$——断裂伸长率，%；

　$\Delta L$——预张力夹持试样时的断裂伸长，mm；

　$L_0$——预张力夹持试样时的隔距长度，mm；

　$\Delta L'$——松式夹持试样时的断裂伸力，mm；

　$L_0'$——松式夹持试样达到规定预张力时的伸长，mm。

（2）分别计算经、纬向或纵、横向的断裂强力平均值，单位为N，按GB/T 8170进行数值修约，如表11-4所示。

表11-4　数值修约

| 试验结果/N | 修约至/N |
| --- | --- |
| < 10 | 1 |
| 10 ~ 1000 | 10 |
| ≥1000 | 100 |

8. 完成检验记录报告

按要求完成检验记录报告。

（二）抓样法

1. 抓样法拉伸断裂试验原理

将规定尺寸的夹钳夹住试样的中央，仪器以恒定的伸长速率将试样拉伸至断，记录断裂强力及断裂伸长量。

2. 抓样法拉伸断裂测试标准及适用范围

依据GB/T 3923.2—2013进行检测。它适用于机织物、针织物、非织造布、涂层织物及其他类型的纺织织物，不适用于弹性织物、纬平针织物、罗纹针织物、土工布、玻璃纤维织物、碳纤维织物和聚烯烃编织带等。

3. 抓样法拉伸断裂测试仪器

Instron万能试验机、剪刀、尺子等。

4. 试样制备

试验前，首先将试样在GB/T 6529规定的大气下进行预调湿、调湿。

（1）试样的制备：

①按照检测计划单进行剪取试验样品。剪取两组试样，一组为经向或纵向试样，另一组为纬向或横向试样。每组试样至少为5块，如果想要得到更精确的结果，就应该增加试样数量。距布边150mm内不得取样，并保证所取样片无褶皱、无疵点。

②为了充分体现出样品的撕破性能，需要在样品中均匀剪取试样。每组试样的宽度为（100±2）mm，长度至少为100mm。

③为防止在实验过程中经纬向织物的混淆，一般对条形试样以字母"W"表示纬向织物；"T"表示经向织物或者在经向织物短边打剪口，纬向织物不做标记。

（2）试样处理：如果需要进行检测试样的湿强力，剪取的试样长度应为干强试样的两倍（有些织物浸水后收缩可能较大），将试样在温度（20±2）℃的三级水中浸渍1h以上，也可用每升不超过1 g的非离子湿润剂的水溶液代替三级水。

5. 填写检验记录

同"条样法"记录单。

6. 检验步骤

（1）按照GB/T 6529规定调制试验所需的标准大气。

（2）调整撕破强力仪：除有关协议规定外，一般钳口距为100mm，拉伸速度为50mm/min。

（3）夹持样片时，钳口应与拉力线垂直，夹持面应在同一平面上，夹持试样上端时，为使织物竖直下垂，可利用普通铁夹子夹住试样下端。待试样夹持完毕后，要保证试样在夹钳内不滑移。

（4）启动仪器，拉伸试样至断，记录断裂强力，单位为N。

（5）试样可在预张力下夹持或松式夹持（织物伸长率≤2%，则采用预张力夹持试样；反之，采用松式夹持），将试样夹在夹钳的中心位置，来保证拉力中心线通过夹钳的中心点。

（6）开启仪器，进行试验。注意事项同"条样拉伸断裂实验"。

7. 检验结果

（1）记录仪器测定的数据。

（2）分别计算经、纬向或纵、横向的断裂强力平均值，单位为N，按GB/T 8170修约至整数位。

8. 完成检验记录报告

按要求完成检验记录报告。

# 第二节 织物的撕裂性能

织物撕裂指织物在使用的过程中经常会受到集中负荷的作用，使织物局部因受到最大负荷而被撕裂。每当衣物被锐物钩住或切割时，使纱线受到最大载荷断裂而形成裂缝，或衣物局部被拉长，导致织物被撕开等，这些现象都是典型的撕破。撕裂强力是评价撕裂性能的主要指标，即织物抵抗撕裂的最大能力，其单位为N。

## 一、撕破的概念及其种类

在服装使用过程中，其纱线会被异物钩住而发生断裂，或是织物部分被夹持受拉而被撕成两半。织物的这种损坏现象称为撕裂或撕破。"撕裂"从形式上讲应当分为两种，一种为织物撕裂，一种是缝口撕裂。而二者的受力状况往往是不同的，前者多为"扯挂"受力，后者多为"运动"受力。服装织物撕破强度性能与其组织有一定的关系，一般缎纹和斜纹组织的撕破强度较大于平纹组织的撕破强度。总之，织物的拉伸断裂性能取决于纤维的性质、纱线的构造、织物的组织以及染整后加工等要素。

## 二、撕破检测方法

测试织物撕裂强度的方法主要有四种：单缝法（裤形法）、双缝法（舌形法）、梯形法和落锤法。其中，单缝法最为常用。针织物一般不做撕破性能检测。在此，只介绍单缝法（裤形法）、梯形法和落锤法。

可参考标准有GB/T 3917.1—2009《纺织品 织物撕破性能 第1部分：冲击摆锤法撕破强力的测定》、GB/T 3917.2—2009《纺织品 织物撕破性能 第2部分：裤形试样（单缝）撕破强力的测定》、GB/T 3917.3—2009《纺织品 织物撕破性能 第3部分：梯形试样撕破强力的测定》、GB/T 3917.4—2009《纺织品 织物撕破性能 第4部分：舌形试样（双缝）撕破强力的测定》、GB/T 3917.5—2009《纺织品 织物撕破性能 第5部分：翼形试样（单缝）撕破强力的测定》。

本检验主要采用冲击摆锤法撕破强力的测定、裤形试样（单缝）撕破强力的测定、梯形试样撕破强力的测定。

（一）落锤式织物撕破测试

1. 落锤式织物撕破试验原理

落锤式织物撕破是利用摆锤的重力势能将织物撕破的过程。

2. 落锤式织物撕破测试标准及适用范围

按照GB/T 3917.1—2009进行测试。落锤式织物撕破测试方法适用于机织物和其他技术生产的织物（如非织造布），不适用于机织弹性织物、针织物以及有可能产生撕裂转移的经纬向差异较大的织物和稀疏织物的测试。

3. 测试用的仪器

YG033型落锤式织物撕裂仪（图11-3）、剪刀、尺子等。

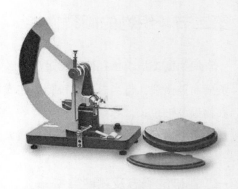

图 11-3　YG033 型落锤式织物撕裂仪

4. 试样制备

（1）将送来的大样在GB/T 6529规定的标准大气条件下进行预调湿和调湿。

（2）按照检测计划单进行剪取试验样品。测试所需的样品应在距匹端最小3m处随机剪取大于1m的整幅，距布边150mm内不得取样，并保证所取样品平整、无疵点。

（3）为了充分体现出样品的撕破性能，在样品中均匀剪取试样。在样品中采取两组试样：一组为经向，一组为纬向。每组试样的块数要按照计划单规定的块数（一般是5块），如图11-4~图11-6所示。

（4）为防止在实验过程中经纬向织物的混淆，一般在条形试样上以字母"W"表示纬向织物；"T"表示经向织物或者在经向织物短边打剪口，纬向织物不做标记。

图 11-4　试样实物

图 11-5　试样尺寸（单位：mm）

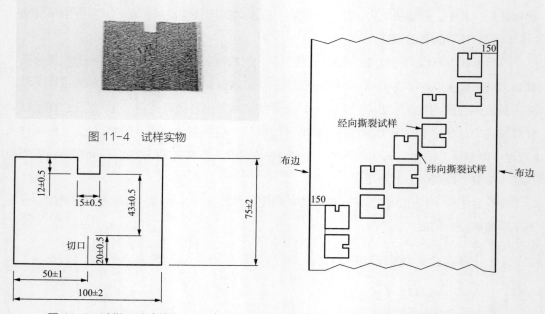

图 11-6　试样截取示意图（单位：mm）

5. 填写检验记录

填写织物撕破性能检验原始记录（表11-5）。

**表11-5 织物撕破性能检验原始记录（仅供参考）**

| 样品编号 | | 样品名称 | |
|---|---|---|---|
| 产品编号 | | 产品等级 | □优等品　　□一等品　　□合格品 |
| 大气条件 | ℃　　%RH | 仪器编号 | □036#　　□075#　　□098# |
| 织物撕破性能原始记录 | | | |
| 检验依据 | □GB/T 3917.1—2009　　□GB/T 3917.2—2009　　□GB/T 3917.3—2009<br>□GB/T 3917.4—2009　　□GB/T 3917.5—2009 | | |
| 检测参数 | □不加重锤　　□加重锤　　夹钳宽度：　□50mm　　□75mm　　□100mm<br>□拉伸速度：100mm/min　　隔距长度：　□100mm　　□25mm | | |
| 检验记录 | | | |
| 经向 | | 纬向 | |
| 1 | | 1 | |
| 2 | | 2 | |
| 3 | | 3 | |
| 4 | | 4 | |
| 5 | | 5 | |
| 平均值 | | 平均值 | |
| 报出结果 | | 报出结果 | |
| 标准参数 | | 标准参数 | |
| 备注 | | | |

6. 检验步骤

（1）按照GB/T 6529规定调制试验所需的标准大气。

（2）检查仪器是否平整摆放。

（3）按照检测要求选择摆锤的质量，使试样的测试结果落在相应标尺满量程的15%~85%范围内。

（4）校正仪器的零位置。注意，每次更换摆锤的时候都要校正。

（5）调零步骤：

①使落锤处于初始位置，如图11-7所示。

②将摆锤提升到最高位置，如图11-8所示。

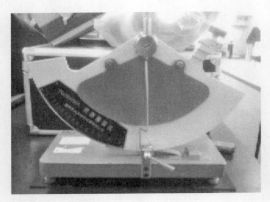

图 11-7 初始位置

图 11-8 最高位置

③将摆锤自最高位置放下，看指针是否处于［0］位置，如果没有的话，可以调节，再次重复上面步骤，直到指针处于［0］刻度上（图11-9）。

（6）将试样夹在两夹具中，并使试样位于平行摆锤的平面内并且保证试样长边与夹具顶边保持水平。

（7）轻轻将试样底边放在夹具的底部，用小刀在凹槽对边切一个（15±0.5）mm的切口，余下的撕裂长度为（43±0.5）mm。

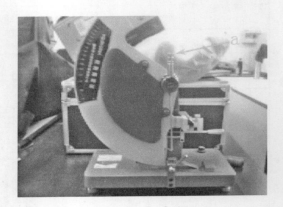

图 11-9 ［0］位置

（8）将处于最初位置的摆锤拉升到最大势能（即最高位置）位置后，放开摆锤，待试样被撕破后，摆锤回摆时握住它，以免破坏指针位置。

（9）读取测量装置标尺所在的刻度，单位为牛顿（N）。得到的数据应落在所用标尺的15%~85%。每个方向至少重复5次。

注意，装卸重锤时注意勿从手中滑脱，以免砸伤手、脚；试验机开动后切勿用手触摸试样；检测完后卸下摆锤，使仪器处于最初位置，如图11-10所示。

试验检测过程中必须保证：①纱线未从织物中滑脱出；②试样在夹钳中没有发生滑移；③撕破完全并且撕裂方向一直处于在凹槽15mm宽范围内。

只有同时满足上述条件①~③，检测结果才能符合试验标准，才可以采用其结果数据，反之，不采用所测结果。如果5块试样中有3块或者3块以上达不到条件①~③，则认为本检测方法不适合该样品。

（1）

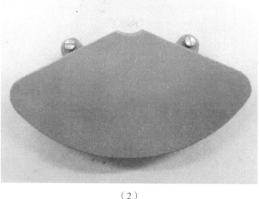
（2）

图 11-10　实验完毕后落锤处理

7. 统计检验结果数据

记录仪器测定的数据。

8. 完成检验记录报告

按要求完成检验记录报告。

（二）织物裤形试样（单缝法）撕破强力的测试

1. 单缝法撕破试验原理

在一块矩形试样的短边中心，剪开一个一定长度的切口，使试样形成两舌片，并将两舌片分别夹在强力机的上、下夹钳之间，使切口线在两夹钳之间竖直。开启仪器，记录直至撕裂到规定长度的撕破力值。

2. 单缝法撕破测试标准及适用范围

单缝法撕破按照GB/T 3917.2—2009进行测试。它适用于机织物和非织造布，不适用于机织弹性织物、针织物以及有可能产生撕裂转移的经纬向差异较大的织物和稀疏织物。单缝法撕破是最为常用的。

3. 单缝法撕破测试仪器

Instron万能试验机、剪刀、尺子等。

4. 试样制备

试样制备方式同"落锤式织物撕破测试"。

所裁取的试样如图11-11、图11-12所示。

图 11-11　单缝法撕破强力的测试试样

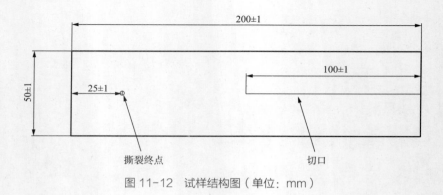

图 11-12 试样结构图（单位：mm）

　　取样时需注意试样在样品上均匀剪取，即每两块试样不能在同一根长度方向或横向的纱线上剪取；不可在距布边150mm内取样，如图11-13所示。

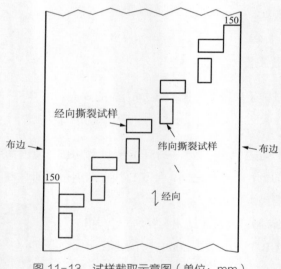

图 11-13 试样截取示意图（单位：mm）

5. 填写检验记录

同落锤式织物撕破测试。

6. 检验步骤

（1）按照GB/T 6529规定调制试验所需的标准大气。

（2）强力机开机前先预热5min，按照检验记录表的要求，在强力机的控制器上设定测试方法（如织物拉伸、舌形撕破、梯形撕破、剥离强度、撕破强力等）和参数设置（量程、夹距、速度、样数、样次、温湿度、预加张力等）。其中调置钳口距离（也称隔距），数值以检验记录报告中的检测参数为准（一般为100mm），用钢直尺测量两钳口之间的距离是否与试验报告要求一致，如不一致应重新调整限位指示针，直至符合试验要求；再设置拉伸数率，数值以检验记录报告中的检测参数为准（一般为100mm/min）以及选择所要求尺寸的钳口。

（3）校正传感器。

（4）按复位键使仪器复位。

（5）将试样切开的两片分别夹在强力仪的两夹钳上（活动夹钳和固定夹钳），同时要保证切口方向竖直（图11-14）。启动仪器，直至所要求的撕裂长度。特别注意，启动仪器后，不要接触正在检测中的样品和两个夹钳，以免影响测试的数据，造成误差。

注意，试验检测过程中必须保证：纱线未从织物中滑脱出；试样在夹钳中没有发生滑移；撕破完全并且沿着施力方向进行。只有同时满足上述条件，检测结果才能符合试验标准，才可以采用其结果数据；反之，不采用所测结果。如果5块试样中有3块或者3块以上达不到要求的条件，则认为本检测方法不适合该样品。

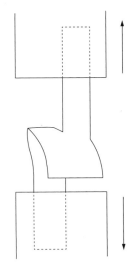

图11-14 夹持试样示范

7. 检验结果

读取并记录仪器测定的数据。

8. 完成检验记录报告

按要求完成检验记录报告。

（三）梯形试样撕破强力的测试

1. 梯形撕破法试验原理

在一长条形试样上做一等边梯形标记线，沿梯形最短边剪一切口，沿梯形两条不平行的标记线，将试样分别夹在强力机上的上、下两钳之间，启动仪器，将试样切口进一步撕开，同时记录受力情况。

2. 梯形试样撕破测试标准及适用范围

依据GB/T 3917.3—2009进行检测。它适用于机织物和某些轻薄型非织造布，不适用于机织弹性织物、针织物。

3. 梯形撕破测试仪器

Instron万能试验机、剪刀、尺子等。

4. 试样制备

试样制备方法同"落锤式织物撕破测试"，所截取的试样如图11-15所示。

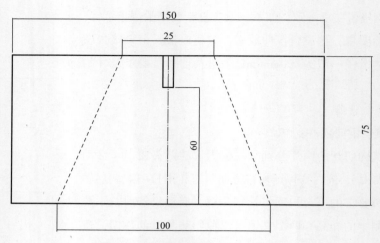

图 11-15　梯形试样（单位：mm）

5. 填写检验记录

同落锤式织物撕破测试。

6. 检验步骤

（1）按照GB/T 6529规定调制试验所需的标准大气。

（2）调整撕破强力仪器：设定两夹钳间的距离为（25±1）mm，拉伸速度为100mm/min，选择适宜的负荷范围，使撕破强力落在满量程的10%~90%。用钢直尺测量两钳口之间的距离是否与试验报告要求一致，如不一致应重新调整限位指示针，直至符合试验要求。

（3）校正传感器。

（4）按［复位］键使仪器复位。

（5）沿着梯形的不平行两边夹住试样，试切口位于两夹钳中间，梯形短边保持拉紧，长边处于折皱状态。启动仪器，读取数据。如果撕裂不是沿着切口线进行，不作记录。

注意事项同"织物裤形试样（单缝法）撕破强力的测试"。

7. 数据统计，检验结果

读取并记录仪器测定的数据。

8. 完成检验记录报告

按要求完成检验记录报告。

# 第三节 织物的顶破或胀破性能

顶破或胀破指织物在垂直于织物平面的外力作用下，鼓起扩张而逐渐破坏的现象，承受的这种外力的强度称为顶破或胀破强度。顶破的受力方式与单向拉伸断裂不同，它属于多向受力破坏。顶破主要出现在膝、肘等活动关节部位，由于这些关节活动频繁，反反复复屈伸，不断地对此部位的织物顶压，日积月累便导致其破裂。胀破多发生于局部织物频受较大向外压力，致使局部织物膨胀，最后导致织物顶破或胀破。

顶破或胀破强度是衡量织物抵抗局部垂直破坏的指标，如衣服的膝部和肘部受力情况，手套、袜子和鞋子头部的破坏形式等。

织物破裂包括织物的顶破和胀破两种。织物受力作用引起破裂所承受的力，被称为织物的顶破强力或胀破强力。顶破强力和胀破强力是织物质量的一个重要物理指标。

可参考标准有GB/T 19976—2005《纺织品 顶破强力的测定 钢球法》、GB/T 7742.1—2005《纺织品 织物胀破性能 第1部分：胀破强力和胀破扩张度的测定 液压法》、GB/T 7742.2—2015《纺织品 织物胀破性能 第2部分：胀破强力和胀破扩张度的测定 气压法》。本检验主要采取钢球法、液压法。

## 一、织物的顶破强度

织物局部由于受垂直于织物平面的压力而发生的破坏，称为顶破。顶破与服装穿着过程中膝、肘等部位频繁的屈伸运动有关，即拱膝拱肘现象。利用顶破试验来模拟拱膝拱肘试验，顶裂试验采用装置有钢球的顶破试验机进行，也称钢球法。其测试指标有顶破强度和顶破伸长。

### （一）顶破强度试验原理

用圆环试样夹夹持试样后，启动仪器，圆球形顶杆以恒定、竖直的速度顶向试样，试样受力变形，最终破裂，测得顶破强力。

### （二）顶破强度试验标准及适用范围

依据GB/T 19976—2005进行试验。它适用于针织物、机织物、三向织物（由相互相交角度为60°的三系统纱线织成的织物）、非织造布及降落伞用布等。

### （三）顶破强度试验仪器

Instron万能试验机、剪刀、尺子、DRK0024型圆盘取样器等。

（四）试样制备

（1）在距样品织物布边150mm以上部位取至少5块具有代表性的圆形试样（图11-16），其尺寸大于环形夹持装置的面积。取样时，要避免折叠、折皱及疵点。另外，所取每块试样不应有相同的横行和竖列，如果试样是机织物，每块试样不应有相同纬纱和经纱。注意，如果试验不需要剪取试样就进行，那么可直接将样品进行试验。

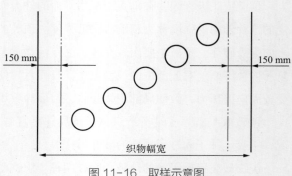

图 11-16　取样示意图

（2）将试样在GB/T 6529规定的标准大气条件下进行预调湿、调湿，试验环境为试验用标准大气。

（五）填写检验记录

填写钢球法检验原始记录（表11-6）。

表11-6　钢球法顶破检验原始记录（仅供参考）

| 样品编号 | | 样品名称 | |
|---|---|---|---|
| 产品标准 | | 产品等级 | |
| 大气条件 | ℃　　　%RH | 仪器编号 | □036#　　　□075# |
| 钢球法顶破检验记录 | | | |
| 试验条件 | | | |
| 球形顶杆下降速度（mm/min） | | □105±5 | □300±10 |
| 球形直径（mm）□20 □25 □38 | | 环形夹持器内径（mm） | □25　□45 |
| 试验数据 | | | |
| 调湿试验 | | 湿润试验 | |
| 1 | | 1 | |
| 2 | | 2 | |
| 3 | | 3 | |
| 4 | | 4 | |
| 5 | | 5 | |
| 平均值 | | 平均值 | |
| 报出结果 | | 报出结果 | |
| 标准参数 | | 标准参数 | |

（六）检验步骤

（1）选择直径为25mm或38mm的球形顶杆，或根据双方协议选择。

（2）将球形顶杆和环形夹持器安装在强力机上，要确保球形顶杆在夹持器的中心轴线上。

（3）开启本机电源，按标准要求设定试验参数［速度：（300±10）mm/min，力的量程：输出值为满量程的10%～90%］。

（4）以试样的反面朝向顶杆的方式夹在夹持器上（图11-17），保证试样平整、无折皱、无张力。

（5）启动仪器，记录试样被顶破时的最大力值即试样的顶破强力。重复5次试验并记录。

（6）试验结束后，关闭仪器电源。

注意，若试验过程中，出现纱线从夹持器中滑出或试样滑脱，则舍弃该试验结果。对于不需要裁剪试样而直接试验的样品，要对不同部位进行顶破试验。

（七）结果计算

整理记录的数值，并计算各试样顶破强力的平均值，单位为N，结果按GB/T 8170修约至整数。如有要求，还须计算顶破强力的变异系数CV值，结果修约至0.1%。

图11-17　夹持试样示意图

（八）完成检验记录报告

按要求完成检验记录报告。

## 二、胀破强度

服装在穿着过程中，部分织物受到向外的扩张力，致使织物膨胀。由于衣着织物长期处于膨胀状态或受到瞬时的相当大的膨胀力，造成其织物结构发生严重变化，最后导致纱线断裂，出现破洞。所以织物胀破就是织物受到向外的扩张力，达到一定程度后引起织物的破裂。参考标准有GB/T 7742.1—2005《纺织品　织物胀破性能　第1部分：胀破强力和胀破扩张的测定　液压法》、GB/T 7742.2—2015《纺织品　织物胀破性能　第2部分：胀破强力和胀破扩张度的测定 气压法》。

（一）胀破强度试验原理

将试样夹在可延伸的膜片上，在膜片下面施加液体压力，并以恒定速度增加液体体积，使膜片和试样膨胀直至试样破裂即测得胀破强力，同时还能测试出样品的胀破扩张度，这种方法被称为胀破法。

（二）胀破强度试验标准及适用范围

本实验依据GB/T 7742.1—2005进行。本部分适用于针织物、机织物、非织造布和层压织物，也适用于由其他工艺制造的各种织物。

（三）胀破强度试验仪器

型织物胀破强度仪（图11-18）、剪刀、尺子、DRK0024型圆盘取样器等。

图 11-18　织物胀破强度仪

（四）试样制备

（1）距样品织物布边150mm以上部位取至少5块具有代表性的圆形试样（同顶破法），其尺寸大于环形夹持装置的面积。取样时，要避免折叠、折皱及疵点。另外，所取每块试样不应有相同的横行和竖列，如果试样是机织物，每块试样不应有相同的纬纱和经纱。

如果试验不需要剪取试样就进行，那么可直接将样品进行试验。

（2）试样调湿和试验用环境。将试样在GB/T 6529规定的标准大气条件下进行预调湿、调湿，试验环境为试验用标准大气。

（五）填写检验记录

填写胀破性能检验原始记录（表11-7）。

表11-7 胀破性能检验原始记录（仅供参考）

| 样品编号 | | | | | | | | | | 样品名称 | | | | |
|---|---|---|---|---|---|---|---|---|---|---|---|---|---|---|
| 产品标准 | | | | | | | | | | 产品等级 | | | | |
| 大气条件 | | ℃　%RH | | | | | | | | 仪器编号 | | □036# | | □075# |
| 试验面积/cm³ | | □7.3 | □10 | □50 | □100 | | | | | | | | | |
| 体积增长速度/cm³/min | | □100 | □200 | □300 | □400 | □500 | | | | | | | | |

| ------ | | 1 | 2 | 3 | 4 | 5 | 6 | 7 | 8 | 9 | 10 | 报出值 | 标准值 |
|---|---|---|---|---|---|---|---|---|---|---|---|---|---|
| 调湿试验 | （试样+膜片）胀破压力/MPa | | | | | | | | | | | ------ | ------ |
| | 试样破裂时膜片压力/MPa | | | | | | | | | | | ------ | ------ |
| | 试样胀破强力/kPa | | | | | | | | | | | | |
| | 试样胀破高度/mm | | | | | | | | | | | | |
| | 试样胀破体积/cm³ | | | | | | | | | | | | |
| 调湿试验 | （试样+膜片）胀破压力/MPa | | | | | | | | | | | ------ | ------ |
| | 试样破裂时膜片压力/MPa | | | | | | | | | | | ------ | ------ |
| | 试样胀破强力/kPa | | | | | | | | | | | | |
| | 试样胀破高度/mm | | | | | | | | | | | | |
| | 试样胀破体积/cm³ | | | | | | | | | | | | |
| 备注 | | | | | | | | | | | | | |

（六）检验步骤

（1）选取试验面积，对于大多数织物，尤其是针织物，试验面积选取50cm²；对于延伸性较低的织物（如防护织物、过滤织物、土工布、建筑纺织品等产业用织物），试验面积至少为100cm²。还可以根据双方协议选定试验面积。

（2）开启气泵升压，达到试验所需压力。

（3）开启本机电源，按标准要求设定试验参数（液体体积的恒定增率在100～500cm³/min)，或者先进行预试验，将试验的胀破试验时间调整在（20±5）s。

（4）用小手柄（图11-19）卸下加压块（图11-20）。

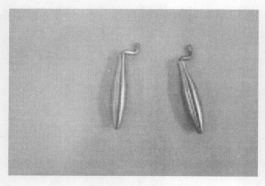

图 11-19　小手柄

图 11-20　卸下加压块

（5）试样放在图11-21上，并用加压块固定试样（图11-22），同时保证试样平整、无张力，然后将安全罩移至试样夹上方并盖好。

图 11-21　夹持试样

图 11-22　加压块固定试样

（6）将扩张记录装置调整为［0］，按［膜片压力测试键］启动仪器。

（7）在试样破裂时，立即将仪器复位，记录所测胀破压力及胀破高度或胀破体积。重复5次试验并记录结果。

（8）采用上述相同试验条件（试验面积、液体体积增长率及胀破时间）对试验中所用膜片在无试样条件下进行胀破试验，记录达到所有试样时的平均胀破高度或平均胀破体积。得到的压力值为膜片压力，记为A。

（9）试验结束后清洁仪器。

（10）将气泵内的压缩空气放掉。

（七）结果计算

（1）整理记录的数值，并计算各试样胀破强力的平均值，记为B，单位为N，胀破强力为B–A，差值结果按GB/T 8170修约至整数。如有要求，还须计算胀破强力的变异系数CV值和95%的置信区间，结果修约至最接近的0.1%，平均值和置信区间的有效数字位数相同。

（2）计算胀破高度的平均值，单位为mm，结果按照GB/T 8170修约至两位有效数字。如有要求，还须计算胀破强力的变异系数CV值和95%的置信区间，结果修约至最接近的0.1%。

（3）如有要求，则要计算胀破强度体积，单位为cm³，结果按照GB/T 8170修约至三位有效数字。

（八）完成检验记录报告

按要求完成检验记录报告。

## 第四节　织物的耐磨性能

服装在不同场合穿着过程中，臀、膝、袖、肘、裤脚边等部位可能会受到各种不同的外界因素的影响，对这些部位正常使用造成损害（如严重起毛、颜色磨掉或织物变形），甚至可能导致服装破损。引起服装损坏的主要原因之一是织物的磨损。

### 一、织物磨损的概念

织物磨损是指织物与另一物体由于反复摩擦而使织物逐渐损坏，而耐磨性就是织物具有的抵抗磨损的特性。服装的实用性很大部分取决于织物的耐磨性，所以耐磨性对评定服装的耐用性能有着重大意义。

### 二、磨损的种类

服装织物的磨损主要是织物中的纤维或单丝受到机械损伤或纤维间的相互联系遭到破坏的结果。服装织物磨损的主要形式如下：

（1）与服装织物所接触的物体（即磨料）表面是凹凸不平的，当磨料上的凸起部分较大于纤维直径，且磨料对服装织物的压力相当大时，服装织物的纤维可能发生断裂或滑脱移位，致使纤维端露出，形成严重起毛。

（2）服装织物纤维与磨料的表面发生相对摩擦，摩擦力导致纱线内部纤维滑脱或断裂后抽离织物，导致服装织物出现裂口，继续摩擦使裂口扩大，以致最后形成破洞。

（3）织物纤维在外力作用下，内部纤维受到了反复拉伸与反复弯曲的作用，导致织物纱线结构松弛，进而在磨损过程中纤维断裂并脱离织物，最后导致织物的总体的破坏。

### 三、织物耐磨性能的影响因素

织物耐磨性能的影响因素很多，然而实际上磨损的相对程度大小取决纤维性能、纱线结构（捻度、细度等）、织物结构（织物组织、密度、厚度等）及织物后整理等。其中纤维性能对织物耐磨性能的影响最大。

（1）纤维性能：在化学纤维中，锦纶的耐磨性最优，其次是涤纶、维纶、丙纶、氯纶，腈纶的耐磨性最差，所以锦纶常用于制作袜类织物等；在天然纤维中，羊毛的耐磨性相当好，而棉、丝和麻的耐磨性一般，所以日常中的羊毛服装比较耐穿。

（2）纱线结构：捻度大的织物耐磨性好；纱线粗的织物耐磨性好；股线织物的耐磨性优于单纱织物。

（3）织物组织结构：在经纬密度较疏松的织物中，平纹组织织物的耐磨性最好，缎纹组织最差；而在经纬密度较大的紧密织物中，平纹织物的耐磨性最差，缎纹织物耐磨性最好。一般而言，过松或过紧的织物都不利于织物的耐磨性。

（4）后整理加工：经过树脂整理后的织物，其耐磨性较高。

为了模拟织物的磨损情况，利用耐磨仪进行试验。可参考标准有GB/T 21196.1—2007《纺织品　马丁代尔法织物耐磨性的测定　第1部分：马丁代尔耐磨试验仪》、GB/T 21196.2—2007《纺织品　马丁代尔法织物耐磨性的测定　第2部分：试样破损的测定》、GB/T 21196.3—2007《纺织品　马丁代尔法织物耐磨性的测定　第3部分：质量损失的测定》、GB/T 21196.4—2007《纺织品　马丁代尔法织物耐磨性的测定　第4部分：外观变化的评定》。

### 四、检验原理

将圆形试样放置于马丁代尔耐磨仪中的试样夹具内，在规定的压力下与磨料平台上的标准磨料接触，磨头固定在导板上，整个导板靠传动机构中带轴栓偏心盘运动所控制，使磨头上试样沿着利萨如运动轨迹平移运动，相对于磨料作变速的多方向的摩擦，直到试样磨损为止。并记录耐磨次数。

### 五、检验仪器

马丁代尔耐磨仪或普通耐磨仪（图11-23）、剪刀、尺子、DRK0024型圆盘取样器等。

## 六、磨料与试样制备

（1）磨料的制备：剪取直径或边长至少为140mm的羊毛织物作为磨料。每次试验都要更换成新磨料。如在一次磨损试验中，羊毛织物标准磨料每磨5000次更换一次；水砂纸标准磨料每磨6000次更换一次。

（2）磨料底衬的制备：剪取直径为（140±5）mm的毛毡作为磨台磨料底衬。毛毡可以连续使用，直到破损或被污染后更换。另外，毛毡两面均可使用。

图 11-23　马丁代尔耐磨仪

（3）取样：在距样品织物布边10cm以上部位随机取3块试样，每个试样直径为38.0±0.5mm。试样剪去方式如下：

①如果试样是机织物，每块试样不应有相同的纬纱和经纱。

②如果试样是提花织物或花式组织，要注意试样图案各部分的所有特征，每块试样应包括布料所有的色泽或组织结构，试样中还应包括对磨损敏感的花型部位。如果不能，则每个部分分别取样。

（4）试样调湿和试验用环境：将试样在GB/T 6529规定的标准大气条件下进行调湿18h，试验环境为试验用标准大气。

## 七、填写检验记录

填写织物耐磨检验原始记录（表11-8）。

表11-8　织物耐磨检验原始记录（仅供参考）

| 样品编号 | | 样品名称 | | | | |
|---|---|---|---|---|---|---|
| 产品标准 | | 检验依据 | GB/T 21196.2—2007 | | | |
| 使用仪器 | 织物平磨仪 | 仪器编号 | 067# | 环境条件 | ℃ | %RH |
| 摩擦负荷参数 | □服用类涂层织物198g | | □服用类织物595g | | □装饰用织物等795g | |
| 贴试样处 | | | | | | |
| 检验记录 | | | | | | 单位：次 |
| 1 | | | | | | |
| 2 | | | | | | |

| 3 | |
|---|---|
| 4 | |
| 平均值 | |
| 报出结果 | |
| 试样破损 | □机织物至少2根独立的纱线完全断裂<br>□针织物中1根纱线断裂导致外观上的一个破洞<br>□非织造布因摩擦造成的孔洞，直径至少0.5mm<br>□涂层织物的涂层部分被破坏至露出基布或有片状涂层脱落<br>□起绒或割绒织物表面绒毛被磨损至露底或有绒簇脱落 |
| 备注 | 标准值：<br>□339g/m²以下的织物为≥15000次<br>□339g/m²以上的织物为≥25000次<br>□≥10000次 |

## 八、检验步骤

（1）将装有试样的夹具置于耐磨仪中的磨台上，用带有销轴的适当的加载块穿过试样夹具导板连接试样夹具（表11–9）。

表11-9　加载块和试样夹具选取

| 加载块和试样夹具的总质量/g | 加载块和试样夹具的总压力/kPa | 适用织物类型 |
|---|---|---|
| 795±7 | 12 | 工作服、家具装饰布、床上亚麻制品、产业用织物 |
| 595±7 | 9 | 服用和家用纺织品（不含家具装饰布和床上亚麻制品）、非服用的涂层织物 |
| 198±2 | 3 | 服用类涂层织物 |

（2）设定摩擦次数，启动仪器。达到预定的摩擦次数后，取下试样夹具，观察试样的磨损情况。如果出现破损（表11–10），则停止试验。

表11-10　各种织物的破损表现形式

| 织物类型 | 破损现象 |
|---|---|
| 机织物 | 至少2根独立的纱线完全断裂 |
| 针织物 | 1根纱线断裂导致外观上的一个破洞 |
| 非织造布 | 表面出现直径至少0.5mm的孔洞 |
| 涂层织物 | 涂层部分露出基布或有片状涂层脱落 |
| 起绒或割绒织物 | 织物表面绒毛被磨损至露底或有绒簇脱落 |

如果还未出现破损迹象，则继续摩擦试验。为更详细观察织物的破损程度，需要间隔性地检查磨损状态，即摩擦达到一定摩擦次数的磨损情况。

试验的间隔摩擦次数设定：

①对于常见或熟悉的织物，试验时根据试样预计耐磨次数（即出现破损时的摩擦次数）确定检查间隔（表11-11）。

表11-11　耐磨次数

| 试验系列 | 预计试样耐磨次数/次 | 检查间隔/次 |
| --- | --- | --- |
| 1 | ≤2000 | 200 |
| 2 | >2000且≤5000 | 1000 |
| 3 | >5000且≤20000 | 2000 |
| 4 | >20000且≤40000 | 5000 |
| 5 | >40000 | 10000 |

**注**　以确定破损的准确摩擦次数为目的的试验，当试验接近破损时，可减少间隔，直到出现破损。选择检查间隔还要经有关方面同意。

②对于不常见或不熟悉的织物，进行预实验，以每2000次摩擦为检查间隔，直到出现破损为止。

注意，磨料均有有效寿命（即最大可摩擦次数）。如果试验摩擦次数超过磨料有效寿命，要在将至磨料有效寿命的临界次数或较前阶段中断摩擦来更换新磨料，更换后继续试验直到试样破损。更换新磨料时，要避免损伤试样。

如果试验过程中，试样经摩擦起球，则采取继续试验并在报告中记录这一现象或剪掉球粒，继续试验并在报告中记录这一现象。

## 九、结果计算与评定

织物耐磨性的评定有三种方法。

（1）试样破损情况：记录每一试样发生破损时的总摩擦次数，以试样破损前累积的摩擦次数作为耐磨次数，如需要，计算耐磨次数的平均值即平均值的置信区间。

（2）质量损失情况：试样经过规定次数的磨损后，测定试样质量的变化，来比较织物的耐磨程度。在相同的试验条件下，试样的耐磨指数计算方式如下：

$$A = \frac{n}{\Delta m}$$

式中：$A$——试样耐磨指数，次/mg；

$\quad\quad n$——总摩擦次数，次；

$\quad\quad \Delta m$——总摩擦次数后试样的质量，g。

计算结果精确至小数点后三位，按数值修约规则修约至小数点后两位。

（3）外观变化情况：在相同的试验条件下，经过规定次数的摩擦后，观察试样表面光泽、起毛、起球等外观效应的变化，通过与标准样品对照来评定其等级。

## 十、完成检验记录报告

按要求完成检验记录报告。

# 第五节　织物的弯曲性能

织物的弯曲性能（即刚柔性）对其尺寸稳定性、褶裥耐久性、折皱回复性及服装成形性等具有很大影响。本节利用织物硬挺度仪测定织物硬挺度或柔软程度，来衡量织物手感的挺括、活络与弹跳感的优劣程度。通过试验，掌握织物刚柔性测定方法，以及有关指标与织物风格的关系。

参考标准有GB/T 18318.1—2009《纺织品　弯曲性能的测定　第1部分：斜面法》、GB/T 18318.2—2009《纺织品　弯曲性能的测定　第2部分：心形法》、GB/T 18318.3—2009《纺织品　弯曲性能的测定　第3部分：格莱法》、GB/T 18318.4—2009《纺织品　弯曲性能的测定　第4部分：悬臂法》、GB/T 18318.5—2009《纺织品　弯曲性能的测定　第5部分：纯弯曲法》、GB/T 18318.6—2017《纺织品　弯曲性能的测定　第6部分：马鞍法》。

其中斜面法因操作简单、评价指标明晰，成为纺织服装界应用最广泛的测试方法，所以本检验采用斜面法。

## 一、检验原理

将一长方形试样放在水平平台上，试样长轴方向与平台长轴平行，试样沿平台长轴方向移动，当试样伸出平台时，因自重原因而引起织物下垂或弯曲，当伸出的试样达到与水平线呈41.5°的斜面上时，测得弯曲长度（即伸出长度的一半），由此计算得到织物弯曲刚度。

## 二、检验仪器

YG（B）022D型全自动织物硬挺度仪（图11-24）、钢尺、剪刀、镊子、天平、DRK0024型圆盘取样器等。

## 三、试样制备

（1）距布边至少100mm处，随机裁取经、纬向试样各6块，试样的尺寸为25mm×250mm。

图 11-24　YG（B）022D 型全自动织物硬挺度仪

（2）将试样按照GB/T 6529进行调湿和试验。

注意，为保证试验的准确性，试验过程中尽可能避免手直接接触试样。

## 四、检验步骤

（1）将试样按照试样长轴平行于平台长轴的方式放在平台上，用仪器压板压住试样。

（2）设定试验参数：单位面积质量、水平倾斜角度（本检验选取41.5°，一般可选41.5°、43°、45°）、压板推进速度。

（3）启动仪器，待试样达到设定的水平倾斜角度时，试验停止，读出伸出长度值和弯曲长度值（弯曲长度值是伸出长度值的一半）。

（4）对试样的另一面，按照步骤（1）～步骤（3）进行试验，再次重复对试样另一端的两面进行试验。

## 五、检验结果

分别读取同一块试样的4个弯曲长度值，以此计算该试样的平均弯曲长度值。弯曲长度的计算公式：

$$G = m \times C^3 \times 10^{-3}$$

式中：$G$——单位宽度的抗弯刚度，$mN \cdot cm^2/cm$；

$m$——试样的单位面积质量，$g/m^2$；

$C$——试样的平均弯曲长度，$cm$。

## 第六节 织物的剥离强度性能

剥离强度是粘贴在一起的材料，从接触面进行单位宽度剥离时所需要的最大力（N/m）。剥离强度主要是测定服装用黏合衬与服装材料的黏合程度的大小，以保证服装在使用过程中用衬部位的正常化。

黏合牢度随着热熔胶在服装衬布上的应用，使得服装加工效率有很大的提高。实现了流水线机械化生产，同时使服装保型挺括、轻盈、美观、穿着舒适、提高档次，并且有耐洗和洗后可不经熨烫而自然平整即可穿用的特点。

由于黏合衬的利用，评价服装质量时，除了考虑面料、款式、工艺以外，还涉及如何评价所用衬布与面料的黏合质量。影响黏合衬与面料黏合质量的因素有黏合牢度、收缩率、耐洗性、回弹性、硬挺度等。其实这些因素中，最基本同时最重要的还是黏合牢度的问题。因此如何科学、准确测试黏合牢度变得很重要。

反映面料与衬布黏合牢度的性能指标是剥离强度，剥离强度包含两方面的内容，一个是剥离强度的大小；另一个是各力值的离散程度。

参考标准有FZ/T 80007.1—2006《使用黏合衬服装剥离强力测试方法》。

### 一、检验原理

将试样（即黏合衬和服装面料）夹持在强力机的两夹钳上或剥离强度仪，随着仪器拉力的增加，逐渐分别将黏合衬和服装面料拉伸，试样的经向或纬向处的各黏接点开始受力，慢慢沿着剥离线分离，直到拉裂至规定的剥离长度为止。

### 二、检验仪器

图 11-25 剥离强度仪

BQ-TF-3剥离强度仪（图11-25）或Instron万能材料试验机、固样把手（图11-26）等。

注意，织物强力机和剥离强度仪都可以检测服装剥离强度，但是本实验室对于剥离强度的测试，主要使用BQ-TF-3剥离强度仪。该仪器是用来检测黏合衬与服装面料黏合牢度的专用仪器。除装取试样外，测试过程全部自动化，工作效率较高。

图 11-26 固样把手

## 三、试样制备

（1）所检测样品为至少一件成品，以面料经纬向决定试样的经纬向，不受衬布的限制，在服装粘贴黏合衬的部位任意取样。取样方式如下：

（2）取用衬部位的经、纬向各3块，尺寸为150mm×25mm，其中领子、袖口部位可根据协议进行取样。

（3）将试样在GB/T 6529规定的标准大气条件下进行调湿，试验环境为试验用标准大气。

## 四、填写检验记录

填写织物剥离强度记录（表11-12）。

表11-12　织物剥离强度记录（仅作参考）

| 样品编号 | | 样品名称 | |
|---|---|---|---|
| 检验项目 | | 检验依据 | |
| 大气条件 | 温度：　　　　　℃ | 湿度：　　　　　%RH | |
| 检验记录： | | | |
| 检验结果： | | | |
| 备注 | | | |

## 五、检验试验步骤

（一）使用剥离强度仪检验

（1）用刷子清理留在强度仪上的纱线纤维。

（2）设定剥离试验参数结束后，用针板将试样的两端分别固定在拉伸针板两端，安装试样应平整、顺直。

（3）开启仪器，对试样进行剥离，经5s后开始采集数据，直到剥离长度达100mm为止，针板会自动返回。

（4）仪器内计算机对采集数据进行处理，计算各峰值的平均值$X$和离散系数$C$，计算结果保留一位小数。

（5）按打印键，打印出各峰值、剥离强度值$X$和离散系数$C$。

（6）取下试样，按（1）~（5）重复进行另一组试样测试，共测试5组试样。

（7）5次测试后，打印机可自动打印出5次测试结果的平均值（此值将作为测试的最终结果），计算结果保留一位小数。

注意，如果试样在剥离延长线上呈不规则断裂等原因，引起的试验结果有显著变化，则去除此次试验数据，并在原样上重新取样试验。

如果只有一个试样发生黏合衬撕破，则去除该试验结果；如果有2~3个试样发生撕破现象，则该方向的剥离强度结果记作"黏合衬撕破"。

### （二）使用 Instron 万能材料试验机检验

（1）将拉力试验机的上、下夹钳之间的距离调节为50mm，牵引速度调节为（100±15）mm/min。

（2）预备试验：通过少量的预备试验来选择适宜的强力范围。对于已有经验数据的产品，则可以免去预测程序。

（3）正式试验：将准备好的试样一端中的面料端与黏合衬端分别夹入拉力机的上、下夹钳，并使剥离线位于两夹钳1/2处，且试样的纵向轴与关闭的夹持表面呈直角。开启拉力机，记录拉伸100mm长度内的各个峰值。如果由于试样从夹钳中滑出，或试样在剥离延长线上呈不规则断裂等原因，而导致试验结果有显著变化，则应剔除此次试验数据，并在原样上重新裁取试样，进行试验。试验中若发生黏合衬经纱或纬纱断裂现象，则记作"黏合衬撕破"。若撕破现象发生在一个试样时，则应剔除该试样结果。若两个及两个以上试样均发生撕破现象，则试样的剥离强力应记牢"黏合衬撕破"。

## 六、结果计算

（1）每块样品在剥离时的记录如图11-27所示，测定100mm剥离长度内的平均剥离强力，或至少取5个最高峰值和5个最小峰值的平均值。经、纬向试样分别计算，得出经向剥离强力（N）和纬向剥离强力（N），计算结果修约至一位小数。

（2）分别计算经、纬向的平均剥离强力，单位为牛顿。计算结果按GB/T 8170修约至小数点后一位，平

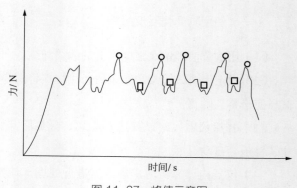

图 11-27　峰值示意图

□—— 极小峰值
○—— 极大峰值

均剥离强力按下列公式计算:

$$\overline{F} = \frac{\sum F_n}{n}$$

或
$$\overline{F} = \frac{\sum F_{10}}{10}$$

式中:$\overline{F}$——平均剥离强力,N;

$\sum F_n$——100mm剥离长度内的剥离强力峰值的总和,N;

$n$——100mm剥离长度内出现峰值的次数;

$\sum F_{10}$——5个最大峰值和5个最小峰值的总和,N。

## 七、完成检验记录报告

按要求完成检验记录报告。

# 第七节 织物的纰裂强度性能

服装在使用过程中,因反复受到拉伸或拉伸与摩擦混合力时,在接缝处面料纱线产生经向或纬向滑移,致使织物在着力方向产生较大空隙的现象,称为"纰裂",纰裂也称缝口脱开程度,它是反映织物缝合性能的一个指标。缝口纰裂是指在服装的缝合线处因受力拉伸造成缝合处脱开形成稀缝或裂口的现象。在日常生活中,服装缝迹纰裂现象时有发生,常发生于上衣的肩胛处、胁下缝合处、背缝、袖笼缝、肘部、侧缝等接缝处;裤子的直裆缝合部位、臀部等接缝处。服装出现纰裂,不仅严重影响外观,而且还影响内在质量。

织物纰裂的产生与纤维种类、纱线特性(如经纬纱捻度、支数等)、织物结构(如组织结构、紧度等)、制造工艺和后整理等诸多因素有关。据有关研究表明,织物纤维种类不同,造成织物的纰裂程度也不同,容易产生纰裂的织物为长丝织物,如真丝、化纤仿毛织物、化纤仿真丝织物等。另外,化学纤维织物比天然纤维织物纰裂现象更为突出,而且化纤长丝织物、蚕丝织物尤为严重。

在各种检测项目中,接缝纰裂强度及接缝强力是考核服装质量的关键指标,这些指标的好坏直接影响到穿着的使用耐久性。

## 一、检验原理

缝合的面料受到垂直于缝口的拉力作用,接缝处脱开,测量其脱开的最大距离。

## 二、检验标准

不同类服装有着不同的纰裂强度检测标准，如表11-13所示。

表11-13　服装纰裂强度要求及测试方法规定

| 标准编号 | 服装类型 | 试样尺寸及数量 | 施加负荷要求/N | 判定标准 |
|---|---|---|---|---|
| GB/T 2660—2017 | 衬衫 | 5.0cm×20.0cm，每部位3块 | 面料：100±5（丝绸产品除外）<br>里料：70±5 | 合格品≤0.6cm（丝绸产品按GB/T18132）<br>出现滑脱或断裂为不合格 |
| GB/T 2662—2017 | 棉服装 | 5.0cm×20.0cm，每部位3块 | 面料：67±1.5（＞52g/m²）<br>45±1（≤52g/m²或＞67g/m²的缎类）<br>里料：70±1.5 | 合格品≤0.6cm；<br>出现滑脱为不合格 |
| GB/T 2664—2017<br>GB/T 2665—2017 | 男西服、女西服、大衣 | 5.0cm×20.0cm，每部位3块 | 面料：100±2<br>里料：70±1.5 | 合格品≤0.6cm；<br>出现滑脱为不合格（袖隆缝不考核里料） |
| GB/T 2666—2017 | 西裤 | 5.0cm×20.0cm，每部位3块 | 面料：100±2<br>里料：70±1.5 | ≤0.6cm；<br>出现滑脱为不合格 |
| GB/T 23328—2009 | 机织学生服 | 5.0cm×20.0cm，每部位3块 | 面料：100±2.0（丝绸产品除外）<br>里料：70±1.5 | 合格品≤0.6cm（丝绸产品：＜50g/m²时，合格≤0.8cm） |
| GB/T 22700—2016 | 水洗整理服装 | 5.0cm×20.0cm，按GB/T 21294 | 面料：100±2.0（丝绸产品除外）<br>里料：70±1.5 | 合格品≤0.6cm（丝绸产品＜50g/m²时，合格品≤0.8cm）；<br>出现滑移或断裂为不合格 |
| GB/T 14272—2011 | 羽绒服 | 5.0cm×20.0cm，经向3块 | 面料：100±5<br>里料：100±5 | 合格品≤0.4cm |
| GB/T 18132—2016 | 丝绸服 | 5.0cm×20.0cm，每部位3块 | 面料：67±1.5（＞52g/m²）<br>45±1（≤52g/m²或＞67g/m²的缎类）<br>里料：70±1.5 | 合格品≤0.6cm；<br>出现滑脱为不合格（轻薄、烂花产品不考核） |
| FZ/T 81001—2016 | 睡衣套 | 5.0cm×20.0cm，经向3块 | 面料：100±5（丝绸产品除外）<br>里料：70±5 | 优等≤0.4cm；一等、合格≤0.6cm；出现滑脱为不合格 |
| FZ/T 81003—2016 | 儿童服、学生服 | 5.0cm×20.0cm，经向3块 | 面料：100±5<br>里料：100±5 | 优等≤0.5cm；一等、合格≤0.6cm |
| FZ/T 81004—2017 | 连衣裙、群套 | 5.0cm×20.0cm，经向3块 | 面料：100±5<br>里料：70±5 | 优等≤0.5cm；一等、合格≤0.6cm（丝绸及面密度＜50g/m²的产品按丝绸产品检测） |
| FZ/T 81006—2017 | 牛仔服 | 5.0cm×20.0cm，经或纬向3块 | 面料：100±5（＜339g/m²）<br>150±5（≥339g/m²）<br>里料：70±5 | 优等≤0.5cm；一等、合格≤0.6cm（只考核摆缝、侧缝） |

续表

| 标准编号 | 服装类型 | 试样尺寸及数量 | 施加负荷要求/N | 判定标准 |
|---|---|---|---|---|
| FZ/T 81007—2012 | 单、夹服 | 5.0cm×20.0cm，经向3块 | 面料：100±5<br>里料：70±5 | 优等≤0.5cm；一等、合格≤0.6cm；<br>（丝绸及面密度＜50g/m²的产品按丝绸产品检测） |
| FZ/T 81008—2011 | 夹克衫 | 5.0cm×20.0cm，经向3块 | 面料：100±5<br>里料：70±5 | 优等≤0.5cm；一等、合格≤0.6cm |
| FZ/T 81010—2009 | 风衣 | 5.0cm×20.0cm，经向3块 | 面料：100±5<br>里料：70±5 | 优等≤0.5cm；一等、合格≤0.6cm |

## 三、检验仪器

Instron万能材料试验机、缝纫机等。

## 四、试样制备

（1）成品取样方法：不同的标准规定试样剪取的部位不同，即不同类型的服装剪取方法不同，也就是检测部位不同。因此首先按照标准规定的取样部位，剪取尺寸为50mm×200mm的试样，将短边缝合起来，每次取3件成品样品。取样部位大体上为上衣的过肩缝、胁下缝合处、背缝、袖窿缝、肘部、摆缝、侧缝及其他接缝处；裤子的直裆缝合部位、臀部、侧缝及其他接缝处；裙套的摆缝、侧缝及其他接缝处。

（2）服装织物取样方法：在非成品面料、里料样品上剪取经向、纬向试样各3块，长至少为200mm，宽为50mm，正面朝内对折剪取的试样，沿着对折线方向且距对折线13mm处用缝纫机缝合试样，然后用剪刀沿对折线剪开，展开试样即为测试试样。

缝合试样时，缝合用的缝线、缝针针号及针距密度要与布料相适应，一般针距密度为14针/25mm（仅作参考），缝线、缝针针号的选择如表11-14所示。

表11-14　缝线规格

| 织物分类 | 棉丝光缝纫线规格 | 缝纫针规格 | | |
|---|---|---|---|---|
| | | 针号 | 公制号数 | 直径（mm） |
| 面密度≤220g/m² | 9.7tex×3（60ˢ/3） | 11 | 75 | 0.77 |
| 面密度＞220g/m² | 16.2tex×3（36ˢ/3） | 14 | 90 | 0.92 |

（3）将试样在GB/T 6529规定的标准大气条件下进行调湿，试验环境为试验用标准大气。

## 五、填写检验记录

填写服装缝口纰裂检验原始记录（表11-15）。

表11-15　服装缝口纰裂检验原始记录（仅供参考）

| 样品编号 | | | 样品名称 | | | | | | | | |
|---|---|---|---|---|---|---|---|---|---|---|---|
| 检验依据 | | | 大气条件 | | 温度：　　℃ | | | 湿度：　　%RH | | | |
| 仪器编号 | | | □022# | | □023# | | □036# | | | | |
| 缝口纰裂强度检验记录 | | | | | | | | | | | |
| 拉伸负荷：□150N　□100N　□70N　□67N　□45N | | | 拉伸速率：5.0cm/min | | | | 预加张力：2N | | | | |
| 部位 | 面料纰裂值 | | | | | 里料纰裂值 | | | | | |
| | 试样1 | 试样2 | 试样3 | 平均值 | 报出结果 | 试样1 | 试样2 | 试样3 | 平均值 | 报出结果 | |
| 摆缝 | | | | | | | | | | | |
| 袖笼缝 | | | | | | | | | | | |
| 袖缝 | | | | | | | | | | | |
| 过肩缝 | | | | | | | | | | | |
| 后背缝 | | | | | | | | | | | |
| 裤（裙）侧缝 | | | | | | | | | | | |
| 裤（裙）后缝 | | | | | | | | | | | |
| 下裆缝 | | | | | | | | | | | |
| 经向 | | | | | | | | | | | |
| 纬向 | | | | | | | | | | | |
| 标准参数 | | | | | | | | | | | |
| 接缝强力（N）　　　　　　　　　　　　　　　（拉伸速率：100mm/min） | | | | | | | | | | | |
| 部位<br>试样数 | 1 | 2 | | 3 | | 平均值 | | 报出结果 | | | |
| 后裆弯（横向） | | | | | | | | | | | |
| 后裆弯（纵向） | | | | | | | | | | | |
| 标准参数 | □≥80N | | □≥140N | | | □≥180N | | | | | |
| 备注 | | | | | | | | | | | |

## 六、检验步骤

（1）按照表11-13设置拉伸试样所需的负荷，拉伸速率设为50mm/min，夹钳钳口距设为100mm。

（2）将试样夹持于两夹钳中，同时要保证所受拉力垂直于接缝线，接缝线处于两夹钳间的中心位置。其中，夹钳的有效夹持面积为50mm×25mm。如果要求夹持面积为25mm×25mm，可参考拉伸断裂试验—抓样法。

（3）启动仪器，开始试验。当拉伸力达到规定负荷时，试验仪器停止拉伸并保持拉紧状态。此时，用适宜的钢尺在30s内完成对缝口脱开最大距离的测量，精确至0.5mm，如图11-28所示。

（4）重复上述步骤，直至完成所有试样的测试。

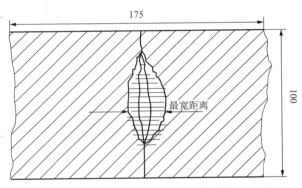

图 11-28　接缝裂开距离的测量（单位：mm）

注意，拉伸过程中，在拉伸力未达到规定负荷时，试样出现接缝滑脱、织物断裂、撕破或缝线断裂。此时，不需要测量缝口脱开距离，记录结果为"滑脱""缝线断裂""织物断裂"或"织物撕破"。

## 七、结果计算

计算同部位3个试样的测试结果的平均值。注意，如果3个试样中有1个试样出现滑脱现象，则计算另2个试样测试结果的平均值。3个试样中有2~3个试样出现滑脱现象，则结果记为"滑脱"。

如果产品标准规定"缝线断裂""织物断裂"或"织物撕破"为不合格，则结果处理方法与"滑脱"相同。否则，计算去除"缝线断裂""织物断裂"或"织物撕破"试样的测试结果的平均值。

## 八、完成检验记录报告

按要求完成检验记录报告。

## 第八节　织物的压缩性能

织物的压缩性能作为织物的基本力学性能之一，对织物风格尤其是织物的蓬松丰满度有着决定性的影响。

参考标准有GB/T 24442.1—2009《纺织品　压缩性能的测定　第1部分：恒定法》、GB/T 24442.2—2009《纺织品　压缩性能的测定　第2部分：等速法》。

### 一、恒定法

恒定法可分为定压法和定形法，一般情况下，优选定压法。

（一）检验原理

定压法：压脚以一定速度对试样施加恒定轻、重压力，施压一定时间后记录在两种压力作用下的试样厚度；然后去除压力，给予试样一定的恢复时间，再次测得试样厚度，由此计算出压缩性能的指标。

定形法：压脚以一定速度压缩试样，压缩至规定变形时停止压缩，记录此刻及保持此刻变形一定时间后的压力，即可得到应力松弛性能指标。

（二）检验仪器

YG821型织物风格仪（图11-29）、剪刀、尺子等。

（三）试样制备

（1）若试样为织物类，距布边至少150mm处，剪取不含相同经、纬纱的试样5块，试样面积不小于压脚面积，试样应平整、无疵点。

（2）若试样为纤维类，将50～100g纤

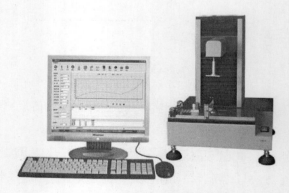

图 11-29　YG821型织物风格仪

维均匀铺成厚度为30~50mm、面积不小于压脚面积的絮片，用约0.2kPa压力压放3~5次。

（3）将试样放入GB/T 6529规定的标准大气中进行预调湿、调湿至少16h，合成纤维样品至少2h。

（四）检验步骤

（1）设定试验参数，如表11-16所示。

表11-16  试验参数

| 样品类型 | 施加压力/kPa | | 加压时间/s | | 恢复时间/s | 压脚面积/cm² | 速度/mm/min | 试验次数/次 |
|---|---|---|---|---|---|---|---|---|
| | 轻压 | 重压 | 轻压 | 重压 | | | | |
| 普通 | 1 | 30、50 | 10 | 60、180、300 | 60、180、300 | 100、50、20、10、5、2 | 1~5 | 不少于5 |
| 非织造布 | 0.5 | | | | | | | |
| 毛绒梳软 | 0.1 | | | | | | | |
| 蓬松 | 0.02 | 1、5 | | | | 200、100 | 4~12 | |

（2）将试样平整无张力地放在仪器试验台上（若试样为蓬松类，将压脚初始位置设定为距试样表面4~10mm处；若其他试样，则设定为1~5mm）。

（3）启动仪器，压力达到设定轻压力时保持恒定，在一定的时间后记录轻压厚度。

（4）继续对试样施压，压力达到设定重压时保持恒定，在一定的时间后记录重压厚度。

（5）将压脚提升，去除压力，试样恢复规定的时间后，再次测定轻压作用下的试样厚度，然后使压脚回至初始位置，一次试验完成。

（6）试验结束后，更换另一试样，重复（1）~（5）的操作，直至测试完所有试样。

（五）结果计算

读取压缩率、压缩功弹性率等相关数据。相关公式表示：

$$C = \frac{T_y}{T_q} \times 100\% = \frac{T_q - T_z}{T_q} \times 100\%$$

$$R = \frac{T_b}{T_y} \times 100\% = \frac{T_h - T_z}{T_q - T_z} \times 100\%$$

式中：$C$——试样的压缩率，%；

$\quad\quad T_y$——压缩变形量，mm；

$\quad\quad T_q$——轻压厚度，mm；

$\quad\quad T_z$——重压厚度，mm；

259

$R$——试样的压缩弹性率，%；

$T_b$——变形回复量，mm；

$T_h$——恢复厚度，mm。

## 二、等速法

### （一）检验原理

压脚以一定的速度压缩试样，当压力由0增至最大压力时，记录以上过程中定压厚度、压缩功及回复功。

### （二）检验仪器

YG821型织物风格仪、剪刀、尺子等。

### （三）试样制备

试样制备步骤同"恒定法"。

### （四）检验步骤

设定试验参数，如表11-17所示。其余步骤同"恒定法"。

表11-17　试验参数

| 样品类型 | 轻压压力/kPa | 最大压力/kPa | 压脚面积/cm² | 速度/mm/min | 试验次数/次 |
|---|---|---|---|---|---|
| 普通 | 0.05、0.1、0.2 | 5、10 | 100、50、20、10、5、2 | 1~5 | 不少于5 |
| 蓬松 | 0.02、0.05 | 5、2 | 200、100、50、20 | 4~12 | |

### （五）结果计算

读取压缩率、压缩功弹性率、压缩线性度等相关数据。相关计算公式为：

$$C = \frac{T - T_{min}}{T} \times 100\%$$

$$R = \frac{W_h}{W_y} \times 100\%$$

$$L = \frac{2W_y}{(T - T_{min}) \cdot P_{max}}$$

式中：$C$——试样的压缩率，%；

$T$——初始厚度，mm；

$T_{min}$——最小厚度，mm；

$R$——试样的压缩功弹性率，%；

$W_h$——回复功，cN·cm/cm$^2$；

$W_y$——压缩功，cN·cm/cm$^2$；

$L$——压缩线性度；

$P_{max}$——最大压力，kPa。

---

思考题

1. 织物拉伸性能的指标有哪些？影响拉伸性能的主要因素有哪些？

2. 什么是钳口断裂？试验时，出现钳口断裂，应如何处理？

3. 检测织物拉伸性能时，试样从试样夹滑移出来应如何处理？

4. 对比条样法和抓样法的拉伸试验。

5. 织物的撕裂性能检测有哪些方法？这些方法中影响织物撕裂强力的因素有哪些？

6. 如何校准摆锤法撕裂仪的零位。

7. 摆锤撕破仪的摆锤质量是依据什么进行选择的？

8. 分析织物经涂层或树脂整理对织物撕裂强力的影响。

9. 阐述影响织物顶破强力的因素。织物顶破试验时，试样顶破裂口一般呈现什么形状？为什么？

10. 织物的组织结构对顶破强力有哪些影响？

11. 影响织物耐磨试验结果的主要因素有哪些？

12. 织物弯曲性能的检测方法有哪些？

13. 织物的刚柔性与织物性能有什么关系？有哪些方法可以提升织物的柔软性？

14. 什么是织物的剥离强度？影响织物剥离强度的因素有哪些？

15. 什么是织物纰裂？影响织物纰裂的主要因素有哪些？

16. 织物压缩性能的检测方法有哪些？分别说明其测试原理。

17. 检验检测织物力学性能时，对试验环境各有什么要求？

---

# 织物色牢度检验

**课题名称：** 织物色牢度检验

**课题内容：** 耐摩擦色牢度

耐皂洗色牢度

耐干洗色牢度

耐日晒色牢度

耐汗渍色牢度

耐水色牢度

耐唾液色牢度

耐汗、光复合色牢度

耐海水色牢度

耐甲醛色牢度

耐次氯酸盐漂白色牢度

耐酸斑色牢度

耐碱斑色牢度

耐熨烫（热压）色牢度

耐升华（干热）色牢度

**课题时间：** 30课时

**教学目的：** 让学生了解织物色牢度的相关内容，熟悉相关色牢度的检验检测原理和检验检测方法，熟练操作相关检验检测的仪器。

**教学方式：** 理论讲授和实践操作。

**教学要求：** 1. 了解织物色牢度检验的指标及方法。

2. 能够选择适当的方法对织物色牢度进行检验检测。

3. 熟练操作相关检验检测的仪器。

4. 能正确表达和评价相关的检验结果。

5. 能够分析影响色牢度的主要因素。

# 第十二章　织物色牢度检验

染色织物经常受外界因素的作用，如日晒、皂洗、气候、氯漂、摩擦、汗渍、熨烫等，有些印染纺织品还经过特殊的加工整理，如树脂整理、阻燃整理、磨毛等，这就要求它们要有一定的色牢度。

服装受到摩擦、水浸等因素的作用时，如果染料和织物结合不牢固，染料就会掉色或者沾到人体皮肤上。另外，人体的汗渍和唾液也可能够促使染料分解而对人体健康造成危害。再者，色牢度差的服装在洗涤时，脱落的整理剂和染色剂随着废水排入江河，进而对生态环境造成不利影响。所以色牢度检验对人类健康、环境保护有着积极意义。

纺织品印染加工是一个化学处理过程，接触的化学品包括纤维原料、油剂、浆料、染料、整理剂和各种加工助剂，其中有些物质对人体也有害。因此，除检测耐洗、耐光、耐摩擦这三项常用的色牢度项目外，还要加强耐水、耐汗渍、耐酸斑、耐碱斑、耐次氯酸漂白、耐过氧化物漂白、耐甲醛等色牢度的检测。纺织服装产品的色牢度及色差评定与试验方法有关，这就需要在统一试验方法（按照国标色牢度检验方法）的基础上做出正确的判定。但是在实际工作中，主要根据产品标准的要求和产品的最终用途来决定检测项目。

纺织品经过一些处理后，其原本颜色发生的变化，称为变色；纺织品脱落的染料沾到其他纺织品上，使其他纺织品发生颜色的变化，称为沾色。

服装织物需要检测的色牢度主要包括：耐摩擦色牢度、耐洗色牢度、耐光（日晒）色牢度、耐干洗色牢度、耐汗渍色牢度、耐唾液色牢度、耐水色牢度、耐汗、光复合色牢度等。

色牢度的级制一般分为5个等级（耐光和耐气候色牢度为8级），即5级、4级、3级、2级、1级。其中级数越高，表示色牢度越好。通常使用的样卡均为五级九档制。就是在每两个级别中补充半级，即5级、5～4级、4级、4～3级、3级、3～2级、2级、2～1级。注意，样卡是标准物品，使用时要保持整洁，严禁用手触摸样卡表面；使用后应装入样卡保护袋内，注意避光、防潮。

评级用材料包括灰色样卡、蓝色羊毛标样❶。

评定级数的样卡：灰色样卡又称色分样卡，它是对印染纺织品染色牢度进行评定时，用作对比的灰色标准样卡，灰色样卡包括变色样卡和沾色样卡。其中沾色样卡是用来评定黏衬织物沾色程度的灰色样卡；变色样卡是用来评定试样变色程度的灰色样卡（图12-1、图12-2）。

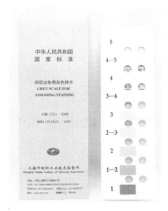

图 12-1　沾色样卡　　　　　　图 12-2　蓝色羊毛标样

（1）沾色用灰色样卡中，每对的第一组都是白色，只有色牢度的第5级的第二组成与第一组成相一致，其他各对的第二组成在色泽上依次变深，色差逐级增大。

（2）变色用灰色样卡中，每对的第一组都是中性灰色，只有色牢度的第5级的第二组成与第一组成相一致，其他各对的第二组成在色泽上依次变浅，色差逐级增大。

（3）蓝色标准又称日晒牢度蓝色标准，它是以规定深度的八种染料染于羊毛织物上制作而成。蓝色标准分为8级，即8级、7级、6级、5级、4级、3级、2级、1级，表示8种日晒牢度等级。其中1级为日晒牢度最差，褪色程度最严重，2级次之，以此类推，8级为日晒色牢度最好，不褪色。

等级评定标准如表12-1所示。

❶ 蓝色羊毛标样有两种，即蓝色羊毛标样1～8和L2～L9。其中蓝色羊毛标样1～8是欧洲研制和生产的，编号1（很低色牢度）到8（很高色牢度），并且每一较高编号蓝色羊毛标样的耐光色牢度比前一编号约高一倍；蓝色羊毛标样L2～L9是美国研制生产的，标号2～9中的八个蓝色羊毛变样使用不同的染色的羊毛制成，并且每一较高编号蓝色羊毛标样的耐光色牢度比前一编号约高一倍。

表12-1　等级评定标准

| 检测项目 | | 优等品 | 一等品 | 合格品 |
|---|---|---|---|---|
| 耐洗色牢度 | 变色（级） | ≥4 | ≥4 | ≥3 |
| | 沾色（级） | ≥4 | ≥3~4 | ≥3 |
| 耐干洗 | 变色（级） | ≥4~5 | ≥4 | ≥3~4 |
| | 沾色（级） | ≥4~5 | ≥4 | ≥3~4 |
| 耐水 | 变色（级） | ≥4 | ≥4 | ≥3 |
| | 沾色（级） | ≥4 | ≥3~4 | ≥3 |
| 耐汗渍色牢度 | 变色（级） | ≥4 | ≥3~4 | ≥3 |
| | 沾色（级） | ≥4 | ≥3~4 | ≥3 |
| 耐摩擦色牢度 | 干摩（沾色）（级） | ≥4 | ≥3~4 | ≥3 |
| | 湿摩（沾色）（级） | ≥4 | ≥3~4 | ≥3 |
| 耐光 | 变色（级） | ≥4 | ≥3~4 | ≥3 |

**注** 1. 耐干洗色牢度只考核成衣使用说明中标注可干洗的产品。
　　 2. 耐湿摩擦色牢度允许深色产品的一等品和合格品比本标准规定低半级。

# 第一节　耐摩擦色牢度

纺织品耐摩擦色牢度试验方法是测定纺织品的染色牢度方法之一，是纺织品染色牢度的重要考核指标。其目的是测定纺织品的颜色对摩擦的耐抗力及对其他材料的沾色能力。通过沾色色差评级来反映纺织品耐摩擦色牢度质量的优劣。织物的组织结构、标准摩擦白布的含水率和测试仪器类型等测试参数对测试结果有一定影响。在纺织品色牢度质量检测中，耐摩擦色牢度是一个很重要的指标，其检测结果可用于鉴别服装和家用纺织品的染色牢度。

可参考标准有GB/T 3920—2008《纺织品　色牢度试验　耐摩擦色牢度》。

## 一、检验原理

耐摩擦色牢度是指染色织物抵抗经过摩擦后掉色的程度，可分为耐干态摩擦色牢度和耐湿态摩擦色牢度。耐摩擦色牢度以白布沾色程度作为评价原则，共分5个等级（1~5级），数值越大，表示耐摩擦色牢度越好。耐摩擦色牢度差的织物使用寿命受到限制。

## 二、仪器设备与材料

耐摩擦色牢度试验仪（图12-3）、标准棉贴衬布（50mm×50mm用于圆形摩擦头、25mm×100mm用于长方形摩擦头）、YG（B）982X型标准光源箱（图12-4）、待测试样评定沾色用灰色样卡和二次蒸馏水。

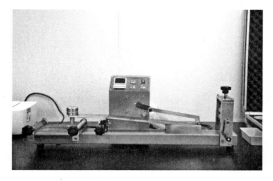

图 12-3　预置式摩擦色牢度仪

图 12-4　标准光源箱

## 三、试样准备

（1）若被测纺织品是织物或地毯，必须备有两组不小于50mm×140mm的样品，一组长度方向平行于经纱（标记为"T"），用于经向的干摩和湿摩；另一组长度方向平行于纬纱（标记为"W"），用于纬向的干摩和湿摩。

当测试有多种颜色的纺织品时，应细心选择试样的位置，应使所有颜色都被摩擦到。若各种颜色的面积足够大，则必须全部取样。

（2）若被测纺织品是纱线，将其编结成织物，并保证尺寸不小于50mm×140mm，或将纱线平行缠绕于与试样尺寸相同的纸板上。

（3）检验前，在温度为（20±1）℃、相对湿度为（65±2）%的标准环境下调湿至少4h。

## 四、检验步骤

（1）打开电源开关，利用计数器上的拨盘，设定所需要的摩擦次数。

干摩擦：将试样平放在摩擦色牢度仪测试台的衬垫物上，用夹紧装置将试样固定在试验机底板上（以摩擦试样不松动为准）。将干摩擦布固定在摩擦头上，使摩擦布的经向与摩擦头的运行方向一致。将测试台拉向一侧。按计数器上［清零］按钮，使计数器清零后再按［启动］键，摩擦头在试样上作往复直线运动至设定次数后自动停止。在10s内摩擦

10次，往复动程为100mm，垂直压力为9N。分别试验经向和纬向。

湿摩擦：将摩擦布用二次蒸馏水浸透取出，使用轧液辊挤压，或将摩擦布放在网格上均匀滴水，使摩擦布湿润，使其含水量在95%～105%，将测试台拉向一侧，用湿摩擦布按上述方法做湿摩擦试验。摩擦试验结束后，将湿摩擦布在室温下晾干。

（2）摩擦时，如有染色纤维被带出，而留在摩擦布上，必须用毛刷把它去除，评级仅仅考虑由染料沾色的着色。

（3）试验完毕后，用评定沾色用灰色样卡分别评定上述干、湿摩擦布的沾色牢度。

（4）如做绒类试样的试验，应更换附件中的方形摩擦头。

注意，耐摩擦色牢度检测时，应在试样正面进行。如有染色纤维被带出留在摩擦布上，必须用毛刷把它除掉；干、湿摩擦不可以在同一试样的同一个地方进行摩擦；当测试多种颜色的纺织品时，要使所有颜色都被摩擦到。若试样不能包括全部颜色或干摩、湿摩不在相同颜色上，则需增加试样块数。

## 五、评级

将摩擦过的试样放在标准光源箱内，分别对试样的经、纬向的干、湿摩擦的沾色级数进行评定，评级标准如表12-1所示。

# 第二节　耐皂洗色牢度

皂洗色牢度，又称耐皂洗色牢度，指印染品的色泽抵抗肥皂溶液洗涤的牢度，即肥皂溶液对印染品上的染料产生的乳化作用和剥色作用，以样布在肥皂液中皂洗后褪色或变色程度为评价对象，包括原样褪色及白布沾色两项。通常采用灰色分级样卡作为评定标准，即依靠原样和试样褪色后的色差来进行评判。洗涤牢度分1～5级，1级最差，5级最好。

影响染色制品色牢度的因素很多，但主要取决于染料的化学结构、染料在纤维上的物理状态（染料的分散程度、与纤维的结合情况），染料浓度、染色方法和工艺条件对染色牢度也有很大的影响。纤维的性质与染色牢度关系也很大，同一染料在不同纤维上往往有不同的牢度，如靛蓝在棉纤维上的日晒牢度并不高，而在羊毛上却很高。

参考标准有GB/T 3921—2008《纺织品　色牢度试验　耐皂洗色牢度》。

## 一、检验原理

将纺织品试样与规定的贴衬织物缝合（即组合试样），放在皂液或肥皂和无水碳酸钠的混合液中，在规定时间和温度下，经机械搅拌、冲洗、干燥。处理完毕后，最后用灰色样卡评定试样的变色和贴衬织物的沾色程度。

## 二、检验仪器与试剂

### （一）仪器

SW–12J耐洗色牢度试验机（图12–5）、不锈钢珠、天平、YG（B）982X型标准光源箱等。

### （二）试剂

**1. 洗涤所需试剂**

肥皂（无荧光增白剂）、无水碳酸钠和三级水（符合GB/T 6682）。

**2. 洗涤试液**

（1）每升水含5g皂片的皂液（即5g皂片/L的皂液）。

图 12-5　SW-12J耐洗色牢度试验机

（2）每升水含5g皂片和2g无水碳酸钠的皂液（即5g皂片/L和2g无水碳酸钠/L的皂液）。

### （三）试样的制备

如果试样是织物，有两种制备方法供用（可任选其一）。

（1）取40mm×100mm试样一块（试样包括样品中所有颜色），正面与一块40mm×100mm的多纤维贴衬织物相接触，沿一短边缝合，形成一个组合试样。

（2）取40mm×100mm试样一块（试样包括样品中所有颜色），夹于两块40mm×100mm单纤维贴衬织物之间，沿一短边缝合，形成另一个组合试样，如图12-6所示。

如果试样是纱线，将纱线编成织物，按织物

图 12-6　组合试样

试样制备；或以平行长度组成一薄层，用量约为贴衬织物总量的一半。如试样是散纤维，将其梳压整理成一薄层，取其量约为贴衬织物总量的一半。有两种制备方法供用，可任选其一。

（1）将试样夹于一块40mm×100mm多纤维贴衬织物及一块40mm×100mm染不上颜色的织物（如聚丙烯）之间，沿四边缝合，形成一个组合试样。

（2）将试样夹于两块40mm×100mm规定的单纤维贴衬织物之间，沿四边缝合，形成另一个组合试样。

如果试样是贴衬织物，则制取贴衬织物前首先要确定试样的成分。利用显微镜或者燃烧法确定剪取的试样的成分，从而选择相应的贴衬织物检测方法。

使用的贴衬织物有两种：多纤维贴衬织物和单纤维贴衬织物，尺寸均为40mm×100mm。试验中，这两种贴衬织物可任选其一。

两块单纤维贴衬织物的使用方法：第一块用试样的同类纤维制成，第二块则由规定的纤维制成；如试样为混纺或交织品，则第一块单纤维贴衬选用面料组成中的主要纤维，第二块用次要含量的纤维制成或另作规定（以含65%棉/30%涤/5%腈的混纺面料为例，其耐洗色牢度的第一块单纤维贴衬为棉，第二贴衬为涤）。纯纺面料的第一块单纤维贴衬选用同类纤维，第二块贴衬按表12-2选择。如需要，用一块不上色的织物，如聚丙烯类织物。

表12-2  纯纺面料耐洗色牢度单纤维贴衬的选择

| 第一块贴衬织物 | 第二块贴衬织物 | |
| --- | --- | --- |
| | 40℃和50℃试验 | 60℃和95℃试验 |
| 棉 | 羊毛 | 黏胶纤维 |
| 羊毛或丝 | 棉 | — |
| 麻 | 羊毛 | 黏胶纤维 |
| 黏胶纤维 | 羊毛 | 棉 |
| 醋酯纤维 | 黏胶纤维 | 黏胶纤维 |
| 聚酰胺纤维 | 羊毛或棉 | 棉 |
| 聚酯纤维 | 羊毛或棉 | 棉 |
| 聚丙烯腈纤维 | 羊毛或棉 | 棉 |

多纤维贴衬织物的使用方法：根据试验温度选择适当的多纤维贴衬织物当试验温度为40℃和50℃时，则选择含羊毛和醋酯纤维的多纤维贴衬织物；当试验温度为95℃时，则选择不含羊毛和醋酯纤维的多纤维贴衬织物；有些织物适合60℃的试验，使用多纤维贴衬织物时，不可同时用其他的贴衬织物，否则会影响多纤维贴衬织物的沾色程度。

多纤维贴衬由多种纤维构成，因此其结构、纱支和密度与单纤维贴衬不同，沾色效果固然也不同，两者之间的差异见表12-3。

表12-3 单纤维贴衬与多纤维贴衬的沾色差异

| 样品名称 | 多纤维贴衬织物沾色/级 | | | | | | 单纤维贴衬/级 | |
| --- | --- | --- | --- | --- | --- | --- | --- | --- |
| | 羊毛 | 腈纶 | 涤纶 | 锦纶 | 棉 | 二醋酯纤维 | | |
| 纯棉织物 | 2～3 | 4～5 | 4～5 | 3 | 4 | 4 | 羊毛3 | 棉4 |
| 毛/腈织物 | 4 | 4 | 4 | 3 | 3 | 4～5 | 羊毛4 | 腈4 |
| 涤/棉织物 | 4 | 4～5 | 4～5 | 3～4 | 2～3 | 4 | 涤纶4 | 棉3 |
| 棉/锦织物 | 3～4 | 3～4 | 4 | 3 | 4 | 3～4 | 锦2～3 | 棉3～4 |

由表12-3可知，同一面料在相同条件下洗涤后，单纤维贴衬与多纤维贴衬的沾色存在一定的差异。纯棉布的羊毛贴衬织物沾色，涤/棉布贴衬织物中的涤纶沾色、棉布沾色，棉/锦织物中的锦纶、棉布贴衬织物沾色，两种贴衬的检验结果有半级之差。因而对于贴衬织物也要有正确的选择。

## 三、检验步骤

（1）不同的试样要求试验方法不同，同时对洗涤试剂（即皂液）的要求也不同。
5g皂片/L的皂液适用的试验条件如表12-4所示。

表12-4 5g皂片/L的皂液适用的试验条件

| 温度/℃ | 时间/min | 钢珠数量 |
| --- | --- | --- |
| 40 | 30 | 0 |
| 50 | 45 | 0 |

5g皂片/L和2g无水碳酸钠/L的皂液适用的试验条件，如表12-5所示。

表12-5 5g皂片/L和2g/L的皂液适用的试验条件

| 温度/℃ | 时间/min | 钢珠数量 |
| --- | --- | --- |
| 60 | 30 | 0 |
| 95 | 30 | 10 |
| 95 | 240 | 10 |

（2）在室温下，向容器内加入已配制好且温度为试验温度的皂液（浴比为50：1），再将组合试样置入不锈钢容器中（图12-7、图12-8）注意，容器内是否加一定数量的不锈钢珠，要根据本次试验的规定。

图 12-7  配制好的皂液

图 12-8  不锈钢容器

（3）将装有试样的容器放在耐洗色牢度试验机中，设定时间与温度进行搅拌洗涤。

（4）洗涤结束后，取出组合试样。用三级水清洗3～4次，直到干净为止。

（5）将组合试样平置于两块玻璃或丙烯酸树脂板之间挤压出多余的水，拆除组合试样的三边，使试样和贴衬织物仅由一条缝线连接，如需要，断开所有缝线。展开组合试样，悬挂在不超过60℃的空气中干燥。

## 四、评级

在标准光源箱内，用灰色样卡评定试样的变色级数和贴衬织物的沾色级数。如用单纤维贴衬织物，即评定所用每种单纤维贴衬织物的沾色级数。如用多纤维贴衬织物，即评定所用多纤维贴衬织物类型及每种纤维的沾色级数。

评级主要是对于色差的评定，通过两个试样的比较，确定等级。比较两个试样时要使它们紧紧靠在一起，这样便于观察颜色差异。

## 第三节  耐干洗色牢度

服装在干洗过程中，服装上的染料可能会受干洗试剂作用发生褪色或变色。服装染料对干洗作用显现出的固色能力，被称为耐干洗色牢度。参考标准有GB/T 5711—2015《纺织品　色牢度试验耐四氯乙烯干洗色牢度》，本检测使用的干洗试剂对人体健康可能造成一定的危害，所以进行本试验时需要采取一些保护措施，以免给试验人员带来不必要的伤害。

## 一、检验原理

将纺织品试样和不锈钢片一起放入棉布袋内，放在装有全氯乙烯的搅拌机械装置中按规定的时间、温度进行搅拌洗涤，然后将试样挤压或离心脱液，在热空气中烘燥，用灰色样卡评定试样的变色。试验结束，已经完成干洗的溶液和空白溶液的比色管进行对照或以干洗过的试样一贴衬织物与原样一原贴衬织物作为对比，用灰色样卡评定试样的变色或贴衬织物的沾色。

## 二、检验仪器与试剂

### （一）仪器

SW-12J耐洗色牢度试验机、天平、比色管（图12-9）等。

### （二）试剂

全氯乙烯（储存时应加入无水碳酸钠，以中和任何可能形成的盐酸）。

## 三、试样制备

### （一）检验试样

参考第二节　耐皂洗色牢度。

### （二）贴衬织物的制作

参考第二节 耐皂洗色牢度。
两块单纤维贴衬织物如表12-6所示。

图 12-9　比色管

表12-6　单纤维贴衬织物

| 第一块 | 第二块 |
| --- | --- |
| 棉 | 羊毛 |
| 羊毛 | 棉 |
| 丝 | 棉 |
| 麻 | 羊毛 |
| 黏胶纤维 | 羊毛 |
| 聚酰胺纤维 | 羊毛或棉 |
| 聚酯纤维 | 羊毛或棉 |
| 聚丙烯腈纤维 | 羊毛或棉 |

## 四、检验步骤

（1）将试样和12片不锈钢片放入棉布袋内，缝合袋口，放入装有200mL四氯乙烯的干洗试验机内，密封机械，设定温度为（30±2）℃，30min后进行搅拌。

（2）从试验机中拿出棉布袋，取出试样，去除多余的试液后，将试样悬挂于（60±5）℃的热空气中进行干燥。

（3）过滤容器中的溶液，将过滤后的溶液和空白溶液分别加入比色管中。

## 五、评级

（1）将分别装有已经完成干洗的溶液和空白溶液的比色管放在白色纸卡前，采用透色光，用沾色灰色样卡比较两者的颜色，并评定沾色等级。

（2）在适宜的光源下，在适宜的光源下，以干洗过的试样—原贴衬织物与原样—原贴衬织物作为对比，用灰色样卡进行评定试样的变色和贴衬织物沾色等级。

# 第四节　耐日晒色牢度

日晒牢度是指有颜色的织物暴露于阳光之下变色的情况。纺织品在使用时通常是暴露在光线下的，光能破坏染料从而导致"褪色"，使有色纺织品变色，一般变浅、发暗，有些也会出现色光改变，所以，就需要对色牢度进行测试。织物染料受光曝晒时保持颜色不变或轻微变化的能力，被称为耐日晒色牢度，也称为耐光色牢度。耐日晒色牢度（光色牢度）检测方法有日光试验法[1]、氙弧灯试验法[2]和室外曝晒试验法[3]三种。其中日光试验法最接近实际情况，但试验周期长，操作不便，难以适应现代生产管理的需要。因此在实际工作中一般采用后两种方法。后两种方法使用的是人造光源，其虽光谱接近日光，但与日光的光谱还是存在着一定的差异，并且各种光源的光谱也有一定的区别，因而测试结果会受到影响。在遇到争议时，仍以日光试验法为准。本试验采用的是第二种检验方法，即氙弧灯试验法。

参考标准有GB/T 8427—2008《纺织品　色牢度试验　耐人造光色牢度：氙弧》。

## 一、检验原理

纺织品试样与其尺寸和形状相同的蓝色羊毛标准一起放入模拟日光中按照规定条件、方式进行曝晒，然后将晒后的试样与蓝色羊毛标准进行变色对比，评定耐光色牢度，分为8个等级，8级最好，1级最差。对于白色纺织品而言，其耐光色牢度评定就是通过试样的白色变化与蓝色标准进行对比。

## 二、检验仪器

MB2500A日晒气候试验机（图12-10）、评级用光源箱、蓝色羊毛标样等。

## 三、试样制备

（1）试样的尺寸可以按试样数量、设备的试样夹形状和尺寸来确定。若采用空冷式设备，在同一块试样上进行逐段分期曝晒，通常使用的试样面积不小于45mm×10mm，每一曝晒面积不

图12-10　MB2500A日晒气候试验机

---

[1] 日光试验法：将试样与八个蓝色羊毛标准一起，在不受雨淋的规定条件下进行日光曝晒，然后将试样与八个蓝色羊毛标准进行对比，评定耐光色牢度。

[2] 氙弧灯试验法：将试样与一组蓝色羊毛标准一起在人造光源下按规定条件曝晒，然后将试样与蓝色羊毛标准进行变色对比，评定色牢度；对于白色（漂白或荧光增白）纺织品，是将试样的白度变化与蓝色羊毛标准对比，评定色牢度。

[3] 室外曝晒试验法：将纺织品试样暴露于天然气候中，在不加任何保护的规定条件下进行露天曝晒，同时在同一地点将八块蓝色羊毛标准放在玻璃罩下曝晒，然后将试样与蓝色羊毛标准进行变色对比，评定色牢度；由于室外曝晒的气候条件变化很大，故需在一年的不同季节内进行重复曝晒试验，然后取其平均值。

小于10mm×8mm。

（2）将待测试样紧附于硬卡上，若试样为纱线，则将纱线紧密卷绕在硬卡上，或平行排列固定于硬卡上；若试样为散纤维，将其梳压整理成均匀薄层固定于硬卡上；若试样为绒毛织物，可在蓝色羊毛标准下垫衬硬卡，以使光源至蓝色羊毛标准的距离与光源至绒毛织物表面的距离相同。但必须避免遮盖物将试样未曝晒部分的表面压平。绒毛织物的曝晒面积应不小于50mm×40mm或更大。

## 四、检验步骤

（一）曝晒条件

1. 欧洲的曝晒条件（使用蓝色羊毛标样1～8级）

正常条件（温带）为中等有效湿度❶、温度控制标样的色牢度5级、最高黑标❷温度50℃；

极限条件包括低有效湿度（温度控制标样6～7级、最高黑标温度65℃）和高有效湿度（温度控制标样3级、最高黑标温度45℃）。

2. 美国的曝晒条件（使用蓝色羊毛标样L2～L9）

仪器试验箱内相对湿度（30±5）%，低有效湿度，温度控制标样的色牢度6～7级，黑板❸温度为（63±1）℃。

（二）曝晒前准备

（1）检查氙弧灯是否干净，然后根据所选用的曝晒条件调节温度。

（2）将一块尺寸不小于45mm×10mm的湿度控制标样与蓝色羊毛标样一起装在硬卡纸上，并尽可能使之位于试样夹的中部。

（3）将装有试样的试样夹放置在试样架上，装上试样后将没有试样只装着硬卡的试样夹填满试样架上的所有空档。

（4）开启氙弧灯，除了需清洗氙弧灯或因灯管、滤光片已到规定的使用期限须调换外，设备要连续运转到试验完成。

（5）将部分遮盖的湿度控制标样与蓝色羊毛标样同时进行曝晒，直至湿度控制标样上

---

❶ 有效湿度：它是结合了空气温度、试样表面温度和决定曝晒过程中试样表面湿气含量的空气相对湿度来定义的。

❷ 黑板温度计：在一块尺寸约为70mm×30mm、厚度约0.5mm的不锈钢板背面固定一具有优良导热性的热电阻进行测量温度。

❸ 黑板为金属板用一块塑料板固定以隔热，并涂以黑色涂层。美国用黑板是一块尺寸至少为45mm×100mm的金属板，其温度用温度计或热电偶测量，热敏部分位于金属板中心并与板接触良好。

曝晒和未曝晒的部分间的色差达到灰色样卡4级。其中，湿度控制标样校准的并非箱体内的"相对湿度"，它是结合了空气温度、试样表面温度和决定曝晒过程中试样表面湿气含量的空气相对湿度来定义的。"有效湿度"直接影响对湿度敏感样品的耐光色牢度测试结果，所以GB与ISO标准规定需每天检查箱体内湿度。湿度控制标样是用红色偶氮染料染色的棉织物。其使用方法如下：

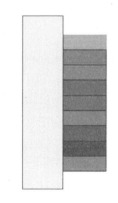

图12-11　湿度调节装样示意图

①将一块不小于45mm×10mm的湿度控制标样与蓝色羊毛标样一起装在硬卡上，并尽可能使之置于试样夹中部，如图12-11所示。

②将部分遮盖的湿度控制标样与蓝色羊毛标样同时进行曝晒，直至湿度控制标样上曝晒和未曝晒部分间的色差达到变色样卡4级。

③此时用蓝色羊毛标样评定湿度控制标样与哪一级蓝色羊毛标样的色变一致，如在欧洲曝晒条件的通用条件下，湿度控制标样曝晒与非曝晒部分间的色差应与5级蓝色羊毛标样的色差一致；如果不一致，则需重新调节控制器以保持规定的黑板温度和湿度。

（三）曝晒方法

针对于试样的曝晒本标准列举了5种方法

（1）通过检查试样来控制曝晒周期，每个试样需配备一套蓝色羊毛标样。

具体操作步骤如下：①将试样和蓝色羊毛标样排列在硬卡上（图12-12），将遮盖物AB放在试样和蓝色羊毛标样的中段三分之一处，然后按照欧洲的曝晒条件或美国的曝晒条件，在氙弧灯下进行曝晒。注意，曝晒期间，要不时地提起遮盖物AB检查试样的光照效果，直至试样的曝晒和未曝晒的部分间的色差达到灰色样卡4级。

②用另一个遮盖物CD遮盖试样和蓝色羊毛标样的左侧三分之一处，继续曝晒，直至试样的曝晒和未曝晒的部分间的色差达到灰色样卡3级。注意，在此阶段应关注光致变色的可能性，可参考GB/T 8431；如果试样是白色例如漂白或荧光增白纺织品即可终止曝晒。

另外，如果蓝色羊毛标样7或L7的褪色比试样先达到灰色样卡4级，此时可停止曝晒。

（2）检查蓝色羊毛标样来控制曝晒周期，一批不同的多个试样只需一套蓝色羊毛标样。

具体操作步骤如下：①将试样和蓝色羊毛标样排列在硬卡上（图12-13），将遮盖物AB放在试样和蓝色羊毛标样总长度的五分之一到四分之一之间，然后根据欧洲的曝晒条件或美国的曝晒条件，在氙弧灯下进行曝晒，曝晒期间要不时地提起遮盖物AB检查试样的光照效果，当观察出蓝色羊毛标样2的变色达到灰色样卡3级或L2的变色等于灰色样卡4级，并对照在蓝色羊毛标样1、2、3或L2上所呈现的变色情况，评定试样的耐光色牢度。在此阶段注意光致变色的可能性，可参考GB/T 8431。

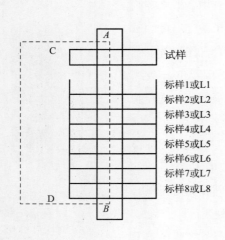

图 12-12　曝晒装样示意图（1）

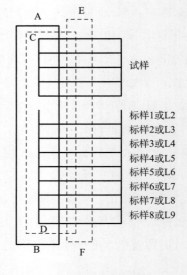

图 12-13　曝晒装样示意图（2）

②将遮盖物AB重新放置在原来位置，继续曝晒至蓝色羊毛标样4或L3的变色与灰色样卡4级相同。

③按图12-13放另一遮盖物CD重叠盖在遮盖物AB上，继续曝晒至蓝色羊毛标样6或L4的变色与灰色样卡4级相同；

④按图12-13再放一遮盖物EF，其他遮盖物仍保留，继续曝晒至出现蓝色羊毛标样7或L7的变色等于灰色样卡4级、在最耐光的试样上产生的色差等于灰色样卡3级、白色纺织品（漂白或荧光漂白）在最耐光的试样上产生的色差等于灰色样卡4级这三种情况任何一种为止。其中，后两种情况可能发生在②或③之前。

（3）核对试样与某种性能规格是否一致，试样只需根据要求配备两块蓝色羊毛标样（其中一块按规定为最低允许牢度的蓝色羊毛标样，另一块为更低的蓝色羊毛标样），也是通过检查蓝色羊毛标样来控制曝晒周期。

具体操作步骤如下：将试样与两块蓝色羊毛标样一起连续曝晒至在最低允许牢度的蓝色羊毛标样的分段面上等于灰色样卡4级（第一阶段）和3级（第二阶段）的色差。白色纺织品（漂白或荧光漂白）晒至最低允许牢度的蓝色羊毛标样的分段面上等于灰色样卡4级。

（4）核对试样是否符合某一商定的参比样，不需蓝色羊毛标样而是通过检查参比样来控制曝晒周期。

具体操作步骤如下：将试样与参比样一起连续曝晒至参比样上等于灰色样卡4级或3级的色差。白色纺织品（漂白或荧光漂白）晒至参比样等于灰色样卡4级。

（5）核对试样是否符合认同的辐射能，试样可单独曝晒也可配备蓝色羊毛标样，曝晒时间根据是否达到规定的辐射能量来定。

具体操作步骤如下：将试样单独曝晒或配备蓝色羊毛标样一起曝晒至达到规定辐照量为止，取出试样和蓝色羊毛标样。

## 五、评级

### （一）评级过程

移开所有遮盖物，在合适的照明下观察试样和蓝色羊毛标样的曝晒部分，并比较试样和蓝色羊毛标样的相应变色。

注意，光致变色现象也要予以考虑。这主要表现在纺织品经短暂的光曝晒后会迅速变色，但存放于暗处后会恢复到原来的颜色。不论是褪色还是色相变化，曝晒布样的色差是用目测来评定的，任何色相变化也都包括在评定中。

### （二）评级

评级主要针对于色差的评定，通过两个试样的比较，确定等级。比较两个试样时要使它们紧紧靠在一起，这样便于观察颜色差异。

# 第五节　耐汗渍色牢度

服装穿着时，由于人体排汗可能造成服装颜色的脱落，给人带来不便。人体的汗液中主要含有盐，但是汗液的酸碱性因人而异，有的人汗液显碱性，有的显酸性。这些可能引起服装染料的分解，所以用酸碱不同的人造汗液来评价服装的耐汗渍色牢度。因此，耐汗渍色牢度分为耐酸汗渍色牢度和耐碱汗渍色牢度。耐汗渍色牢度就是织物染料抵抗汗液侵蚀的固色能力，耐汗渍牢度分为1～5级，数值越大越好。

参考标准有GB/T 3922—2013《纺织品　色牢度试验　耐汗渍色牢度》。

## 一、检验原理

将试样与标准贴衬织物缝合在一起（组合试样），分别放在酸、碱性的人造汗液中处理后，充分去除多余试液，夹在耐汗渍色牢度仪上，放于烘箱中恒温，然后干燥，用灰卡评定试样的变色及贴衬的沾色等级，得到测试结果。不同的测试方法有不同的汗渍液配比、不同的试样大小、不同的测试温度和时间。

## 二、检验仪器与试剂

### （一）仪器

YG631型汗渍色牢仪（图12-14）、Y902型汗渍色牢度烘箱。

图 12-14　YG631 型汗渍色牢仪

### （二）试剂

试验用试剂分酸液和碱液两种类型，分别用蒸馏水或三级水配制，现配现用（表12-7）。

表12-7　人造汗液的调配

| 人造汗液种类 | 成分（每升溶液含量） | 调配 |
| --- | --- | --- |
| 酸汗液 | ①0.5g L-组氨酸盐酸盐水合物（$C_6H_9O_2N_3 \cdot HCl \cdot H_2O$）<br>②5g氯化钠<br>③2.2g磷酸二氢钠二水合物（$NaH_2PO_4 \cdot 2H_2O$） | 用0.1mol/L氢氧化钠溶液调整溶液pH至5.5±0.2 |
| 碱汗液 | ①0.5g L-组氨酸盐酸盐水合物（$C_6H_9O_2N_3 \cdot HCl \cdot H_2O$）<br>②5g氯化钠<br>③5g磷酸氢二钠十二水合物（$Na_2HPO_4 \cdot 12H_2O$）或2.5g磷酸氢二钠二水合物（$Na_2HPO_4 \cdot 2H_2O$） | 用0.1mol/L氢氧化钠溶液调整溶液pH至8.0±0.2 |

## 三、试样制备

耐汗渍色牢度检测试验需要制备两个组合试样。试样制备方法基本同耐皂洗色牢度检验中的试样制备。

对印花织物检测时，织物正面须与两贴衬织物每块的一半相接触，剪下其余一半，交叉覆盖于背面，缝合二者短边。或与一块多纤维贴衬织物相贴合，缝一短边。如不能包括全部颜色，需制备多个组合试样。

## 四、检验步骤

（1）将配制好的浴比为50∶1的酸、碱汗液分别倒入凹槽容器皿中。注意，为不影响每次试验，应将凹槽容器皿永久性分为酸汗液试验用凹槽容器皿、碱汗液试验用凹槽容器皿。

（2）将制作好的组合试样分别加入（1）中的凹槽容器皿中，使其完全浸湿，并浸泡约30min，必要时，可以需用玻璃棒按压试样使其完全浸透。

（3）30min后取出试样，倒去残液，用两根玻璃棒夹去试样上过多的试液，或把组合试样放在试样板上，用另一块试样板刮去过多的试液，将试样平整地夹于两块试样板（即玻璃或丙烯酸树脂板）之间。

（4）将所有组合试样都夹在两块玻璃或丙烯酸树脂板之间后，利用不锈钢夹具装置对夹持碱汗液浸泡的试样或酸液浸泡的试样进行受压12.5kPa。

（5）将带有组合试样的装置放入温度设置为（37±2）℃的烘箱内处理4h。

（6）从烘箱中带有组合试样的装置，取出组合试样，将试样展开并在不超过60℃的空气中进行干燥。

## 五、评级

同"耐皂洗色牢度"的评级。

# 第六节　耐水色牢度

服装遇到在潮湿环境条件下穿着或者沾到一些水的情况，服装染料会有何变化，这就要求对服装着色的耐水性能进行检测，即耐水色牢度。耐水色牢度检测过程同耐汗渍色牢度检测过程。

参考标准GB/T 5713—2013《纺织品　色牢度试验　耐水色牢度》。

## 一、检验原理

将织物试样与一或二块规定的贴衬织物贴合一起（组合试样），浸入水中，去除多余水后，置于试验装置的两块平板中间，承受规定压力。干燥试样和贴衬织物，用灰色样卡评定试样的变色和贴衬织物的沾色。

## 二、检验仪器与试剂

（1）仪器：YG631型汗渍色牢仪、Y902型汗渍色牢度烘箱。

（2）试剂：三级水。

## 三、试样制备

同"耐皂洗色牢度"检验中的试样制备。

## 四、检验步骤

同"耐汗渍色牢度"检验步骤。

## 五、评级

同"耐皂洗色牢度"评级方法。

# 第七节　耐唾液色牢度

流出的口水或唾液对于服装颜色造成的影响，可以描述为唾液色牢度。人体唾液中含有某些唾液蛋白或分解酶，这些生物剂对服装染料中的染色剂可能催化或产生一些化学反应，进而导致服装掉色、变色等。服装染料受唾液的浸湿而保持其原色的能力程度，被称为耐唾液色牢度。耐唾液色牢度检测过程同耐汗渍色牢度检测过程。

参考标准有GB/T 1886—2002《纺织品　色牢度试验　耐唾液色牢度》。

## 一、检验原理

将试样与规定的贴衬织物贴合在一起，置于人造唾液中处理后去除试液，放在试验装置内两块平板之间并施加规定压力，然后将试样和贴衬织物分别干燥，用灰卡评定试样的变色和贴衬织物的沾色。

## 二、检验仪器与试剂

（1）仪器：YG631型汗渍色牢仪、Y902型汗渍色牢度烘箱。
（2）试剂：人造唾液。

用三级水配制，现配现用（表12-8）。

表12-8 人造唾液的配制

| 成分名称 | 化学式 | 含量/g/L |
|---|---|---|
| 氯化钠 | NaCl | 4.5 |
| 乳酸 | CH$_3$·CHOH·COOH | 3.0 |
| 氯化铵 | NH$_4$Cl | 0.4 |
| 氯化钾 | KCl | 0.3 |
| 硫酸钠 | Na$_2$SO$_4$ | 0.3 |
| 尿素 | H$_2$N·CO·NH$_2$ | 0.2 |

## 三、试样制备

同"耐皂洗色牢度"检验中的试样制备。

## 四、检验步骤

同"耐汗渍色牢度"检验步骤。

## 五、评级

同"耐皂洗色牢度"评级方法。

# 第八节 耐汗、光复合色牢度

服装在人体出汗的部位经光照射后特别容易褪色，其程度与该染料应有的耐光色牢度不一致，这便让人联想到某些染料在汗液作用下的耐光色牢度不同于常规条件下测得的耐光色牢度，从而提出了纺织品耐汗、光复合色牢度。纺织品耐汗、光复合色牢度是纺织品在汗液作用下经光照射而表现出的色牢度（保持其原有色泽的能力）。

参考标准有GB/T 14576—2009《纺织品 色牢度试验 耐光、汗复合色牢度》

## 一、检验原理

纺织品试样在经过不同标准的人工汗液处理后与蓝色羊毛标准一起置于日晒气候色牢度仪中,进行条件曝晒。当蓝色羊毛标准的褪色达到终点后,取出试样,用灰色样卡或仪器评定其变色等级。

## 二、检验仪器与试剂

(1)仪器:日晒气候色牢度仪、分光光度计或色差计、天平、pH计。

(2)试剂:复合GB/T 6682的三级水;人造汗液(表12-9)。

表12-9 人造汗液的配制

| 人造汗液种类 | 成分(每升溶液含量) | 备注 |
|---|---|---|
| 碱汗液 | ①0.5g L-组氨酸盐酸盐水合物($C_6H_9O_2N_3 \cdot HCl \cdot H_2O$)<br>②5g氯化钠<br>③5g磷酸氢二钠十二水合物($Na_2HPO_4 \cdot 12H_2O$)或2.5g磷酸氢二钠二水合物($Na_2HPO_4 \cdot 2H_2O$) | 用0.1mol/L氢氧化钠溶液调整溶液pH至8.0±0.2 |
| 酸汗液1 | ①0.5g L-组氨酸盐酸盐水合物($C_6H_9O_2N_3 \cdot HCl \cdot H_2O$)<br>②5g氯化钠<br>③2.2g磷酸二氢钠二水合物($NaH_2PO_4 \cdot 2H_2O$) | 用0.1mol/L氢氧化钠溶液调整溶液pH至5.5±0.2 |
| 酸汗液2 | ①0.25g L-组氨酸盐酸盐水合物($C_6H_9O_2N_3 \cdot HCl \cdot H_2O$)<br>②10g氯化钠<br>③2.2g无水磷酸氢二钠($Na_2HPO_4$)<br>④1g 80%乳酸($CH_3CHOHCOOH$) | 溶液pH至4.3±0.2,否则重新配制。 |

## 三、试样制备

(1)如果试样是织物,根据试样数量和所用日晒气候色牢度仪试样架的尺寸和形状确定试样尺寸,一般尺寸不小于45mm×10mm。

(2)如果是散纤维,要整理成薄层,并将其固定在防水硬白卡上。

(3)如果是纱线,则将其紧密卷绕于防水硬白卡上。

注意,每种汗液对应制备一块试样。

## 四、检验步骤

(1)将配制好的50mL人造汗液(所用汗液种类应按照有关各方协商确定)倒入凹槽容器皿中。

（2）称取规定质量的试样，精确至0.01g，并将其放入（1）中的器皿中，使其完全浸湿（必要时，可以用玻璃棒按压试样使其完全浸透），并浸泡（30±2）min。

（3）取出试样，去除试样上多余的残液，称取试样的质量，使其带液率为（100±5）%。

（4）将浸泡过的试样固定在防水硬白卡上，不遮盖试样。

（5）将蓝色羊毛标准固定在另一白卡上，保证不被汗液浸湿，按GB/T 8427的规定进行遮盖。

（6）将固定好试样、蓝色羊毛标准的白卡分别放到试样夹上。

（7）将这些试样夹置于日晒气候色度仪中，按照GB/T 8427或FZ/T 01096规定的任一曝晒条件（也应按照有关各方协议进行）进行曝晒。其中试验仪的光过滤系统和辐照度应符合GB/T 8427或FZ/T 01096的规定。

（8）连续曝晒，直到蓝色羊毛标准4的变色达到灰卡4～5级或者由有关各方事先商定的褪色等级（用灰色样卡或分光光度仪或色差计评定），曝晒即可终止。

（9）从试验机中取出试样，用室温的三级水清洗1min后悬挂在不超过60℃的空气中干燥。

## 五、评级

用灰色样卡或分光光度仪或色差计评定试样的变色等级。

# 第九节　耐海水色牢度

耐海水色牢度检测主要针对海上作业者或者生活于海洋环境的人群穿着的服装而进行的检测。海水中主要含有一些盐类，所以耐海水色牢度的检测类似于耐汗渍检测。

参考标准有GB/T 5714—1997《纺织品　色牢度试验　耐海水色牢度》。

## 一、检验原理

纺织品试样与一块或两块规定的贴衬织物贴合一起，浸入氯化钠溶液中，挤去水分，置于试验装置的两块平板中间，承受规定压力。干燥试样和贴衬织物，用灰色样卡评定试样的变色和贴衬织物的沾色。

## 二、检验仪器与试剂

（1）仪器：YG631型汗渍色牢仪、Y902型汗渍色牢度烘箱。

（2）试剂：氯化钠溶液（用三级水制备的30g/L溶液）。

## 三、试样制备

同"耐汗渍色牢度"中的试样制备方法。

## 四、检验步骤

（1）在室温下将组合试样完全浸泡在氯化钠试液中，偶尔搅动以确保试样充分润湿。

（2）取出试样，去除试样上多余的残液，将组合试样放在玻璃板或塑料板之间，放在耐汗渍色牢度试验仪试样架中调节仪器对试样施加12.5kPa压力。

（3）将组合试样的装置放入烘箱中进行加热，温度为（37±2）℃，加热时间为4h。

（4）加热时间结束后，从烘箱中带有组合试样的装置，取出组合试样，将试样展开并在不超过60℃的空气中进行干燥。

## 五、评级

用灰色样卡或分光光度仪或色差计评定试样的变色等级。

# 第十节　耐甲醛色牢度

服装染色、印染过程中，要使用甲醛，所以要求这些纺织品具有良好的耐甲醛性能。

参考标准有GB/T 7078—1997《纺织品　色牢度试验耐甲醛色牢度》。耐甲醛色牢度检测方法适用于检测各类纺织品耐甲醛气体作用的能力。此方法不适宜评定用尿素甲醛类产品进行防皱整理时所产生的变色，或染色物用甲醛溶液后处理所产生的变色。

## 一、检验原理

纺织品试样置于密闭容器内，暴露于甲醛气体中，用灰色样卡评定试样的变色。

## 二、检验仪器及试剂

（一）仪器

玻璃罩（容积为6L）、不锈钢架、瓷碟（容量50mL）、评定变色用灰色样卡等。

（二）试验用试剂

350g/kg甲醛溶液。

## 三、试样制备

试样的制备方法有三种，具体如下。

（1）如试样是织物，取40mm×100mm的试样1块。

（2）如试样是纱线，需将纱线编织成织物，将编好的织物剪成40mm×100mm的试样，或做成平行长度100mm、直径约5mm的灯芯束，并扎紧两端。

（3）如试样是散纤维，将散纤维充分梳压，使之成为40mm×100mm的薄层，置于1块作为支撑的棉织物上。

## 四、检验步骤

（1）将试样固定在不锈钢架上，使试样能自由地悬挂在瓷碟上面，而不与甲醛溶液直接接触。

（2）在瓷碟中加入15mL甲醛溶液。

（3）将玻璃罩罩于玻璃架、试样和瓷球之上。

（4）将试样置于甲醛饱和大气中，在（20±2）℃处理24h。

（5）取出试样，放在不受直接光照并且相对湿度变化小的室内新鲜空气中悬挂24h。

## 五、评级

用变色用灰色样卡评定试样耐甲醛色牢度的级别。

# 第十一节 耐次氯酸盐漂白色牢度

为了清洗和消毒服装，人们常使用带有漂白作用的洗衣粉或消毒剂。漂白剂具有破坏和抑制发色因子，使服装褪色。常用的化学漂白剂通常分为两类：氯漂白剂及氧漂白剂。其中，次氯酸钠作为一种最常用的氯漂白剂，通常出现在带漂白效果的洗衣粉或消毒剂内。人们的衣物、被服常以棉麻为材料，可使用含氯漂白剂。如果用含有氯漂成分的洗衣粉漂洗不可氯漂的衣物，就可能出现"洗花"的现象。

参考标准有GB/T 7069—1997《纺织品 色牢度试验 耐次氯酸盐漂白色牢度》。

## 一、检验原理

纺织品试样在次氯酸盐溶液中搅动，水洗后，再在过氧化氢或亚硫酸氢钠溶液中搅动，清洗和干燥。用灰色样卡评定试样的变色。

## 二、检验仪器及试剂

（一）仪器

可封闭的玻璃或瓷容器（用于放置试样及漂白溶液）。

（二）试验用试剂

（1）检测用

（2）次氯酸钠（NaClO）工作液，每升约含2g有效氯，用10g/L的无水碳酸钠（$Na_2CO_3$）调节至pH值为11.0 ± 0.2，温度为（20 ± 2）℃。注意，必须随用随配。

（3）2.5mL/L过氧化氢溶液（30％$H_2O_2$）或5g/L的亚硫酸氢钠溶液。注意，过氧化氢是一种具有挥发性的危害性气体，使用过氧化氢时，应采取安全保护措施。

（4）5g皂片/L的皂液，用于浸湿拒水织物。

## 三、试样制备

试样的制备方法有三种，具体如下。

（1）如试样是织物，取40mm × 100mm的试样一块。

（2）如试样是纱线，将纱线编成织物，取40mm × 100mm的试样一块，或制成一个平行长度为100mm、直径为5mm的纱线缕，扎紧两端。

（3）如试样是散纤维，取足量后梳、压成40mm×100mm的薄层。

## 四、检验步骤

（1）若试样经拒水整理，需将试样在温度为25～30℃的肥皂液中充分浸湿，除去试样上多余的皂液，将试样展开后放入（20±2）℃、浴比为50：1的次氧酸钠溶液中。

（2）若试样未经拒水整理，需将试样在室温下放入三级水中浸湿，去除试样上多余的水分，将试样展开后放入（20±2）℃、浴比为50：1的次氯酸钠溶液中。

（3）关闭容器，使试样在（20±2）℃的溶液中静置60min，避免阳光直晒。

（4）取出试样，在流动冷水中充分冲洗，然后放入过氧化氢溶液或亚硫酸氢钠溶液的任一溶液中，在室温下搅动10min。

（5）用流动冷水充分冲洗试样，除去多余的水分，悬挂在温度不超过60℃的空气中干燥。

## 五、评级

用灰色样卡评定试样变色级别。

注意，可采用ISO 105—N01: 1993《纺织品耐次氯酸盐漂白色牢度测试方法》进行检测，温度、时间、次氯酸钠因工作液的配制、浴比及培养皿密封性均会影响测试准确度，其中密封性对实验结果有较大的影响。

次氯酸钠漂白过程存在温效应性。针对南方平均气温偏高的情况，可优选实验条件温度30℃保温0.75h，或40℃保温0.5h。

# 第十二节　耐酸斑色牢度

参考标准有GB/T 5715—2013《纺织品　色牢度试验　耐酸斑色牢度》。耐酸斑色牢度检测方法适用于检测各种纺织品的颜色耐有机酸和无机酸稀溶液的能力。

## 一、检验原理

将酸溶液滴在试样上，用玻璃棒轻轻地摩擦表面，使之充分渗透，用评定变色用灰色样卡或仪器分别评定试样在湿态时及干燥后的变色。

## 二、检验仪器及试剂

### （一）仪器

吸管、滴管和圆头玻璃棒。

### （二）试验用试剂

检测用三级水、50g/L硫酸溶液、100g/L酒石酸溶液（醋酯纤维专用）、300g/L乙酸溶液、350g/L浓盐酸溶液。

表12-10中给出了所用酸溶液及其pH的范围。

表12-10　酸溶液的pH范围

| 酸溶液 | pH |
|---|---|
| 乙酸溶液 | 1.8～2.4 |
| 盐酸溶液 | 0.1～0.3 |
| 硫酸溶液 | 0.6～0.8 |
| 酒石酸溶液 | 1.5～1.8 |

## 三、试样制备

每种酸溶液制备一块试样。试样的制备方法有三种，同"耐次氯酸盐漂白色牢度"检验中的试样制备。

## 四、检验步骤

（1）在室温下，将碳酸钠溶液滴在试样上，用玻璃棒轻轻摩擦试样表面使酸液渗入，直到形成一个直径约20mm的酸斑。对于拒水织物，溶液用量不应超过0.5mL。然后将试样悬挂在室温空气中干燥。

（2）如果需要，在试样上滴入酸溶液10min后，用灰色样卡或仪器评定试样的变色。

（3）将试样放在平面上，在室温下干燥。

（4）用灰色样卡或仪器评定试样的变色。

（5）按照（1）～（4）步骤，对所选用的每种酸溶液进行测试。

（6）建议同时按照GB/T 5717进行耐水斑色牢度试验，以确定试样变色不只是由于水的作用引起的。

## 五、评级

用变色用灰色样卡评定使用每种酸液的试样变色级数。必要时，也应报出试样的湿态变色级数。

# 第十三节 耐碱斑色牢度

参考标准有GB/T 5716—2013《纺织品 色牢度试验 耐碱斑色牢度》。

## 一、检验原理

将数滴碱性溶液滴在试样上，用玻璃棒轻擦表面使之充分渗透，或者试样沉浸在碱性溶液里，用变色灰卡评定试样的变色。

## 二、检验仪器与试剂

（一）仪器

吸管或滴管、圆头玻璃棒、评定变色用灰色样卡。

（二）试剂

实验用三级水、100g/L碳酸钠溶液、28%氢氧化铵溶液、氢氧化钙糊（1g氢氧化钙混合1～2g水）。表12-11中给出了所用酸溶液及其pH的范围。

表12-11 碱溶液的pH范围

| 碱溶液 | pH |
|---|---|
| 氢氧化铵溶液 | 13.5～13.7 |
| 氢氧化钙糊 | 12.3～12.5 |
| 碳酸钠溶液 | 11.5～11.7 |

## 三、试样制备

每种碱溶液制备一块试样。试样的制备方法有三种，同"耐次氯酸盐漂白色牢度"检验中的试样制备。

## 四、检验步骤

（1）在室温下，将碱性溶液滴在试样上，用玻璃棒轻轻摩擦试样表面，直到形成一个直径约20mm的碱斑或斑环。对于拒水织物，溶液用量不应超过0.5mL。

（2）将试样放在平面上，在室温下干燥，待试样干燥后，刷去碱斑或斑环残留物。

（3）如果不能完全刷去碱斑或斑环，则在装有100mL三级水的容器中，进行清洗1min，然后在室温下尽进项干燥。

注意，使用氢氧化铵溶液时，仅需在室温下浸泡试样2min，然后取出试样平放在实验台上干燥即可，无需清洗。

## 五、评级

用灰色样卡评定试样的变色。

# 第十四节　耐熨烫（热压）色牢度

熨烫牢度是指染色织物在熨烫时出现的变色或褪色程度。这种变色、褪色程度是以熨斗同时对其他织物的沾色来评定的。熨烫牢度分为1～5级，5级最好，1级最差。测试不同织物的熨烫牢度时，应选择好试验用熨斗温度。

参考标准有AATCC 133—2013《色牢度：热压》、GB/T 6152—1997《纺织品　色牢度试验　耐热压色牢度》。

## 一、检验原理

服装材料的试样在规定温度和规定压力下的加热装置中受压（又分为干压、潮压、湿压）一定时间，试验后立即用灰色样卡评定试样的变色和贴衬织物的沾色。然后在规定的空气中暴露一段时间后，再做评定。

## 二、检验仪器

YG605型熨烫/升华色牢度仪（图12-15）、平滑石棉板（3~6mm）、衬垫（采用单位面积质量为260g/m²的羊毛法兰绒，用两层羊毛法兰绒做成厚约3mm的衬垫，也可用类似的光滑毛织物或毡做成厚约3mm的衬垫）、未染色、未丝光的漂白棉布、评定沾色用灰色样卡、评定变色用灰色样卡。

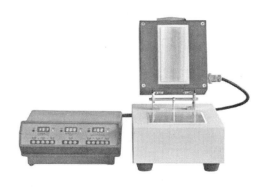

图 12-15　YG605 熨烫 / 升华色牢度仪

## 三、试样制备

（1）如试样是织物，取40mm×100mm试样一块。

（2）如试样是纱线，将它编成织物，取40mm×100mm试样一块。

（3）如试样是散纤维，取足够量梳压成40mm×100mm的薄层，并缝在一块棉贴衬织物上，以作支撑。

## 四、检验步骤

（1）加压的温度是按照纤维类别和服装材料的组织结构来确定的，如混纺品，建议所用的温度与其中最不耐热的纤维相适应。通常使用下述三种温度（110±2）℃、（150±2）℃，（200±2）℃。必要时也可采用其他温度，但要在试验报告上注明。

（2）经受过任何加热和干燥处理的试样，必须在试验前于标准大气即温度为（20±2）℃，相对湿度为（65±2）%中调湿。

（3）不管加热装置的下平板是否加热，应始终覆盖着石棉板、羊毛法兰绒和干的未染色的棉布。

（4）干压：把干试样置于覆盖在羊毛法兰绒衬垫之上的棉布上，放下加热装置的上平板，使试样在规定温度受压15s。

（5）潮压：把干试样置于覆盖在羊毛法兰绒衬垫之上的棉布上，取一块40mm×100mm的棉贴衬织物浸在水中，经挤压或甩干使之含有自身质量的水分，然后将这块湿织物放在干试样上。放下装置的上平板，使试样在规定温度受压15s。

（6）湿压：将试样和两块40mm×100mm的棉贴衬织物浸在二次蒸馏水中，经挤压或甩干使之含有自身重量的水分后，把湿的试样置于覆盖在羊毛法兰绒衬垫之上的棉布上，再把棉贴衬织物放在试样上。放下加热装置的上平板，使试样在规定温度受压15s。

## 五、评级

（1）当试验结束后，立即用相应的灰色样卡评定试样的变色；然后将试样在标准大气中调湿4h后再作一次评定。

（2）用相应的灰色样卡评定棉贴衬织物的沾色。要用棉贴衬织物沾色较重的一面评定。

# 第十五节　耐升华（干热）色牢度

升华牢度是指染色织物在存放中发生的升华现象的程度。升华牢度用灰色分级样卡评定织物经干热压烫处理后的变色、褪色和白布沾色程度，共分5级，1级最差，5级最好。正常织物的染色牢度，一般要求达到3~4级才能符合穿着需要。

耐升华色牢度仪主要用于测定色纺织品耐高温、耐热压及热滚筒加工能力。染料确定印染工艺参数提供依据，用来检测印染成品质量。

参考标准有GB/T 5718—1997《纺织品　色牢度试验　耐干热（热压除外）色牢度》。

## 一、检验原理

纺织品试样与一块或两块规定的贴衬织物相贴，紧密接触一个加热至所需温度的中间体而受热，用灰色样卡评定试样的变色和贴衬织物的沾色。

## 二、检验设备

YG605型熨烫/升华色牢度仪、评定用灰色样卡等。

## 三、试样制备

同"耐皂洗色牢度"检验中的试样制备方法。

## 四、检验步骤

（1）将组合试样放于加热装置中，按（150±2）℃、（180±2）℃、（210±2）℃之一处理30s。如需要，亦可使用其他温度，试验报告中应注明。试样所受压力必须达到（4±1）kPa。

（2）取出组合试样，在GB/T 6529规定的温带标准大气中放置4h；即温度（20±2）℃相对湿度（65±2）%。

## 五、评级

用灰色样卡评定试样的变色，以及对照未放试样而作同样处理的贴衬织物，评定贴衬织物的沾色。

---

思考题

1. 什么是变色？导致变色的环境因素主要有哪些（列举5种以上）？
2. 什么是色牢度并阐述色牢度的重要性。
3. 如何制备摩擦色牢度测试的试样和摩擦布？
4. 影响织物摩擦色牢度的因素有哪些？
5. 如何制备耐皂洗色牢度检测的试样？耐皂洗色牢度的影响因素有哪些？
6. 什么是贴衬织物？单纤维贴衬织物的特性有哪些？
7. 简述耐皂洗色牢度检测的步骤。
8. 在制备耐皂洗色牢度检测用试样时，如果试样是散纤维或纱线时，应如何处理？
9. 什么是耐干洗色牢度？检测时应注意哪些事项？
10. 简述耐日晒色牢度检测的步骤。什么是蓝色羊毛标准？
11. 耐汗渍色牢度检测有哪几种情况？碱性汗液和酸性汗液的成分分别有哪些？
12. 如何制备耐汗渍色牢度组合试样？
13. 耐唾液色牢度检测主要针对哪些织物？

---

# 织物风格检验

---

**课题名称：** 织物风格检验

**课题内容：** 织物的凉感性能

　　　　　　织物光泽性能

　　　　　　织物的起拱变形性能

　　　　　　织物的剪切性能

**课题时间：** 8课时

**教学目的：** 让学生了解织物风格的评价体系和检测方法，掌握相关检验检测原理和检验检测方法，熟练操作相关检验检测的仪器。

**教学方式：** 理论讲授和实践操作。

**教学要求：** 1. 了解织物风格检验的指标及方法。

　　　　　　2. 熟练操作相关检验检测的仪器。

　　　　　　3. 能正确表达和评价相关的检验结果。

　　　　　　4. 能够分析影织物风格的主要因素。

　　　　　　5. 能够分析影响测试结果的主要因素。

---

# 第十三章　织物风格检验

织物风格是织物所固有的机械性能作用于人的感官所产生的效应，它表示了织物的某些外观特征和内在质量。一般而言，织物风格可分为三类：

（1）视觉风格，主要表现在外观、花型和色泽上。

（2）听觉风格，如丝鸣等。

（3）触觉风格，即表现在手感，有时甚至还包括嗅觉等风格（如香味），这就是所谓的广义的风格，人的感官所感受到的综合的反映。狭义的风格就是人手及肌肤对织物的接触感觉。

不同种类的织物，具有不同的风格，如涤棉织物具有"滑、挺、爽"的风格，府绸织物具有"均匀洁净、颗粒清晰、滑爽柔软、光滑似绸"的风格，纯毛厚花呢具有"滑、挺、糯"的风格等，织物的风格不仅包括外观和内在的一系列基本的物理特性，还包含着人的心理、美学、风俗习惯、爱好和流行等的因素。同时，人们对不同织物的风格也有各种具体的不同的要求，如外衣织物要具有毛型感，内衣织物要有柔软的棉型感，夏令织物要有轻薄滑爽的丝绸感或硬挺凉爽的仿麻感，冬令织物要有滑糯、丰厚、蓬松等的风格。

织物的风格是纺织品质量的一个重要的组成部分，当然也是纺织品品质评定的重要内容，它与织物的外观特征密切相关，直接影响着穿着舒适性，良好的织物风格也是纺织科学技术发展的主要目标之一。

## 第一节　织物的凉感性能

织物与皮肤接触时，由于织物与皮肤之间的温度不同，存在一定程度的热交换，导致皮肤温度上升或者下降，一般情况下（除环境温度高于皮肤温度外），织物温度比皮肤温度低，因此织物与皮肤温度接触后往往使皮肤温度下降，如果温度的下降或者上升量超过一定限度，就会使人产生不舒适感，也就是所谓的织物接触冷暖感。

织物接触冷暖感（或接触热舒适）是织物与皮肤接触后，织物给人体皮肤的温度刺激在人的大脑中形成的关于冷和热的判断。有关织物的冷暖感的描述主要有接触热感、接触暖感、接触冷感、接触凉感。热环境中热服装使皮肤升温，称为热感。冷环境中热服装使皮肤升温，称为暖感；冷环境中冷服装使皮肤降温，称为冷感；热环境中冷服装使皮肤降温，称为凉感。对于服用产品而言，夏季需要接触凉感织物，冬季需要接触暖感织物。从物理意义上而言，接触冷暖感的强弱，取决于织物和人体接触过程中，织物导走或者保有人体热量的多少。

本检验仅测试凉感性能。可参考标准有GB/T 35263—2017《纺织品　接触瞬间凉感性能的检测和评价》。

## 一、检验原理

在规定的试验环境下，将试样与温度高于该试样的热检测板接触，通过测定热检测板温度随时间的变化，计算出该试样接触凉感系数（一般出现在接触0.2s时），由此来表征试样接触瞬间凉感性能。接触凉感系数越大，说明人体皮肤受到的凉感越强；接触凉感系数越小，说明人体皮肤受到的凉感越弱。

## 二、检验仪器

YG（B）616N型织物凉感性能测试仪（图13-1）。

图13-1　YG（B）616N型织物凉感性能测试仪

## 三、试样制备

（1）剪取5块代表性的试样，每块试样尺寸约为200mm×200mm，试样应保证平整、无疵点。

（2）试验前，将试样放置于GB/T 6529规定的标准大气中调湿。

## 四、检验步骤

（1）仪器载样台温度设置为（20±0.5）℃，将试样平铺于载样台上，接触皮肤的试样面朝上。

（2）将热检测板温度设置为（35±0.5）℃，与载样台温度差控制在15℃。

（3）待热检测板温度达到（35±0.5）℃并保持稳定后，切断热检测板热源，迅速将热检测板垂直放于试样上，记录测取的接触凉感系数，结果保留至小数点后3位。

（4）按照以上步骤测试其他试样。注意，测试时间均控制在10s内。

## 五、结果计算

计算5块试样接触凉感系数的平均值，如果接触凉感系数的平均值≥0.15J/（cm²·s），则该试样具有接触瞬间凉感性能。

# 第二节　织物光泽性能

织物的光泽与织物的视觉风格有关，它是评价织物外观质量的重要内容之一。织物光泽的要求，按织物用途而异。织物光泽是正面反射光、表面反射光以及来自内部的散射反射光共同作用的结果。影响光泽的因素很多，如纤维的形态结构、纱线的形态结构、织物形态等。细而言之，纤维的中横向形态、表面结构以及内部的层状结构纱线中纤维的排列状态、捻度、捻向、毛羽以及棉结杂质和条干均匀度，织物组织、经纬纱的屈曲波高、浮长线长短后整理中的烘毛、剪毛、轧光以及棉毛织物的丝光整理等都会影响织物的光泽，在分析织物光泽测试结果时务必注意。

织物的光泽可用感官目测评定，但易受人为影响，误差较大，近年来发展为用仪器定量测评。本试验采用YG814-Ⅱ型（带有计算机数据处理）织物光泽仪，它适用于测定具有各种织纹结构及不同颜色的织物光泽，但不适用于绒毛织物。

可参考标准有FZ/T 01097—2006《织物光泽测试方法》、GB/T 8686—1988《织物光泽测试方法》。

## 一、检验原理

织物光泽的测试原理如图13-2所示。将光源发出的平行光以60°入射角照射到试样上，检测器分别在-30°、60°位置上，测得来自织物的正反射光和漫反射光，经过光电转换和模数转换用数字显示光强度，以对比光泽度（即正反射光强度与漫反射光强度的比值）表示织物的光泽度。

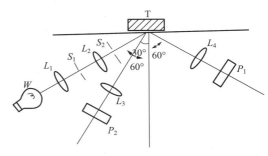

图 13-2　织物光泽测试原理示意图

## 二、检验仪器

YG814-Ⅱ型织物光泽仪、剪刀、尺子等。

## 三、试样制备

在每块样品上随机裁取3块代表性的试样，尺寸均为100mm×100mm。试样表面应平整、无疵点。试样的调湿与测试都应该在GB/T 6529规定的标准大气下进行。非仲裁试验可在常温下进行，但环境温度必须低于30℃。

## 四、检验步骤

（1）校准仪器，开机预热30min。将暗筒放在仪器上位测量口上，调整仪器零点。上标准板、调整仪器，使读数符合标准板的数值。

（2）将试样的测试面向外，平整地绷在暗筒上，然后将其放置在仪器的测量口上。

（3）旋转样品台1周，读取$G_S$最大值及其对应的$G_R$值。

## 五、检验结果计算

$$G_C = \frac{G_S}{\sqrt{G_S - G_R}} \times 100\%$$

式中：$G_C$——织物光泽度，%；

　　　$G_S$——织物正反射光光泽度，%；

$G_R$——织物正反射光光泽度与漫反射光光泽度之差，%。

计算三块试样的平均值，按数值修正法保留一位小数。

## 第三节 织物的起拱变形性能

服装在穿着时由于外界的动态和静态负荷或变形而引起的起拱现象可以认为是一种穿着中的疲劳行为，主要体现在服用中的膝部、肘部。传统的实验方法评价起拱变形性能是根据剩余起拔高度或起拱体积等，通过恒定张力下反复剪切变形而造成的织物动态蠕变，以及用KES-FB系统在低负荷区中的单向拉伸，弯曲和剪切变形的滞变性来预测织物的起拱倾向。

但是，这些测定并不能完全描述织物的起拱变形性能。（1）在穿着时的起拱力是一个复合的多方向力，比悬垂力和起皱力相对大得多。（2）机织物的各向异性对起拱形状有相当大的影响。（3）织物抵抗起拱变形的能力可能与织物起拱恢复的能力不相同，两者会影响到织物起拱的剩余高度和形状而且是不能用先前的方法评定。（4）织物起拱变形是一种疲劳过程而且与具体的力学边界条件和变形过程有很大的关系，它是其他简单的变形过程所不能直接模拟的。所以，需要对织物起拱的机理方面进行研究，并且建立一个客观评定系统。

可参考标准有FZ/T 01054.5—1999《织物风格试验方法 起拱变形试验方法》。

### 一、检验原理

用环状夹试样固定住，用一个模拟肘部的半球体将试样顶伸至一定高度，并保持一定紧张时间，然后停止，给予试样一定的回复时间，回复后的残留拱高大小，表示试样在较长片段时间的伸长变形回复能力。

### 二、检验仪器

YG821L型织物风格仪（图13-3）、起拱变形试验专用夹具、扳手、剪刀、秒表等。

### 三、检验步骤

（1）剪取直径为76mm的试样若干块，试样应具有代表性，试验前按照GB/T 6529规定的标

图 13-3 织物风格仪

准大气进行调湿。

（2）将风格仪升降速度设定为12mm/min。

（3）接通总电源和力显示器电源，位移显示器电源，并预热30min。

（4）将1块试样正确地放在起拱变形夹具的中心，尽量不使试样偏移，以稳定试验结果。

（5）在规定的清零初压力和位移自停压力条件下，驱使压板下降，测定试样与夹持平面间的间隙值。

（6）将一个呈半球状的螺旋底座上旋至规定高度12mm（也可根据实际进行设定），使试样发生膨胀形变并保持3min。然后迅速轻缓地拧下螺旋底座使半球体脱离试样，让试样回复并随即将夹具置于工作台上。

（7）按［向下］开关，压板下降，待压板下降至靠近试样拱顶（但不接触）时即按［停止］开关。

（8）此时试样仍在继续回复，当试样回复满2min时，再按［向下］开关。当压板下压至力显示数为0.3cN（0.3gf）时，即压板与拱顶接触的压力为0.3cN（0.3gf）时拱高就开始计测，压板继续下压，直至压板两端接触夹布平面的凸沿处，由于力显示数骤增，压力达49cN（50gf）设定值时停止。在位移显示器上读取残留拱高$h$精确至0.01mm。

（9）某些试样在开始计测拱高时，会出现拱形突然下凹，负荷骤降，并在下降至清零初压力时，位移自动清零，致使试验作废，为避免这种情况发生，可在压板下开始计测拱高不久，删改原清零控制值，使新值在此后的试验过程中，对各种可能出现的负荷值均不致发生位移自动清零。

（10）试验中如发生试样被夹紧后仍有明显起皱起拱滑脱，或因拱形突然下凹而使位移清零者，则应将此项测试数据剔除。

## 四、结果计算

$$R_{ar} = \frac{h - h_d}{h_0} \times 100\%$$

式中：$R_{ar}$——起拱残留率，%；

　　　$h_0$——设定拱高，mm；

　　　$h_d$——起拱前测得的间隙高度，mm；

　　　$h$——起拱回复后测得的高度，mm。

试验结果以各块数据的平均值表示，并按数字修约规则保留一位小数。

## 第四节 织物的剪切性能

织物的剪切性能也被称为剪切变形性能，当服装面料受到自身平面内的力或力矩作用时，经纬向（或纵横向）的交角发生变化，原本矩形的试样可能会变成平行四边形，这种变形被称作剪切变形。面料的剪切变形性能是面料能够被制作成服装的许多复杂曲面的最主要原因。目前的非织造布、塑料薄膜等片状材料无法作成正规服装面料的一个重要原因是它们的剪切变形量太小，受到剪切力作用时很容易出现斜向起拱，或者说在未起拱以前能够产生的剪切变形量很小。这类材料若制成服装，不仅曲面造型困难，而且在人的肢体活动时服装会因出现皱状波纹（斜向起拱）而不美观。所以，剪切变形性能已经成为决定面料品质性能的一项主要性能。

参考标准有FZ/T 01113—2012《织物小变形剪切性能的试验方法》。

### 一、检验原理

用夹持器夹住试样两端，然后使动夹持器沿夹持线平行方向对试样进行剪切（图13-4），当剪切角由0变为规定角度时，动夹持器以相同速度返回初始位置，随后继续向反方向移动；当剪切角由0变为反方向规定角度时，动夹持器以相同速度返回初始位置，即完成一个循环，得出试样剪切应力与剪切角的关系曲线图，由此计算出试样的剪切刚度和剪切滞后距。

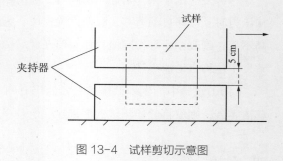

图 13-4 试样剪切示意图

### 二、检验仪器

KES-FB1-A拉伸剪切测试仪（图13-5）。

### 三、试样制备

（1）距布边或缝合处至少150mm处裁取具有代表性的纵（经）或横（纬）向试样3块，每块试样尺寸为200mm×200mm。

（2）试验前，将裁取的试样放置于GB/T 6529规定的标准大气中预调湿、调湿。

图 13-5 KES-FB1-A 拉伸剪切测试仪

## 四、检验步骤

（1）设置试验参数：最大剪切角8°，夹持器移动速度25mm/min，隔距长度50mm。

（2）在预加张力20cN作用下加持试样，同时保证试样处于平整状态。

（3）启动仪器，对试样进行剪切，当剪切角由0变为8°时，动夹持器以相同速度返回初始位置，随后继续向反方向移动；当剪切角由0变为−8°时，动夹持器以相同速度返回初始位置，整个循环结束。

（4）记录试样在−5°、−0.5°、0.5°、5°时剪切滞后距a、b、c、d，以及在0.5°～5°和−5°～−0.5°范围内剪切应力与剪切角的关系曲线图上最接近直线部分的斜率。

（5）将试样旋转90°，按照（2）～（4）对另一个方向进行测试。

（6）按照（2）～（5）对其他试样进行检测，直至测试完所有试样。

## 五、结果计算

（1）剪切刚度

$$G = \frac{G_f + G_b}{2}$$

式中：$G$——试样剪切刚度，cN/cm（°）；

$G_f$——在0.5°～5°内，剪切应力与剪切角的关系曲线图上最接近直线部分的斜率；

$G_b$——−5°～−0.5°内，剪切应力与剪切角的关系曲线图上最接近直线部分的斜率。

（2）−0.5°和0.5°时剪切滞后距的平均值

$$D = \frac{b + c}{2}$$

式中：$D$——试样在剪切角为−0.5°和0.5°时剪切滞后距的平均值，cN/cm；

$b$——剪切角为−0.5°时的剪切滞后距，cN/cm；

$c$——剪切角为0.5°时的剪切滞后距，cN/cm。

（3）−5°和5°时剪切滞后距的平均值

$$D' = \frac{a + d}{2}$$

式中：$D'$——试样在剪切角为−5°和5°时剪切滞后距的平均值，cN/cm；

$a$——剪切角为−5°时的剪切滞后距，cN/cm；

$d$——剪切角为5°时的剪切滞后距，cN/cm。

（4）分别计算纵（经）或横（纬）向的剪切刚度、−0.5°和0.5°时剪切滞后距的平均值、−5°和5°时剪切滞后距的平均值的平均值，各平均值修约至0.001。

思考题

1. 什么是织物的光泽？如何评价和测量织物的光泽？
2. 影响织物光泽的因素有哪些？
3. 什么是织物的起拱变形？造成起拱变形的主要因素有哪些？
4. 什么是织物的剪切变形？

# 织物舒适性检验

**课题名称：** 织物舒适性检验

**课题内容：** 织物的透气性

织物的保暖/保温性

织物的吸湿性

织物的透湿性

织物的刺痒感

织物的热阻湿阻性能

**课题时间：** 12课时

**教学目的：** 让学生了解织物舒适性的原理及评价方法，熟练操作相关检验检测的仪器。

**教学方式：** 理论讲授和实践操作。

**教学要求：** 1. 了解织物舒适性的指标及方法。

2. 熟练操作相关检验检测的仪器。

3. 能正确表达和评价相关的检验结果。

4. 能够分析影织物舒适性的主要因素

5. 能够分析影响测试结果的主要因素。

# 第十四章　织物舒适性检验

服装舒适性主要是指生理方面的舒适性。服装的舒适性很大程度上取决于织物本身的舒适性。包括热湿舒适性、触感舒适性和运动舒适性。服装热湿舒适机理是人、服装、环境之间的生物热力学的综合平衡，它是温度、湿度、辐射温度、风速、人体活动水平、服装热阻、服装湿阻、服装透气性等多种因素的综合协调。

## 第一节　织物的透气性

织物的透气性是指在一定的压力差下，单位时间内流过织物单位面积的空气量 $mL/(cm^2 \cdot s)$，体现了气体分子通过织物的能力大小，是织物通透性中最基本的性能。气体的流动和分子扩散运动以及气体中所夹带的水汽，会形成热湿传递，而织物的透气性会影响空气的流通，引起微气候的温度变化。透气性影响织物的穿着舒适性，比如隔热、保暖、通透、凉爽；也会影响织物的使用性能，如降落伞、安全气囊、热气球等的密闭与透气的有效性。织物的透气性通常以透气率来表示。

参考标准有GB/T 5453—1997《纺织品　织物透气性的测定》。

### 一、影响织物透气性的因素

影响织物透气性的因素从本质上来说不仅与织物的孔隙大小以及联通性，通道的长短、排列以及表面的性状，织物的体积分数、厚度有关，还与环境的温度、湿度、气压差有关。更重要的是与织物的孔隙大小的分布特征有关。具体影响因素如表14-1所示。

表14-1　织物透气的影响因素

| 织物影响因素 | 影响结果 |
|---|---|
| 织物材料 | 透气性能从大到小依次排列为：麻>棉>羊毛>涤纶>尼龙 |
| 织物组织结构 | 织物透气性关系为：透孔织物>缎纹织物>斜纹织物>平纹织物<br>经纬纱纱支不变，经密或纬密增加，透气性下降<br>纱线的捻度增加，透气性提高 |
| 后整理方式 | 织物经柔软、液氨柔软、免烫、液氨免烫、液氨潮交联和三防等后整理，其透气性大小为：液氨整理>普通柔软和免烫整理>三防整理 |
| 水洗次数 | 前5次洗涤过程中，织物的透气性依次降低；洗涤5~100次，织物透气性变化较小，趋于稳定；其中洗涤30次以上时，织物的透气性有略微增加的趋势 |
| 烘焙 | 烘焙后的透气率均比烘焙前有所增加，这是因为烘焙前浸轧在织物上的助剂并未发生交联，覆盖在纤维及纱线之间，阻碍空气的流通 |

（1）织物结构：在同样的排列密度和紧度条件下，不同组织结构的透气性强弱排列顺序为平纹<斜纹<缎纹<多孔组织。这是因为在相同的织物结构和厚度下，平纹织物经纬线交织次数最多，纱线间孔隙较小，透气性也较小；透孔织物纱线间空隙较大，透气性也较大。在一定范围内，纱线的捻度增加，纱线的直径和织物紧度降低，则织物的透气性增强。体积分数越小的织物，透气性越好。经纬纱线密度不变而排列密度增加时，透气性变弱。

（2）纤维性质：纤维随着回潮率的增加，透气率会显著下降。纤维越短，刚性越大，产生毛羽的概率越大，形成的阻挡和通道变化越多，透气性越差。

（3）纱线结构：纱线结构越致密，纱线内的通透率越小，而纱线间的通透率越大。纱线的捻度与光洁对通透有利。

（4）环境条件：当温度一定时，织物透气量随着空气相对湿度的增加而呈下降趋势。这是由于织物吸收水分后，纤维膨胀、收缩，使织物内部的孔隙减少，加上附着的水分将织物中孔隙堵塞，导致织物透气量下降。在相对湿度一定时，织物透气量随环境温度升高而下降。

## 二、检验原理

在规定的压差条件下，测定一定时间内垂直通过试样的空气流量，计算出透气率。当流量孔径大小一定时，压差越大，单位时间流过的空气量也越大；当流量孔径大小不同时，同样的压力差所对应的空气流量不同，流量孔径越大，同样的压力差所对应的空气流量越大。

### 三、检验仪器

YG（B）461D型数字式织物透气量仪
（图14-1）。

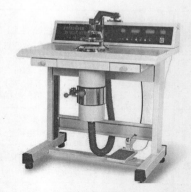

图14-1　YG（B）461D型数字式织物透气量仪

### 四、试样制备

（1）批样的抽取：从一次装运货物或
批量货物中随机抽取，以表14-2所列匹数
作为批样，应保证批样无损或不受潮。

表14-2　试样抽取

| 装运或批量货物的数量/匹 | 批样的最少数量/匹 |
| --- | --- |
| ≤3 | 1 |
| 4～10 | 2 |
| 11～30 | 3 |
| 31～75 | 4 |
| ≥75 | 5 |

（2）实验室样品和准备：从批样的每一匹剪取长至少为1m的整幅织物作为实验室样
品，注意应在距布端3m以上的部位随机选取，并保证所取试样表面没有折皱或明显疵点。

（3）取样：试样应具有代表性，一般采用梯形备样法。准备10块以上面积大于试验圆
台、边长为15cm的方块试样。

（4）将试样在GB/T 6529规定的标准大气条件下进行调湿24h，试验环境为试验用标准
大气。

### 五、检验步骤

（1）安装试样，将试样固定在试验平台上，应保证试样平整面不被拉伸、变形。

（2）设置试验参数。试验有效面积为20cm²，也可根据需要选取5cm²、50cm²、100cm²；
设置压降值100Pa（服用织物）或200Pa（产业用织物），也可根据需要选取50Pa、500Pa。

（3）启动透气仪器，进行测试。

注意，如果织物正反两面透气性存在差异，则应在报告中注明测试面；同一样品的不
同部位至少重复测定10次。

## 六、结果表示

计算透气率的平均值R，单位mm/s或m/s，结果修约至测量范围（测量档满量程）的2%。

$$R = \frac{q_v}{A} \times 167$$

或

$$R = \frac{q_v}{A} \times 0.167$$

式中：$q_v$——平均气流量，L/min（dm$^3$/min）

　　$A$——试验面积，cm$^2$；

　　167——由L/min·cm$^2$或dm$^3$/min·cm$^2$换算成mm/s的系数；

　　0.167——由L/min·cm$^2$或dm$^3$/min·cm$^2$换算成m/s的系数。

其中后一公式主要用于稀疏织物、非织造布等透气率较大的织物。

# 第二节　织物的保暖/保温性

保暖性或保温性是指人体着装以后，在较低的环境温度条件下，降低人体热量的散失或对人体保温的性质。织物的保暖性能，来自于纤维的形态和性能，以及织物的结构与性能。就服装而言，保暖性则与服装的形态和组成有关，总之，服装的保暖性受到了多种综合因素的影响。织物的保暖性是服装保暖性的主体，也是最能主观调节服装保暖性的因素。

织物是一种或几种纤维与空气的高度集合体，其保暖性实际上就是这个集合体的综合热阻，而这个热阻又取决于材料的导热率，导热率越低，热阻越高，保暖性也就越好。另外，保暖性能的相关指标还有克罗值、保温率（绝热率）等。

为了提高织物的保暖性，通常都是通过提高其结构的蓬松度，即增加织物的静止空气含量来实现。当然，只追求织物的蓬松度还是不够的，还必须有一定的厚度，以保证纤维和空气的绝对含量，很薄的织物就很难达到很高的保暖性。

对于织物保暖性的检验有平板式恒定温差散热法和管式定时升温降温散热法两种检验方法，这里介绍平板式恒定温差散热法进行织物的保暖性检验，参考标准有GB/T 11048—2018《纺织品　生理舒适性稳态条件下热阻和湿阻的测定（蒸发热板法）》。

## 一、保暖/保温性能检测的原理

将试样覆盖于试验板上，试验板及底板和周围的保护板均以电热控制相同的温度，并以通断电的方式保持恒温，使试验板的热量只能通过试样的方向散发，测定试验板在一定时间内保持恒温所需要的加热时间，计算试样的保温率、传热系数和克罗值。

图14-2　YG（B）606E型织物保温性能测试仪

## 二、检验仪器

YG（B）606E型织物保温性能测试仪（图14-2）。

## 三、检验步骤

（1）取样：每份样品取3块尺寸为30cm×30cm的试样，同时保证试样平整、无折皱。

（2）将试样在GB/T 6529规定的标准大气条件下进行调湿24h，试验环境为试验用标准大气。

（3）填写检验记录，如表14-3所示。

表14-3　纺织品保暖性检验原始记录（仅供参考）

| 样品编号 | | 样品名称 | | | | |
|---|---|---|---|---|---|---|
| 检测依据 | | 大气条件 | ℃　%RH | | 仪器 | □036# □075# |
| 设定温度 | | 方法A | 平板式恒定温差散热法 | | | |
| 试验数据 | | | | | | |
| 样品编号 | 保温率/% | 传热系数$U_2$/ W/（m²·℃） | | 克罗值（Clo）/ 0.155℃·m²/ W | | |
| 1 | | | | | | |
| 2 | | | | | | |
| 3 | | | | | | |
| 平均值 | | | | | | |
| 报出值 | | | | | | |
| 标准参数 | | | | | | |
| 备注 | | | | | | |

（4）空白试验（无试样试验）：

①接通电源将仪器预热一定的时间，同时设置试验板、保护板、底板温度为36℃。

②待试验板、保护板、底板温度达到设定值且温度差异稳定在0.5℃以内时，开始试验。

③待试验板加热后指示灯灭时，立即启动仪器。

④进行至少5个加热周期的空白试验，读取试验总时间和累计加热时间。

⑤在试验过程中记录仪器的罩内空气温度。

（5）有试样试验：

①将试样平铺在试验板上且正面朝上，保证试验板的四周全部被覆盖。

②预热一定时间，对于不同厚度和回潮率的试样预热时间可不等，一般预热30~60min。

③当试验板加热后指示灯灭时，立即启动仪器，开始试验。

④至少测定5个加热周期，读取试验总时间和累计加热时间。

⑤在试验过程中记录仪器罩内空气温度。

⑥取出试样后，放入第二块试样重复以上试验。

## 四、结果计算

计算每块试样的保温率、传热系数、热阻（或克罗值），以三块试样的算术平均值为最终结果。

（1）保温率：

$$I = \frac{I_1 - I_2}{I_1} \times 100\%$$

式中：$I$——保温率，%；

$I_1$——无试样散热量，W/℃；

$I_2$——有试样散热量，W/℃。

其中

$$I_1 = \frac{E\frac{t_1}{t_2}}{T_p - T_a}, \quad I_2 = \frac{E\frac{t_1'}{t_2'}}{T_p - T_a'}$$

式中：$E$——试验板电热功率，W；

$t_1$、$t_1'$——无试样、有试样累计加热时间，s；

$t_2$、$t_2'$——无试样、有试样试验总时间，s；

$T_p$——试验板平均温度，℃；

$T_a$、$T_a'$——无试样、有试样罩内空气平均温度，℃。

（2）传热系数：

$$H = \frac{1}{S} \cdot \frac{I_1 \cdot I_2}{I_1 - I_2}$$

式中：$H$——试样传热系数，$W/m^2 \cdot ℃$；

　　　$S$——试验板面积，$m^2$。

（3）热阻：

$$R_{cl} = S\frac{1}{I_2} - S\frac{1}{I_1}$$

式中：$R_{cl}$——热阻，$m^2 \cdot k/W$；

　　　$S$——试验板面积，$m^2$。

## 五、完成试验记录报告

按要求完成试验记录报告。

# 第三节　织物的吸湿性

卫生保健性能是织物的重要服用性能之一，吸湿性是织物重要的卫生指标。织物在穿用的过程中，可从皮肤表面吸收汗液或从周围大气中吸收水分，这种性能称为织物的吸湿性。织物吸湿性的优劣可用回潮率来表示，回潮率是指织物内所含水分质量对织物干燥质量的百分比。吸湿性主要取决于纤维的性质、纱线的加工方法或织物织造方法。

## 一、检验方法和原理

织物吸湿性测试方法可分为直接测定法和间接测定法两类。直接测定法是分别测出织物的湿重和干重，经计算而得，这是目前测定织物回潮率最基本的方法。如烘箱干燥法、红外线辐射法、吸湿剂干燥法、真空干燥法、高频介质加热和微波加热干燥法等。间接测定法是指不去除材料中的水，不损坏试样，利用材料在不同的回潮率下具有不同的电阻值、介电常数、介电损耗等检测材料的含水性，可使用电阻测湿仪、电容测湿仪、微波和红外测湿及放射性同位素法、核磁共振法等。其中通风式烘箱干燥法是国家标准中规定的方法。

烘箱干燥法是利用电热丝加热、当箱内温度升温至规定值时，把试样放入烘箱内，使织物内的水分蒸发于空气中，并利用换气装置将湿空气排出箱外。由于织物内水分不断蒸发和散失，干燥处理过程中的全部质量损失都作为水分蒸发处理，当质量烘至恒量时，即为织物干重，经计算得出回潮率指标。供给烘箱的大气应为织物调湿和实验用标准大气，若非标准大气，测定的烘干质量应进行修正。

## 二、检验仪器

Y802N型八篮恒温烘箱（图14-3）、天平、通风式干湿球温湿度计。

## 三、试样制备

（1）按产品标准的规定或协议抽取样品。

图14-3　Y802N型八篮恒温烘箱

（2）取样要有代表性，要采取措施，防止样品中水分有任何变化。

（3）称取5份试样。每份50g，称取时，动作须敏捷，防止试样在空气中吸湿或放湿；称取完毕，迅速进行实验。

## 四、检验步骤

（1）校正链条天平，调节烘燥温度。

（2）将密封的试样在室温条件下快速称取质量，精确至0.01g。将称好的试样扯松，扯落的杂质和短纤维全部放入试样中，再分别放入铝篮之中。

（3）待烘箱内的温度上甚至规定温度时，取下链条天平左方的砝码和放盘的架子，换上钩蓝器和烘篮，校正链条天平的平衡。

（4）从烘箱中取出烘篮，将称好的试样放入烘篮内，将烘篮放入箱内相对应的篮座上。

（5）关闭烘箱前门，打开电源开关，设定温度，烘箱达到设定温度并恒温烘烤试样一定时间后，关闭电源开关，然后保持1min。

（6）对试样进行称重，并予以记录。

（7）用通风式干湿球温湿度计，测量烘箱周围空气的温湿度。

## 五、结果计算和表示

（1）回潮率：

$$W = G - G_0 / G_0$$

式中：　$G$——试样中的烘前质量，g；

$G_0$——试样的烘干质量，g。

每份试样的$W$计算精确至小数点后2位。多份试样的平均值，精确至小数点后1位。

（2）烘干质量的修正：

$$G_s=G_0\times（1+C）$$

式中：$G_s$——试样在标准大气下测得的烘干质量，g；

　　　$G_0$——试样在非标准大气下测得的烘干质量，g；

　　　$C$——修正至标准大气条件下烘干质量的系数：

$$C=a（1-6.58\times10^{-4}\times e\times r）$$

式中：$a$——由纤维种类确定的常数；

　　　$e$——送入烘箱空气的饱和水蒸气压力，e值取决于温度和大气压，Pa；

　　　$r$——通入烘箱空气的相对湿度百分率。

（3）常见纤维吸湿性高低的顺序为：羊毛>黏胶纤维>麻>丝>棉>锦纶>腈纶>涤纶。

## 六、检验的影响因素

（1）吸湿性主要取决于纤维的性质，纱线的加工方法，织造方法的不同也会导致吸湿性的结果不同。

（2）烘烤的温度和时间：因织物材料的不同，其烘燥时间特性曲线也不同，为了使烘燥平衡，对不同的试样，应确定合适的烘燥时间，最好多做几次预备性试验。

（3）纤维中的伴生物和杂质会影响纤维吸湿能力，是吸湿性发生变化。

（4）温湿度和气压：环境条件对吸湿性影响不大，但是对织物的浸润性、表面温度和表面光滑有一定影响，集中表现在纤维表面的凝水和纤维间的毛细吸水。

（5）空气流速：在空气流速大的时候，纤维表面吸附水分的蒸发加快，纤维的公定回潮率就会降低。

# 第四节　织物的透湿性

织物的透湿性是服装热舒适性评价的重要内容，评价织物透湿性的常用测试方法是透湿杯法，透湿杯法分为蒸发法和吸湿法。蒸发法又可分为正杯法和倒杯法。本检验主要采取的是蒸发法和吸湿法。

参考标准有GB/T 12704.1—2009《纺织品　织物透湿性试验方法　第1部分：吸湿法》、GB/T 12704.2—2009《纺织品　织物透湿性试验方法　第2部分：蒸发法》。

## 一、检验原理

### （一）吸湿法

用织物试样将装有干燥剂的透湿杯开口封住，放置在规定温、湿度的密封环境中，根据透湿杯在一定时间内质量的变化，计算试样的透湿率、透湿度和透湿系数。

### （二）蒸发法

用织物试样将装有一定温度蒸馏水的透湿杯开口封住，放置在规定温、湿度的密封环境中，根据透湿杯在一定时间内质量的变化，计算试样的透湿率、透湿度和透湿系数。

## 二、检验仪器与试剂

### （一）仪器

YG（B）216-Ⅱ型织物透湿量仪（图14-4）、透湿杯（包含压环、杯盖、螺栓、螺帽、橡胶垫圈等）、干燥器、天平、织物厚度仪、量筒等。

### （二）试剂

吸湿剂、干燥剂（一般选无水氯化钙）等。

图 14-4　YG（B）216-Ⅱ型织物透湿量仪

## 三、试样制备

（1）在距布边1/10幅宽、布匹端至少2m处取具有代表性的试样，试样要保持平整、均匀、无疵点、划痕、孔洞等。

（2）至少取3块试样，每块尺寸直径为70mm。

（3）检验前，将试样按照GB/T 6529进行调湿。

注意，若织物正反面材质不同，如无特殊说明，则在正反面各取3块进行检验且在简报报告中说明；对于检验要求较高的织物，可多剪取1块试样用作空白试验。

## 四、检验条件

检验条件，如表14-4所示。

表14-4　检验条件

| 序号 | 温度/℃ | 湿度/% |
|---|---|---|
| 1 | 38±2 | 50±2 |
| 2 | 23±2 | 50±2 |
| 3 | 20±2 | 65±2 |

**注**　一般优先选取序号1中温、湿度条件，也可根据要求进行选取。

## 五、检验步骤

（一）吸湿法

（1）在干燥的透湿杯中均匀装入35g干燥剂，干燥剂装填高度距试样表面位置在4mm左右，另取一个不装干燥剂的透湿杯用作空白试验。

（2）试样测试面朝上放置在透湿杯上，要保证试样平整，装上垫圈和压环，再用螺帽固定好，为检验的精度，用胶带封住垫圈、压环和透湿杯开口处，组合试验组合体。

（3）将试验组合体放入已达到表14-4中序号1温、湿度的织物透湿量仪中，放置1h后取出。

（4）用杯盖盖住组合试验组合体，放在20℃干燥器中放置30min，称量每个试验组合体（不超过15s），精确至0.001g。

（5）拿下杯盖，将试验组合体再次放入织物透湿量仪中，1h后取出，放在20℃干燥器中放置30min，称量每个试验组合体（不超过15s），精确至0.001g。

（6）结果计算：

①试样透湿率：

$$MP = \frac{\Delta M - \Delta m}{A \cdot t}$$

式中：　$MP$——透湿率，g/（m²·h）；

　　　$\Delta M$——同一试验组合体两次称量之差，g；

　　　$\Delta m$——空白试样的同一试验组合体两次称量之差，g；

　　　$A$——有效试验面积，m²；

　　　$t$——试验时间，s。

②试样透湿度：

$$MPr = \frac{MP}{\Delta p} = \frac{MP}{p_{CB}(R_1 - R_2)}$$

式中：$MPr$——透湿度，g/（m²·Pa·h）；

　　　$\Delta p$——试样两侧水蒸气压力差，Pa；

　　　$p_{CB}$——试验温度下的饱和水蒸气压力，Pa；

　　　$R_1$——试验时试验箱的相对湿度，%；

　　　$R_2$——透湿杯内的相对湿度，%。

③试样透湿系数：

$$MPC = 1.157 \times 10^{-9} MPr \cdot d$$

式中：$MPC$——透湿系数，g·cm/（cm²·s·Pa）；

　　　$MPr$——透湿度，g/（m²·Pa·h）；

　　　$d$——试样厚度，cm。

注意，对于两面不同的试样，如无特别要求，分别按照以上公式对两面的透湿率、透湿度、透湿系数进行计算，并在检验报告中作出说明。

（二）蒸发法

1. 正杯法

（1）用量筒量取34mL蒸馏水，蒸馏水温度与实验条件温度相同，倒入干净、干燥的透湿杯中，使水距试样下表面10mm左右。（2）将试样测试面朝下放置在透湿杯上，其余步骤同"吸湿法"。

2. 倒杯法

倒杯法与正杯法不同之处，是将试样测试面朝上放置在透湿杯上，其余步骤同正杯法。

3. 结果计算

同吸湿法结果计算方法。

# 第五节　织物的刺痒感

织物与皮肤接触时，织物表面毛羽和纤维对人体皮肤所产生的微观刺激作用，产生刺激点，当单位接触面积上刺激点达到一定数量时，引起刺扎、刮拉、拨动、摩擦和纠缠汗毛的综合感觉或形成的"类似很多细小的针尖轻扎"的感觉，被称为刺痒感。织物的刺痒感检测是服装材料的肤感舒适性的检测项目之一。影响织物刺痒感的因素主要有织物和纱线结构、人的皮肤状态和神经感应系统以及毛羽数量与形态。

可参考标准有FZ/T 30004—2009《苎麻织物刺痒感测定方法》、FZ/T 30005—2009《苎麻织物刺痒感评价方法》。

织物刺痒感评价主要为主观触觉感受评价客观评价法。

## 一、主观评价法

（1）前臂试验：此方法是简单易行的主观评价法。将测试织物放在受测试者的前臂，测试者戴上橡皮手套在该织物上轻轻拍打，被测试者依据织物刺痒感评价并按照图14-5进行评分，最后对每个评定结果进行统计加权平均得出织物的刺痒情况总的评定等级。

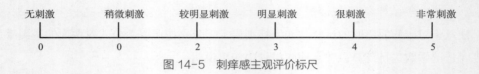

图14-5　刺痒感主观评价标尺

（2）试穿评定：选择一定数量和年龄范围的身体健康、精神状况良好的评价员，在规定的时限范围内进行试穿该织物制作的简单服装，被测试者依据不同织物的刺痒感等级进行评分。最后对每个评定结果进行统计加权平均得出织物的刺痒情况总的评定等级。

## 二、客观评价法

客观评价法有薄膜法（以纤维的抗弯刚度、粗硬纤维的含量和织物粗短毛羽量间接测量）。在一定压力下，织物表面的纤维可以在聚四氟乙烯薄膜上留下压痕，根据薄膜压痕评价织物刺痒程度，由于不同大小的压力会在聚四氟乙烯薄膜上留下不同深浅和密度的压痕，那么薄膜的透光量也会不同。根据薄膜透光量多少对织物的刺痒程度作出评价。人工依据每张薄膜压痕的数目的多少来进行评价。

典型的客观评价法以我国标准《苎麻织物刺痒感测定方法》为例。本标准适用于含苎麻纤维类普通织物刺痒感程度的测定；不适用于具有特殊布面毛羽特征（如起绒、起圈织物等）苎麻类织物刺痒感程度的测定。

（1）检验原理：测试一定面积织物（单面）毛羽部分的压缩性质，以布面毛羽部分压缩的特征值（分界压力和压缩比功）客观表征织物可能引起的刺痒感程度。

（2）检验设备：YG062型织物刺痒感测试仪（图14-6）、剪刀、钢尺等。

（3）试样制备：将剪取尺寸为30cm×
7.5cm的试样，每个品种织物取试样10块
（试样平整、无折皱、无疵点）。若织物正、
反面区别较大，测试其反面（即与皮肤接
触的一面，标明测试面），每块试样测试1
次；对于没有明显正反面的品种，每面测
试5块试样（标明测试面）。准备好的试样
自然悬挂，避免毛羽部分受到挤压或织物
折皱。

图14-6　YG062型织物刺痒感测试仪

（4）检验步骤：

①在测试盘表面平整包覆或黏附一层薄乳胶膜，乳胶膜厚度为0.2mm。

②设定压力计数据采集步长，每毫米压缩动程采集数据对不少于20对。设定压缩速
度，推荐采用20～30mm/min。

③设定压缩动程，压缩动程推荐为织物厚度（包括毛羽长度）加上4mm。

④将试样一端夹持在织物固定夹上，跨过两根支撑杆，另一端夹上张力夹（机织物预
加张力200cN，针织物50cN）。

⑤开机预热30min后，压力计校正并清零，依次对试样进行测试。

⑥去除数据对中压力值为0的无效数据对。利用有效数据对生成织物单面压缩曲线，
包括毛羽部分压缩曲线、织物主体压缩部分曲线和过渡部分压缩曲线。曲线绘制可采用常
用数据分析软件进行，如Excel、Origin、SPSS等。

（5）结果计算和表示：

①平均分界压力：

$$\overline{P} = \frac{\sum\limits_{i=1}^{10} P_i}{10}$$

式中：$\overline{P}$——试样10次压缩测试的分界压力平均值，cN；

　　　$P_i$——第$i$次压缩测试的分界压力值，cN。

②压缩比功：

$$\overline{R_{\mathrm{C}}} = \frac{\sum\limits_{i=1}^{10} \dfrac{d \cdot \sum\limits_{j=1}^{n} P_j}{D_i}}{10}$$

式中：$\overline{R_{\mathrm{C}}}$——试样10次压缩的平均压缩比功，cN；

　　　$C_i$——试样第$i$次压缩测得的毛羽压缩部分压缩比功，cN·mm；

    *d*——数据采集步长，mm；

    *n*——毛羽压缩阶段采集的数据对的个数；

    $P_j$——第*j*个数据对对应的压力值，cN；

    $D_i$——第*i*次压缩毛羽压缩阶段的压缩位移，即分界点处对应压缩位移，mm。

试样的分界压力值和压缩比功值与试样刺痒感程度呈正相关关系，即分界压力或压缩比功越大，刺痒感越强。

## 第六节　织物的热阻湿阻性能

作为织物舒适性的重要组成部分，热湿舒适性是织物与人体皮肤表面形成的微气候给人的感觉，主要包括隔热性、透湿性、保水性、吸湿性等，适宜的微气候温度在31~33℃，相对湿度为40%~60%，气流为10~40cm/s。织物热阻湿阻是衡量服装面料舒适与否的重要指标。

热阻是指纺织品对热量的阻力。织物的热阻越大，其保温性越好。热阻值可以用织物层与层之间的温度差与垂直通过该织物单位面积热流量的比值来表示。

湿阻是指纺织品对蒸发热的阻力或阻止水蒸气透过的能力。湿阻越大，织物不容易让水蒸气通过，也就是不利于排汗排湿。湿阻值可以用织物内外的水蒸气压差与垂直通过该织物单位面积内蒸发热流量的比值来表示。

织物热阻湿阻的测试方式很多，如蒸发热板法、水蒸气倒杯法、出汗热板法等，本检验以蒸发热板法进行试验。可参考标准有GB/T 11048—2018《纺织品　生理舒适性　稳态条件下热阻和湿阻的测定（蒸发热板法）》。

### 一、检验原理

将试样覆盖在测试板上，在试样条件稳定后，测定通过试样与空气层的热阻值，再减去相同条件下测定的空气层的热阻值，最终得出试样的热阻$R_{ct}$。

将透气且不透水的薄膜覆盖在多孔测试板上，然后将试样放在薄膜上，测定一定水分蒸发率下保持测试板恒温所需热流量，与通过试样水蒸气压力一同计算试样阻值，即将试样与空气层之间测定的湿阻值减去相同条件下测定的空气层的湿阻值，最终得出试样的湿阻值$R_{et}$。

## 二、检验仪器

YG（B）606G型纺织品热阻和湿阻测试仪（图14-7）、织物厚度仪等。

图14-7　YG（B）606G型纺织品热阻和湿阻测试仪

## 三、试样制备（试样厚度≤5mm）

（1）每个样品至少取3块试样，试样应平整、无疵点。

（2）试样应完全覆盖测试板和热护环。

（3）试验前，分别放置在热阻、湿阻测试的环境中进行调湿。

## 四、检验步骤

（一）热阻测定

（1）调试测试板表面温度$T_m$为35℃，气候温度$T_n$为20℃，相对湿度为65%，空气流速$V_a$为1m/s。待测定值$T_m$、$T_n$、相对湿度、提供给加热板的加热功率都达到稳定后，记录它们的值，表示出空板热阻值$R_{cto}$。

$$R_{cto} = \frac{(T_m - T_n) \times A}{H - \Delta H_c}$$

式中：$\Delta H_c$——修正值，参考GB/T 11048—2018附录B。

　　　　$H$——加热功率，W；

　　　　$R_{cto}$——热阻，$m^2 \cdot k/W$；

　　　　$T_m$——测试板表面温度，35℃；

　　　　$T_n$——气候温度，20℃；

　　　　$A$——试验板面积，$m^2$。

（2）试样平放在测试板上，将与皮肤接触的试样面朝向测试板，同时保证试样无起泡和起皱。

（3）调试测试板表面温度$T_m$为35℃，气候温度$T_n$为20℃，相对湿度为65%，空气流速$V_a$为1m/s。在测试板上放置试样后，待测定值$T_m$、$T_n$、相对湿度、提供给加热板的加热功率都达到稳定后，记录它们的值。计算出试样热阻$R_{ct}$：

$$R_{ct} = \frac{(T_m - T_n) \times A}{H - \Delta H_c} - R_{ct0}$$

式中：$R_{ct}$——热阻，$m^2 \cdot k/W$；

$\quad\quad R_{ct0}$——空白测试板热阻，$m^2 \cdot k/W$；

$\quad\quad T_m$——测试板表面温度，35℃；

$\quad\quad T_n$——气候温度，20℃；

$\quad\quad H$——加热功率，W；

$\quad\quad \Delta H_c$——修正值。

注意，通常试样在无张力作用下进行测试，如试验过程中被拉伸或受压力作用，则在检验报告中注明；试样厚度超过3mm时，应调节测试板高度使试样上表面与试样台平齐。

（二）湿阻测定

（1）在多孔测试板上覆盖一层厚度为10～50μm的光滑、透气且不透水的纤维素薄膜，薄膜应保证平整、无皱且提前经蒸馏水浸湿。

（2）测试板表面温度$T_m$及周围空气温度控制在35℃，空气流速$V_a$为1m/s。空气相对湿度为40%，其水蒸气分压$p_a$为2250Pa，饱和蒸汽压$p_m$为5620Pa。待测定值$p_m$、$p_a$相对湿度、提供给加热板的加热功率都达到稳定后，记录它们的值，表示出空板热阻值$R_{et0}$。

$$R_{et0} = \frac{(p_m - p_a) \times A}{H - \Delta H_c}$$

式中：$R_{et0}$——空板热阻，$m^2 \cdot k/W$；

$\quad\quad p_m$——饱和蒸汽压，5620Pa；

$\quad\quad p_a$——水蒸气分压，2250Pa；

$\quad\quad \Delta H_c$——修正值。

（3）试样平放在测试板上，将与皮肤接触的试样面朝向测试板，同时保证试样无起泡和起皱。

（4）测试板表面温度$T_m$、空气温度$T_n$控制在35℃，空气相对湿度为40%，其水蒸气分压$p_a$为2250Pa，饱和蒸汽压$p_m$为5620Pa。在覆盖薄膜的测试板上放置试样，待测定值$p_m$、$p_a$相对湿度、提供给加热板的加热功率都达到稳定后，记录它们的值。计算试样湿阻$R_{et}$：

$$R_{et} = \frac{(p_m - p_a) \times A}{H - \Delta H_c} - R_{et0}$$

式中：$R_{et}$——试样热阻，$m^2 \cdot k/W$；

　　　$R_{et0}$——空白测试板热阻，$m^2 \cdot k/W$；

　　　$p_m$——饱和蒸汽压，5620Pa；

　　　$p_a$——水蒸气分压，2250Pa；

　　　$H$——加热功率，W；

　　　$A$——试验板面积，$m^2$。

注意，测定湿阻时，应使用定量供水装置为测试板持续供水，且供应的水经过2次蒸馏并经过煮沸；通常试样在无张力作用下进行测试，如试验过程中被拉伸或受压力作用，则在检验报告中注明；试样厚度超过3mm时，应调节测试板高度使试样上表面与试样台平齐。

---

思考题

1. 阐述织物透气性的检测原理。影响织物透气性的因素有哪些？
2. 阐述织物保暖性的检测原理。
3. 名词解释：克罗值、保温率、传热系数。
4. 织物透湿性的检测方法有哪些？
5. 分析织物刺痒感产生的原因，列举一些消除织物服用过程中造成人体刺痒感的方法。

---

# 织物生态项目检验

**课题名称：** 织物生态项目检验

**课题内容：** 异味检验

pH检验

甲醛含量检验

禁用偶氮染料检验

重金属含量检验

杀虫剂检验

**课题时间：** 16课时

**教学目的：** 让学生掌握织物异味、pH、甲醛含量、甲醛含量、禁用偶氮染料、重金属含量及杀虫剂的检测原理及检测方法，了解它们给人体健康带来的危害，熟练操作相关检验检测的仪器。

**教学方式：** 理论讲授和实践操作。

**教学要求：** 1. 了解织物生态项目的相关内容。

2. 掌握织物生态项目相关检验检测的原理及方法。

3. 熟练操作相关检验检测的仪器。

4. 能正确表达和评价相关的检验结果。

5. 能够分析影响测试结果的主要因素。

# 第十五章　织物生态项目检验

## 第一节　异味检验

异味是由于纺织品中挥发的刺激气体引起人们的不适感，并且对人体健康有着很大的危害。异味其主要来源于两个方面：① 由纺织品上残留的化学整理剂和助剂生成；② 纺织品在生产、加工、运输、储存、销售过程中容易被微生物污染，以及自身的多孔性易于从环境中吸收异味。

目前异味的种类按照GB 18401—2010标准分类为：① 霉味；② 高沸程石油味（汽油味、柴油味、煤油味等）；③ 鱼腥味；④ 芳香烃气味；⑤ 未洗净动物纤维膻味；⑥ 臊味等。

霉味是细菌、真菌等微生物代谢时产生的有害气体的气味，这些微生物代谢时产生的气体、排泄物、碎片等，会成为引发哮喘病的过敏原。

高沸程石油属微毒低毒物质，主要有麻醉和刺激作用。一般吸入气溶胶或雾滴会引起黏膜刺激；不易经完整的皮肤吸收；不慎吸入可能引起化学性肺炎。

芳香化合物对皮肤、黏膜有刺激性，对中枢神经系统有麻醉作用。短时间内吸入较高浓度芳香化合物或可引发急性中毒会出现眼及上呼吸道明显的刺激症状，眼结膜及咽部充血、头晕、头痛、恶心、呕吐、胸闷、四肢无力、步态蹒跚、意识模糊。重症者可有躁动、抽搐、昏迷。长期接触芳香化合物或可引发慢性中毒会发生神经衰弱综合征、肝肿大、女性月经异常等。

鱼腥气味主要是由三甲胺产生的，对人体的主要危害是对眼、鼻、咽喉和呼吸道的刺激作用。长期接触会感到眼、鼻、咽喉干燥不适。

### 一、异味检验原理

将纺织品试样置于规定的系统中形成气味，采用嗅觉器官判定其气味。需要经过一定训练和考核的异味检测人员来判断纺织品上是否存在某些特定的气味。实验前检测者应预先洗净双手，戴上手套。检测时需用双手拿起试样，并靠近鼻腔，仔细嗅闻试样上的气味，如检测出下列气味中的一种或多种，即判为不合格。

## 二、异味测定标准及适用范围

依据GB 18401—2010进行测试，适用于任何形式的纺织品。

## 三、检验仪器

洁净无气味的密闭容器（实验室尽量保持无气味，温度、湿度适宜）。

## 四、检验方法与步骤

（1）取样：取样织物尺寸不小于20cm×20cm，纱线和纤维质量≥50g，将样品放于无气味的密闭容器内保存。

（2）检测：

①试验应在得到样品后24h之内完成。

②将试样放于试验台上，样品开封后，立即进行气味检测，检测者戴上手套，拿起试样靠近鼻子，进行仔细嗅闻。

③试样置于密闭系统中，记录下时间、温度、湿度。样品开封后应立即检测，必要时可在容器中加温。

（3）检测评级，如表15-1所示。

表15-1　气味等级评定

| 等级 | 表现形式 |
| --- | --- |
| 1级 | 无气味 |
| 2级 | 轻微气味 |
| 3级 | 明显气味 |
| 4级 | 强烈刺激气味 |
| 5级 | 极强刺激气味 |

## 五、完成记录报告

按要求完成记录报告。

# 第二节　pH检验

pH的超标所造成的危害不亚于甲醛，所以就服装检验而言，pH的检测是很有必要的。pH是指面料中残留酸碱所形成溶液的酸碱度，以溶液中氢离子浓度的负对数表示。由于人体皮肤的表面呈弱酸性，所以一般要求服装的pH在中性范围，这样更利于防止病菌的侵入。如果服装中的酸碱度超标，会对皮肤产生刺激，就会使人体皮肤的免疫力降低，并使皮肤更易受到病菌的侵害。例如，如果一些皮肤敏感的消费者穿上pH超标的服装，会引起皮肤红肿或者瘙痒而导致身体不适。

## 一、pH测定的原理

在室温下，用蒸馏水（或试验用三级水）将纺织品进行萃取，再利用带有电极的pH计测定纺织品水萃取液的pH。

## 二、pH测定标准及适用范围

按照GB/T 7573—2009《纺织品水萃取液pH值的测定》进行测定试验，本标准适用于各种纺织品。

## 三、pH测定仪器

由于实验室拥有的仪器设备多种多样，因此不能给出仪器的通用条件。下列介绍的仪器，仅供参考。

pH计（配备玻璃电极，精确至0.1）（图15-1）、具塞烧瓶、烧杯、玻璃棒、量筒、天平（同色牢度检测用天平）、振荡器（图15-2）。

注意，将电极从一种溶液移入另一种溶液之前，必须用蒸馏水或下一个被测溶液清洗电极，用纸巾将水吸干。请勿擦拭电极，以防产生极化和反应迟缓。

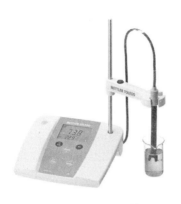

图 15-1　pH 计

图 15-2　振荡器

## 四、试验用药剂的准备

所有试剂均为分析纯。

（1）蒸馏水或者去离子水（至少满足GB/T 6682规定的三级水，pH在5.0～7.5之间）。

（2）0.1mol/L氯化钾溶液。

（3）校准pH计的缓冲溶液：

①0.5mol/L邻苯二甲酸氢钾溶液（pH=4.0），即用三级水将10.21g邻苯二甲酸氢钾配成1L的溶液。

②0.08mol/L磷酸二氢钾和磷酸氢二钠溶液（pH=6.9），即取3.9g磷酸二氢钾和3.54g磷酸氢二钠，用三级水配制成1L的溶液。

③0.01mol/L四硼酸钠溶液（pH=9.2），即取3.8g四硼酸钠十水合物（$Na_2B_4O_7 \cdot 10H_2O$）溶于三级水配制成1L的溶液。

上述缓冲液与待测液体的pH相近。

## 五、检验方法与步骤

### （一）取样

取具有代表性的样品，约5mm×5mm的碎片，每个试样取3份，每份试样称取（2.00±0.05）g，取样时避免用手直接接触试样，以免造成污染。

### （二）填写试验记录

填写pH、异味检验原始记录（表15-2）。

表15-2 pH、异味检验原始记录（仅供参考）

| 样品编号 | | 样品名称 | | | |
|---|---|---|---|---|---|
| 使用仪器 | 电子天平、pH计 | 仪器编号 | □003# □014# □015# | | |
| 产品类别 | | □A类 □B类 □C类 □实测 | | | |
| 检验依据 | | □GB/T 7573—2009 □GB 18401—2010 □QB/T 2724—2005 | | | |
| 萃取介质 | □水 □氯化钾溶液 | pH | | 萃取时间 | h |
| 样品序号 | 萃取瓶号 | 样品质量/g | 测试结果 | | 平均值 |
| 1# | | | —— | | |
| 2# | | | | | |
| 3# | | | | | |
| 1# | | | —— | | |
| 2# | | | | | |
| 3# | | | | | |
| 1# | | | —— | | |
| 2# | | | | | |
| 3# | | | | | |
| 标准指标 | | A类：（4.0～7.5） B类：（4.0～8.5） C类：（4.0～9.0） | | | |
| 异味检验 | 评判人 | 评判结果 | 检验结果 | | |
| | | | | | |
| | | | | | |
| 标准指标 | | —— | 无 | | |
| 备注 | 1. pH检验结果2#、3#试样的平均值<br>2. 异味检验是以两人一致的判断结果为检验结果<br>□部分试样漂浮于液面<br>□全部试样漂浮于液面 | | 萃取液温度<br><br>℃ | | |

（三）萃取

　　将每个试验样品的三份平行样分别加入具塞烧瓶中，每个烧瓶中各加100mL水，摇动烧瓶，使样品充分湿润。然后将烧瓶放在振荡器上进行振荡，振荡时间为（2h±5min）。

（四）测定

　　（1）振荡结束后，提取萃取液，进行pH测定。测定前，先用两或三种缓冲液进行校准pH计。

（2）将第一份萃取液倒入烧杯中，把电极插入烧杯液体中10mm处，轻轻搅拌电极，直至pH计值稳定（第一份的测定主要是稳定pH计，所以本次测定的数值不记）。

（3）将电极插入烧杯中的第二份萃取液10mm处，进行测取pH并记录。

（4）测取第三份萃取液的pH并记录。

## 六、计算结果

测定结束后，计算第二份和第三份pH的平均值，精确至0.1。如果两个pH之间差异大于0.2，则另取其他试样重新测试，直到得到两个有效的测量值。

## 七、完成记录报告

按要求完成记录报告。

# 第三节　甲醛含量检验

## 一、纺织品甲醛含量检验

服装用材料在加工生产及后整理过程中使用各种纺织助剂，其中部分化学助剂在服装穿着和使用过程中会释放出游离甲醛，会对人的眼睛、皮肤及呼吸道产生强烈刺激，引发呼吸道炎症，引起头痛、腹痛、胸闷、皮炎、皮肤过敏等症状，如果长期接触甲醛，还可能会诱发癌症。因此甲醛含量是纺织品安全卫生的基本要求中需加以控制的指标之一。

甲醛是无色、具有强烈气味的刺激性气体，它作为一种优良的有机化工原料，在纺织品生产加工过程中应用广泛，例如作为反应剂，它可以提高助剂在纺织品中的耐久性；作为树脂加工剂，它可以提高纺织品的抗皱性和防缩性。

甲醛的测定有三种方法：游离和水解的甲醛（水萃取法）、释放的甲醛（蒸汽吸收法）、高效液相色谱法。本书主要介绍水萃取法，水萃取法是通过水解作用萃取游离甲醛总量的测定方法。利用物质的吸光度进行检测试验，物质的不同浓度对于吸收峰处的光透过率（吸光度）影响最为明显，通过这个特点来确定甲醛含量。其中吸收峰是光被吸收的程度最大时的入射光的波长。

（一）水萃取法测定甲醛原理

将称量的纺织品试样放入（40±2）℃水浴中萃取一定时间，从纺织品上萃取的甲醛被水吸收，然后将萃取液用乙酰丙酮显色，再将显色液采用分光光度计（波长为412nm）测定其吸光度，比较所测得的吸光度与标准曲线，最后得出该纺织品的游离甲醛总量（水溶液中的甲醛经乙酰丙酮显色后呈现出的黄色在412nm波长处具有最大吸收峰）。

（二）水萃取法测定甲醛标准及适用范围

此试验按照GB/T 2912.1—2009进行，本标准适用于任何形式的纺织品（游离甲醛含量须在20～3500mg/kg之间）。

（三）水萃取法测定甲醛仪器

容量为50mL、250mL、500mL、1000mL的容量瓶，250mL碘量瓶或具塞三角烧瓶，容量为1mL、5mL、10mL、25mL、30mL的单标移液管（图15-3）及5mL刻度移液管、容量为10mL、50mL的量筒、分光光度计（图15-4）、V-1000可见分光光度计（图15-5）、具塞试管及具塞试管架（图15-6）、水浴恒温振荡器（40±2）℃（图15-7）、2号玻璃漏斗式滤器（符合GB/T 11415）（图15-8）、天平（精度为0.1mg）。

图 15-3　单标移液管

图 15-4　分光光度计

图 15-5　V-1000 可见分光光度计

图 15-6　具塞试管架

图15-7　水浴恒温振荡器

图15-8　2号玻璃漏斗式滤器

（四）试验用药剂的准备

（1）所用试剂为分析纯及试验用水为符合GB/T 6682的三级水或蒸馏水。

（2）乙酰丙酮试剂（纳氏试剂）：向1000mL容量瓶中分别加入800mL试验用水（符合GB/T 6682的三级水或蒸馏水）及150g乙酸铵，完全溶解后，再加入3mL冰乙酸和2mL乙酰丙酮，混匀后用水定容至刻度线。（需放置12h后使用，其有效期为6周。此试剂需用棕色瓶储存，不宜长时间储存，以免影响其灵敏度，所以为保证检测的准确，要每周做一次校正曲线与标准曲线的校对）

（3）37%甲醛溶液。

（4）双甲酮的乙醇溶液：乙醇与1g双甲酮（二甲基–二羟基–间苯酚或5，5–二甲基环己烷–1，3–二酮）配制成100mL的溶液。

（5）甲醛原液（1500μg/mL）：用试验用水将3.8mL甲醛稀释至1L，用标准方法（亚硫酸钠法❶或碘量法❷）测定甲醛原液浓度。记录该标准原液的精确浓度。（该原液用以制备标准稀释液，有效期为4周。）

（6）甲醛标准溶液：将10mL甲醛原液用水稀释至200mL，此时溶液含甲醛浓度为75mg/L。

（7）校正溶液（标准工作曲线的制定）：用甲醛标准溶液配制校正溶液。在500mL容量瓶中用水将甲醛标准溶液稀释成至少5种浓度的下列溶液：

1mL甲醛标准液加水至500mL，含0.15μg甲醛/mL=15mg甲醛/kg织物。

2mL甲醛标准液加水至500mL，含0.30μg甲醛/mL=30mg甲醛/kg织物。

---

❶ 亚硫酸钠法：甲醛原液与过量的亚硫酸钠反应，用标准酸液在百里酚酞指示剂下进行反滴定。

❷ 碘量法：甲醛原液与过量的碘溶液反应，用标准硫代硫酸钠溶液在淀粉指示剂下进行反滴定。

5mL甲醛标准液加水至500mL，含0.75μg甲醛/mL=75mg甲醛/kg织物。

10mL甲醛标准液加水至500mL，含1.50μg甲醛/mL=150mg甲醛/kg织物。

15mL甲醛标准液加水至500mL，含2.25μg甲醛/mL=225mg甲醛/kg织物。

20mL甲醛标准液加水至500mL，含3.00μg甲醛/mL=300mg甲醛/kg织物。

30mL甲醛标准液加水至500mL，含4.50μg甲醛/mL=450mg甲醛/kg织物。

40mL甲醛标准液加水至500mL，含6.00μg甲醛/mL=600mg甲醛/kg织物。

各取5mL上述溶液加入试管中，另分别加入5mL乙酰丙酮溶液，充分摇匀。同时取5mL三级水和5mL乙酰丙酮加入一试管，摇匀后，将这些试管放入（40±2）℃水浴中进行显色（30±5）min。显色结束后，放在阴暗处冷却一段时间（25~35min），待显色稳定后，在412mm波长处测量其吸光度，计算工作曲线$y=a+bx$（其中：$x$轴表示浓度，$y$轴表示吸光度），此曲线用于测量数值。如果试样中甲醛含量高于500mg/kg，稀释样品溶液。注意，若要使校正溶液中的甲醛浓度和织物试验溶液中的浓度相同，须进行双重稀释。如果每千克织物中含有20mg甲醛，用100mL水萃取1.00g样品，那么溶液中含20μg甲醛，以此类推，则1mL试验溶液中的甲醛含量为0.2μg。

（五）检验方法与步骤

1. 取样

在取样过程中，应当及时对样品进行规范的封存。因为甲醛具有挥发性，若不封存或取样时间过长会影响测定的准确性，所以当检测人员不能及时检验要检测的纺织样品时，应先把待测样品放入聚乙烯包装袋中贮藏；检测取样时应快速剪取样品并进行实验，以确保实验的准确性。

从样品上取两块试样剪碎，称取1g，精确至10mg。如果检测出的甲醛含量过低，试样可增加至2.5g。

2. 萃取

把称取的试样分别放入标注编号的250mm碘量瓶或具塞三角瓶中注意，标注编号防止试验混淆，同时方便省时。用量筒量取100mm水加入碘量瓶或具塞三角瓶，盖紧盖子。放入（40±2）℃水浴中振荡（60±5）min。振荡结束后，用2号玻璃漏斗式滤器将萃取液过滤至另一碘量瓶或具塞三角烧瓶中，供分析用。

用量筒加水时注意事项：加液体时，将试管倾斜，使液体沿着量筒内壁缓缓流入筒内（图15-9）；待到液体快要达到需要刻度时，使用胶头滴管往量筒内滴加液体，勿使胶头试管伸入量筒内；读取液体体积时，必须使视线与量筒内液体的凹液面的最底部或凸液面的最顶部保持水平，方可读取刻度值（图15-10）。

在试验过程中，还可以做一些调整：在遵守国家标准操作规定且不影响试验准确性的

图 15-9　正确的用量筒加水示意图　　　图 15-10　正确的读数示意图

前提下，为提高试验速率，要求水浴前装有试样的碘量瓶或具塞三角瓶的摆放、进行水浴时的摆放、洗刷时的摆放以及烘干后的摆放要始终保持一致。摆放时可以按照瓶上的编号进行顺序摆放，如图15-11～图15-14所示。

图 15-11　清洗中摆放

图 15-12　烘干后摆放

图 15-13　装有试样时摆放

图 15-14　水浴中摆放

3. 显色

用单标移液管吸取5mL滤液加入具塞试管中，再取5mL乙酰丙酮溶液于该试管中，充分摇匀。同时，各取5mL乙酰丙酮和5mL萃取液分别加入具塞试管中，分别向试管中再各加入5mL三级水。显色分为三种形式：

（1）5mL萃取液＋5mL乙酰丙酮。

（2）5mL乙酰丙酮＋5mL三级水或蒸馏水。

（3）5mL萃取液＋5mL三级水或蒸馏水。

如果不能分辨出吸光度值是由样品颜色得到的，还是由甲醛得到的，则要求用1mL双甲酮乙醇溶液进行确认试验：将装有5mL样品溶液和1mL双甲酮乙醇溶液的试管放入（40±2）℃水浴中显色（10±1）min，再加入5mL乙酰丙酮试剂，摇匀后，将试管放入（40±2）℃水浴中显色（30±5）min。

显色结束后，放在阴暗处冷却25~35min，对照溶液用三级水或蒸馏水并非样品萃取液。来自样品中的甲醛在412nm的吸光度消失。注意，在测量前，用空白溶液调整分光光度计的零点；空白液与校准溶液应在同条件下处理。

4. 检测

将"3. 显色"中显色组合的试管放于（40±2）℃水浴中显色（30±5）min。显色结束后，放在阴暗处冷却25~35min，待显色稳定后，将装有滤液的比色皿放在波长为412nm条件下的分光光度计中测定各种浓度试样的吸光度。不同尺寸的比色皿，如图15-15所示。

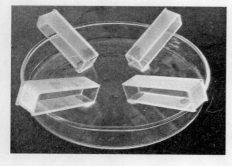 

图15-15　比色皿

注意，测试每次的滤液的吸光度时，都要用同种滤液清洗比色皿3~4次，以免上次试验的滤液残存于比色皿中，影响本次的吸光度值。

（六）结果计算

$$A=A_s-A_b-A_d$$

式中：$A$——校正吸光度；

　　$A_s$——试验样品中测得的吸光度（萃取液+乙酰丙酮的吸光度）；

　　$A_b$——空白试剂的吸光度（乙酰丙酮+三级水或蒸馏水）；

　　$A_d$——空白样品的吸光度（萃取液+三级水或蒸馏水）（用于变色或沾污的情况）。

用校正后的吸光度数值在标准工作曲线$y=a+bx$查出甲醛含量（μg/mL）。

$$F = \frac{c \times 100}{m}$$

式中：$F$——从织物样品中萃取的甲醛含量，mg/kg；

$c$——读自工作曲线上的萃取液中的甲醛浓度，$\mu g/mL$；

$m$——试样的质量，g。

取两次检验结果的平均值作为试验结果，计算结果修约至整数位。

（七）填写试验记录

填写纺织品甲醛含量检验原始记录（表15-3）。

### 表15-3　纺织品甲醛含量检验原始记录（仅供参考）

| 样品编号 | | | 样品名称 | | | |
|---|---|---|---|---|---|---|
| 使用仪器 | 电子天平、分光光度计 | | 仪器编号 | □002# | □016# | □017# |
| 产品类型 | □A类 | □B类 | □C类 | □实测 | | |
| 甲醛工作曲线 | | | | | | |
| | | 曲线变量 | | | | |
| | | $c$（$\mu g/mL$） | $A$ | $y=a+bx$ | | |
| 各浓度校正液 | mlS₂ | | | $a=$ | | |
| | mlS₂ | | | $b=$ | | |
| | mlS₂ | | | | | |
| | mlS₂ | | | $r=$ | | |
| | mlS₂ | | | | | |
| 检验记录 | | | | | | |
| 检验依据 | GB/T 2912.1—2009 | | 判定依据 | GB/T 18401—2010 | | |
| 萃取、显色温度 | 40℃ | | 萃取时间 | 1h | 显色时间 | 30min |
| 计算公式 | $F=100（A_s-A_b-A_d-a）/bm$ | | | | $A_b=$ | $A_d=$ |
| 瓶号 | $m$（g） | $A_s$ | $F$（mg/kg） | 平均值 | 报出值 | |
| | | | | | | |
| | | | | | | |
| | | | | | □未检出 □ | |
| | | | | | | |
| | | | | | | |
| | | | | | | |
| 标准参数 | A类≤20 | B类≤75 | C类≤300 | | | |
| 备注 | | | | | 环境温度 ℃ | |

## 二、皮革、毛皮甲醛含量检验

众所周知，甲醛既污染环境，又危害人体健康。随着人们对其危害性的认识不断提高，在纺织服装中对其释放含量进行了严格的控制。

皮革、毛皮甲醛含量检测采用色谱法和分光光度法。色谱法是通过液相色谱从其他醛和酮类中分离出萃取液中游离的和溶于水的甲醛，进行测定和定量；分光光度法是将萃取液用乙酰丙酮显色，通过分光光度计比色测定出其游离甲醛和溶于水的甲醛的含量。其中，分光光度法是最常用的方法。本书主要介绍分光光度法。

（一）皮革、毛皮甲醛含量检测原理

40℃条件下萃取试样，将萃取液和乙酰丙酮的混合液在一定条件下处理后，利用分光光度计，在其412nm波长处测定甲醛含量。

（二）皮革、毛皮甲醛含量测定标准及适用范围

皮革、毛皮甲醛含量测定依据GB/T 19941—2005《皮革和毛皮化学试验甲醛含量的测定》进行检测。此标准与GB/T 2912.1—2009《纺织品甲醛的测定 第1部分：游离水解的甲醛（水萃取法）》极为相近同时也存在着一些差异。

（三）分光光度法测定甲醛仪器

同水萃取法测定甲醛仪器。

仪器详细介绍参考纺织品甲醛检测。

## 三、试验用药剂的准备

（1）分析中所用试剂为分析纯，试验用水为符合GB/T 6682的三级水或蒸馏水。

（2）0.1%十二烷基磺酸钠溶液：由1g十二烷基磺酸钠溶于1000mL水制成。

（3）乙酰丙酮溶液（纳氏试剂）：同"纺织品甲醛含量检验"中的乙酰丙酮试剂（纳氏试剂）的制备方法。

（4）乙酰胺溶液：由150g乙酸铵和3mL冰乙酸溶于1000mL水制成。

（5）双甲酮溶液：由5g双甲酮（5，5-二甲基环己二酮）溶于1000mL水配制而成。

（6）甲醛原液的配制：

选取37%～40%甲醛溶液、碘液，浓度为2mol/L（即12.68g/L）、氢氧化钠溶液，浓度为2mol/L、硫酸溶液，浓度为1.5mol/L、硫代硫酸钠溶液，浓度为0.1mol/L、1%淀粉溶液。

取5mL甲醛溶液于1000mL容量瓶中，加水稀释至刻度线，此溶液就是甲醛原溶液。取10mL甲醛原溶液加入250mL锥形瓶中，再向瓶中加入50mL碘溶液，均匀混合后加入氢氧化钠溶液，直到瓶中液体变成黄色为止。在室温18～26℃的环境中冷却（15±1）min，然后加入50mL硫酸溶液，进行振荡。随后加入2mL淀粉溶液，用碘-硫代硫酸钠溶液滴定到液体颜色发生变化（蓝色消失）。平行测定三次。

用同样的方法对空白溶液进行滴定。

甲醛原液的浓度确定：$C_{FA} = \dfrac{(V_0 - V_1) \times c_1 \times M_{FA}}{2}$

式中：$C_{FA}$——甲醛原液浓度，mg/10mL；

$\quad\quad V_0$——用于滴定空白溶液的硫代硫酸钠的体积，mL；

$\quad\quad V_1$——用于滴定样品溶液的硫代硫酸钠的体积，mL；

$\quad\quad M_{FA}$——甲醛分子量，30.08g/mol；

$\quad\quad c_1$——硫代硫酸钠溶液的浓度，mol/L。

## 四、检验方法与步骤

### （一）取样

取具有代表性的皮革、毛皮试样（具体取样方法分别按照QB/T 2706和QB/T 1267）。其中，毛皮取样中应避免损伤毛被，保持毛被完好。

### （二）萃取

将2g试样和50mL40℃的十二烷基磺酸钠溶液加入到25mL锥形瓶中，封闭锥形瓶后放入（40±0.5）℃水浴中振荡（60±2）min。振荡结束后，将萃取液过滤至锥形瓶中，封闭后冷却至室温。

### （三）显色

用移液管各取5mL滤液和5mL乙酰丙酮溶液、5mL滤液和5mL乙酸铵溶液、5mL十二烷基磺酸钠溶液和5mL乙酰丙酮溶液加于试管a、b、c中，盖紧塞子，放到（40±1）℃水浴中振荡（30±1）min。振荡结束后，在阴暗处冷却一段时间。

### （四）检测

将装有滤液的比色皿放在波长为412nm条件下的分光光度计中测定试管b、c中混合液的吸光度值，分别记为$E_e$、$E_p$。

（五）校准

将3mL甲醛原液和100mL蒸馏水加到1000mL容量瓶中，振荡混合，继续加水至刻度线，摇匀。该溶液是用于校准的标准溶液（标准溶液的甲醛浓度为6μg/mL）。各取3mL、5mL、10mL、15mL、15mL的标准溶液加入到50mL容量瓶中，用水稀释至刻度线，这些溶液的甲醛浓度范围为0.4～3.0μg/mL。对于甲醛浓度较高的样品，应取较少的萃取液进行测试。

从上述5种不同浓度的溶液中，各吸取5mL加入试管中，再加入5mL乙酰丙酮试剂混合后，振荡，并在（40±1）℃环境中保温（30±1）min后，在阴暗处冷却至室温。以5mL乙酰丙酮溶液和5mL蒸馏水的混合液做空白试验，用分光光度计在波长412nm处测定吸光度值，计算工作曲线$y=a+bx$（其中：$x$轴表示浓度，$y$轴表示吸光度）。注意，在测量前，用空白溶液调整分光光度计的零点；空白液与校准溶液应在同条件下处理。

## 五、结果计算

（一）甲醛含量的计算

$$C_p = \frac{(E_p - E_e) \times V_0 \times V_f}{F \times W \times V_a};$$

式中：$C_p$——样品中甲醛含量，mg/kg；

$\quad\quad E_p$——萃取液与乙酰丙酮反应后的吸光度；

$\quad\quad E_e$——萃取液的吸光度（即空白样品的吸光度）；

$\quad\quad V_0$——萃取液的体积，mL（标准体积为50mL）；

$\quad\quad V_a$——萃取液中移取出的体积，mL（标准体积为5mL）；

$\quad\quad V_f$——显色反应的体积，mL（标准条件为10mL）；

$\quad\quad F$——标准曲线斜率（$y/x$），mL/μg；

$\quad\quad W$——试样的质量，g。

（二）回收率的确定

分别取2.5mL萃取液加入两个10mL容量瓶中，一容量瓶中加适量的甲醛标准溶液，加入的甲醛标准溶液中的甲醛含量须与样品中的甲醛含量相等，将两个容量瓶用蒸馏水稀释至刻度线。将容量瓶中的溶液移至25mL锥形瓶中，加入5mL乙酰丙酮试剂，混合摇匀，并在（40±1）℃条件下搅拌（30±1）min。结束后，将锥形瓶放在阴暗处冷却至室温。以5mL乙酰丙酮试剂和5mL十二烷基磺酸钠溶液的混合液作为空白，用分光光度计在波长412nm处测定吸光度值，添加了甲醛标准溶液的样液的吸光度值记为$E_A$，未添加甲醛标准溶液的样液的吸光度值记为$E_\text{P}$。

$$RR = \frac{(E_\text{A} - E_\text{P}) \times 100}{E_\text{ZU}};$$

式中：$RR$——回收率，%（精确至0.1%）；

$\quad\quad E_\text{A}$——添加了甲醛标准溶液的样液的吸光度值；

$\quad\quad E_\text{P}$——未添加甲醛标准溶液的样液的吸光度值；

$\quad\quad E_\text{ZU}$——添加的甲醛标准溶液的吸光度（由标准曲线上得到）。

如果回收率不在80%～120%，应重新分析检验。皮革、毛皮试样中的甲醛含量以mg/kg表示，精确至0.1mg/kg。

## 六、填写试验记录

参照"纺织品甲醛检测"记录报告。

# 第四节　禁用偶氮染料检验

## 一、纺织品禁用偶氮染料含量检验

随着现代工业化的不断提高，纺织印染技术也得到飞速提升。然而同时，它也给环境、人类造成很大的危害，因为纺织印染需要使用大量高污染、危险性质的染料和助剂等化工合成产品，例如可以分解芳香胺物质（一种致癌物）的偶氮染料。

所谓偶氮染料就是其分子结构中含有偶氮基（—N≡N—）的染料，其中偶氮基常与一个或多个芳香环系统相连构成一个共轭体系作为染料的发色体，它是品种最多、应用最广的一类合成染料。但是如果使用这些禁用偶氮染料生产加工的服装或其他消费品与人体皮肤接触后，会与人体新陈代谢过程中产生的分泌物发生还原反应并生成致癌的芳香胺化合物，诱使人体发生癌变。禁用偶氮染料测试是国际纺织品服装贸易中最重要的品质监控项目之一，也是生态纺织品最基本的质量指标之一。

（一）禁用偶氮测定的原理

将纺织样品放在柠檬酸盐缓冲液介质中，加入连二亚硫酸钠进行还原分解来得到可能存在的致癌芳香胺，用适当的液-液分配柱提取溶液中的芳香胺，将提取液进行浓缩，再用合适的有机溶剂定容，最后用配有质量选择检测器的气相色谱仪（GC/MSD）（即气-质联用仪）进行测定。必要时，选用另外一种或多种方法对异构体进行确认。用配有二极管阵列检测器的气相色谱/质谱仪或高效液相色谱仪（HPLC/DAD）进行定量。

（二）禁用偶氮测定标准及适用范围

此试验按照GB/T 17592—2011进行，本标准适用于印染纺织品。

（三）禁用偶氮测定仪器

可控温超声波发生器（图15-16）、离心机（图15-17）、反应器（图15-18）、恒温水浴锅、真空旋转蒸发器（图15-19）、气-质联用仪（图15-20）、提取柱（内置硅藻土）（图15-21）。

注意，可控温超声波发生器：输出功率420W，频率40kHz，温差±2℃。

图 15-16　可控温超声波发生器

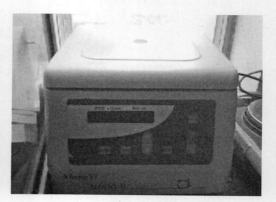

图 15-17　离心机

图 15-18　反应器

图 15-19　真空旋转蒸发器

图 15-20 气-质联用仪

图 15-21 提取柱（内置硅藻土）

反应器：具密闭塞，约65mL，由硬质玻璃制成管状。

恒温水浴：能控制温度（70±2）℃。

提取柱：20cm×2.5cm（内径）玻璃柱或聚丙烯柱，可控制流速。填装时，先在底部垫少许玻璃棉，然后加入20g硅藻土，轻击提取柱，使填装结实。

真空旋转蒸发器：去除溶液中不需要的液体。

（四）试验用药剂的准备

（1）试剂：分析纯（AR）、GB/T 6682规定的三级水、乙醚、甲醇。在试剂准备过程中，需注意以下事项：

①分析纯等级：所谓的分析纯等级是指试剂的纯度级别，用来做分析测定用的试剂，纯度较高，干扰杂质很低，不妨碍分析测定，适用于工业分析及化学实验。

②乙醚中过氧化物的检验：在试验过程中，蒸馏放置过久的乙醚时，要先检验是否有过氧化物存在，且不要蒸干。过氧化物的检验方法：硫酸亚铁和硫氰化钾混合液与乙醚振摇，有过氧化物则显红色。如果有红色物质，乙醚需重新蒸馏后才能使用，因为乙醚容易与空气中的氧气反应生成过氧化物，而偶氮染料的检测原理就是利用还原芳香胺在乙醚中的分配系数较大来萃取的，如果乙醚中含有过氧化物就会使还原的芳香胺重新被氧化，而造成检出结果偏低或假阴性结果。处理方法：取500mL乙醚，用100mL硫酸亚铁溶液（5%水溶液）摇匀，弃去水层，于玻璃装置中重新蒸馏，收集33.5～34.5℃馏分。注意，醚类化合物长期与空气中的氧接触，会慢慢生成不易挥发的过氧化物。过氧化物不稳定，加热时易分解而发生爆炸，因此，醚类应尽量避免暴露在空气中，一般应放在棕色玻璃瓶中，避光保存。

（2）缓冲液：柠檬酸盐（12.526g柠檬酸和6.32g氢氧化钠溶于三级水中，定容至1000mL）。

反应方程式：$C_6H_8O_7+3NaOH=C_6H_5O_7Na_3 \cdot 2H_2O +H_2O$

缓冲液的作用：在水溶液中进行的许多反应都与溶液的pH有关，要求在一定的pH范围内进行，这就需要使用缓冲溶液。本试验要求pH在6.0左右，所以就选择了柠檬酸—柠檬酸钠缓冲溶液。

（3）还原液：200mg/mL连二亚硫酸钠（$Na_2S_2O_4$）水溶液，现配现用。注意，连二亚硫酸钠有强还原性，极不稳定，易氧化分解，受潮或置露于空气中会失去效力，并且易燃，在190℃可发生爆炸，因此使用时要加以注意。

（4）标准溶液：

标准储备液（1000mg/L）：用甲醇或其他适当溶剂与表15-4中芳香胺标准物质分别配成1000mg/L的标准储备液。此溶液要保存在棕色瓶中，在冰箱中存放，有效期一个月。

标准工作液（20mg/L）：从标准储备液中取0.2mL置于容量瓶中，用甲醇或适当试剂定容至10mL。此溶液要保存在棕色瓶中，在冰箱中存放，有效期两周。

混合内标液（10μg/mL）：用适当试剂与萘-d8（CAS编号：1146-65-2）、2，4，5-三氯苯胺（CAS编号：636-30-6）、蒽-d10（CAS编号：1719-06-8）配制成10μg/mL的混合液。

混合标准工作液（10μg/mL）：用混合内标液与表15-4中芳香胺标准物质分别配成浓度为10μg/mL的混合液。

### 表15-4 致癌芳香胺名称及其标准物的GC/MS定性选择特征离子

| 序号 | 化学名 | CAS编号 | 特征离子（amu） |
|---|---|---|---|
| 1 | 4-氨基联苯（4-Aminobiphenyl） | 92-67-1 | 169 |
| 2 | 联苯胺（Benzidine） | 92-87-5 | 184 |
| 3 | 4-氯邻甲苯胺（4-Chloro-o-toluidine） | 95-69-2 | 141 |
| 4 | 2-萘胺（2-Naphthylamine） | 91-59-8 | 143 |
| 5 | 邻氨基偶氮甲苯（o-Aminoazotoluene） | 97-56-3 | |
| 6 | 对氯苯胺（p-Chloroaniline） | 106-47-8 | 127 |
| 7 | 2,4-二氨基苯甲醚（2,4-Diaminoanisole） | 615-05-4 | 138 |
| 8 | 5-硝基-邻甲苯胺（5-nitro-o-toluidine） | 99-55-8 | |
| 9 | 4,4'-二氨基二苯甲烷（4,4'-Diaminobiphenylmethane） | 101-77-9 | 198 |
| 10 | 3,3'-二氯联苯胺（3,3'-Dichlorobenzidine） | 91-94-1 | 252 |
| 11 | 3,3'-二甲氧基联苯胺（3,3'-Dimethoxybenzidine） | 119-90-4 | 244 |
| 12 | 3,3'-二甲基联苯胺（3,3'-Dimethylbenzidine） | 119-93-7 | 212 |
| 13 | 3,3'-二甲基-4,4'-二氨基二苯甲烷（3,3'-Dimethyl-4,4'-diaminobiphenylmethane） | 838-88-0 | 226 |

| 序号 | 化学名 | CAS编号 | 特征离子（amu） |
|---|---|---|---|
| 14 | 2-甲氧基-5-甲基苯胺（p-Cresidine） | 120-71-8 | 137 |
| 15 | 4,4′-亚甲基-二-（2-氯苯胺）<br>[4,4′-Methylene-bis-（2-Chloroaniline）] | 101-14-4 | 266 |
| 16 | 4,4′-二氨基二苯醚（4,4′-Oxydianiline） | 101-80-4 | 200 |
| 17 | 4,4′-二氨基二苯硫醚（4,4′-Thiodianiline） | 139-65-1 | 216 |
| 18 | 邻甲苯胺（o-Toluidine） | 95-53-4 | 107 |
| 19 | 2,4-二氨基甲苯（2,4-Toluylenediamine） | 95-80-7 | 122 |
| 20 | 2,4,5-三甲基苯胺（2,4,5-Trimethylaniline） | 137-17-7 | 135 |
| 21 | 邻氨基苯甲醚/2-甲氧基苯胺<br>（o-Anisidine/2-Methoxyaniline） | 90-04-0 | 123 |
| 22 | 2,4-二甲基苯胺（2,4-Xylidine） | 95-68-1 | 121 |
| 23 | 2,6-二甲基苯胺（2,6-Xylidine） | 87-62-7 | 121 |
| 24 | 4-氨基偶氮苯（4-Aminoazobenzene） | 60-09-3 | |

## （五）检验方法与步骤

**1. 取样**

对于禁用偶氮染料的检测，因取样方法不同，试验结果也会不同，进而有可能造成检测结果的误差，所以要取具有代表性的试样。取法如下：

（1）单一颜色的产品、均匀混色或类似效果的产品，试验的取样无特别要求。

（2）纤维或颜色不同的多组件构成的纺织产品，则单独对每一个组件分别进行检测。

（3）有花型图案（包括印花和色织）的产品，原则上不将其中的某个色块作为独立的组件进行检测，一般按下列方法取样：

对于有规律的小花型，取至少一个循环图案或数个循环图案，剪碎后混合。

对于循环较大或无规则的花型，尽可能按主体色相的比例取样，剪碎后混合。

对于白地的局部印花、独立印花及分散花型，取样应包括该图案中的主体色相，当图案较小时，不宜从多个样品上剪取后合为一个试样。如果这些局部花或分散花色相不同，则宜分别取样检测。

（4）布匹至少距布端2m取样，整幅制品的取样数量满足实验要求，并且样品抽取后，应密封放置，不应进行任何处理。

取具有代表性的试样，将其剪成约5mm×5mm的小片后混合。从混合样中称取1.00g，精确至0.01g，

**2. 填写试验记录报告**

填写禁用偶氮染料检验原始记录（表15-5）。

**表15-5  禁用偶氮染料检验原始记录（仅供参考）**

| 样品编号 | | | | | 样品名称 | | |
|---|---|---|---|---|---|---|---|
| 检验依据 | □GB/T 17592—2011 | | □GB/T 19942—2005 | | | □GB/T 23344—2009 | |
| 判定依据 | □GB 18401—2010 | | □GB 20400—2006 | | | | |
| 使用仪器 | 电子天平 | 恒温水浴 | 旋转蒸发 | 超声波机 | 离心机 | 电热套 | GC/MS |
| 仪器编号 | 003# | 039# | 051# | 053# | 054# | 050# | 045# |
| 纺织品成分其他 | 反应器号 | 试样质量<br><br>g | 纺织品成分涤纶 | 反应器号 | 试样质量<br><br>g | 皮革毛皮 | 反应器号 / 试样质量<br><br>g |
| 纺织品成分其他 | 反应器号 | 试样质量<br><br>g | 纺织品成分涤纶 | 反应器号 | 试样质量<br><br>g | 皮革毛皮 | 反应器号 / 试样质量<br><br>g |
| 纺织品成分其他 | 反应器号 | 试样质量<br><br>g | 纺织品成分涤纶 | 反应器号 | 试样质量<br><br>g | 皮革毛皮 | 反应器号 / 试样质量<br><br>g |

检验结果

| 纺织品计算公式（内标法）： | 皮革、毛皮计算公式 |
|---|---|
| $$X_i = \dfrac{A_i \times c_i \times V \times A_{isc}}{A_{is} \times m \times A_{iss}}$$ | $$W = \dfrac{A_p \times V \times B_k}{A_k \times E}$$ |
| $X_i$——试样中分解出芳香胺 $i$ 的含量，mg/kg；<br>$A_i$——样液中芳香胺 $i$ 的峰面积（或峰高）；<br>$c_i$——标准工作液中芳香胺 $i$ 的浓度，mg/L；<br>$V$——样液最终体积，mL；<br>$A_{isc}$——标准工作液中内标的峰面积；<br>$A_{is}$——标准工作液中芳香胺 $i$ 的峰面积（或峰高）；<br>$m$——试样量，g；<br>$A_{iss}$——样液中内标的峰面积。 | $W$——样品中芳香胺的含量，mg/kg；<br>$A_p$——单位面积样品中芳香胺的峰面积；<br>$A_k$——单位面积芳香胺校准溶液中芳香胺的峰面积；<br>$B$——芳香胺校准溶液中芳香胺的浓度，$\mu$g/mL；<br>$V$——试样最终的定容体积，mL；<br>$E$——试样质量，g； |
| □被检验试样上未检出GB 18401—2010附录C中所禁用的芳香胺。谱图保存于机内。<br>□被检验试样上检出GB 18401—2010附录C中所禁用的芳香胺_____。 | □被检验试样上未检出GB 20400—2006附录C中所禁用的芳香胺。谱图保存于机内。<br>□被检验试样上检出GB 20400—2006附录C中所禁用的芳香胺_____。 |

**3. 试验**

（1）一般织物的操作步骤：将试样置于写有编号的反应器中，加入16mL预热到（70±2）℃的柠檬酸盐缓冲溶液，将反应器密闭，摇晃反应器使所有试样完全浸于液体

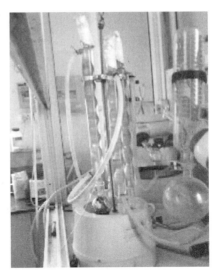

中，再置于水浴中，并在（70±2）℃的水浴中保温30min，使所有的织物充分浸湿。时间结束后，向反应器加入3mL连二亚硫酸钠溶液，并立即密闭振摇，将反应器再置于（70±2）℃水浴中保温30min，取出后2min内冷却到室温。

（2）涤纶织物试样的操作步骤：

①涤纶织物试样的预处理：涤纶试样预处理与其他织物预处理有些差异，所用试剂除了上面所提到的，还另加氯苯及二甲苯（异构体混合物）。其所用设备有电热套（图15-22）或其他合适的仪器。

图15-22　电热套

电热套使用注意事项：将需加热的试样容器轻轻置于加热套内；接通加热套电源，调整电压（控温）调节钮，达到试验所需温度；加热试样时，不可有任何液体物洒在电热套内。除此之外，被加热的物品外表面不可沾有易燃物或有腐蚀性的物品；电热套内加热丝表面包有玻璃纤维，所以电热套内不可加热有棱角的物品；电热套内要保持干燥；使用结束后关闭电热套电源（如长期不使用应拔下电源插头）。

取有代表性试样，剪成条状试样，混合。从混合样中称取1.0g（精确至0.01g）试样后，用无色纱线将其缠紧，在萃取装置的蒸汽仪器（即电热套）中垂直放置，使冷凝溶剂可从样品上流过。

②抽提：加入25mL氯苯抽提30min，或者用二甲苯抽提45min。使抽提液冷却到室温，在真空旋转蒸发器上45～60℃驱除溶剂，得到少量残余物，这个残余物用2mL的甲醇转移到反应器中。

③还原裂解：在上述反应器中加入15mL预热到（70±2）℃的柠檬酸盐缓冲溶液，将反应器放入（70±2）℃的超声波浴中处理约30min，然后加入3mL连二亚硫酸钠溶液，并立即混合摇晃以还原裂解偶氮染料，在（70±2）℃水浴中保温30min，还原后2min内冷却到室温。

4. 萃取与浓缩

（1）萃取：用玻璃棒挤压反应器中试样，将反应液全部倒入提取柱内，接着再向反应器加20mL乙醚，共进行4次并且每次须混合乙醚和试样，然后将乙醚溶液滗入提取柱中，控制流速在3～4mL/min，收集乙醚提取液于圆底烧瓶中，加塞混合均匀。

（2）浓缩：将上述收集的盛有乙醚提取液的圆底烧瓶置于真空旋转蒸发器上，于35℃左右的低真空下浓缩至近1mL，再用缓氮气流驱除乙醚溶液，使其浓缩至近干。

5．气相色谱/质谱定性、定量分析

测试仪器设置条件：

（1）色谱柱：DB–5MS（30m×0.25mm×0.25μm）或者相当。

（2）进样口温度：250℃。

（3）柱温：60℃ $\xrightarrow{12℃/min}$ 210℃ $\xrightarrow{15℃/min}$ 230℃ $\xrightarrow{3℃/min}$ 250℃ $\xrightarrow{25℃/min}$ 280℃。

（4）质谱接口温度：270℃。

（5）质量扫描范围：35～350amu。

（6）进样方式：不分流进样。

（7）载气：氮气（≥99.999%），流量为1.0mL/min。

（8）进样量：1μL。

（9）离子化方式及电压：电子电离（EI）和70eV。

（10）溶剂延迟：3min。

6．定性、定量分析

（1）定性分析：将1mL甲醇或其他合适的溶剂加入浓缩至近干的圆底烧瓶，静置片刻，使溶液充分均匀混合。分别取1μL标准工作液与试样溶液注入色谱仪，通过比较试样与标样的保留时间及特征离子进行定性。必要时，可以选用另外一种或多种方法对异构体进行确认。

使用手动进样器要求操作者操作熟练，否则可能会影响试验数据。

进样要求：①进样速度要快：快速将注射器插入进样口，穿过隔垫到达底端。同时要求将样品迅速注入气化室，然后快速拔出注射器。这样可以使样品几乎同时到达气化室，停留时间越短越好。在使用毛细管进样器时应注意不要在插入时将针头插弯。

②取样一致：在取样中要保持取样速度的一致性、取样体积的一致性。如果针头上沾有一些液体时，要用滤纸擦拭干净。

③多次清洗，减少误差：当取一个样品进样之后，如果再去取另一个样品时，有可能产生干扰，污染样品。此时需要用低沸点溶剂洗针，至少洗3次，然后再对用于分析的样品进行洗针，至少洗3次。如需要测量多个样品，可以反复操作以上2个步骤。如果经常测量同一个样品，可以使用单独的注射器，以减少误差。使用自动进样只要设定好洗针程序和取样程序，就可以自动完成进样，可减少手动进样对检测结果的影响。

（2）定量分析：取1mL混合内标溶液加入浓缩至近干的圆底烧瓶中，静置片刻，使溶液充分均匀混合。然后分别取1μL混合标准工作液与试样溶液注入色谱仪，选择离子方式进行定量试验。内标定量分组表如表15–6所示。

表15-6 内标溶液

| 序号 | 化学名 | 所用内标 |
|---|---|---|
| 1 | 邻氨基苯甲醚（o-Anisidine） | 萘-d8 |
| 2 | 2,4,5-三甲基苯胺（2,4,5-Trimethylaniline） | |
| 3 | 4-氯邻甲苯胺（4-Chloro-o-toluidine） | |
| 4 | 2,4-二氨基甲苯（2,4-Toluylenediamine） | |
| 5 | 邻甲苯胺（o-Toluidine） | |
| 6 | 对氯苯胺（p-Chloroaniline） | |
| 7 | 2,4-二甲基苯胺（2,4-Xylidine） | |
| 8 | 2,6-二甲基苯胺（2,6-Xylidine） | |
| 9 | 2-甲氧基-5-甲基苯胺（p-Cresidine） | |
| 10 | 2,4-二氨基苯甲醚（2,4-Diaminoanisole） | 2,4,5-三氯苯胺 |
| 11 | 2-萘胺（2-Naphthylamine） | |
| 12 | 联苯胺（Benzidine） | 蒽-d10 |
| 13 | 3,3'-二甲氧基联苯胺（3,3'-Dimethoxybenzidine） | |
| 14 | 4-氨基联苯（4-Aminobiphenyl） | |
| 15 | 3,3'-二氯联苯胺（3,3'-Dichlorobenzidine） | |
| 16 | 4,4'-二氨基二苯醚（4,4'-Oxydianiline） | |
| 17 | 4,4'-二氨基二苯硫醚（4,4'-Thiodianiline） | |
| 18 | 4,4'-亚甲基-二-（2-氯苯胺）<br>[4,4'-Methylene-bis-（2-chloroaniline）] | |
| 19 | 3,3'-二甲基联苯胺（3,3'-Dimethylbenzidine） | |
| 20 | 3,3'-二甲基-4,4'-二氨基二苯甲烷<br>（3,3'-Dimethyl-4,4'-diaminobiphenylmethane） | |
| 21 | 4,4'-二氨基二苯甲烷（4,4'-Diaminobiphenylmethane） | |

（六）结果计算

$$X_i = \frac{A_i \times c_i \times V \times A_{isc}}{A_{is} \times m \times A_{iss}}$$

式中：$X_i$——试样中分解出芳香胺$i$的含量，mg/kg；

$A_i$——样液中芳香胺$i$的峰面积（或峰高）；

$c_i$——标准工作液中芳香胺$i$的浓度，mg/L；

$V$——样液最终体积，mL；

$A_{isc}$——标准工作液中内标的峰面积；

$A_{is}$——标准工作液中芳香胺$i$的峰面积（或峰高）；

$m$——试样量，g；

$A_{iss}$——样液中内标的峰面积。

试验结果以各种芳香胺的检测结果分别表示，计算结果表示到个位数。

（七）完成记录报告

按要求完成记录报告。

注意事项：（1）一般而言，禁用偶氮染料是针对有色产品。但是在未染色的白色或本色纺织品中也有可能检测出可分解芳香胺，这种情况大多是由整理剂、黏合剂等其他化学品造成的。因此，对未染色纺织品一般不做禁用偶氮染料项目的检测，即使检测出可分解芳香胺，也应分析是否是染料或颜料造成的。如果该纺织品未经过染色或印花工艺，则可判定该纺织品未使用禁用的偶氮染料。

（2）含氨纶的纺织品有时会检出可分解芳香胺，对此结果要进行分析，看其是氨纶本身的缘故，还是确实有禁用的偶氮染料或颜料。一般而言，如果含有氨纶的纺织品产生可分解芳香胺超标时，可将氨纶拆出后检测产品不含氨纶的部分；如果不含氨纶的产品未检出，则可以判断该纺织品的可分解芳香胺是由氨纶引起的，不属禁用偶氮染料，并在检测报告中注明。

## 二、皮革、毛皮禁用偶氮检测

用于皮革和毛皮制品染色及印花工艺的部分偶氮染料可还原出对人体有致癌性的23种芳香胺，如表15-4所示，其与纺织品致癌芳香胺种类基本相同（除去纺织品致癌芳香胺中的4-氨基偶氮苯）。

这些芳香胺经过活化作用而改变人体的DNA结构，从而引起病变和诱发恶性肿瘤物质，导致膀胱癌、输尿管癌、肾盂癌等恶性疾病。除了危害人体健康之外，在生产"禁用偶氮染料"的过程中还会大量排污，由此造成严重的环境污染。

（一）皮革、毛皮禁用偶氮测定的原理

试样经过脱脂后置于一个密闭的容器，在70℃温度下，在缓冲液（pH=6）中用连二亚硫酸钠处理，还原裂解产生的胺通过硅藻土柱的液-液萃取，提取到叔丁基甲基醚中，在温和的条件下，用真空旋转蒸发器浓缩用于萃取的叔丁基甲基醚，并将残留物溶解在适当的溶剂中，利用测定胺的方法进行测定。

胺的测定采用具有二极管阵列检测器的高效液相色谱（HPLC/DAD）、薄层色谱（TLC，HPTLC）、气相色谱/火焰离子检测器（GC/FID）和（或）质谱检测器（MSD），或通过带有二极管阵列检测器的毛细管电泳（CE/DAD）测定。

胺应通过至少两种色谱分离方法确认，以避免因干扰物质（例如同分异构体的胺）产生的误解和不正确的表述。胺的定量通过具有二极管阵列检测器的高效液相色谱（HPLC/DAD）来完成。

（二）皮革、毛皮禁用偶氮测定标准及适用范围

GB/T 19942—2005《皮革和毛皮 化学试验 禁用偶氮染料的测定》规定了染色皮革、毛皮产品中能裂解释放出23种有害芳香胺的偶氮染料的测定方法。本标准适用于各种经过染色的皮革、毛皮产品及其制品。

（三）皮革、毛皮禁用偶氮测定仪器

玻璃反应器、温度计、容量瓶、恒温水浴锅、真空旋转蒸发器、移液管、超声波浴、注射器（材料为聚乙烯或聚丙烯）、提取柱、圆底烧瓶、带自动显示器的HPTLC或TLC、光密度计、带DAD的毛细管电泳、GC毛细管色谱柱有分流/不分流进样口，最好带MSD、具有梯度控制的HPLC（最好带DAD或HPLC-MS）。

（四）试验用药剂的准备

（1）甲醇。

（2）叔丁基甲醚。

（3）连二亚硫酸钠，纯度≥87%。

（4）连二亚硫酸钠溶液，200mg/mL。连二亚硫酸钠溶液在水分和氧气中很容易被氧化并促使其分解，配制好的连二亚硫酸钠溶液放置不到5min就会有明显的损失，放置1天后有效组分几乎全部消失，故连二亚硫酸钠溶液在实际操作中，应现用现配。

（5）正己烷。

（6）芳香胺标准品，23种禁用芳香胺。

（7）芳香胺储备液，400mg/L乙酸乙酯溶液，用于TLC。

（8）芳香胺储备液，200m g/L甲醇溶液，用于GC、HPLC、CE。

（9）柠檬酸盐缓冲液，0.06mol/L，pH=6，预加热至70℃。

（10）芳香胺标准溶液，30μg（胺）/mL（溶剂），操作控制用，根据分析方法从（7）或（8）的储备液中制备。

（11）20%氢氧化钠–甲醇溶液，20g氢氧化钠溶于100mL甲醇中。氢氧化钠的作用是保证还原出的芳香胺能够稳定存在。然而氢氧化钠在甲醇中溶解会释放出大量的热量，可与空气中的二氧化碳反应生成碳酸钠，并且会和玻璃反应生成硅酸钠，导致氢氧化钠溶液变质。所以在配制过程中应选择具有橡胶塞的广口瓶，并且现用现配，不宜久存。另外，氢氧化钠在甲醇中不易溶解，可以用超声波清洗机超声3～5min，进行助溶。

（12）蒸馏水或去离子水，符合GB/T 6682—1992中三级水的规定。

（五）检验方法与步骤

1. 取样

（1）标准部位取样：一些皮鞋或皮带样品，中间会存在非皮革成分的夹层，取样时应尽量去除；不能去除的，应在检验报告中注明。对于有印花的皮革样品，取样时应包含印花部位；如果印花色相不同，则应分别取样进行实验。

①皮革：按QB/T 2706—2005的规定进行。

②毛皮：按QB/T 1267—2012的规定进行。

（2）非标准部位取样：如果不能从标准部位取样（如直接从鞋、服装上取样），应在可利用面积内的任意部位取样，样品应具有代表性、并在试验报告中详细记录取样情况。

2. 试样的制备

（1）皮革：按QB/T 2716—2005的规定进行。

（2）毛皮：按QB/T 1272—2012的规定进行，剪切过程中应避免损伤毛被，保持毛被完好。

（3）尽可能干净地除去样品上面的胶水、附着物，将试样混匀，装入清洁的试样瓶内待测。

注意，在进行大批量的皮革实验时，需要对各种玻璃器皿进行编号，并且保证与样品流转编号对应。称量操作中记录编号错误或玻璃器皿编号标记不清晰都会造成样品流转信息错误，使得样品与其检测结果不符。实际工作中，如果发现编号不清晰，应及时查找出该批样品，重新检验。

3. 填写试验记录报告

填写纺织品禁用偶氮染料检验原始记录。

4. 试验

（1）脱脂：

①称取1g试样，用皮革切粒机切碎后置于50mL磨口具塞玻璃反应器中。

②向装有试样的反应器中加入20mL正己烷，盖上塞子，置于40℃的超声波水浴中超声处理20min，滗掉正己烷（操作动作要缓慢，不要损失试样）。

③再用20mL正己烷按同样方法处理一次。脱脂后，试样在敞口的容器中放置过夜，挥干正己烷。

（2）还原裂解：

①待试样中的正己烷完全挥干后，加入17mL预热至（70±5）℃的柠檬酸盐缓冲溶液，盖紧塞子后轻轻振摇使试样充分湿润。

②在通风柜中将其置于已预热到（70±2）℃的水浴中加热振荡（25±5）min，加热振荡的整个过程中的反应器内部始终保持70℃。

③用注射器加入1.5mL连二亚硫酸钠溶液，保持70℃，加热振荡10min。

④再加1.5mL连二亚硫酸钠溶液，继续加热振荡10min，取出，反应器用冷水尽快冷却至室温。

（3）液–液萃取：

①用一根玻璃棒将纤维物质尽量挤干，将全部反应溶液小心转移至硅藻土提取柱中，静止吸收15min。

②向留有试样的反应容器里加入5mL叔丁基甲醚和1mL 20%的氢氧化钠甲醇溶液，旋紧盖子，充分摇匀后立即将溶液转移到提取柱中（如试样严重结块则用玻棒将其捣散）。

③分别用15mL、20mL叔丁基甲醚两次冲洗反应容器和试样，每次洗涤后，将液体完全转移至硅藻土提取柱中开始洗提胺（提取溶液中的芳香胺），最后直接加入40mL叔丁基甲醚至提取柱中，将洗提液收集于100mL圆底烧瓶中，在50℃的真空旋转蒸发器［（500±100）mbar］中将叔丁基甲醚提取液浓缩至近1mL（不要全干），残留的叔丁基甲醚用惰性气体流缓慢吹干。

④将试样溶液转移至离心管中，随后加入2mL叔丁基甲醚充分清洗圆底烧瓶内壁，并全部转移至离心管中。

⑤将离心管中的样液用缓氮气吹干，接着直接加入2mL甲醇（或乙酸乙酯，TLC方法用）至离心管中溶解残渣，并用涡旋混匀器混匀，在4000r/min的离心机上进行离心。

⑥提取上层清液于样品瓶中进行仪器分析。

5. 准确度

准确度以回收率表示，取1mL芳香胺标准溶液，加入含有16mL预热过的柠檬酸盐缓冲液的反应器中，然后按处理试样的还原裂解操作步骤进行分析，胺的回收率应符合以下要求：2，4-二氨基苯甲醚回收率应大于20%；邻甲苯胺及2，4-二氨基甲苯回收率应大于50%；其余各芳香胺回收率大于70%。

6. 校准

用30μg/mL的芳香胺标准溶液进行校准。

7. 色谱分析

（1）高效液相色谱（HPLC）：

洗提液1：甲醇。

洗提液2：0.575g磷酸二氢胺加0.7g磷酸氢二钠，溶于1000mL水中，pH=6.9。

固定相：LiChrospher60RP–select B（5μm）250mm×4.6mm。

柱温：40℃。

流速：0.8～1.0mL/min。

梯度：起始用15%流动相1，在45min内线性转变为80%流动相1。

进样量：10μL。

检测器：DAD 240nm，280nm，305nm。

（2）定性色谱分析：

①毛细管气相色谱（GC）：

毛细管柱：中等极性，如SE54或DB5，长50m，内径0.32mm，膜厚0.5μm。

进样口：分流/不分流。

进样口温度：250℃。

程序升温：70℃，保持2min；以10℃/min的速率升温至280℃，保持280℃，5min。

检测器：MSD，扫描45～300amu。

载气：氦气。

进样量：1μL，不分流，2min。

②毛细管电泳（HPCE）：

将250μL试样溶液与50μL盐酸（$c$=0.01mol/L）混合，并通过膜过滤（0.2μm）。该溶液用于毛细管区电泳分析。

毛细管1：56cm，无涂饰，内径50μm，具有延长的光程。

毛细管2：56cm，用聚乙烯醇（PVA）涂饰，内径50μm，具有延长的光程。

缓冲液：磷酸盐缓冲液（$c$=50mmol/L），pH=2.5。

柱温：25℃。

电压：30kV。

进样时间：4s。

淋洗时间：5s。

检测器：DAD214nm、240nm、280nm、305nm。

（3）薄层色谱（TLC）

①薄层板（HPTLC）：硅胶，含荧光指示剂F254，20cm×10cm。

应用体积：$5×10^{-2}$L，条状，用自动点样器点样。

流动相：三氯甲烷：冰乙酸=90：10（体积比）。

②薄层板（TLC）：硅胶60，20cm×10cm，槽饱和。

应用体积：$10^{-6}$L，点状，用自动点样器点样；

流动相1：三氯甲烷：乙酸乙酯：冰乙酸=60：30：10（体积比）。

流动相2：三氯甲烷：甲醇=95：5（体积比）。

试剂1：0.1%亚硝酸钠氢氧化钾溶液（$c$ =1mol/L）。

试剂2：0.2% $\alpha$-萘酚氢氧化钾溶液（$c$ =1mol/L）。

（六）结果的计算和表示

芳香胺的含量通过试样溶液中各个芳香胺组分与30μg/mL校准溶液比较后的峰面积进行计算，如下：

$$W = \frac{A_{\mathrm{P}} \times V \times B_{\mathrm{K}}}{A_{\mathrm{K}} \times E}$$

式中：$W$——样品中芳香胺的含量，mg/kg；

$A_{\mathrm{P}}$——单位面积样品中芳香胺的峰面积；

$A_{\mathrm{K}}$——单位面积芳香胺校准溶液中芳香胺的峰面积；

$B_{\mathrm{K}}$——芳香胺校准溶液中芳香胺的浓度，μg/mL；

$V$——按液-液萃取处理后最终定容体积，mL；

$E$——试样质量，g。

（七）完成检验记录报告

按要求完成检验记录报告。

# 第五节 重金属含量检验

纺织品重金属含量的检测直接关系着人类的健康，有害重金属检测是我国纺织品常规的监控项目之一。随着绿色消费观念的普及，国内对纺织品的安全卫生性能日益重视，生态纺织品越来越成为市场的主流，对纺织品进行重金属残留量分析也将越来越受到人们的重视。

## 一、重金属概述

所谓金属大致可分成重金属和轻金属，一般将密度大于5g/cm³的金属归纳为重金属，如：金、银、铜、铅、锌、镍、钴、铬、汞、镉、砷等。造成环境污染的重金属主要有汞、镉、铅、铬及砷等毒性显著的重金属。

某些重金属对人体尤为重要，但是人类对它们的需求量极少。例如，当重金属的含量小于人体体重的0.01%时，如锌和铜，是人体所需要的微量元素，一定剂量的铬、汞、钴等元素对人体也至关重要，但当它们的浓度在体内积蓄过量时，就会对人体产生毒性甚至危及生命。有关医学资料显示：砷、铬、镉、镍具有致癌性，锑、钴可能致癌。

## 二、重金属的危害性

在日常生活中，使用的服装多多少少都含有或分解一些对人体有害的重金属离子，这些游离离子可能对人体造成一定程度的伤害。例如，纺织品中的易挥发金属如汞可经空气通过呼吸道进入人体；部分游离重金属和金属络合染料在汗液或湿度的作用下被人体皮肤吸收而危害人体健康，这些金属一旦被人体吸收，很容易积累在肝、骨骼、肾、心脏及脑中，引起头痛、头晕、失眠、健忘、神经错乱、关节疼痛、结石、癌症（如肝癌、胃癌、肠癌、膀胱癌、乳腺癌、前列腺癌）及乌脚病和畸形儿等，尤其对消化系统、泌尿系统、脏器、皮肤、骨骼、神经系统破坏极为严重。纺织品中可能残留的重金属类别及其危害性，如表15-7所示。

表15-7  纺织品中可能超标的重金属及其危害

| 重金属 | 重金属超标时的危害 |
|---|---|
| 汞（Hg） | 进入人体后大量沉入肝脏，损伤肾脏，可造成肾小管上皮细胞坏死；造成大脑及中枢神经的损伤；可能致癌 |
| 砷（As） | 能伤害中枢神经系统；引起心脏血管功能紊乱；使肠胃功能紊乱 |
| 铅（Pb） | 损坏人的中枢神经（儿童尤为严重）、肾及免疫系统；潜在致癌 |
| 铜（Cu） | 过量时引发贫血，对肝肾、胃肠伤害极大 |
| 铬（Cr） | 可致肺癌、鼻癌；引发血液疾病、肝肾损伤 |
| 钴（Co） | 可能引起肺癌；对呼吸系统、眼、皮肤、心脏等器官造成不良影响 |
| 镉（Cd） | 加速骨骼钙质流失，引发骨折或变形；引起肾小管损伤，出现糖尿病，直至肾衰竭；引起肺部疾病、甚至肺癌；引起心脑血管疾病 |
| 镍（Ni） | 对人体皮肤黏膜和呼吸道有刺激作用，可引起皮炎和气管炎，甚至发生肺炎；积存在肾、脾、肝中，可诱发鼻咽癌和肺癌 |
| 锑（Sb） | 可引起肺癌；对皮肤有放射性损伤 |
| 锌（Zn） | 过量时减弱人体免疫功能，影响铁的利用，并可造成胆固醇代谢紊乱，甚至诱发癌症 |

### 三、纺织品中重金属的来源

纺织品之所以存在重金属，原因在于纺织品原料、生产或使用过程中的任一环节都可能引入重金属，其中仅少量由天然纤维从土壤中吸收或食物中吸收引入，但是大部分来源于纺织品的后加工，尤其织物加工过程中所使用的某些染料和助剂，如各种金属络合染料、媒介染料、固色剂、催化剂、阻燃剂、后整理剂等以及用于软化硬水、退浆精练、漂白、印花等工序的各种金属络合剂等，部分防霉抗菌防臭织物用汞、铬和铜等处理也会产生重金属污染。除此之外，服装辅料如纽扣、拉链及塑料制品等都有可能存在重金属。可从纺织纤维原料的生产、纺织纤维制品加工等方面分析重金属的来源，如表15-8所示。

表15-8　生态纺织品规范中限定重金属来源分析

| 重金属 | 重金属来源 |
| --- | --- |
| 汞（Hg） | 植物纤维生长过程、定位剂 |
| 砷（As） | 植物生长过程 |
| 铅（Pb） | 涂料、植物生长过程、服装辅料 |
| 铜（Cu） | 染料、抗菌剂、固色剂、媒染剂、服装辅料；动物纤维生长过程 |
| 铬（Cr） | 染料、氧化剂、防霉抗菌剂、媒染剂 |
| 钴（Co） | 催化剂、染料、抗菌剂 |
| 镉（Cd） | 涂料、植物纤维生长过程、服装辅料 |
| 镍（Ni） | 服装辅料、媒染剂 |
| 锑（Sb） | 阻燃剂 |
| 锌（Zn） | 抗菌剂 |

### 四、国际环保纺织协会对各类服装中重金属的限量

国际环保纺织协会对各类服装中重金属的限量以纺织品中可萃取重金属的限量为准（表15-9）。

表15-9　纺织品中可萃取重金属的限量

| 金属元素 | 产品分类及其限量/（mg/kg）≤ | | | |
|---|---|---|---|---|
| | 婴幼儿用品 | 直接接触皮肤用品 | 非直接接触皮肤用品 | 装饰材料 |
| 铜（Cu） | 25.03 | 50.03 | 50.03 | 50.03 |
| 铅（Pb） | 0.20 | 1.03 | 1.03 | 1.03 |
| 铬（Cr） | 1.00 | 2.00 | 2.00 | 2.00 |
| 钴（Co） | 1.00 | 4.00 | 4.00 | 4.00 |
| 镍（Ni） | 1.00 | 4.00 | 4.00 | 4.00 |
| 镉（Cd） | 0.10 | 0.10 | 0.10 | 0.10 |
| 砷（As） | 0.20 | 1.00 | 1.00 | 1.00 |
| 汞（Hg） | 0.02 | 0.02 | 0.02 | 0.02 |
| 锑（Sb） | 30.0 | 30.0 | 30.0 | — |
| 六价铬［Cr（Ⅵ）］ | 低于检出限0.5 | | | |

## 五、重金属检验方法

重金属的检测方法主要有原子吸收分光光度计法、分光光度法、原子荧光分光光度法、电感耦合等离子体发射光谱法等。此处主要介绍原子吸收分光光度计法、分光光度法及原子荧光分光光度法。

### （一）原子吸收分光光度法

原子吸收分光光度法的测量对象是呈原子状态的金属元素和部分非金属元素，系由待测元素灯发出的特征谱线通过试样蒸汽时，被蒸汽中待测元素的基态原子所吸收，通过测定辐射光强度减弱的程度，求出试样中待测元素的含量。其中，原子吸收是指呈气态的原子对由同类原子辐射出的特征谱线所具有的吸收现象。并且，原子吸收一般遵循分光光度法的吸收定律，通常借比较对照溶液和试样溶液的吸光度，求得试样中待测元素的含量。

在一定频率的外部辐射光能激发下，原子的外层电子由一个较低能态跃迁到一个较高能态，此过程产生的光谱就是原子吸收光谱。可根据吸光度的测定来判定金属的类型。

1. 原子吸收分光光度法的测定原理

用酸性汗液对试样进行萃取，将萃取液置于石墨炉原子吸收分光光度计（附有铜、铅、铬、钴、镍、镉、锑的空心阴极灯）或火焰原子吸收分光光度计（附有铜、锌、锑的空心阴极灯）中，分别用相应金属的空心阴极灯测量萃取液中重金属的吸光度。减去空白，对照标准工作曲线确定各金属的离子含量，最终算出试样中的各重金属含量。

2. 原子吸收分光光度法测定标准及适用范围

依据GB/T 17593.1—2006进行检验，本标准适用于任何纺织品。

3. 原子吸收分光光度法测定仪器

原子吸收分光光度仪（图15-23）、恒温水浴振荡锅、具塞三角烧瓶。

原子吸收分光光度仪主要由火焰原子

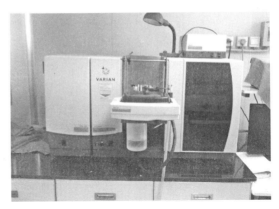

图15-23　原子吸收分光光度仪

化器和石墨炉原子化器构成。这两部分分别用来检测不同的重金属。

火焰原子化器：由雾化器及燃烧灯头等主要部件组成。其功能是将供试品溶液雾化成气溶胶后，再与燃气混合，进入燃烧灯头产生的火焰中，以干燥、蒸发、离解试样，使待测元素形成基态原子。燃烧火焰由不同种类的气体混合物产生，常用乙炔　空气火焰。改变燃气和助燃气的种类及比例可以控制火焰的温度，以获得较好的火焰稳定性和测定灵敏度。

石墨炉原子化器：由电热石墨炉及电源等部件组成。其功能是将试样溶液干燥、灰化，再经高温原子化使待测元素形成基态原子。一般以石墨作为发热体，炉中通入保护气，以防氧化并能输送试样蒸汽。

由于实验室拥有的仪器设备多种多样，因此不能给出仪器的通用条件，下列给出的原子吸收分光光度计，仅供参考。

4. 试验用药剂的准备

（1）酸性汗液（现配现用）：

①0.5g/L L-组氨酸盐酸盐-水合物（$C_6H_9O_2N_3 \cdot HCl \cdot H_2O$）；②5g/L氯化钠；③2.2g/L磷酸二氢钠二水合物（$NaH_2PO_4 \cdot 2H_2O$）。

配制好的溶液最后用0.1mol/L氢氧化钠溶液调整溶液pH至5.5 ± 0.2。

（2）金属元素储备液：

①铜元素标准储备液（100μg/mL）：0.393g硫酸铜溶于水配制成1000mL溶液。

②铅元素标准储备液（100μg/mL）：用硝酸（1+9）溶解0.160g硝酸铅至1000mL。

③铬元素标准储备液（100μg/mL）：0.283g重铬酸钾溶于水配制的1000mL溶液。

④钴元素标准储备液（1000μg/mL）：先用150mL水溶解2.630g无水硫酸钴，加热至溶解后，再冷却，用水稀释至1000mL。

⑤镍元素标准储备液（100μg/mL）：用水溶解0.448g硫酸镍至1000mL。

⑥镉元素标准储备液（100μg/mL）：用水溶解0.203g氯化镉至1000mL。

⑦锌元素标准储备液（100μg/mL）：用水溶解0.440g硫酸锌至1000mL。

⑧锑元素标准储备液（100μg/mL）：用10%盐酸溶解0.160g酒石酸锑钾至1000mL。

（3）标准工作液（10μg/mL）：根据需要，分别取适量铜、铅、铬、钴、镍、镉、锌、锑标准储备液的一种或几种加入装有5mL浓硝酸的100mL容量瓶中，用水稀释至刻度后摇匀，配制成10μg/mL的单标或混标标准工作液。标准工作液使用有效期为1周，期间若有浑浊、沉淀或颜色变化等现象出现时，应重新配制。

5. 检验方法与步骤

（1）取样：

①取代表性试样，剪碎至5mm×5mm以下并混匀，称取4g（精确至0.01g）试样两份（供平行试验用）。

②将处理好的试样放入150mL具塞烧瓶中，然后加入酸性汗液80mL，使试样充分浸泡，接着放到温度设定为（37±2）℃的恒温水浴振荡器中振荡1h，待振荡结束后，取出烧瓶静置冷却至室温，过滤烧瓶中溶液作为分析用样液。

（2）填写试验记录报告（表15-10）。

表15-10 纺织品中可萃取重金属含量检验原始记录（仅供参考）

| 样品编号 | | 样品名称 | | | |
|---|---|---|---|---|---|
| 检验依据 | GB/T 17593.1—2006 | GB/T 17593.3—2006 | | GB/T 17593.4—2006 | |
| 产品标准 | | 仪器编号 | 003# | 017# 066# | 068# |
| 操作步骤 | 取具有代表性的试样4.00g，置于具塞三角瓶中，加入80mL酸性汗液，将试样充分浸湿，于（37±2）℃恒温水浴锅中振荡1h，静置冷却至室温，过滤后作为样液供分析用 | | | | |
| 检测项目 | 检测结果（mg/kg） | 标准值（mg/kg）（婴幼儿用品≤） | | | |
| 铜（Cu） | | 25.0 | | | |
| 铅（Pb） | | 0.2 | | | |
| 铬（Cr） | | 1.0 | | | |
| 钴（Co） | | 1.0 | | | |
| 镍（Ni） | | 1.0 | | | |
| 镉（Cd） | | 0.1 | | | |
| 砷（As） | | 0.2 | | | |
| 汞（Hg） | | 0.02 | | | |
| 锑（Sb） | | 30.0 | | | |
| 六价铬［Cr（Ⅵ）］ | | 低于检出限0.5 | | | |
| 备注 | | | | | |

（3）工作曲线的绘制：用水将标准工作液稀释至适当浓度的系列工作液，在石墨炉原子吸收分光光度计上，分别以各金属的不同吸收光波长：324.7nm（铜）、283.3nm（铅）、357.9nm（铬）、240.7nm（钴）、232.0nm（镍）、228.8nm（镉）、213.9nm（锌）、217.6nm（锑），按照浓度由低到高的顺序测定各金属系列工作液的吸光度（或在火焰原子吸收分光光度计上按照浓度由低到高的顺序测定铜、锌、锑系列工作液的吸光度）。其中以金属元素的浓度（μg/mL）为横坐标，吸光度为纵坐标，分别绘制各金属的工作曲线。

（4）测量待测金属元素的浓度：在石墨炉原子吸收分光光度计上，分别取各金属相应的吸收光波长，依次测量空白溶液和样液中待测金属元素的吸光度，在工作曲线上找出各待测金属元素的浓度。为了获得良好的检出限和精密度，用石墨炉原子吸收分光光度计测定铜、铅、铬、钴、镉、锑时，要使用基本改进剂（表15-11）。

表15-11 金属元素吸光度

| 元素 | 最高灰化温度/℃ | 最高原子化温度/℃ | 线性范围/ng/mL | 改进剂 |
|---|---|---|---|---|
| 铜（Cu） | 1200 | 1900 | 2~50 | 0.005mg钯+0.03mg硝酸镁 |
| 铅（Pb） | 850 | 1500 | 5~100 | 005mg钯+0.03mg硝酸镁或0.050mg磷酸铵+0.003mg硝酸镁 |
| 铬（Cr） | 1500 | 2300 | 1~30 | 0.015mg硝酸镁 |
| 钴（Co） | 1400 | 2400 | 2~50 | 0.015mg硝酸镁 |
| 镍（Ni） | 1100 | 2300 | 2~100 | — |
| 镉（Cd） | 700 | 1400 | 0.2~5 | 0.05mg磷酸铵+0.003mg硝酸镁 |
| 锑（Sb） | 1300 | 1900 | 5~200 | 0.005mg钯+0.03mg硝酸镁 |

注 1. 本表参考横向加热石墨炉温度条件，其他型号仪器也可参照使用，一般进样量为10μL，其后再进5μL改进剂。

2. 基本改进剂的百分比浓度计算：改进剂百分浓度= $\dfrac{改进剂量（mg）\times 1000}{注入体积（μL）}$。

6. 结果计算

试样中可萃取的重金属$i$的含量计算公式：

$$X_i = \frac{(c_i - c_{i0}) \times V \times F}{m}$$

式中：$X_i$——试样中可萃取重金属元素$i$的含量，mg/kg；

$C_i$——试样溶液中被测金属元素$i$的浓度，μg/mL；

$C_{i0}$——空白溶液中各金属元素浓度，μg/mL；

$V$——试样溶液的总体积，mL；

$F$——稀释因子;

$m$——试样的质量,g。

最后的计算结果为两次测定结果的算术平均值,精确到0.01。表15-12为可萃取金属的测定低限。

表15-12 可萃取金属的测定低限

| 金属元素 | 测定低限/mg/kg | |
|---|---|---|
| | 石墨炉原子吸收分光光度法 | 火焰原子吸收分光光度法 |
| 铜(Cu) | 0.26 | 1.03 |
| 铅(Pb) | 0.16 | — |
| 铬(Cr) | 0.06 | — |
| 钴(Co) | 0.16 | — |
| 镍(Ni) | 0.48 | — |
| 镉(Cd) | 0.02 | — |
| 锌(Zn) | — | 0.32 |
| 锑(Sb) | 0.34 | 1.10 |

**注** 不同仪器的检出限会有差异,本方法测定低限仅供参考。

**7. 完成试验记录报告**

按要求完成试验记录报告。

**(二)分光光度法——六价铬的测定**

分光光度法是通过测定被测物质在特定波长处或一定波长范围内光的吸收度,对该物质进行定性和定量分析的方法。

在分光光度计中,将不同波长的光连续地照射到一定浓度的样品溶液时,便可得到不同的波长相对应的吸收强度。如以波长($\lambda$)为横坐标,吸收强度($A$)为纵坐标,就可绘出该物质的吸收光谱曲线。利用该曲线进行物质定性、定量的分析方法,称为分光光度法,也称为吸收光谱法。用紫外光源测定无色物质的方法,称为紫外分光光度法;用可见光光源测定有色物质的方法,称为可见光光度法。它们与比色法一样,都以Beer-Lambert定律为基础。分光光度法的应用光区包括紫外光区、可见光区和红外光区。紫外光区与可见光区是比较常用的。

六价铬的检测主要用分光光度法。铬是生物体必需的微量元素之一。铬的缺乏会导致糖、脂肪等物质的代谢紊乱,但摄入量过高对生物和人类有害。铬的毒性与其存在形态有极大的关系：三价铬化合物几乎无毒，且是人和动物所必需的；相反，六价铬化合物具有强氧化性，且有致癌性。一般来说，六价铬的毒性要比三价铬大100倍。

1. 分光光度法测定六价铬的原理

用酸性汗液对试样进行萃取，将萃取液置于酸性条件下用二苯基碳酰二肼显色，用分光光度计显色后，测取萃取液在540nm波长下的吸光度，计算出纺织品中六价铬的含量。

2. 分光光度法测定六价铬的标准及适用范围

依据GB/T 17593.3—2006进行检验，本标准适用于任何纺织品。

3. 分光光度法测定六价铬所用仪器

22型原子分光光度计（图15-24）、具塞三角烧瓶、恒温水浴振荡器。

4. 试验用药剂的准备

（1）酸性汗液（现配现用）：同"原子吸收分光光度法"中酸性汗液的配制。

（2）（1+1）磷酸溶液：磷酸（$\rho=1.69g/mL$）与水等体积混合。

（3）六价铬标准储备液（1000mg/L）：重铬酸钾（优纯级）在（$102\pm2$）℃下干燥（$16\pm2$）h后，称取2.892g置于1000mL

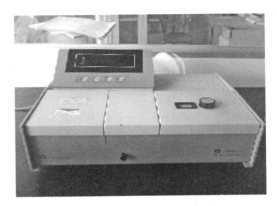

图 15-24　22 型分光光度计

容量瓶中，用水稀释至刻度线。本液体要储备在常温（15~25℃）下，保存6个月，当有浑浊、沉淀、颜色变化的现象出现时，应重新配制。

（4）六价铬标准工作溶液（1mg/L）：用水将1mL六价铬标准储备液稀释至1000mL，现配现用。

（5）显色剂：用100mL丙酮溶解1g二苯基碳酰二肼，然后再滴加1滴冰乙酸。

5. 检验方法与步骤

（1）取样：

①取代表性试样，剪碎至5mm×5mm以下并混匀，称取4.00g（精确至0.01g）试样两份（供平行试验用）。

②将处理好的试样放入具塞烧瓶中，然后加入1mL磷酸溶液和1mL显色剂并混匀，使试样充分浸泡。过滤试样溶液，将滤液在室温条件下放置15min，再将滤液在540nm波长下测定显色后萃取滤液的吸光度，记为$A_1$。再取20mL水、1mL磷酸溶液和1mL显色剂进行混合，该混合液作为空白参比溶液。

③为了准确测定，降低其他因素的影响，如样品溶液的不纯和褪色，取20mL样液和

2mL水混匀，以水作为空白参比溶液，在540nm波长下测定空白样液的吸光度，记为$A_2$。

（2）填写试验记录报告：见原子吸收分光光度法试验记录报告。

（3）工作曲线的绘制：用移液管分别移取六价铬标准工作液0.5mL、1mL、2mL、3mL于50mL容量瓶中，用水稀释至刻度线，摇匀，配制成0.01μg/mL、0.02μg/mL、0.04μg/mL、0.06μg/mL的溶液后，分别取20mL与1mL显色剂、1mL磷酸溶液进行混合，均匀混合后，置于室温下显色15min，在540nm波长下测定吸光度。另取20mL水、1mL显色剂和1mL磷酸溶液作为空白溶液。然后以六价铬离子浓度为横坐标，以吸光度为纵坐标，绘制曲线。用校正后的吸光度值在工作曲线上查出六价铬浓度。

6. 计算结果

（1）各试样的校正吸光度：$A=A_1-A_2$

式中：$A$——校正吸光度；

$\quad\quad A_1$——显色后样液的吸光度；

$\quad\quad A_2$——空白样液的吸光度。

（2）计算试样中可萃取的六价铬的含量：

$$X = \frac{c \times V \times F}{m}$$

式中：$X$——试样中可萃取的六价铬含量，mg/kg；

$\quad\quad c$——试样溶液中六价铬浓度，mg/L；

$\quad\quad V$——试样溶液的体积，mL；

$\quad\quad F$——稀释因子；

$\quad\quad m$——试样的质量，g。

试验结果数值为两个试样的平均值，精确至0.01。本方法的测定低限为0.20mg/kg。

7. 完成试验记录报告

按要求完成试验记录报告。

（三）原子荧光分光光度法——砷、汞的测定

原子荧光的原理是原子蒸气受具有特征波长的光源辐射后，部分自由原子被激发跃迁到较高能态，然后去活化回到某一较低能态而发射出特征光谱。各种元素都有其特定的原子荧光光谱，根据原子荧光强度的高低可测得试样中待测元素（砷As、汞Hg）含量。

砷虽然是一种以毒性著称的类金属，然而它却是人体中必需微量元素，砷的化合物还用于制造农药、防腐剂、染料和医药等。砷过量时会引起砷中毒，造成肠胃系统、心血管系统、神经系统、呼吸系统等的损害。

汞，又称水银，微量的汞在人体内不致引起危害，可经尿、粪和汗液等途径排出体

外。如数量过多，即可损害人体健康。汞和汞盐都是危险的有毒物质，严重的汞盐中毒可以破坏人体内脏的机能。

1. 原子荧光分光光度法的原理

（1）砷测定原理：将试样置于酸性汗液中进行萃取，然后加入硫脲-抗坏血酸将正五价砷转化为正三价砷，再加入硼氢化钾使其还原成砷化氢，由载气带入原子化器中并在高温下分解为原子态砷。并在荧光波长193.7nm下绘制标准曲线，对照标准工作曲线确定砷含量。

（2）汞测定原理：将试样置于酸性汗液中进行萃取，然后加入高锰酸钾将汞转化为正二价汞，再加入硼氢化钾使其还原成原子态汞，由载气带入原子化器中。在波长253.7nm下绘制标准曲线，对照标准工作曲线确定汞含量。

2. 原子荧光分光光度法的标准及适用范围

依据GB/T 17593.4—2006进行检验，本标准适用于任何纺织品。

3. 原子荧光分光光度法所用仪器

装有砷和灯空心阴极灯的AFS-2100原子荧光分光光度仪（图15-25）、具塞三角烧瓶、玻璃砂芯漏斗（图15-26）、恒温水浴振荡器。

4. 试验用药剂的准备

（1）酸性汗液（现配现用）：同"原子吸收分光光度法"中酸性汗液的配制。

（2）65%～68%硝酸。

（3）硝酸溶液（1+19）：950mL水溶解50mL的65%～68%硝酸。

（4）硼氢化钾溶液（10g/L）：0.5g氢氧化钾溶于约80mL水后，再加入10g硼氢化钾，用水稀释至1000mL，硼氢化钾溶液（10g/L）限当日使用。

（5）硼氢化钾溶液（0.1g/L）：2g氢氧化钾溶于约600mL水后，再加入0.1硼氢化钾，用水稀释至1000mL。硼氢化钾溶液（0.1g/L）须现配现用。

图15-25 原子荧光分光光度仪

（6）硫脲-抗坏血酸混合液：2g硫脲和2g抗坏血酸溶于约600mL水，然后再加入10mL的65%～68%硝酸，加水稀释至1000mL。

（7）高锰酸钾溶液（4g/L）：0.4g高锰酸钾溶于100mL水，避光保存。

（8）标准储备液：

①砷标准储备液（100mg/L）：在硫酸干燥器中

图15-26 玻璃砂芯漏斗

干燥三氧化二砷至恒重，然后用天平精确称取0.132g，用10mL浓度为100g/L的氢氧化钠溶液溶解，再用适量的水转移至1000mL容量瓶中，接着向容量瓶中加50mL硝酸溶液，最后用水稀释至刻度线，摇匀。

②汞标准储备液（100mg/L）：精确称取0.1354g干燥过的二氯化汞，用50mL硝酸溶液溶解后移入1000mL容量瓶中，最后用水稀释至刻度并混匀。

除另有规定外，标准储备液在常温（15～25℃）下保存6个月，当出现浑浊、沉淀或颜色变化的现象时，应重新配制。

（9）标准工作液：

①砷标准工作液（20μg/L）：取1.00mL砷标准储备液于100mL容量瓶中，用水稀释至刻度，混匀，得到1mg/L的砷标准溶液。再吸取2mL的1mg/L砷标准溶液于100mL容量瓶中，用酸性汗液稀释至刻度。砷标准工作液（20μg/L）限当日使用。

②汞标准工作液（1μg/L）：取1mL汞标准储备液于100mL容量瓶中，用水稀释至刻度，混匀，得到1mg/L的汞标准溶液。再吸取1mL的1mg/L汞标准溶液于100mL容量瓶中，用水稀释至刻度，得到10μg/L的汞标准溶液。再吸取10mL的10μg/L汞标准溶液于100mL容量瓶中，加5mL硝酸，最后用酸性汗液稀释至刻度。汞标准工作液（1μg/L）限当日使用。

5. 检验方法与步骤

（1）取样：

①取代表性试样，剪碎至5mm×5mm以下并混匀，称取4g（精确至0.01g）试样两份（供平行试验用）。

②将处理好的试样放入具塞烧瓶中，然后加入80mL酸性汗液，盖上瓶塞并摇匀，使试样充分浸泡。

③将烧瓶置于恒温水浴振荡器中振荡（60±5）min，振荡结束后，静置，冷却至室温，用玻璃砂芯漏斗过滤。

（2）萃取液处理：

①砷试液制备：取5mL萃取液和5mL硫脲-抗坏血酸混合液进行混合并摇匀，待测。由于溶液中的正三价砷易变成正五价砷，经过还原处理后的试液必须在当日内检测。

②汞试液制备：取5mL萃取液，加入0.5mL硝酸和1mL高锰酸钾溶液，用酸性汗液定容至10mL，混匀，静置1h，待测。由于低浓度汞的性质不稳定，经过氧化处理后的试液必须在当日内检测。

（3）标准系列溶液配制：

①分别吸取砷标准工作液0mL、1mL、2mL、4mL、5mL，加入5.00mL硫脲-抗坏血酸混合液，用酸性汗液定容至10mL，混匀。制成浓度为0μg/L、2μg/L、4μg/L、8μg/L、10μg/L的砷标准系列溶液。

②分别吸取汞标准工作液0mL、2mL、4mL、8mL、10mL，用酸性汗液定容至10mL，混匀。制成0.00μg/L、0.2μg/L、0.4μg/L、0.8μg/L、1μg/L的汞标准系列溶液。

（4）填写试验记录报告：

同"原子吸收分光光度法"试验记录报告。

（5）工作曲线的绘制：

①砷的标准工作曲线绘制：以硼氢化钾溶液作为还原剂，硝酸溶液作为洗液，在规定条件下进行仪器测定。在193.7nm处测定标准系列溶液的荧光强度，以浓度为横坐标，荧光强度为纵坐标绘制标准曲线。同样条件系下测量砷的荧光强度，与标准工作曲线比较定量。

②汞的标准工作曲线绘制：以硼氢化钾溶液作为还原剂，硝酸溶液作为洗液，在规定条件下进行仪器测定。在253.7nm处测定标准系列溶液的荧光强度，以浓度为横坐标，荧光强度为纵坐标绘制标准曲线。同样条件系下测量汞的荧光强度，与标准工作曲线比较定量。

③空白试验：除不加试样外，均按上述操作步骤进行。

6. 计算结果

试样中可萃取的砷或汞含量为：

$$X = \frac{2 \times (C_1 - C_0) \times V \times F}{m \times 1000}$$

式中：$X$——试样中可萃取砷或汞的含量，mg/kg；

$C_1$——试样中砷或汞的含量，μg/L；

$C_0$——试样空白液中砷或汞含量，μg/L；

$V$——试样溶液体积，mL；

$F$——稀释因子；

$m$——样品质量，g。

其中，检测结果为取两次测定结果的算术平均值，计算结果表示到0.001。同一操作者使用相同设备、按相同的测试方法、并在短时间内对同一被测对象相互独立进行的测试获得两次独立测试结果的绝对值不大于这两个测定值的算术平均值的10%，以大于10%的情况下不超过5%为前提，砷测定低限为0.1mg/kg，汞测定低限为0.005mg/kg。

7. 完成检验记录报告

按要求完成检验记录报告。

# 第六节　杀虫剂检验

纺织品在印染加工过程中并不直接使用杀虫剂、除草剂等农药，纺织品中所检测出的农药，一般是天然植物纤维在生长过程中带入的。如棉花，在种植中可能使用杀虫剂，有部分残留量极易经皮肤进入人体，对人体安全造成威胁。

## 一、检验原理和方法

试样经石油醚索式提取，浓缩定容后，用配有电子俘获检测器的气相色谱仪测定，用外标法定量，采用气相色谱–质谱法选择离子检测进行确认。

## 二、检验试剂

丙酮：使用前需要重新蒸馏，以保证丙酮的纯度。

石油醚：沸程60～90℃下蒸馏。

苯：重蒸馏。

脱脂棉和滤纸筒：用丙酮石油醚（按照1∶4的比例混合）索式提取回流6h。取出挥干，保存备用。

## 三、取样

取50g有代表性的试样并剪碎，从混合试样中称取5g试样2份，分别放入滤纸筒中，然后置于索式提取器中，加入100mL石油醚于提取瓶中，在80～90℃水浴中回流提取6h。冷却后将提取液于40℃水浴中旋转浓缩至近干，用石油醚定容到5.0mL。

## 四、检验步骤

（一）定性

（1）选择条件：

毛细管色谱柱：DB–1701（30m×0.25mm×0.10μm）或相当者。

进样口温度：270℃。

柱温：50℃（2min）→200℃（1min）→260℃（4min）。

进样方式：不分流进样。

载气：氦气。

流量：1.5ml/min。

进样量：1uL。

离化方式：EI。

离化电压：70eV。

（2）把样液的总离子流图进行选择离子色谱分析，与标准物质进行比较，如果在相同保留时间有色谱峰出现，并且丰度比一致，就表明有这种物质存在。

### （二）定量

（1）配制定性检测出的杀虫剂的标准溶液。

（2）检测此浓度标准溶液的峰面积，并估算出样品中杀虫剂的含量。

（3）配制标准工作液、进行空白实验和标准工作液实验。

## 五、结果计算

$$X_i = A_i C_s V_i / A_s M$$

式中：$X_i$——试样中组分$i$的含量，mg/kg；

$A_i$——试样中组分$i$的峰高；

$A_s$——处理过的标准工作液中杀虫剂的$i$的峰高；

$C_s$——处理过的标准工作液中杀虫剂的$i$的浓度；

$V_i$——样液最终定容体积；

$M$——测试样品质量。

---

思考题

1. 什么是织物的异味？它的来源有哪些？异味常用的检测方法有哪些？

2. 简述pH检验的步骤。

3. 甲醛含量检验有哪些方法？简述甲醛对人体的危害。

4. 了解甲醛标准溶液的配置过程及注意事项。

5. 什么是偶氮染料？

6. 简述禁用偶氮测定的原理。

7. 简述重金属的定义及其危害性。

8. 阐述重金属的检测步骤及标准工作液的配制过程。

9. 绘制部分重金属检测的工作曲线。

10. 列举禁用杀虫剂（3种以上）。

---

# 织物功能性项目检验

**课题名称：** 织物功能性项目检验

**课题内容：** 织物的阻燃性能

织物的抗紫外线性能

织物的抗静电性能

织物的防电磁辐射性能

织物的防水性能

织物的远红外性能

织物的吸湿速干性能

织物的负离子发生量性能

织物的吸湿发热性能

织物的拒油防污性能

织物的热防护性能

织物的消臭性能

织物的防蚊性能

**课题时间：** 26课时

**教学目的：** 让学生了解织物功能性项目的相关知识，掌握检测原理及检测方法，熟练操作相关检验检测的仪器。

**教学方式：** 理论讲授和实践操作。

**教学要求：** 1. 了解织物功能性的相关内容。

2. 掌握织物功能性项目相关检验检测的原理及方法。

3. 熟练操作相关检验检测的仪器。

4. 能正确表达和评价相关的检验结果。

5. 能够分析影响测试结果的主要因素。

# 第十六章 织物功能性项目检验

## 第一节 织物的阻燃性能

织物的阻燃性是指织物阻止延续燃烧的性能。当织物或服装材料受热分解时，产生可燃性的分解产物与外界的氧气相互作用，便开始出现燃烧现象。大多数纺织品是易燃和可燃的，在一定条件下容易引发火灾，造成生命财产损失。因此，对于某些生活纺织品要求具有较好的阻燃性，如儿童服装、睡衣、寝具、地毯、窗帘，消防、军用纺织品等的阻燃性则有更高的要求。可参考的标准有GB/T 17591—2006《阻燃织物》、GB/T 5454—1997《纺织品 燃烧性能试验 氧指数法》、GB/T 5455—2014《纺织品 燃烧性能 垂直方向损毁长度、阴燃和续燃时间的测定》、GB/T 5456—2009《纺织品 燃烧性能 垂直方向试样火焰蔓延性能的测定》、GB/T 8746—2009《纺织品 燃烧性能 垂直方向试样易点燃性的测定》、GB/T 14644—2014《纺织品 燃烧性能 45°方向燃烧速率的测定》等。

## 一、检验方法与原理

阻燃性能测试方法有多种，不同种类织物有不同的测试方法，相同种类织物也可以用不同的测试方法来评价其阻燃性能。常见的几种测试方法有：垂直法、水平法、45°倾斜法、限氧指数法等。其中垂直法和水平法是最为常用的阻燃测试方法。

### （一）垂直法

该种测试方法规定试样垂直放置（试样的长度方向与水平线垂直），燃烧源在试样的下方引燃试样，测量试样的最小点燃时间、续燃时间、阻燃时间、火焰蔓延速度、碳化长度（损毁长度）、碳化面积（损毁面积）等与阻燃性能有关的指标，并据此来评定样品的阻燃性能级别或样品是否合格。

（二）水平法

在规定的试验条件下，对水平放置的试样点火，测定火焰在试样上的蔓延距离及时间，用燃烧速率来表征织物阻燃性。水平法适用于各类纺织品。

（三）45°倾斜法

该种测试方法规定试样45°倾斜放置（试样的长度方向与水平线成45°角），燃烧源在试样下方的上表面或下表面引燃试样（有的方法规定为上表面，有的方法则规定为下表面），测量试样向上燃烧一定距离所需的时间，或测量试样燃烧后的续燃和阻燃时间、火焰蔓延速度、碳化长度（损毁长度）、碳化面积（损毁面积）或测量试样燃烧至试样下端一定距离处需要接触火焰的次数等与阻燃性能有关的指标，并据此来评定样品的阻燃性能级别或样品是否合格。

（四）限氧指数法

限氧指数法是目前广泛使用的纺织品燃烧性能测试方法，它是指在规定的实验条件下，在氧、氮混合气体中，材料刚好能保持燃烧状态所需的最低氧浓度，用LOI表示，LOI为氧所占混合气体的体积百分数。GB/T 5454—1997规定了纺织品燃烧性能试验氧指数法，将试样夹于试样夹上垂直于燃烧筒内，在向上流动的氧、氮气流中，点燃试样上端，观察其燃烧特性，并与规定的极限值比较其续燃时间或损毁长度。通过在不同氧浓度中一系列试样的试验，可以测得维持燃烧时氧气百分数表示的最低氧浓度值，受试试样中要有40%～60%超过规定的续燃和阴燃时间或损毁长度。

## 二、检验设备和试样

（一）垂直法

1. 设备

YG815D-Ⅰ型织物阻燃性能测试仪（图16-1）、剪刀、钢尺等。

2. 试样

试样为300mm×80mm的长方形，长边要与织物经向或纬向平行，一般取试样经向5个，纬向5个，并要求经向试样不能取自同一经纱，纬向试样不能取自同一纬纱。实验前，试样在温度（20±2）℃和相对湿度（65±3）%

图16-1　YG815D-Ⅰ织物阻燃性能测试仪

的标准大气中放置8～24h（视织物厚薄而定）进行调湿，然后取出放入密闭容器内。

（二）水平法

1. 设备

YG815D-Ⅱ型织物阻燃性能测试仪（图16-2）、剪刀、钢尺等。

图16-2 YG815D-Ⅱ型织物阻燃性能测试仪

2. 试样

每块试样的标准尺寸应为350mm×100mm。特殊产品尺寸不足以制成规定尺寸的试样，则应符合下列任一条件，保证试样经向或纬向被试样夹夹持。宽度小于60mm的试样，长度取350mm；宽度为60～100mm的试样，长度至少取160mm。每一样品，经、纬向各取5块。长的一边要与织物的经向或纬向平行。试验前，试样在温度（20±2）℃和相对湿度（65±3）%的标准大气中放置8～24h（视织物厚薄而定）进行调湿，然后取出放入密闭容器内。

## 三、检验步骤

（一）垂直法

（1）试验温度湿度：试验在温度为10～30℃及相对湿度为30%～80%的大气中进行。

（2）接通电源及热源。

（3）将试验箱前门关好，按下电源开关，指示灯亮表示电源已通，将条件转换开关放在焰高测定位置，打开气体供给阀门，连续按点火开关，点燃点火器后调节火焰高度稳定达到（40±2）mm，移开火焰测量装置，然后将条件转换开关放在试验位置。

（4）检查续燃、阴燃计时器是否归零。

（5）点燃时间设定为12s。

（6）将试样放入试样夹中，试样下沿应与试样夹两下端齐平，打开试验箱门，将试样夹连同试样垂直挂于试验箱中。

（7）关闭箱门，此时电源指示灯应明亮，按点火开关，点着点火器，待30s火焰稳定后按启动开关，使点火器移到试样正下方，点燃试样。此时距试样从密封容器内取出，时间必须在1min以内。

（8）12s后，点火器恢复原位，续燃计时器开始计时，待续燃停止，立刻按计时器的停止开关，阴燃计时器开始计时，待阴燃停止后，按计时器的停止开关，读取续燃时间和阴燃时间，读数应精确到0.1s。在阴燃熄灭前，试样应保持静止状态，不能移动。

（9）当试验熔融纤维制成织物时，如果被测试样在燃烧过程中有熔滴产生，则应在试验箱的箱底平铺上10mm厚的脱脂棉。观察逐一熔融脱落物是否引起脱脂棉的燃烧或阻燃，并记录。

（10）打开试验箱前门，取出试样夹，卸试样，先沿其长度方向碳化处对折一下，然后在试样的下端一侧，距其底边及侧边约6mm处，挂上与试样单位面积的质量适应的重锤，再用手缓缓提起试样下端的另一侧，让重锤悬空，再放下，测量试样撕裂的长度，即为损毁长度，结果精确到1mm。

（11）待测完的试样移开后，清除试验箱中碎片，并开动通风设备，排除试验箱中的烟雾、气体及织物燃烧碎片，然后再测试下一个试样。

（二）水平法

（1）在温度为15～30℃和相对湿度为30%～80%的大气条件下进行试验。

（2）点着点火器，燃烧用工业丙烷或丁烷气体，调节火焰高度，使点火器顶端至火焰尖端的距离为（38±2）mm，并稳定1min。

（3）将试样放入试样夹中，使用面向下。若是起毛或簇绒试样，把试样放在平整的台上，用金属梳逆绒毛方向梳两次，使火焰能逆绒毛向蔓延。

（4）将夹好试样的试样夹沿导轨推入，至导轨顶端。

（5）用计时装置控制点火器对试样点火，点火时间为15s，此时距试样从密闭容器内取出的时间必须在1min以内。

（6）试样夹上有3个标记线，标记线距离点火处的距离分别为38mm、138mm、292mm。火焰蔓延至第一标记线时开始计时，火焰蔓延至第3标记线前熄灭并停止计时。测定第1标记线至火焰熄灭处的距离与时间，精确至小数点后一位数值。

（7）待测完的试样移开后，清除试验箱中碎片，并开动通风设备，排除试验箱中的烟雾、气体及织物燃烧碎片，然后再测试下一个试样。

## 四、结果计算和表示

（一）垂直法

分别计算经向和纬向5个试样的续燃时间、阴燃时间及损毁长度的平均值。续燃、阴燃时间记录至0.1s。损毁长度应记录至1mm。

（二）水平法

火焰蔓延速率计算方式如下：

$$S = \frac{D}{T} \times 60$$

式中：$S$——火焰蔓延速率，mm/min（精确至0.1）；

$D$——火焰蔓延距离，mm；

$T$——火焰蔓延距离$D$时相应的蔓延时间，s。

# 第二节　织物的抗紫外线性能

太阳光包括了可见光、紫外线、红外线等不同波段的光，其中100～400nm波长的光就是紫外线，紫外线光谱分为UVA（315～400nm），UVB（280～315nm），UVC（200～280nm）三个波段（图16-3）。其中UVA对皮肤的影响最为严重，UVA的穿透力最强，可达到皮肤深处，作用于皮肤部位的黑色素，引起皮肤黑色素沉着，使皮肤变黑，UVA是导致皮肤老化和严重损害的原因之一。因此，紫外线能够使人体皮肤被晒伤、老化并产生黑色素和色斑，更为严重的还会诱发人体某些部位的癌变。

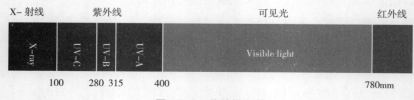

图 16-3　紫外线光谱

为了保护皮肤免受紫外线伤害，人们采取很多防紫外措施。如涂抹防紫外化妆品，使用遮阳帽、遮阳伞等，但是这些措施的防护能力、保护面积和作用时间毕竟有限。因此，人们更倾向利用保护面积更大、防护效果更好的防紫外服装来有效地阻挡紫外线对人体的过度伤害。

目前的防紫外线纺织品大都是将能吸收或反射紫外线的遮蔽剂与成纤高聚物通过混合或复合纺丝获得防紫外线功能纤维，或将这些遮蔽剂通过浸渍或涂层等后整理技术黏附在纺织品上来获得防紫外线功能。

防紫外线的检验可参考的标准有GB/T 18830—2009《纺织品　防紫外线性能的测定》、AATCC 183—2014《紫外线辐射通过织物的透过或阻挡性能》、EN 13758—1—2006《纺织品　太阳紫外线防护性能　第1部分：服装织物的试验方法 》、AS/NZS 4399: 1996《纺织品抗紫外线辐射性能测试》。

## 一、检测原理和方法

防紫外线测试方法中的直接法，客观性不够，重复性差，故此处只作简单介绍。

（1）变色褪色法：将光敏染料染色的基布放在标准紫外光光源下，上面覆盖待测织物，开启光源，光照一定时间后，然后观察覆盖物下面光敏染料染色基布的颜色变化情况，颜色变化越小，说明待测织物阻隔紫外线的效果越好。

（2）皮肤直接照射法：在同一皮肤相近部位，以一块或几块织物覆盖皮肤，用紫外线直接照射，记录和比较出现红斑的时间以进行评定。

（3）紫外分光光度计法或紫外线强度累计法：测定各种防紫外线试样的分光透过率曲线，可以判断各波长的透过率，并可用面积比求出某一紫外线区域的平均透过率，评价防护效果。目前较为普遍的测试方法是紫外分光光度计法或紫外线强度累计法。

## 二、评定紫外线防护效果的通常指标

（1）紫外线（UVR）透射比：有试样时的紫外线透射辐射通量与无试样时的紫外线透射辐射通量之比，又常分为UVA和UVB透射比，一般日光紫外线（UVR）的辐射波长为280～400nm，日光长波紫外线（UVA）波长为315～400nm，日光中波紫外线（UVB）波长为280～315nm。

（2）紫外线遮挡率（或屏蔽率）计算公式为：

$$遮挡率=1-透射比$$

（3）紫外线防护系数（UPF）：UPF是不使用防护品时计算出的紫外线辐射平均效应与使用防护品时计算出的紫外线辐射平均效应的比值。

其原理是采用分光光度计，用单色或多色的UV射线辐射试样，收集总的光谱透射射线，测定出总的光谱透射比，并计算试样的紫外线防护系数UPF值。可采用平行光束照射试样，用一个积分球收集所有投射光线；也可采用光线半球照射试样，收集平行的投射光线。

## 三、检验设备

（1）检验设备除分光光度计外，还需适合的UV光源提供波长为290～400nm的UV射线，此类光源有氙弧灯、氘灯和日光模拟器（图16-4）。

图16-4　分光光度计

（2）积分球：积分球的总孔面积不超过积分球内表面积的10%。内表面应涂有高反射的无光材料，例如硫酸钡。积分球内还装有挡板，遮挡试样窗到内部探测头或试样窗到内部光源之间的光线。

（3）单色仪：适用于波长在290~400nm范围内，以5nm或更小的光谱带宽的测定。

（4）UV透射滤片：仅透过波长小于400nm的光线，且无荧光产生。UV透射滤片的厚度应在1~3mm之间。

（5）试样夹：使试样在无张力或在预定拉伸状态下保持平整。该装置不应遮挡积分球的入口。

## 四、试样准备和调湿

（1）试样准备：对于匀质材料，至少要取4块有代表性的试样，距布边5cm以内的织物应舍去。对于具有不同色泽或结构的非匀质材料，每种颜色和每种结构至少要试验两块试样。试样尺寸应保证充分覆盖住仪器的孔眼。

（2）试验的调湿：调湿和试验应在标准大气下进行，如果试验装置未放在标准大气条件下，调湿后试样从密闭容器中取出至试验完成应不超过10min。

## 五、检验步骤

（1）在积分球入口前方放置试样进行试验，将穿着时远离皮肤的织物面朝着UV光源。

（2）对于单色片放在试样前方的仪器装置，应使用UV透射滤片，并检验其有效性。

（3）记录波长在290~400nm的紫外线透射比，每5nm至少记录一次。

## 六、检验结果计算

（1）计算试样的 *UPF* 值：

$$T(\text{UVA})_i = \frac{1}{m} \sum_{\lambda=315}^{400} T_i(\lambda)$$

$$T(\text{UVA})_i = \frac{1}{k} \sum_{\lambda=290}^{315} T_i(\lambda)$$

$$UPF_i = \frac{\sum\limits_{\lambda=290}^{400} E(\lambda) \times \varepsilon(\lambda) \times \Delta\lambda}{\sum\limits_{\lambda=290}^{400} E(\lambda) \times \varepsilon(\lambda) \times T_i(\lambda) \times \Delta\lambda}$$

式中：$T_i(\lambda)$——试样$i$在波长为$\lambda$时的光谱透射比；

　　　$m,k$——波长在315～400nm的试验测定次数和波长在290～315nm的试验测定次数；

　　　$E(\lambda)$——日光光谱辐照度；

　　　$\varepsilon(\lambda)$——相对应的皮肤红斑效应；

　　　$\Delta\lambda$——紫外线波长间隔，nm。

对于匀质材料，当样品的$UPF$值低于单个试样实测的$UPF$值中的最低值时，则以试样最低的$UPF$值作为样品的$UPF$值报出。当样品的$UPF$值大于50时，表示为$UPF>50$。

对于具有不同颜色或结构的非匀质材料，应对各种颜色或结构进行测试，以其中最低的$UPF$值作为样品的$UPF$值，当样品的$UPF$值大于50时，表示为$UPF>50$。

（2）评定

当试样的紫外防护系数$UPF>40$且UVA平均透射比<5％时，可称为"防紫外线产品"。

### 七、影响织物抗紫外线性能的因素

抗紫外线纺织品的防护效果除了与使用的遮蔽剂种类有关外，还与纺织品中的纤维种类、截面状态、纺织品的组织结构、紧密度、厚度及色泽有关。

挑选防紫外服装时应注意以下几点：

（1）如果产品没有经过防紫外工艺处理过，可以挑选一些相对厚一些的衣服，这样紫外线不容易穿过。厚度应该适宜，如果面料过厚，会影响散热。

（2）在织物的组织和密度方面，可以挑选一些组织紧密的衣服，面料越紧密，挡光能力就越强，紫外线透过量就越少。织物之间的缝隙大，紫外线容易通过，不利于防紫外线。一般机织服装会比针织服装防紫外线性能好。

（3）可以挑选一些不透明、颜色较深的服装，衣服面料的颜色越深，紫外线透过率就越小，防紫外线的性能也就越好。可以通过对着光源看的方法辨别，透光越少，防紫外效果越好。

## 第三节　织物的抗静电性能

静电是由静电荷产生的一种物理现象，织物受摩擦时会产生静电，造成服装吸附灰尘、缠身、作响，不仅使服装易污，还会干扰穿衣者的自如运动，有时甚至产生电击感，影响人的心理和健康。因此抗静电性也属服用卫生保健性能之一。影响织物抗静电性能的因素有主体纱线原料、导电纱原料、织物组织和紧度等。

可参考的标准有GB/T 12703.1—2008《纺织品 静电性能的评定 第1部分：静电压半衰期》、GB/T 12703.2—2009《纺织品 静电性能的评定 第2部分：电荷面密度》、GB/T 12703.3—2009《纺织品 静电性能的评定 第3部分：电荷量》、GB/T 12703.4—2010《纺织品 静电性能的评定 第4部分：电阻率》、GB/T 12703.5—2010《纺织品 静电性能的评定 第5部分：摩擦带电电压》、GB/T 12703.7—2010《纺织品 静电性能的评定第7部分：动态静电压》、FZ/T 01059—2014《织物摩擦静电吸附测定方法等》，具体如表16-1所示。

表16-1　GB/T 12703《纺织品　静电性能的评定》部分标准

| 标准 | 适用范围 | 技术指标 | 带电机理 |
|------|---------|---------|---------|
| GB/T 12703.1—2008《纺织品 静电性能的评定 第1部分：静电压半衰期》 | 纺织品（铺地织物除外） | 静电压半衰期 | 感应带电 |
| GB/T 12703.2—2009《纺织品 静电性能的评定 第2部分：电荷面密度》 | 纺织织物（铺地织物除外） | 电荷面密度 | 摩擦带电 |
| GB/T 12703.3—2009《纺织品 静电性能的评定 第3部分：电荷量》 | 服装及其他纺织制品（其他产品可参照） | 电荷量 | 摩擦带电 |
| GB/T 12703.4—2010《纺织品 静电性能的评定 第4部分：电阻率》 | 各类纺织织物（铺地织物除外） | 表面电阻率体积电阻率 | 接触充电 |
| GB/T 12703.5—2010《纺织品 静电性能的评定 第5部分：摩擦带电电压》 | 纺织织物（铺地织物除外） | 摩擦带电电压 | 摩擦带电 |
| GB/T 12703.7—2010《纺织品 静电性能的评定 第7部分：动态静电压》 | 纺织厂生产中的各道工序动态静电压 | 静电压 | — |

## 一、检验原理

### （一）检验方法

**1. 半衰期测定法**

原理是使试样在高压静电场中带电至稳定后，断开高压电源，使其电压通过接地金属台自然衰减。测试其电压衰减为初始值之半所需的时间。半衰期性能技术等级要求：A级≤1.0s，B级≤5.0s，C级≤15.0s。防静电工作服应达到A级指标，日常用服装（功能性）应达到B、C级指标。

**2. 静电衰减时间（Charge Decay）测定法**

给试样加一定电压（通常为5000V），测试试样感应所带电压，并测试电荷衰减一半所用的时间。

3. 摩擦带电衰减法

此为日本抗静电织物的测试方法标准，加一定电压（通常为5000V），以棉及毛摩擦布与试样自动摩擦，同时输出电压及曲线，得到半衰期及静电压。可以科学地测试含有导电纤维的织物。

4. 摩擦带电电压测定（Rotary Statics）法

在一定的张力条件下，使样品与标准布相互摩擦，以此时产生的最高电压及平均电压评价。注意，样品正、反面静电性能差异较大时，应对两个面均进行测量。

5. 摩擦带电电荷量测定法

使试样摩擦带静电后，放入法拉第筒，测试所带电荷量的总和。

6. 阻抗测定法

在试样表面选取一定距离两点，用电极接触，测试极间电阻。常用于无尘服、计算机室防静电服和地毯抗静电性能的评价。

7. 人体带电压测定法

用作地毯、汽车用织物等的抗静电性能的测试。

8. 静电吸附性测试（Cling）法

使织物摩擦带电，测试织物静电力抵抗重力在金属板上附着的时间。

9. 行走（模拟步行）测试法

模拟人步行的方式在被测试样上行走，鞋与试样摩擦带电，测试人体所带的电压。通常用作地毯抗静电性能测试。

10. 吸灰测试（Ash Test）

将摩擦带电的试样靠近灰尘，判定吸附灰尘的程度。

（二）纺织材料静电性能指标

（1）静电压：纺织材料受某种外界作用后，其上积累的静电荷所产生的对地电压。

（2）电荷量：纺织材料受某种外界作用后，其上积累的电荷量。

（3）电荷面密度：纺织材料在单位面积上所带的电量，$\mu C/m^2$。

（4）半定期：纺织材料在一定条件下产生的静电荷或静电压，当卸去外界作用后，其值衰减到原值的一半时所需要的时间。

（5）比电阻指标：

①表面比电阻：指电流通过纤维表面时所产生的电阻值，用电流通过宽度为1cm、长度为1cm的材料表面时的电阻表示。

②体积比电阻：指电流通过纤维体内部时所产生的电阻值，用电流通过截面积为

1cm$^2$、长度为1cm材料内部时的电阻表示。

③质量比电阻：电流通过长度为1cm、质量为1g的纤维束时的电阻。

（三）纺织品静电性能测试

常用方法有半衰期、摩擦带电电压法和电荷面密度等。本检验主要采取半衰期法。

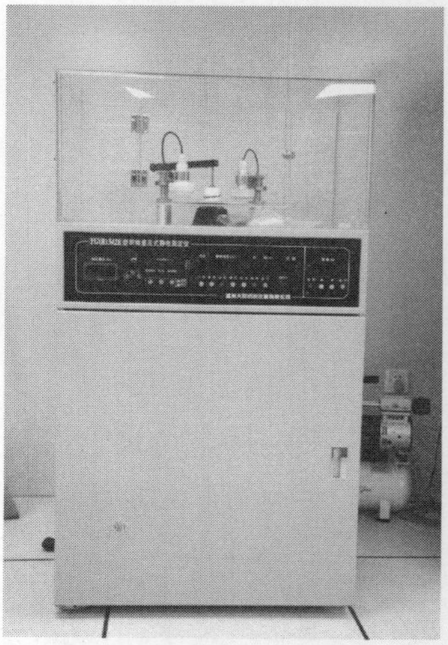

## 二、织物静电半衰期的测定

（一）检验仪器

YG（B）342E型织物感应式静电测定仪（图16-5）。

图16-5　YG（B）342E 型织物
感应式静电测定仪

（二）检验环境

在温度为（20±2）℃，相对湿度为30%～40%，风速为0.1m/s的实验室内进行试验。

（三）试样的制备

（1）应在距布边1/10幅宽、距布端1m以上的部位随机取3组织物试样。每组为3块，尺寸均为45mm×45mm，厚度≤3.0mm。

（2）试样需在试验用大气条件下调湿2～4h。需要预调湿的试样，应在50℃下烘燥30min，然后再试验用大气条件下调湿至少5h。

（3）如果需清除试样表面的污垢，或要评定试样抗静电效果的耐久性，应将试样进行以下洗涤处理：用家用洗衣机将试样在40℃、2g/L的中性合成洗涤剂溶液中（浴比为1∶30）洗涤5min，脱水。再在常温清水中洗涤2min，脱水（重复三次），然后将试样自然晾干。

（4）在试样制备及测试操作过程中，应避免试样与手直接接触，防止沾污试样表面。

（四）装样

使［上夹样盘］向上移动，通过［上下夹样盘］的间隙，放入试样。

（五）记录半衰期数据

启动仪器，加压30s后断开电压，直至静电电压衰减至1/2以下时停止试验，记录高压断开瞬间试样静电电压及其衰减至1/2所需的时间，即半衰期。

## 三、检验结果及评定

（1）同一块（组）试样进行2次试验，计算平均值作为该块（组）试样的测量值。

（2）对3块（组）试样进行同样试验，计算平均值作为该样品的测量值。

将最终静电电压修约至1V，半衰期修约至0.1s。

（3）半衰期技术要求及评定：半衰期技术要求如表16-2所示。耐久型抗静电纺织品（经多次洗涤仍保持抗静电性能的产品）、非耐久型抗静电纺织品，洗前、洗后均应达到表16-2要求。

表16-2　半衰期技术要求

| 等级 | 要求/s |
|------|--------|
| A级 | ≤2.0 |
| B级 | ≤5.0 |
| C级 | ≤15.0 |

注意，静电现象本身就和环境温、湿度（特别是湿度）密切相关。因此要保证前后几次实验数据的一致性。首先要保证环境条件的一致性，故要求恒温恒湿的实验室，要求实验室的温、湿度变化是缓慢而平稳地进行。即使在有空调的实验室内，如果是在空调温、湿度上下波动时进行调节，同样也不能得到理想的重现性。

试样的表面情况、试样本身的性质，如清洁度、原始带电情况等都会影响重现性。

空气中的残留离子数的多少也会影响静电实验的重现性。

半衰期较长的织物，不可以连续做，必须有间歇等待时间，半衰期的测量才有重现性。半衰期小于2.0s的织物可以连续做实验。半衰期为2.0～40s的织物不可以连续做实验，但可以按连续周期的"正面""反面"交替的方式做实验，或按两个试样轮换的方式做实验。半衰期为40～100s的织物必须加30～200s的停顿时间。

棉布类织物的半衰期一般小于5s，化纤类织物的半衰期一般在7～90s的范围，部分毛绒类织物的半衰期大于100s，塑料薄膜的半衰期一般大于600s。半衰期大于100s的试样，建议用"GB/T 12703.5—2010"测试，或衰减比率设定为0.6、0.7、0.8、0.9。或在温湿度比较高的条件下做实验，然后将数据换成标准温、湿度的条件。

同理，半衰期很小的织物所需试验温、湿度更低（小于30RH），可使用电热吹风加热试样。

## 第四节 织物的防电磁辐射性能

在电磁辐射强度超过暴露限值后，电磁波将对人体产生危害，对电子、电气设备产生干扰。电磁屏蔽织物是兼具轻质、柔性和强力的极佳屏蔽材料，同时具有结构可控、编织灵活、轻柔耐洗等特点。除用于工业外，也具有良好的服用性能，可制备成电磁辐射防护服装，保护在超过电磁辐射暴露限值环境工作的劳动者，降低从业人员的职业风险。织物的电磁辐射防护通常采用的方法是运用吸收电磁波的导电导磁纤维或涂层材料，由此削弱电磁辐射对人体的直接作用。电磁辐射防护服和屏蔽工装对人们的正常生活和身体安全显得更为重要。

### 一、影响织物的防电辐射性能检测的因素

（1）辐射源的种类和辐射源与织物之间的距离。

（2）纤维种类及纱线形态结构。

（3）织物的组织结构及紧度。

（4）金属纤维的含量和分布。

（5）电磁屏蔽整理。

可参考的标准有GB/T 23463—2009《防护服装 微波辐射防护服》。

### 二、检验原理和方法

目前，国内外有多种织物屏蔽效能的测试方法，概括起来主要有远场法、近场法、屏蔽室测试法三大类。

（1）远场法：主要用来测试抗电磁辐射织物对电磁波远场（平面波）的屏蔽效能。

（2）近场法：主要用来测试抗电磁辐射织物对电磁波近场（磁场为主）的屏蔽效能。

（3）屏蔽室测试法：测试原理是测试有无抗电磁辐射织物的阻挡时，接收信号装置测得的场强和功率值之差，即为屏蔽效能$SE$。其优点为测试结果较为准确，测试频率的范围大于等于30MHz；对织物的厚度没有太大的要求。缺点为测试结果受抗电磁辐射织物与屏蔽室连接处的电磁泄漏的影响，屏蔽室等设备较为昂贵。

### 三、检测的仪器设备

DR-913G 织物防电磁辐射性能测试仪（图16-6、图16-7）。

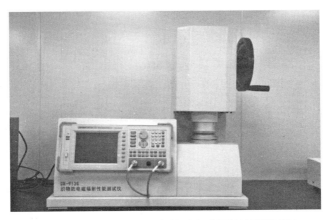

图 16-6　DR-913G 型织物防电磁辐射性能测试仪

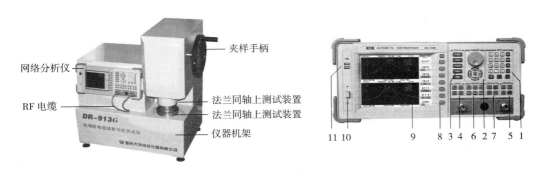

图 16-7　DR-913G 型织物防电磁辐射性能测试仪结构图

1—数据操作区（Entry）　2—导航操作区（Navigation）　3—信号源设置区（Stimulus）　4—通道选择区（CH/TRACE）
5—系统状态控制区（INSTR/STATE）　6—测量功能设置区（Response）　7—频标/分析功能区（MKR/Analysis）
8—软键功能区　9—液晶显示屏　10—电源开关按钮　11—资料下载USB接口

## 四、检验步骤

（1）在开始测量前应先将仪器预热30min，同时剪裁好试样，试样尺寸可以是直径为180～200mm圆形试样或者面积不小于180mm×180mm～200mm×200mm的矩形试样。

（2）样品在进行试验前要进行调湿处理，在温度为（20±3）℃、相对湿度为45%～75%的条件下调湿处理48h，从调湿环境中取出样品后立即进行测试。

## 五、检验结果计算和表示

屏蔽效能表达式为：

$$SE_{dB}=P_1-P_2$$

$$SE_\%=(1-10^{-SE_{dB}/10})\times100\%$$

式中：$SE_{dB}$——屏蔽效能的对数表示方式，dB；

$SE_\%$——屏蔽效能的线性表示方式，%。

比如仪器在某一频点测试$SE_{dB}=55.5$dB，则

$SE_\%=(1-10^{-SE_{dB}/10})\times100\%$

$\quad\ =(1-10^{-55.5/10})\times100\%$

$\quad\ =(1-10^{-5.55})\times100\%$

$\quad\ =99.99972\%$

屏蔽效能$SE$与传输系数$T$的关系：$SE_{dB}=20\lg(1/T)=-20\lg(T)=-20\lg(1/S21)$

透射比（传输系数$S21$）：$T=10^{-SEdB/10}$

## 第五节　织物的防水性能

织物防水性能检测也称抗水性检测，按织物表面性能的不同进行分类：一是防水但不透气的整理。在织物表面均匀涂上一层不透水、不溶于水的涂层，整理后使织物的孔隙堵塞，阻止水和空气通过织物，这种整理也称为涂层整理（防水整理）。二是防水透气整理，也称拒水整理。这是指织物整理后，整理剂改变了纤维的表面性能，使纤维表面的亲水性转为疏水性，使织物不易被润湿，但仍能透气，手感柔软，常用于制作雨衣、帐篷、睡袋、冲锋衣、雨伞等户外产品。防水织物主要的类型有涂层织物和层压复合织物。

防水性能是织物抵抗被水润湿和渗透的性能，织物防水性能的表征指标有沾水等级、抗静水压等级、水渗透量等。

典型测试方法参考标准有：

GB/T 4745—2012《纺织品　防水性能的检测和评价　沾水法》、GB/T 4744—2013《纺织品　防水性能的检测和评价　静水压法》、FZ/T 01004—2008《涂层织物　抗渗水性的测定》、AATCC 22—2012《纺织品防水性能的检测和评价　沾水法》、ISO 4920: 2012《纺织品防水性能的检测和评价　沾水法》。

织物透水（防水）性测试仪器是纺织行业经常使用的测试仪器，针对不同的标准和要求会有不同的测试仪器要求，目前织物透水（防水）性测试仪器常用的有，耐静水压试验仪、喷淋式拒水性能测试仪（织物沾水性测试仪）、防雨性测试仪、毛细管效应测定仪，分别对应静水法、喷淋法、雨淋法、吸芯法四种透水性测试方法，下面将对这四种方法分别进行介绍。

测量织物的透水性或防水性就是要测其拒水性或导水性，随织物实际使用情况不同而采用不同的方法，并以各种相应的指标来表示织物的透水性或防水性。

## 一、静水压法

静水压法是指在一定的水压下织物的渗水能力，它适用于所有种类的织物，包括经过防水整理的织物。织物的防水性与纤维、纱线和织物结构的抗水能力有关，所测结果与水喷淋和雨淋到织物表面是不一样的。用静水压法测织物的防水性，有静压法和动压法。

静压法是在织物的一侧施加静水压，直到另一侧出现三处渗水点为止，记录第三处渗水点出现时的压力值，并以此评价织物的防水性能。

动压法的原理与静压法一样，只是$P$为变量。动压法中的$P$是在试样的一面施以等速增加的水压，直到另一面被水渗透而显出一定数量的水珠，所强加的水压。此法比较适用于涂层织物或结构紧密的织物，用静水压反应织物的防水性能，静水压大的织物防水性能强，静水压小的织物防水性能弱。导水性织物，吸湿能力很强，遇水就湿，没有抗水性，也不会产生静水压。

将待测样品沿着对角线方向最少取3块大小面积为200mm×200mm的样品。样品的两面防水性不一样，做好标记，用（21±2）℃的蒸馏水进行测试，测试面积为100cm²，测试面接触水，水压以速度为10mm/s递增，若在样品上有3处不同地方渗出水滴，则测试达到终点。但若在距离样品夹3mm以内的地方渗出水滴，是无效的。所测结果为在相同条件下3个测试样的平均值。测试值越大，表示水渗出样品所需的压力值越大，其防水性越好，检验仪器如图16-8所示。

图 16-8　织物耐静水压试验仪

## 二、喷淋法

喷淋法是通过连续喷水或滴水到试样上，观察试样在一定时间后表面的水渍特征，与各种润湿程度的样照对比，来评定织物的防水性。喷淋法是模拟衣物在淋到细雨时被淋湿的程度。这种方法适用于所有的经过防水处理的织物和未处理的织物，测得的防水结果与纤维、纱线、织物的处理以及织物结构有很大的关系。

将测试样用直径为152.4mm的铁环固定样品，样品处于张紧状态，表面平整没有折皱。将250mL蒸馏水从标准喷头以45°喷淋，在喷嘴下方150mm处的试样，喷淋时间为25~30s。将带样品的铁环底部轻敲固体物一次，测试面与固体物相对，然后再将铁环旋转180°轻敲一次，将喷淋的试样表面与标准图卡进行对照、评级，评价织物的拒水性，检验仪器如图16-9所示，防水评分或评级如表16-3~表16-5所示。

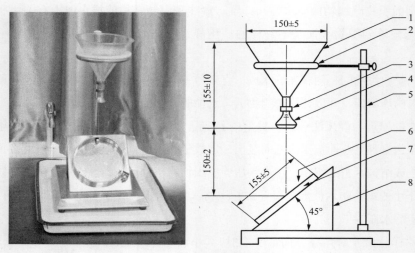

图16-9 喷淋式拒水性能测试仪

1—漏斗 2—支撑环 3—橡胶管 4—喷淋口 5—支架 6—试样 7—试样夹持器 8—底座

表16-3 AATCC沾水评分

| 防水性能/分 | 试样表面湿润情况 |
| --- | --- |
| 0 | 整个试样表面完全湿润 |
| 50 | 受淋表面完全被湿润 |
| 60 | 试样表面被湿润部分超出喷淋点处，被湿润面积超过受淋面积的一半 |
| 80~90 | 试样表面等于或少于一半的喷淋点处被湿润 |
| 90 | 试样表面有零星的喷淋点处被湿润 |
| 90~100 | 试样表面没有被湿润，但有少量水珠 |
| 100 | 试样表面没有被湿润或水珠 |

表16-4　沾水评级

| 级别 | 试样表面湿润情况 |
|:---:|:---:|
| 0级 | 测试的样品面全部湿润 |
| 1级 | 测试的样品面受淋面完全湿润 |
| 1~2级 | 测试的样品面超出喷淋点处湿润，湿润面积超出受淋表面一半 |
| 2级 | 测试的样品面超出喷淋点处湿润，湿润面积约为受淋表面一半 |
| 2~3级 | 测试的样品面超出喷淋点处湿润，湿润面积少于受淋表面一半 |
| 3级 | 测试的样品面喷淋处湿润 |
| 3~4级 | 测试的样品面等于或少于半数的喷淋点处湿润 |
| 4级 | 测试的样品面上有零星的喷淋点处湿润 |
| 4~5级 | 测试的样品面上没有润湿，但有少量水珠 |
| 5级 | 测试的样品面上没有水珠或润湿 |

**注**　5级为最好，1级为最差。

表16-5　防水性能评价

| 级别 | 试样表面湿润情况 |
|:---:|:---:|
| 0级 | 不具有抗沾湿性能 |
| 1级 | |
| 1~2级 | 抗沾湿性能差 |
| 2级 | |
| 2~3级 | 抗沾湿性能较差 |
| 3级 | 具有抗沾湿性能 |
| 3~4级 | 具有较好的抗沾湿性能 |
| 4级 | 具有很好的抗沾湿性能 |
| 4~5级 | 具有优异的抗沾湿性能 |
| 5级 | |

## 三、雨淋法

雨淋法是模拟大雨时，测试织物露在空气中的拒水性。这个方法适用于任何经过或未经过拒水整理的织物。在不同速度水的冲击下，测量单层织物或复合织物的抗冲击渗水性。测试结果与织物中的纤维、纱线、织物结构的拒水性能有关。其原理就是将测试样品包住已称重的吸水纸，测试结束后再次称量吸水纸，两次质量差就是样品的透水量。要求吸水纸测试前后质量差不超过1g，若是质量差大于5g，说明织物抗水性很差。

　　实验中用雨淋测试仪测试，在试样的后面放一个15.2cm×15.2cm的标准吸水纸，称重标准吸水纸，精确到0.1g。在垂直的刚性面上，将试样夹在试样夹持器上，试样放在喷淋的中间位置，距离喷嘴30.5cm，水平地将（27±1）℃的水流直接喷淋到试样上，持续5min。喷淋结束后，小心的取下吸水纸，迅速称重，精确至0.1g。计算吸水纸在5min喷淋时间内质量的增加，取其测试数据的平均值。若是大于5.0g，则报告上应写为"+5.0g"或">5.0g"，检验仪器如图16-10所示。

图 16-10　防雨性测试仪

## 四、芯吸法

　　芯吸法是目前最常用、最简单的直接测试织物吸水性的方法。通常将测试样剪成长条形，测试样品一端悬挂在铁架台上，另一端接触水面（或浸入水中一定高度），浸一定时间（$t$）后，测量水通过织物的毛细管和纤维孔隙所爬升的高度（$h$）。导水性好的织物，吸水性强，吸水速度（即芯吸速度）快，单位时间内爬升高度大，即导水高度高。若是在测试过程中，由于织物结构、纤维、纱线和颜色的关系，水的爬升过程不是很明显，肉眼不能很好地观察，此时可以在水中加入一点着色剂。芯吸速度（$v$）在微观上取决于纤维的物理、化学性质和液体分子的热平衡过程；在宏观上取决于孔隙的形态与方向。芯吸速度为水在单位时间内上升的高度值，即$v=h/t$。导水性的强弱关系着芯吸速度的大小。故可以用芯吸来测试织物的导水能力，检验仪器如图16-11所示。

图 16-11　毛细管效应测定仪

## 第六节　织物的远红外性能

远红外纺织品是将某些远红外辐射率较高的物质（远红外陶瓷粉）附着在纺织材料上形成的一类功能性纺织品。随着科技的进步及人们对高质量生活的渴求，远红外性能的纺织品具有很好的保温性、抑菌性和医学保健作用。参考标准有GB/T 30127—2013《纺织品远红外性能的检测和评价》。

### 一、检验原理和方法

远红外纺织品应符合国家有关安全和卫生的规定，远红外波长范围应在8～15μm波段。印染后整理织物洗换10次后，远红外印花纺织品的花形面积应不小于总面积的40%，强力不低于相应的非远红外产品标准中规定值的80%。如果产品标准中规定的是最低值，则强力应不低于最低值。

（1）远红外发射率的测定：将标准黑体板与试样先后置于热板上，依次调节热板表面温度使之达到规定温度；用光谱响应范围覆盖5～14μm波段的远红外辐射测量系统分别测定标准黑体板和试样覆盖在热板上达到稳定后的辐射强度，通过计算试样与标准黑体板的辐射强度之比，从而求出试样的远红外发射率。

（2）远红外辐照温升的测定：远红外辐射源以恒定辐照强度辐照试样一定时间后，测定试样测试面表面的温度升高值。

### 二、检验仪器和试样

（一）检验仪器

DR915G纺织品远红外发射率测试仪（图16-12）、DR915W纺织品远红外辐射温升测试仪（图16-13）。

图 16-12　DR915G 纺织品远红外发射率测试仪　图 16-13　DR915W 纺织品远红外辐射温升测试仪

### （二）试样

**1. 纤维**

测定远红外发射率时，将纤维试样松开成蓬松状态，取0.5g纤维填充到直径为60mm、高度为30mm的敞口圆柱形金属容器中，使纤维完全充满容器，每份样品至少取3个试样；测定温升时，将纤维梳理成蓬松状态，均匀地铺成厚度大约为30mm，直径大于60mm的均匀圆柱形絮片，每份样品至少取3个试样。

**2. 纱线**

将纱线试样单层紧密平铺并固定于边长不小于60mm的正方形金属试样框上，测定远红外发射率时将试样框平置并完全覆盖热板；测定温升时，将试样框竖直固定于温升装置试样架上，试样框的中心正对试样架开孔的中心，发射率和温升试验各取至少3个试样。

**3. 织物等片状样品**

从每个样品上剪取发射率和温升试样各至少3个，试样尺寸不小于直径60mm。取样时试样应平整并具有代表性。对于样品中存在因结构、色泽等（包括制品中拼接组件）差异较大而可能使远红外性能有较大差异的区域若无特别指明，则每个区域应分别取样。

（1）素色织物试样：从每个远红外样品上，距布边至少10cm处剪取试样一块，尺寸不小于直径60mm。以相应非远红外样品上剪取一块不小于直径60mm的试样，作为对比样。分别将试样和对比样粘在钢片上。

（2）印花织物试样：从每个样品的花型部位剪取试样一块，尺寸不小于直径60mm。如果一个花型面积不足尺寸要求，则可剪下数块花型部位的小面积布料，拼接并粘在钢片上。

从非花型部位剪取一块尺寸不小于直径60mm的试样，作为对比样。分别将试样和对比样粘在铜片上。

## 三、检测步骤

### （一）远红外发射率的测定

（1）将仪器热板升温至34℃。

（2）将标准黑体板放置在试验热板上，待测试值稳定后记录标准黑体远红外辐射强度$S_0$。

（3）将调湿后的试样放置在试验热板上，待测试值稳定（如15min）后记录试样的远红外辐射强度$S$。

（4）按（3）的步骤测试剩余试样。

注意，DR915G 纺织品远红外发射率测试仪可直接计算远红外发射率，记录每个试样的远红外发射率值，故可省去（2）和（3）步骤。

（二）远红外辐照温升的测试

（1）调节试样架与辐射源的距离，使试样表面至辐射源的距离为500mm。

（2）将调湿后的试样待测试面朝向红外辐射源夹在试样架中。将测温仪传感器触点固定在试样受辐射的区域表面中心位置。

（3）记录试样表面初始温度$T_0$。

（4）开启远红外辐射源，记录试样辐照30s时的表面温度$T$。

重复（2）至（4）的步骤，测试剩余试样。

## 四、检验结果表示和计算

从每批产品中随机抽取2个样品进行检验。若2个样品均符合要求，则该批产品的远红外性能合格；否则为不合格。如果远红外性能不合格是由于其中一个样品不符合检测要求中的一个要求，则允许另取两个样品对不符合项进行复试；如果复试结果仍不符合，则该批产品的远红外性能不合格。

远红外性能合格，其他内在质量和外观质量符合相应的产品标准，则该产品为合格产品；否则为不合格产品。

对于一般样品，当试样的远红外发射率不低于0.88，且远红外辐射温升不低于1.4℃时，样品具有远红外性能。对于絮片类、非织造类、起毛绒类等疏松样品，当远红外发射率不低于0.83，且远红外辐射温升不低于1.7℃时，样品具有远红外性能。

根据测得标准黑体板和试样的远红外辐射强度，按下式计算每个试样的远红外发射率，并将所有试样远红外发射率的平均值作为试验结果，修约至0.01。

$$\eta = \frac{S}{S_0}$$

式中：$\eta$——试样远红外发射率，%；

$S_0$——标准黑体板的远红外辐射强度，$W/m^2$；

$S$——试样的远红外辐射强度，$W/m^2$。

根据测得结果，按下式计算每个试样表面的温升，并将所有试样温升的平均值作为试验结果，修约至0.1℃；

$$\Delta T = T - T_0$$

式中：$\Delta T$——试样在辐射30s内的温升，℃；

$T_0$——试样初始表面温度，℃；

$T$——试样在辐射30s时的表面温度，℃。

注意，由于纺纱织造及后整理工艺对最终纺织品的远红外性能有一定影响，纤维及纱线作为原料不予以评价，测试数据仅作为选料时的参考；如样品经洗涤后仍达到上述指标要求，则样品具有经洗涤次数的洗涤耐久型远红外性能。

# 第七节　织物的吸湿速干性能

织物的吸湿速干性是指织物能把身体产生的汗水迅速吸收，尽量排向外层并尽快挥发，使身体尽量保持干爽的性能，也可称为吸湿排汗性。通常，人体在从事剧烈运动时会明显感到大量汗液的排出。一般环境状态下，人体释放本身新陈代谢所产生的热量和水汽，以维持体温的恒定。随着生活水平的提高，消费者在追求服装遮体、实用的同时也注重服的舒适、健康。对于内衣、运动服装等面料而言，纤维材料的吸湿排汗速干性是影响服装穿着舒适性的最重要因素之一，因此织物的吸湿速干性研究正逐渐成为国内外关注的热点。织物的本身的特性和织物组织结构是影响织物的吸湿速干性能的因素。可参考的标准有GB/T 21655.1—2008《纺织品吸湿速干性的评定　第1部分：单项组合试验法》、GB/T 21655.2—2009《纺织品　吸湿速干性的评定　第2部分：动态水分传递法》。

## 一、检验原理和方法

（一）单项组合实验法

它是国内评价吸湿速干织物的常用标准。该标准规定了纺织品吸湿速干性能的单项试验指标组合的测试方法及评价指标，单项测试包括吸水率、滴水扩散时间、芯吸高度、蒸发速率和透湿量共5项。该方法通过综合评价纺织品的吸湿速干性能，具有一定的科学性和可操作性。但是，由于这些项目的试验过程很繁复，试验人员的主观因素对试验结果的影响较大，同时并未涉及纤维材料本身的特性和织物组织结构与纺织品吸湿速干性功能的相关性，所以这些项目的测试方法仍存在一定的局限性。

1. 吸水率的测试

每个样品取5块试样，每块试样尺寸至少为10cm×10cm，在标准大气下调湿平衡，将试样放入盛有三级水的容器内，试样吸水后自然下沉，在水中浸润5min后取出，自然平展地垂直悬挂，水分自然下滴，当试样不再滴水时，用镊子取出试样称重。试样的吸水率等于浸湿后的质量与原始质量的差值占原始质量的比值，计算5块试样的均值。

2. 滴水扩散时间的测试

每个样品取5块试样，每块试样尺寸至少为10cm×10cm，在标准大气下调湿平衡，将试样平放在试验平台上，用滴定管吸入适量的三级水，将约0.2mL的水轻轻地滴在试样上，滴管口距试样表面应不超过1cm。观察水滴扩散情况，记录水滴接触试样表面至完全扩散所需时间，若水滴扩散较慢，一定时间后仍未完全扩散，可停止试验，并记录扩散时间大于设定时间。

3. 蒸发速率的测试

每个样品取5块试样，每块试样尺寸至少为10cm×10cm，对每块样品称重，记为$m$，将试样进行滴水扩散时间的测试，试验完成后立即称取质量并自然平直悬挂于标准大气中，每隔（5±0.5）min称取一次质量，直至连续两次称取质量的变化率不超过1%，结束试验。如水滴不能扩散，可以加入润湿剂或以玻璃棒捣压水滴，如果水滴仍不能扩散，停止试验，报告试样不吸水，无法测定蒸发速率。按下列公式计算试样在每个称取时刻的水分蒸发量，绘制"时间—蒸发量"曲线。

$$\Delta m_i = m - m_i$$

$$E_i = \Delta m_i / m \times 100\%$$

式中： $\Delta m_i$——水分蒸发量，g；

$m$——试样原始质量，g；

$m_i$——试样滴水润湿后的质量，g；

$E_i$——水分蒸发率，%。

正常的"时间—蒸发量"曲线通常在某点后蒸发量变化会明显趋缓，在该点之前的曲线上作最接近直线部分的切线，求切线的斜率即为水分蒸发速率，分别计算洗涤前和洗涤后5块试样的平均蒸发速率。

4. 芯吸高度和透湿量的测试

测试芯吸高度时，需裁取6块试样，其中3块试样的长边平行于织物经向（或纵向），另3块的长边平行于织物的纬向（或横向）。记录30min时芯吸高度的最小值，分别计算洗涤前和洗涤后2个方向各3块试样芯吸高度最小值的平均值。透湿量参照透湿性检测方法。

（二）动态水分传递法

该方法是一个综合的评价纺织品的吸湿速干性能的仪器测试方法。将织物的渗透面吸水速率，单项传递指数和渗透面液态水扩散速度的加权，定义为液态水动态传递综合指数，来表征液态水在织物中的动态管理综合性能。液态水分管理测试仪则可以客观地评估织物的三维湿度扩散及转移特性。

该方法原理：测试汗液在面料中的吸收扩散性能，面料对汗液的吸收和扩散直接影响到服装穿着的舒适性能，为提高服装的舒适度（尤其是运动服面料），测试面料的液态水分管理能力至关重要，有助于纺织品的吸湿速干性能的评估和对材料性能的改善。液态水分管理测试仪用于测量液体在针织及梭织面料中的整体动态表现，主要可测试吸收速度（织物正面与背面的水分吸收时间）、单向传递能力（液体在织物两个面吸收扩散的差异性）、扩散/干燥速度（液体在织物两个面的扩散速度）。

## 二、检测设备试剂和试样

### （一）设备与试剂

液态水分管理测试仪（图16-14）、镊子、剪刀、氯化钠溶液等。

### （二）试样准备

（1）每个样品剪取0.5m以上的全幅织物，取样时避开匹端面2m以上，纺织制品至少取1个单元。

（2）将每个样品剪为两块，其中一块用于洗前试验，另一块用于洗后试验，按规定程度洗涤5次，洗后样品在不超过60℃的温度下干燥或自然晾干。

图 16-14　液态水分管理测试仪

（3）分别裁取洗前和洗后试样各5块，试样尺寸为90mm×90mm。裁样时应在距布边150mm以上区域均匀排布，各试样都不在相同的纵向和横向位置上，并避开影响试验结果的疵点和褶皱；如果制品由不同面料构成，试样应从主要功能部位上选取。

（4）织物表面的任何不平整都会影响检测结果。必要时，试样可采用压烫法烫平。

### （三）试样预处理

将试样放置在22℃，湿度为60%的标准大气环境中，在松弛的状态下调湿平衡，一般调湿16h以上，合成纤维样品至少2h，公定回潮率为0的样品不需要调湿。

## 三、检验步骤

（1）用干净的镊子轻轻夹起待测试样的角部，将试样平整地置于仪器的两个传感器之间，通常穿着中贴近身体的一面作为浸水面，对着测试液滴下的方向放置。

（2）启动仪器，在规定的时间内向织物的浸水面滴入0.2g浓度为9g/L的氯化钠溶液，并自动开始记录时间与织物上下表面含水量变化的状况，测试时间为120s，数据采集频率不低于10Hz。

（3）测试结束后，取出试样，仪器自动计算并显示相应的测试结果。

（4）用干净的吸水纸吸去传感器板上多余的残留液，静置至少1min，再次测试前应确保无残留。

（5）重复上述操作，直到5个试样全部测试完毕。

### 四、检验结果

由液态水分管理测试仪提供的"指纹"，可将织物分为7个级别：防水、拒水、慢速吸收/慢速干燥、快速吸收/慢速干燥、快速吸收/快速干燥、水分穿透及液态水分管理。

## 第八节　织物的负离子发生量性能

负离子是指大气中的分子或原子捕获电子后形成的带负电荷的离子，如$OH^-$（$H_2O$）、$O_2^-$（$H_2O$）等。负离子发生量指纺织品受机械摩擦作用时激发出负离子的个数，以每立方厘米的个数（个/$cm^3$）为单位。负离子织物以具有热压电效应的电气石为功能载体，能持续不断地释放水合羟基负离子，对人体起到良好的保健作用。影响负离子发生量的主要因素包括纤维的种类及温、湿度。其中纤维种类对其影响较大，负离子发生量随温度的上升呈线性增加的趋势，并在一定的温度后趋于饱和。负离子发生量随湿度的增加呈近似线性增加的趋势。

检验参考标准有GB/T 30128—2013《纺织品　负离子发生量的检测和评价》。

### 一、检验原理

在一定体积的测试仓中，将试样安装在上、下两摩擦盘上，在规定条件下进行摩擦，用空气离子测量仪测定试样与试样本身相互摩擦时在单位体积空间内激发出负离子的个数，并记录试样负离子发生量随时间变化的曲线。

### 二、检验仪器

DR407M 织物负离子发生量测试仪（图16-15）。

DR407M织物负离子发生量测试仪主要构造（检验必要技术参数），有如下几个部分。

图16-15　DR407M织物负离子发生量测试仪

（一）空气离子测量仪

采用电容式吸入法收集空气离子，能收集离子迁移率大于0.15（cm²/s）的离子；能测定负离子，分辨率不大于10个/cm³；工作温度和相对湿度的范围应满足试验条件的要求；能记录负离子发生量随时间变化的曲线。

（二）测试仓

采用有机玻璃等绝缘材料制成，并带有换气系统。内部尺寸为（300±2）mm×（560±2）mm×（210±2）mm。

（三）摩擦仪

摩擦仪主要由上摩擦盘、下摩擦盘等组成。上摩擦盘为静摩擦盘，有效摩擦直径为（100±0.5）mm，厚度为4mm，能施以向下的压力为（7.5±0.2）N；下摩擦盘为动摩擦盘，直径为（200±0.5）mm，厚度为4mm，转速为（93±1）r/min。

## 三、试样准备

从样品上裁取至少三组试样，每组各两块试样，一块安装在上摩擦盘上，另一块安装在下摩擦盘上，其尺寸要分别与上、下两摩擦盘的尺寸相适应，以保证两块试样能分别用夹持装置固定于上摩擦盘和下摩擦盘上，且能完全覆盖两摩擦盘表面。

## 四、检验步骤

（1）在GB/T 6529规定的标准大气下对试样进行调湿和试验，且试验应在干净和气流稳定的试验环境下进行。

（2）打开测试仓，用夹持装置将两块试样和其对应的衬垫分别固定于上摩擦盘和下摩擦盘上，其中衬垫置于试样和摩擦盘之间，且应保证试样在自然平整的状态下能完全覆盖两摩擦盘表面。若试样是涂层织物，宜使涂层面相互摩擦。

（3）将规定的负离子测试仪放置于测试仓内，其测试口距摩擦盘50mm。

（4）开启空气负离子测试仪，关闭测试仓，规定未摩擦前测试仓内空气负离子浓度，测定时间至少为1min，待显示测试数据稳定后，对空气负离子测试仪清零。当显示测试数据在0～100个/cm³范围内空化时，即可认为达到稳定状态。

（5）启动摩擦装置摩擦试样，同时开始测定试样摩擦时的负离子发生量，测定时间至少为3min，记录试样负离子发生量随时间变化的曲线。

（6）测试完毕后，关闭空气负离子测试仪和摩擦装置，启动换气装置至少5min，按以上步骤重复测定下一组试样，直至测完所有试样。

### 五、检验结果计算与评定

（1）在记录的负离子发生量与时间关系的曲线上，选择并读取30s以后的除异常峰值外的前5个最大有效峰值（个/cm³），结果保留至整数位。异常峰值一般大于最大有效峰值的10倍。

（2）结果评定，如表16-6所示。

表16-6 负离子发生量评定

| 负离子发生量/个/cm³ | 评定 |
| --- | --- |
| 小于550 | 负离子发生量偏低 |
| 550～1000 | 负离子发生量中等 |
| 大于1000 | 负离子发生量较高 |

## 第九节 织物的吸湿发热性能

传统的保暖服装蓬松、臃肿，既不便于活动又缺乏美感。近年来，"吸湿发热材料"大受欢迎，这些材料能够吸收人体散发出来的水分（湿气）或者水蒸气并发热，从而使面料温度升高达到保暖的效果。影响织物的吸湿发热性能的主要因素有纤维含量、面料的克重和保温性等。

可参考标准有GB/T 29866—2013《纺织品 吸湿发热性能试验方法》、FZ/T 73036—2010《吸湿发热针织内衣》。

## 一、检验原理

吸湿发热是利用织物中发热纤维较强的吸湿性捕捉空气中含有较高动能的水分子，将其吸附到纤维表面，使水分子的动能转变为热能，从而达到发热的作用。因此，根据纤维这一特性，将一定面积的试样干燥后，放置在较高湿度且温度一定的试验箱中，记录温度随时间变化的情况，以最大温度变化值和平均温度变化值反映吸湿发热性能。

## 二、检验仪器和试样

DR291F型纺织品吸湿发热性能测试仪（图16-16）。

## 三、试样的制备

### （一）试样准备

每个样品距布端2m以上，至少剪取0.5m以上的全幅织物，纺织制品至少取一个单元；从每个样品上至少裁取3块试样，裁取试样至少距布边1/10幅宽，试样尺寸为100mm×60mm，试样应均匀排布，各试样都不在相同的纵向（经纱）和横向（纬纱）位置上，同时避开疵点和褶皱（图16-17）。

图 16-16　DR291F 型纺织品吸湿发热性能测试仪

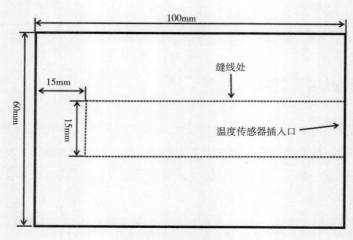

图 16-17　试样示意图

（二）试样干燥

将试样前后对折后，再左右对折，折拢好的试样共4层。将折拢好的试样放入称量瓶中，再将称量瓶放入吸湿发热性能测试仪内干燥至少4h，烘干后，在该测试仪中继续冷却至少30min。

## 四、检验步骤

（1）将试样放入吸湿发热性能测试仪的试验箱内平衡至少30min。

（2）开启温度记录仪，在20s内，将其中一个传感器插入试样中，测试试样温度；另一个传感器测试箱内温度，作为空白值。试样的摆放距离箱内壁至少10cm。

（3）记录试样温度及另一个传感器随时间变化的值，每隔1min记录一次，试验时间为30min。

（4）在某个时间点上，温度升高值$\Delta T$，即为试样的温度值减去温度传感器的空白温度值所得结果。

（5）重复以上步骤，直到其余试样测试完毕。

## 五、检验结果

（1）在每个时间点上，每块试样的温度值减去空白温度值（即试验箱温度）所得结果即为温度升高值。

$$\Delta T_i = T_i - T_{ie}$$

式中：$\Delta T_i$——某个时间点的试样温度升高值，℃；

$T_i$——某个时间点的试样温度值，℃；

$T_{ie}$——某个时间点的空白温度值，℃。

（2）根据试验结果，分别读取升温最高值$\Delta T_{max}$及$\Delta T_1$，$\Delta T_2$，$\cdots$，$\Delta T_{30}$，通过仪器测试生成温变曲线，自动计算结果，生成报告。

（3）计算30min内试样平均温度升高值按公式计算，最终结果保留一位小数。

$$\overline{\Delta T} = \frac{\sum\limits_{i=1}^{30} \Delta T_i}{30}$$

式中：$\overline{\Delta T}$——试样在30min内平均温度升高值，℃；

$\Delta T_i$——某个时间点的试样温度升高值，℃。

## 第十节　织物的拒油防污性能

拒油性是指织物具有抵抗油类液体的能力；防污性是指织物被污染后，采用普通洗涤或者擦拭方法很容易将污物去除的能力，又称"易去污性能"。

拒油性检验参考标准主要有GB/T 19977—2014《纺织品　拒油性　抗碳氢化合物试验》、AATCC 118—2007《排油：耐烃试验》、ISO 14419: 2010《纺织品　拒油性　抗碳氢化合物试验》；防污性检验参考标准主要有GB/T 30159.1—2013《纺织品　防污性能的检测和评价　第1部分：耐沾污性》、FZ/T 01118—2012《纺织品　防污性能的检测和评价　易去污性》、AATCC 130—2007《去污性：油渍清除法》。

### 一、拒油性能检验

#### （一）检验原理

将一系列不同表面张力的碳氢化合物标准试液滴加在试样表面，然后观察润湿、芯吸和接触角的情况。拒油等级以没有润湿试样的试液最高编号表示。

防油的影响因素：（1）整理剂结构；（2）整理剂用量；（3）整理液pH，布面pH；（4）焙烘时间；（5）加强剂、树脂整理剂、柔软剂。

#### （二）检验工具

滴管、白色AATCC吸墨水纸、实验手套（普通）。

#### （三）试剂

采用八种表面张力逐渐减小的同系物溶剂作为标准液，将不同等级的测试液滴在整理后的织物表面，观察织物30s后表面润湿情况。若最终所用测试液不润湿织物，则该测试液所对应的编号即为所测织物的防油等级。编号1试液所对应的防油等级最低，编号8试液所对应的防油等级最高。测试拒油性的标准液及其表面张力如表16-7所示。

表16-7　拒油性的标准液及其表面张力

| 试液编号 | 溶剂 | 表面张力/mN/m（常温） | 密度/kg/L |
|---|---|---|---|
| 1 | 白矿物油 | 31.45 | 0.84~0.87 |
| 2 | 白矿物油：正十六烷=65：35（体积分数） | 29.60 | 0.82 |
| 3 | 正十六烷 | 27.30 | 0.77 |
| 4 | 正十四烷 | 26.35 | 0.76 |

续表

| 试液编号 | 溶剂 | 表面张力/mN/m（常温） | 密度/kg/L |
|---|---|---|---|
| 5 | 正十二烷 | 24.70 | 0.75 |
| 6 | 正癸烷 | 23.50 | 0.73 |
| 7 | 正辛烷 | 21.40 | 0.70 |
| 8 | 正庚烷 | 19.75 | 0.69 |

（四）试样制备

（1）剪取应具有代表性（包含织物上不同的组织结构或颜色）的3块面积约20cm×20cm试样；

（2）在测试之前，将试样置于温度为（20±1）℃、相对湿度为（65±2）%的标准环境下调湿至少4h。

（五）检验步骤

（1）把试样正面朝上平放在白色吸墨水纸上，置于光滑、水平的工作台面上。

（2）当评估稀薄织物时，需在至少放置两层的试样上进行测试，否则标准测试液可能润湿下表面，而不是实际的检验试样，从而导致错误的结果。

（3）设备、工作台面和手套必须不含有硅树脂，若使用含硅树脂的物品，将会影响防油级数。

（4）在滴标准测试之前，戴上干净的实验手套，用手将绒毛织物的绒毛理顺。

（5）从最低级的标准测试液（即编号1的试液）开始测试。

（6）滴直径约5mm或0.05ml的液滴在测试布板上（沿纬向滴5点，每点间距约4.0cm）。然后从45°方向观察（30±2）s。注意，在滴液时，滴管嘴部距布面约0.6cm，不要碰到试样。

（7）如果液滴与试样的接触面未发生渗透或润湿和液滴周围未发生毛效现象，则在临近位置（不影响前一个试验的地方）滴较高编号的标准测试液，然后观察（30±2）s。

（8）重复上述步骤，直至（30±2）s内，试样（液滴周围或下面）有明显的润湿或毛效现象。注意，每块试样上最多滴加6种试液。

（六）结果评定

1. 结果描述

（1）检验试样的防油级数为最高编号标准测试液的号数，此标准测试液在（30±2）s内未润湿试样，0级表示试样未通过白矿物油。其中，液滴分为以下四类，试验时根据四类液滴出现的情况来定防油级数，如图16-18所示。

A类——液滴清晰，具有较大接触角的完好弧形，表示完全拒油；B类——圆形液滴在试样上部分发暗，表示较好拒油；C类——芯吸明显，接触角变小或完全湿润，表示轻微拒油；D类——完全湿润，表现为液滴和试样的交界面变深（发灰、发暗），液滴消失，表示不拒油。

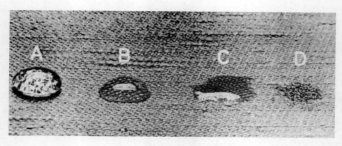

图 16-18　液滴类型示意图

（2）试样润湿观察方法：液滴与试样接触面变暗或润湿和（或）液滴失去接触角。对于黑色或深色织物，润湿即液滴失去"闪光"。

（3）由于试样的整理、成分、组织规格的不同，润湿情况也可能会不同。对有些试样来说，终点的判断是非常困难的。大部分试样在用较低编号的标准液测试时则有明显的润湿性，因而这类织物的防油级数是非常明显的。而有些试样，在用不同标准测试液测定时，表现出部分的润湿性（在接触面处部分变暗），这类试样润湿的终点应为（30±2）s内接触面处完全变暗或产生毛效现象。

（4）结果的有效判定：

无效：当五点中有三点（或更多点）完全润湿或产生毛效现象，接触角消失。

有效：当五点中有三点（或更多点）为清晰的圆形外观，接触角较大。

临界状态：当五点中有三点（或更多点）为圆形，部分变暗，防油级数为临界状态级数减去半级，精确至0.5级。

2. 拒油等级（表16-8）

表16-8　织物拒油性能评价

| 拒油等级 | 拒油性能评价 |
| --- | --- |
| ≥4级 | 具有拒油性能 |
| ≥5级 | 具有较好的拒油性能 |
| ≥6级 | 具有优异的拒油性能 |

## 二、防污性能检验

纺织品沾污通常是污物沉积于纤维表面，有时污垢会渗入纤维表面或纤维束之间。沾污是纤维性能、污物性能以及污物与纤维相互作用等诸多因素综合作用的结果。沾污是指油脂和颗粒状物质不必要地沉积在由纤维构成的纺织品的表面或内部的现象。一般污物可分成三类：（1）固体粒子（干污），如泥土、尘埃、铁锈等，通常固体粒子是无机物和有机物的混合物；（2）液状污物，这类污物主要是油脂类和脂肪类物质，如食物油脂、灰尘中的油脂、机械油脂及人体排出的油脂等；（3）水溶性物质，这类污物主要是各种水溶性或半水溶性固体物质及着色物质，如盐、糖以及一些着色物质等。影响织物防污性能的主要因素有整理剂浓度，焙烘时间、温度及浸轧工艺等。

（一）检验原理和方法

1. 检验原理

将试样进行污物处理，试样经静置一段时间或干燥后，按照规定的方式对试样进行清洁。通过变色用灰色样卡比较清洁后试样沾污部位与未沾污部位的色差，来评定试样的易去污性。

2. 检验方法

纺织品防污性通常参照的标准为GB/T 30159.1—2013《纺织品　防污性能的检测和评价第1部分：耐沾污性》，测量防污性的方法分为液态沾污法和固态沾污法。

液态沾污法是将规定的液态加在水平放置的试样表面，观察液滴在试样表面的润湿、芯吸和接触角的情况，评定试样耐液态污物的沾污程度。试验过程为选择一级压榨成品油或酱油作为污物，取2块试样，试样平整放置在2层滤纸上，在试样3个部位滴0.05mL污物，在30s后，以45°观察每个液滴，并评级。

固态沾污法是将试样固定在装有规定的固态污物的试验筒中，翻转试验筒使试样与污物充分接触，通过变色用灰卡比较试验沾污部位与未沾污部位色差，评定试样耐固态污物的沾污程度，试验过程以粉尘和高色素炭黑混合物作为污物，取2块试样，将试样平整放置在试样固定片上，固定片包合筒身，再将污物放置筒底，试验筒装入防护袋中再放入翻滚箱中，滚动200次，取出试样，用吹风机吹去试样上的污物，然后进行评级。

（二）试样制备

所取试样应具有代表性，同时保证试样表面平整、清洁，液态沾污法所用试样为2块，尺寸满足检验要求即可；固态沾污法所用试样为2块，每块试样尺寸为300mm×200mm。检验前，试样放置在在温度（21±1）℃，相对湿度（65±2）%条件下调湿4h。

（三）检验步骤

1. 液态沾污法

（1）将试样正面朝上平放在1或2层的AATCC吸水纸上，分别在试样的3个部位上，用滴管滴1滴（约0.05mL）一种或两种污液于样品表面，各液滴间距至少为50mm，滴液时，滴管口距试样表面约6mm。注意，经油污处理的样布不能相互接触以转移污点。

（2）试样静置（30±2）s后，以45°角度观察每个液滴，按照表16-9进行评级。

表16-9　液态沾污法防污评级

| 防污等级 | 状态描述 |
|---|---|
| 1级 | 液滴消失在试样表面，全部润湿 |
| 2级 | 液滴与试样接触表面部分或全部发暗，约1/4液滴量保留在试样表面 |
| 3级 | 液滴与试样接触表面部分或全部发暗，约1/2液滴量保留在试样表面 |
| 4级 | 液滴与试样接触表面部分或全部发暗，约3/4液滴量保留在试样表面 |
| 5级 | 液滴清晰，具有大接触角的完好弧形，液滴与试样表面没有润湿 |

2. 固态沾污法

（1）将试样固定在GB/T 30159.1—2013所要求的试验筒上，用胶带密封试验固定片的两端，将固态污物放入试验筒内，盖好筒盖，将试验筒放入防护袋，扎紧袋口。

（2）将装有试验筒的防护袋放入翻转箱内，筒身轴向平行于翻转箱的水平轴。

（3）启动翻转箱，翻转200次后，取出试样。

（4）用吹风机吹去附在试样表面上的污物，按照固态沾污法要求进行评级。

（5）按照以上步骤对另一块试样进行检验。

（四）结果表示与评级

1. 液态沾污法评级

观察液态污物在试样表面的状态，根据表16-9描述，对每处液滴进行评级，如果介于两级之间，记录半级，例如4～5级。同一试样中如果有2处或3处级数相同，则以该级数作为该试样的级数；如果3处级数均不相同，则以中间值作为该试样的级数。取两个试样中较低级数作为样品的试验结果。

2. 固态沾污法评级

用变色用灰色样卡评定试样沾污区中央部位与未沾污部位的色差，如果有少数沾污深斑，则不计入评级范围。对每块试样进行评级，如果有2处或3处沾污区的级数相同，则该级数为该试样的级数；如果3个沾污区级数均不相同，则取中间值作为该试样的级数。取两个试样中较低级数作为样品的试验结果。

## 第十一节　织物的热防护性能

热防护织物是指对在高温条件下工作的人体进行安全保护，从而避免人体受高温伤害的各种保护性织物。热防护服不仅具有普通防护服的服用性能，更必须具备在高温条件下对人体进行安全防护的功能。在不同的使用条件下，对人体造成伤害的热源有多种形式，如火焰、接触热、辐射热、火花和熔融金属喷射物、高温气体和热蒸汽、电弧所产生的高热，因此热防护服的热防护性能取决于热防护服的使用场合和使用环境。同时，热防护性能也与热源热量传递的方式有关。一般而言，热量传递的方式有热对流、热传递、热辐射以及以上两种或三种方式的结合。所以，在热防护织物的实际应用中，针对不同的使用目的和使用环境，热防护织物应具有不同的热防护性能。但总体来说，热防护织物必须具备阻燃性、隔热性、完整性和抗液体透过性等热防护性能。

可参考的标准有GB 8965.1—2009《防护服装　阻燃防护　第1部分：阻燃服》、GA 10—2002《消防员灭火防护服》、GA 634—2006《消防员隔热防护服》。

### 一、检验原理

将样品放在与对流或辐射混合热源有一定距离的位置，当透过的热量与引起人体组织二级烧伤的热量相等时，记录暴露时间。根据样品与测试传感器放置位置的不同，用直接接触来模拟阻燃防护织物与身体接触穿着，用间隔6.5mm来模拟阻燃防护织物与身体存在一定空间的情况。

### 二、检验仪器

DR255型热防护性能试验仪（图16-19）、尺子、剪刀等。

图 16-19　DR255 型热防护性能试验仪

### 三、试样制备

剪取3块（150±2）mm×（150±2）mm

试样（不含接缝部位），按照GB/T 17596规定在洗涤前后分别测试；在标准大气压、温度（20±2）℃、相对湿度（65±4）%的条件下调湿24h，拿出后在3min内进行测试。

## 四、检验步骤

（1）将仪器测试总热量设置为（83±2）kW/m$^2$。

（2）将试样内表面与铜盘量热计直接接触或间隔一定的距离（根据实际要求进行设定）。

（3）进行试验，当传感器的值达到人体二级烧伤忍耐极限时（传感器温度上升35～40℃），停止试验。

## 五、检验结果

通过二度烧伤的时间和相应的暴露热通量，计算出热防护系数：

$$TPP=F \times T$$

式中：$TPP$——热防护系数，kW·s/m$^2$；

$F$——暴露热通量，kW/m$^2$；

$T$——烧伤时间，s。

## 第十二节　织物的消臭性能

日本作为消臭织物生产与评价的先驱，最早建立了织物消臭性能评价的标准。在JEC 301—2013《SEK标识纤维制品认证基准》中，对纺织品的消臭性能评价进行了详细的规定，并已实施多年，尤其是消除服用纺织品中汗臭的评价已被各大检测机构及相关方采用。消臭分类见表16-10、表16-11。

表16-10　消臭分类

| 消臭分类 | 臭味成分 |
| --- | --- |
| 汗臭 | 氨气、醋酸、异戊酸 |
| 老人臭 | 氨气、醋酸、异戊酸、2-壬烯醛 |
| 排泄臭 | 氨气、醋酸、硫化氢、甲硫醇、吲哚 |
| 烟臭 | 氨气、醋酸、硫化氢、乙醛、吡啶 |
| 厨房垃圾 | 氨气、硫化氢、甲硫醇、三甲氨 |

表16-11　具有臭味的物质和官能团

| 分类 | 物质 | 官能团 |
|---|---|---|
| 碳化氢类 | 苯乙烯 | —C==C— |
| 酮类 | 丁酮 | >C=O |
| 醛类 | 丙烯醛 | —CHO |
| 醇类 | 丁醇、苯酚、甲酚 | —OH |
| 醚类 | 联苯醚 | —O— |
| 低级脂肪酚类 | 醋酸、丙酸、戊酸 | —COOH |
| 氮化合物 | 氨、甲胺、三乙胺、甲基吲哚、类臭素 | —NH₂, >NH, >N—, —NC, —CN |
| 硫化物 | 二甲基硫脲、二甲基硫醇 | —S—, —SCN, —NCS |
| 卤化物 | 氯化钠、丙烯基氯 | —X |

脱臭、消臭技术广泛应用在纤维、生活用品、工业产品等各种产业领域。其中适用于纤维和纺织品的消臭方法有很大的不同，如表16-12所示。

表16-12　适用于纤维和纺织品的消臭方法

| 物理消臭 | | 臭气的吸收 |
|---|---|---|
| 化学消臭 | | 和臭气发生化学反应，进行无臭化处理<br>氧化-还原反应（光催化、酶作用）<br>中和、加成-缩合反应<br>离子交换反应<br>螯合反应 |
| | 感觉消臭 | 掩蔽法、几种臭味相抑制 |
| | 抗菌防臭 | 杀菌抑制臭的生成 |

我国在消臭纺织品的开发与评价方面起步较晚，以前仅有纺织品防霉抗菌等性能评价的国家标准。根据国家标准批准发布公告2017年第11号显示，GB/T 33610《纺织品消臭性能的测定》于2017年12月1日实施。本标准包括以下三部分：第1部分：通则；第2部分：检知管法；第3部分：气相色谱法。

本检验根据GB/T 33610.2—2017《纺织品消臭性能的测定　第2部分：检知管法》对织物的消臭性能进行试验。

## 一、检验原理

试样与臭味气体接触一定时间后，用检知管分别测定含有试样的采样袋和空白采样袋中异味成分的浓度，算出臭味成分浓度减少率，每种臭味成分应单独进行试验。

## 二、检验仪器与样气

### （一）仪器

检知管、采样袋、注射器、抽气机或真空泵等。

### （二）样气

（100±5）μL/L氨气、（30±5）μL/L醋酸样气、（8±0.8）μL/L甲硫醇样气、（4±0.4）μL/L硫化氢样气。

## 三、试样制备

取3份试样，其中织物（100±5）cm²；纤维、纱线、绳索、羽绒等（1.0±0.05）g；将试样放置于检验环境中调湿至少24h。

## 四、检验步骤

（1）将试样分成3份，分别装在5L的装样袋里，试样尽量散开。

（2）密封装有试样的试样带。

（3）用抽气机或真空泵抽空采样袋中的气体。

（4）将3L臭味气体注入采样袋中，静置2h，使气味与试样充分接触。

（5）用100mL注射器从含有试样的采样袋中抽取100mL待测气体。

（6）用检知管测量待测气体，读取变色值，该值为采样袋中试样与臭味气体接触后的臭味浓度。

（7）另去3个5L的装样袋作为空白试验，按照（3）至（6）进行试验。

## 五、检验结果表示与评级

### （一）结果表示

$$OCR = \frac{(E-S)}{E} \times 100\%$$

式中：$OCR$——臭味成分浓度减少率，%；

$E$——空白试验时臭味成分浓度的平均值，$\mu L/L$；

$S$——含试样时臭味成分浓度的平均值，$\mu L/L$。

（二）臭味强度评级

臭味强度评级参见表16-13。

表16-13　臭味强度

| 级别 | 臭味强度 |
| --- | --- |
| 0级 | 无臭 |
| 1级 | 勉强嗅出臭味 |
| 2级 | 能辨出恶臭的气味 |
| 3级 | 臭味明显 |
| 4级 | 臭味较强烈 |
| 5级 | 无法忍受 |

# 第十三节　织物的防蚊性能

全球蚊子种类达到2000余种，中国有200余种。常见的有按蚊、库蚊和伊蚊三种。蚊虫的滋生与气象条件有关。据证明，按蚊的成蚊在空气温、湿度适宜条件下（温度20~30℃，相对湿度60%~80%）繁殖最快。据估计随着全球气温的升高，蚊子的种群和数量都将大幅提高，正日益威胁人类的健康。蚊子除直接叮刺吸血、骚扰睡眠外，更严重的是传染多种疾病。我国的蚊虫传染病有疟疾、淋巴丝虫病、流行性乙型脑炎和登革热四类。蚊虫传播的较重要的病毒病还有黄热病及各种马脑炎等。

人类吸引蚊子的原因是雌性蚊子需要吸食血液来产卵、育卵，而人类呼吸系统工作的时候所产生的二氧化碳以及乳酸等人体表面的挥发物易招引蚊子，使它们可以从30m开外的地方直接冲向吸血对象。

防蚊虫纺织品即是对这类昆虫进行趋避或杀灭的一种卫生防护用纺织品，它是一种新型的织物功能化整理，它通过固着剂在织物表面形成防虫药膜，对蚊、蝇、蚤、虱、虫等有高效、快速的击倒杀灭效果，并有良好的驱避作用。近年来纺织品防虫整理在国内外逐渐引起重视，并取得了较为迅速的发展，可广泛用于床上用纺织品、地毯、蚊帐、窗帘等装饰用布和袜子、服装等夏季用纺织品以及军用纺织品。

可参考标准GB/T 30126—2013《纺织品　防蚊性能的检测和评价》。

## 一、检验原理

防蚊性能检测主要有两种方法：驱避法和强迫接触法。

### （一）驱避法

将具有一定攻击力的蚊虫放入有试样的空间内，其中试样附于人体或供血器上，统计在规定时间内蚊虫在待测试样和对照样表面停落数量，以驱避率来评价织物的防蚊性能。

### （二）强迫接触法

将蚊虫放入有试样的空间内，通过压缩空间迫使蚊虫接触试样，统计在规定时间内被击倒的蚊虫数和死亡的蚊虫数量，以击倒率和杀灭率来评价织物的防蚊性能。

## 二、检验仪器

恒温恒湿室、蚊笼、驱避测试器（图16-20）、吸血昆虫供血器、强迫接触器、吸蚊管、秒表、计数器等。

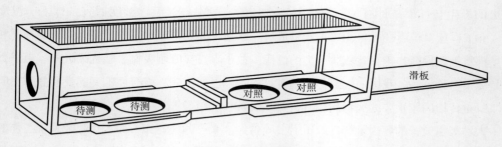

图 16-20　驱避测试器

## 三、试验蚊虫与试样

（1）试验蚊虫：雌性蚊虫。

（2）试样制备：

①驱避测试法试样：分别剪取具有8块代表性的试样作为测试试样和对照样，每块试

样尺寸为4cm×4cm。

②吸血昆虫供血器法试样：分别剪取具有4块代表性的试样作为测试试样和对照样，每块试样直径为6cm。

③强迫接触器法试样：分别剪取具有4块代表性的试样作为测试试样和对照样，每块试样尺寸为20cm×20cm。

（3）试验前，所有试样都要在（26±1）℃的条件下放置10min。

（4）所有测试试样要按照GB/T 12490要求进行洗涤，洗涤后用水充分清洗样品，再晾干。

## 四、检验步骤

（1）试验环境：温度（26±1）℃、相对湿度（65±10）%。

（2）驱避法检验：

①驱避测试器法：试验前，需要测试试验蚊虫的攻击力。将所有试验蚊虫放入蚊笼里，测试人员将手臂包裹起来并伸入蚊笼里，仅露出手背（尺寸为4cm×4cm）。如果在2min内停落在手背上的蚊虫多于30只，说明蚊虫具有合格的攻击力，可进行驱避法检验；否则，不可进行。

选取测试攻击合格的测试人员4名（男、女各2名），先用模板（与驱避测试器底板相匹配的4个孔）在每人的一只前臂内侧画出4个圆形，分别用待测试样和对照样按图16-19顺序覆盖4个圆形，然后用模板覆盖试样，在试样上画出4个圆形轮廓，再将驱避测试器放在样布上，并使驱避测试器底面的4个圆孔和样布上的4个圆形轮廓吻合，最后用2个弹性橡胶条将驱避测试器紧固在前臂内侧上。

向固定在前臂内侧的驱避测试器中放进攻击力合格的30只蚊虫，此时将拉板全部拉出，使4个孔完全暴露，开始计时，2min后统计待测试样和对照样表面停落的蚊虫数量。每位志愿人员试验1次，并计算出驱避率。

②吸血昆虫供血器法：在吸血昆虫供血器的2个喂血盒中分别加入10mL血液，用人工膜将血液封闭，待测试样和对照样分别覆盖在喂血盒的人工膜上。由温控仪设定血液温度为36℃，当血液温度达到设定温度时，将喂血盒放入盛有300只雌蚊的蚊笼底部，2min后统计待测试样和对照样表面停落的蚊虫数量。重复试验，完成待测试样和对照样的测试。

③强迫接触法：将试样放入强迫接触器中，再放入20只蚊虫，保证蚊虫和试样的接触时间为30min，记录击倒的蚊虫数，30min后将全部蚊虫转移至清洁的养蚊笼内，置于（26±1）℃室内，并用5%糖水棉球饲养，24h时后记录死亡蚊虫数。重复试验，完成待

测试样和对照样的测试。

## 五、结果计算

（1）驱避率：

$$R = \frac{B_1 - T_1}{B_1} \times 100\%$$

式中：$R$——驱避率，%；

$B_1$——对照样蚊虫停留数的平均值；

$T_1$——待测试样蚊虫停留数的平均值。

（2）击倒率：

$$D = \frac{T_2 - B_2}{20 - B_2} \times 100\%$$

式中：$D$——击倒率，%；

$B_2$——对照样蚊虫30min击倒数的平均值；

$T_2$——待测试样蚊虫30min击倒数的平均值。

（3）杀灭率：

$$K = \frac{T_3 - B_3}{20 - B_3} \times 100\%$$

式中：$K$——杀灭率，%；

$B_3$——对照样蚊虫24h死亡数的平均值；

$T_3$——待测试样蚊虫24h死亡数的平均值。

（4）防蚊效果评价参见表16-14。

表16-14　防蚊效果评价

| 效果 | 评级 | A级 | B级 | C级 |
|---|---|---|---|---|
| 驱避 | 驱避率R | >70% | 70%~50% | 50%~30% |
| | 驱避效果 | 具有极强的驱避效果 | 具有良好的驱避效果 | 具有驱避效果 |
| 击倒 | 击倒率D | >90% | 90%~70% | 70%~50% |
| | 击倒效果 | 具有极强的击倒效果 | 具有良好的击倒效果 | 具有击倒效果 |
| 杀灭 | 杀灭率K | >70% | 70%~50% | 50%~30% |
| | 杀灭效果 | 具有极强的杀灭效果 | 具有良好的杀灭效果 | 具有杀灭效果 |

思考题

1. 织物阻燃性能的评价指标有哪些？检测方法有哪些？

2. 评定织物抗紫外线效果的通常指标有哪些？防紫外线产品有哪些要求？

3. 简述织物产生静电的原因并列举一些消除或减轻静电现象的方法。

4. 影响织物防电辐射性能检测的因素有哪些？

5. 简述织物防电辐射性能检测的原理及方法。

6. 简述织物的防水性的检测方法。检测织物防水性过程中注意事项有哪些？

7. 简述织物的吸湿速干的原理。

8. 什么是负离子发生量？影响织物负离子发生量的主要因素有哪些？

9. 阐述织物吸湿发热的原理及检测方法。

10. 织物的防油防污性能是什么？

11. 列举织物热防护的重要性。热量传递的方式有几种？

12. 织物的消臭分类有哪些？织物的消臭方法有哪些？

13. 列举提升织物防蚊性能的方法。简述防蚊效果的评价。

# 成衣篇

# 成衣检验

**课题名称：**成衣检验

**课题内容：**成衣成分检验

　　　　　　成衣外观与内在质量检验

**课题时间：**15课时

**教学目的：**让学生了解成衣检验的相关知识，掌握检测原理及检测方法，

　　　　　　熟练操作相关检验检测的仪器。

**教学方式：**理论讲授和实践操作。

**教学要求：**1.了解成衣检验的相关内容。

　　　　　　2.掌握成衣检验的原理及方法。

　　　　　　3.熟练操作相关检验检测的设备。

　　　　　　4.能正确表达和评价相关的检验结果。

　　　　　　5.能够分析影响测试结果的主要因素。

# 第十七章　成衣检验

## 第一节　成衣成分检验

### 一、成衣种类

服装类别可按用途分为内衣和外衣。内衣是贴身的衣着，直接与人体皮肤接触，主要起保护身体、保暖、塑型等作用，如文胸、睡衣、泳装等；外衣就是人身体最外面的衣服，外衣因穿着者年龄不同、穿着场所不同、穿着部位不同可分为室内服、日常服、社交服、职业服、运动服、舞台服等。成衣也可具体分为内衣、睡衣、泳装、童装、外套、裤装、裙装、礼服、工作装与制服、运动休闲装等。

### 二、成衣检验概述

成衣质量是指服装适合一定用途、满足消费者使用需要所具备的特性。成衣质量指标是反映产品质量的特征值，具体包括以下几项指标：

性能指标：就用途而言成衣所具有的技术特征，它反映成衣的合用程度，决定成衣的可用性，是产品最基本的一项指标。

寿命和可靠性指标：成衣的寿命是指产品能够按规定的功能正常工作的期限。成衣的可靠性是指在规定的时间内和条件下，能完成规定功能的能力。

安全性指标：它反映成衣使用过程对使用者及周围环境安全、卫生的保证程度。

经济性指标：这类指标反映成衣使用过程中所花费的经济代价的大小（包括生产率、使用成本、寿命期、总成本等）。

结构合理性指标：反映成衣结构合理的程度。

成衣检验是指借助一定的仪器设备、工具、方法等，按照相关技术标准对成衣各项质量指标项目进行检验、测试，并将检验结果同质量标准要求或合同规定进行对比，由此作出合格（优劣）与否的判断过程。常见服装技术标准有GB/T 2664—2017《男西服、大衣》、GB/T 2665—2017《女西服、大衣》、GB/T 2660—2017《衬衫》、GB／T 2666—2017《西裤》、GB/T 8878—2014《棉针织内衣》、FZ/T 81004—2012《连衣裙、裙套》、FZ/T 81006—2017《牛仔服装》等。

例如成衣外观检验的主要内容有：

（1）款式是否同确认样相同。

（2）尺寸规格是否符合工艺单和样衣的要求。

（3）缝合是否正确，缝制是否规整、平服。

（4）条格面料的服装中是否存在色差问题。

（5）面料丝缕是否正确，面料上有无疵点、油污存在。

（6）同件服装中是否存在色差问题。

（7）整烫是否良好。

（8）黏合衬是否牢固，有否渗胶现象。

（9）线头是否已修净。

（10）服装辅件是否完整。

（11）服装上的尺寸唛、洗水唛、商标等与实际货物内容是否一致，位置是否正确。

（12）服装整体形态是否良好。

（13）包装是否符合要求。

### 三、成衣织物成分检验

具体成分鉴别见第十章织物成分检验。

## 第二节　成衣外观与内在质量检验

### 一、成衣外观检验

#### （一）成衣尺寸公差检验

服装尺寸是服装造型的依据，服装各部位与人体相应部位的具体尺寸关系，成衣的各个部位是否在允许的公差范围内，对于服装的合体要求是至关重要的。成衣尺寸公差范围，如表17-1所示。

## 表17-1 成衣尺寸公差

单位：cm

| 一、梭织上装类 | | | | | |
|---|---|---|---|---|---|
| 部位 | 上下公差 | 档差 | 部位 | 上下公差 | 档差 |
| 衣长 | ±0.5 | 2（1.5女式） | 下摆 | ±1 | 5 |
| 肩宽 | ±0.3 | 1 | 背宽 | ±0.5 | 1 |
| 胸宽 | ±0.5 | 1 | 袖长 | ±0.5 | 1.5（统袖长） |
| 胸围 | ±0.1 | 5 | 袖肥 | ±0.5 | 2 |
| | | | 袖口 | ±0.5 | 1 |
| 二、梭织下装类 | | | | | |
| 部位 | 上下公差 | 档差 | 部位 | 上下公差 | 档差 |
| 裤长 | ±0.5 | 2 | 内侧 | ±0.5 | 1 |
| 腰宽 | ±1 | 5 | 中档 | ±0.8 | 2 |
| 臀宽 | ±1 | 5 | 脚口 | ±0.8 | 2 |
| 前裆 | ±0.3 | 0.5 | 后裆 | ±0.3 | 0.5 |
| 横裆 | ±0.6 | 2.5 | | | |
| 三、针织上装 | | | | | |
| 部位 | 上下公差 | 档差 | 部位 | 上下公差 | 档差 |
| 衣长 | ±0.7 | 2（1.5女式） | 下摆 | ±1.5 | 5 |
| 肩宽 | ±0.5 | 1 | 背宽 | ±0.5 | 1 |
| 胸宽 | ±0.5 | 1 | 袖长 | ±0.5 | 1.5（统袖长） |
| 胸围 | ±1.5 | 5 | 袖肥 | ±0.7 | 2 |
| | | | 袖口 | ±0.5 | 1 |
| 四、针织下装类 | | | | | |
| 部位 | 上下公差 | 档差 | 部位 | 上下公差 | 档差 |
| 裤长 | ±0.7 | 2 | 内侧 | ±0.5 | 1 |
| 腰宽 | ±1.5 | 5 | 中档 | ±0.8 | 2 |
| 臀宽 | ±1.5 | 5 | 脚口 | ±0.8 | 2 |
| 前裆 | ±0.3 | 0.5 | 后裆 | ±0.3 | 0.5 |
| 横裆 | ±1 | 2.5 | | | |

（二）外观疵点检验

织物在其形成及染整加工的过程中，不可避免地会产生各种疵点。疵点不仅降低了织物的质量，而且对织物的美观、坯布的利用率、成衣质量及穿着牢度等影响极大。织物疵点分纱疵、织疵、整理疵点几大类。其中，纱疵是纤维中杂质纺进纱造成的疵点；织疵是在织布过程中产生的疵点，而整理疵点则是在印染、整理过程中产生的疵点。按其对服用性能的影响程度与出现的状态不同，分为局部性疵点和散布性疵点。在裁剪制作时都应尽量避开，实在避不开的疵点应安排在服装的隐蔽处和不常受磨的部位。各类面料的常见疵点种类如下。

1. 棉型织物

破洞、边疵、斑渍、狭幅、稀弄、密路、跳花、错纱、吊经、吊纬、双纬、百脚、错纹、霉斑、棉结杂质、条干不匀、竹节纱、色花、色差、横档、纬斜等。

2. 毛型织物

缺纱、跳花、错纹、蛛网、色花、沾色、色差、呢面歪斜、光泽不良、发毛、露底、折痕、污渍等。

3. 丝型织物

经柳、浆柳、断通丝、紧懈线、缺经、断纬、错经、叠纬、跳梭、斑渍、卷边、折叠痕等。

4. 针织织物

横条、纵条、色花、接头不良、油针、破洞、断纱、毛丝、花针、漏针、错纹、纵横歪斜、油污、色差、露底、幅宽不一等。

在外观疵点中，列出粗于一倍粗纱2根、粗于两倍粗纱3根、粗于三倍粗纱4根、双经双纬、小跳花、经缩、纬密不均、颗粒状粗纱、经缩波纹、断经断纬1根、搔损、浅油纱、色档和轻微色斑（污渍）共14个疵点类型，未列入标准的疵点按其形态参照执行。服装评级系统如图17-1所示。

（三）成衣缝制检验

缝迹分为链式缝迹、锁式缝迹、包缝缝迹、绷缝缝迹等。针织服装与梭织服装在缝制上的最大区别是采用的缝迹类型不同。梭织服装应用锁式缝迹较多，而针织服装以应用链式缝迹为主。但缝制工

图 17-1　服装评级系统

艺的设计要根据不同的面料和不同的服装部位而选用不同的缝迹和不同的线迹密度，以满足针织服装的伸缩性和缝合线迹的牢度。例如，衣片之间的缝合，下摆、袖口的卷边等拉伸较多的部位都采用链式缝迹或包缝缝迹；滚边、滚领、折边、绷缝拼接和饰边等采用绷缝缝迹，这样既有很高的强力和弹性又能使缝迹平整；只有在衣服不易拉伸的部位，如袖口、兜边、订商标等才使用弹性小的锁式缝迹。

成衣缝制检验方法是在垂直于织物接缝的方向上施加一定的负荷，使接缝处脱开，测量其脱开的最大距离。试样尺寸5.0cm×20.0cm（包括夹持部位），考核部位有摆缝、袖窿缝、袖缝、过肩缝，所取试样纱向均垂直于取样部位。

由于针织面料的织物具有纵向和横向的延伸性（即弹性）的特点及边缘线圈易脱散的缺点，故缝制针织服装的缝迹应满足：

（1）缝迹应具有与针织织物相适应的拉伸性和强力。

（2）缝迹应能防止织物线圈的脱散。

（3）适当控制缝迹的密度。如厚型织物的平缝机缝迹密度控制在9~10针/2cm，包缝机缝迹密度为6~7针/2cm，薄型织物的平缝机缝迹密度控制在10~11针/2cm，包缝机缝迹密度为7~8针/2cm。

### （四）色差检验

色差检验就是检验颜色之间的差别。在对比色差时，两块色样的尺寸应该尽量接近，样品尺寸最好为5cm×5cm。被测部位须纱向一致，视线与被测物成45°角，距离69cm，与评定变色用灰色样卡对比，并按照技术要求规定进行评定。一般袖缝、摆缝色差不低于4级，其他表面部位高于4级。套装中上装与裤子的色差不低于4级。染色产品大小样色差一般要求4~5级，印花产品相应低半级。具体人工色差级别人工评定方法如表17-2所示。

表17-2　色差评级

| 灰卡级别 | 描述 |
|:---:|:---:|
| 1 | 颜色完全不一样 |
| 1~2 | |
| 2 | |
| 2~3 | |
| 3 | 非常明显 |
| 3~4 | 有明显色差 |
| 4 | 有色差，但可以接受 |
| 4~5 | 不易发现色差 |
| 5 | 没有色差 |

（五）对条对格检验

面料有明显条、格且在1.0cm及以上的服装应进行对条、对格检验，如西服、大衣、裙子、衬衣、裤子等，主要检验部位有侧缝、左右前身、袖缝、裆缝等具体如表17-3及图17-2～图17-4所示。

表17-3　对条对格检验

| 类别 | 部位名称 | 对条对格互差 | 备注 |
|---|---|---|---|
| 西服、大衣 | 左右前身 | 条料对条，格料对横，互差不大于0.3cm，左右对称 | |
| | 手巾袋 | 条料对条，格料对格，互差不大于0.2cm | |
| | 大袋与前身 | 条料对条，格料对格，互差不大于0.3cm | |
| | 袖与前身 | 袖肘线以上与前身格料对横，两袖互差不大于0.5cm | |
| | 袖缝 | 袖肘线以上，后袖缝格料对横，互差不大于0.3cm | |
| | 背缝 | 以上部位准，条料对称，格料对横，互差不大于0.2cm，左右对称 | |
| | 背缝与后颈面 | 条料对条，互差不大于0.2cm | |
| | 领子、驳头 | 条格料左右对称，互差不大于0.2cm | |
| | 摆缝 | 袖窿以下10.0cm处，格料对横，互差不大于0.3cm | |
| | 袖子 | 条格顺直，以袖山为准，两袖互差不大于0.5cm | |
| 衬衫 | 左右前身 | 条料对中心条、格料对格，互差不大于0.3cm | 格子大小不一致时，以前身1/3上部为准 |
| | 袋与前身 | 条料对条、格料对格，互差不大于0.2cm | 格子大小不一致时，以袋前部的中心为准 |
| | 斜料双袋 | 左右袋对称，互差不大于0.3cm | 以明显条为主（阴阳条不考核） |
| | 左右领尖 | 条格对称，互差不大于0.2cm | 阴阳条格以明显条格为主 |
| | 袖头 | 左右袖头条格顺直，以直条对称，互差不大于0.2cm | 以明显条为主 |
| | 后过肩 | 条料顺直，两头对比互差不大于0.4cm | — |
| | 长袖 | 条格顺直，以袖山为准，两袖对称，互差不大于1.0cm | 3.0cm以下格料不对横，1.5cm以下条料不对条 |
| | 短袖 | 条格顺直，以袖口为准，两袖对称，互差不大于0.5cm | 2.0cm以下格料不对横，1.5cm以下条料不对条 |

续表

| 类别 | 部位名称 | 对条对格互差 | 备注 |
|---|---|---|---|
| 裤子 | 前后裆缝 | 格料对横，互差不大于0.3cm | |
| | 袋盖与大身 | 条料对条，格料对格，互差不大于0.2cm | |
| | 侧缝 | 横裆以下格料对横，互差不大于0.2cm | |
| 连衣裙、裙套 | 左右前身 | 条料顺直，格料对横，互差不大于0.3cm | 格子大小不一致时，以衣长1/2上部为主 |
| | 袋与前身 | 条料对条，格料对格，互差不大于0.3cm。斜料贴袋左右对称，互差不大于0.5cm（阴阳条格除外） | 格子大小不一致时，以袋前部为主 |
| | 领子、驳头 | 条料对称，互差不大于0.2cm | 阴阳条格以明显条格为主 |
| | 后过肩 | 条料顺直，两头对比互差不大于0.4cm | 以明显条为主 |
| | 袖头 | 左右袖头条格顺直，以直条对称，互差不大于0.2cm | 以明显条为主 |
| | 袖子 | 条料顺直，格料对横，以袖山为准，两袖对称，互差不大于0.8cm | — |
| | 袖与前身 | 袖肘线以上与前身格料对横，两袖互差不大于0.8cm | — |
| | 背缝 | 条料对条，格料对横，互差不大于0.3cm | 格子大小不一致时，以上背部为主 |
| | 摆缝 | 格料对横，袖窿底10.0cm以下互差不大于0.4cm | — |
| | 裙侧缝 | 条料顺直，格料对横，互差不大于0.3cm | — |

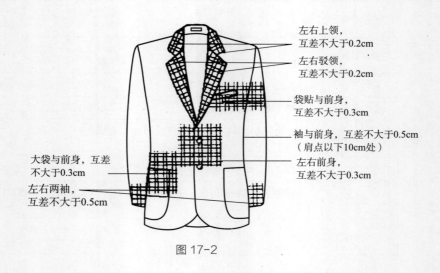

图 17-2

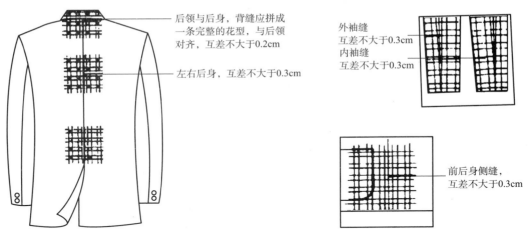

图 17-2　西服、大衣对条对格示意图

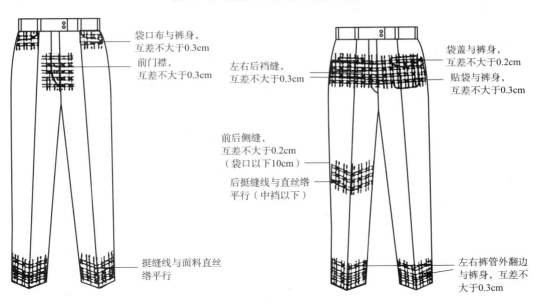

图 17-3　裤子对条对格示意图

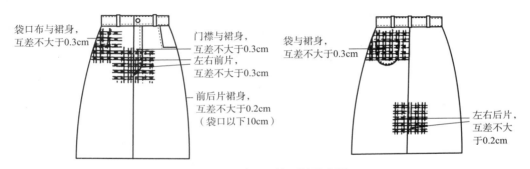

图 17-4　裙子对条对格示意图

## （六）包装标志

成衣的包装标志的主要内容包括服装生产企业名称、商标、面料和辅料的纤维成分、规格、洗涤、晾晒、熨烫要求等。折叠端正平服，检查服装上的尺寸唛、洗水唛、商标等与实际货物内容是否一致，严格按照包装指示单。包装材料包括包装袋、手提袋、包装箱等。包装材料既有保护作用，又有美化和宣传的作用，精美的包装可以使服装的价格相应提高，包装材料要与服装的种类、档次相适应。

## （七）整烫外观

服装通过整烫使其外观平整、尺寸准足。熨烫时在衣内套入衬板使产品保持一定的形状和规格，衬板的尺寸比成衣所要求的略大些，以防回缩后规格过小。熨烫的温度一般控制在180~200℃较为安全，不易烫黄、焦化。成品内外熨烫平服、整洁、无烫黄、水渍、亮光；领型左右基本一致，折叠端正、平挺；一批产品的整烫折叠规格应保持一致。覆黏合衬部位不允许有脱胶、渗胶及起皱现象。

# 二、成衣内在质量

## （一）理化性能检验

具体检验过程参考第十一章至第十四章。

## （二）生态项目检验

具体检验过程参考第十五章。

## （三）功能性检验

具体检验过程参考第十六章。

---

思考题

1. 服装的外观疵点主要有哪些？
2. 色差评级有哪些级别？
3. 如何进行对条对格检验？

---

# 羽绒服相关检验

**课题名称：** 羽绒服相关检验

**课题内容：** 羽绒、羽毛服装的检测

　　　　　　防钻绒性能检验

　　　　　　羽毛、羽绒微生物（含菌量）的检测

**课题时间：** 18课时

**教学目的：** 让学生了解羽绒服相关检验的相关知识，掌握检测原理及检测方法，熟练操作相关检验检测的仪器。

**教学方式：** 理论讲授和实践操作。

**教学要求：** 1. 了解羽绒服相关检验的相关内容。

　　　　　　2. 掌握羽绒服相关检验的原理及方法。

　　　　　　3. 熟练操作相关检验检测的仪器。

　　　　　　4. 能正确表达和评价相关的检验结果。

　　　　　　5. 能够分析影响测试结果的主要因素。

# 第十八章　羽绒服相关检验

## 第一节　羽绒、羽毛服装的检测

羽绒是一种天然材料，与棉花、羊毛、蚕丝等传统材料相比，羽绒不仅保暖性最佳，而且还具有其他保暖材料所不具备的良好吸湿性能等优点。因此，羽绒服受到了消费者的青睐。

羽绒服装越来越流行，出现的问题（如大量质量低劣的羽绒产品涌入市场）也越来越多。针对羽绒、羽毛服装的主要检测指标有充绒量、含绒量、蓬松度、清洁度、耗氧指数、残脂率、水分率及气味等级等。其中，含绒量（羽绒含量）的指标称为绒子和绒丝含量，即羽绒羽毛中绒子和绒丝的百分比。

羽绒、羽毛服装的检测依据GB/T 14272—2011、FZ/T 80001—2002进行，检验记录报告如表18-1所示。

### 一、充绒量的检测

（一）充绒量的检测原理

首先称有羽绒填充物的服装总质量，然后将羽绒填充物取出，称剩余部分的质量，两者质量之差即为充绒量。

（二）充绒量的检测仪器与工具

吸尘器（图18-1）、天平（精确度0.5g）、剪刀、镊子等。

图 18-1　吸尘器

## 表18-1　羽绒、羽毛服装的检测原始记录（仅供参考）

| 样品编号 | | | 样品名称 | | | 样品数量 | |
|---|---|---|---|---|---|---|---|
| 检验依据 | □FZ/T 80001—2002　　□GB/T 14272—2011 | | | | | 明示含绒量 | % |
| 检测项目 | 标准值 | 检验记录 | | | | | 结果评定 |
| 充绒量 | −5% | 明示充绒量 | 总重（皮+绒） | 皮重 | 实际充绒量 | 偏差/% | □符合 □不符合 □实测 |
| | | g | g | g | g | | |
| 含绒量 /% | □ ±3% □ ±2% | 检测后总质量（绒+其他）/g | 检测后质量 | | 含绒量 | 平均 | □符合 □不符合 □实测 |
| | | | 绒重/g | 其他重/g | | | |
| | | 试样1 | | | | | |
| | | 试样2 | | | | | |
| 蓬松度 /cm | ≥ | 恒温处理温度 | 恒温处理时间 | 第一次 | 第二次 | 第三次 | 平均值 | 蓬松度 | □符合 □不符合 □实测 |
| | | ℃ | H | | | | | |
| 清洁度 /mm | ≥450 | | | | | | □符合 □不符合 □实测 |
| 耗氧指数 mg/100mL | ≤10.0 | 空白消耗量/mL | 样品消耗量/mL | $KMnO_4$浓度/mol/L | | 耗氧量 | □符合 □不符合 □实测 |
| | | | | | | | |
| 残脂率 /% | ≤1.0 | 样品质量/g | 烧瓶质量/g | 含抽提脂类的烧瓶质量/g | 油脂质量/g | 残脂率/% | 平均 | □符合 □不符合 □实测 |
| | | 试样1 | | | | | | |
| | | 试样2 | | | | | | |
| 水分率 /% | ≤13.0 | 原试样质量/g | 干燥后试样质量/g | 水分率 | | 平均 | □符合 □不符合 □实测 |
| | | 试样1 | | | | | |
| | | 试样2 | | | | | |
| 气味（级） | ≤2 | | | | | 结果 | □符合 □不符合 □实测 |
| 备注 | | | | | | | |

（三）检验方法与步骤

（1）将试样在GB/T 6529规定的标准大气条件下进行调湿24h，试验环境为试验用标准大气。

（2）用天平称量羽绒服装，称量值精确到1g。

（3）将羽绒服装拆开，取出羽绒填充物，用吸尘器将剩余的羽绒填充物取出，将外套从里翻出检查是否有残留的填充物沾在织物上，并用镊子将羽毛羽绒取出。

（4）用天平称量取出羽绒填充物后的剩余部分，测量值精确到1g。

（四）结果计算

$$m_f = m_1 - m_2$$

式中：$m_f$——充绒量，g；

$m_1$——羽绒服装总质量，g；

$m_2$——取出羽绒填充物后剩余部分的质量，g。

## 二、含绒量的检测

目前的产品多数质量低劣，主要的问题是朵绒较小、未成熟绒多、羽丝、杂质含量高，甚至有些厂家把羽毛粉碎后掺进绒里以提高含绒量。例如，服装标示100%鸭绒，然而加工者偷工减料，用一些其他的材料滥竽充数。所以，含绒量的检验是羽绒服检测中必需的一项。

（一）含绒量的检测原理

将羽绒填充料置于混样盘中，采取一定的处理方法，挑选出填充料中的绒子和绒丝并称其质量。

（二）检测项目

绒子、陆禽毛、异色毛绒、水禽毛片、鹅毛（绒）中的鸭毛（绒）、长毛片、绒丝、羽丝、杂质的含量及含绒量。

（三）含绒量的检测仪器与工具

羽绒分拣箱（图18-2）、尖嘴镊子、天平（精确至0.0001g）、250mL烧杯、显微镜。

图18-2　羽绒分拣箱

（四）检验方法与步骤

1. 取样

（1）将羽绒服拆开，用专用清洁袋或可密封的样筒取出全部的羽绒填充物。

（2）将取出的填充物放入混样盘内，先用手将毛绒拌匀，操作时要细致均匀，铺毛时要左起右落，右起左落，交叉使用，逐层铺平且铺的直径不小于50cm，分散在样堆周围的绒子应拣起。

（3）铺样时发现的陆禽毛应分摊均匀，然后分为4份，取其对角2份，并继续铺匀试样，如此反复缩样至规定的试样质量。

（4）检验中的4份试样，其中2份作为试验用，1份备用，1份存样。注意，存样时间一般为6个月，特殊情况可延长至1年；存样时，样品批次清楚，分类编号，写明标签，存放于清洁、干燥的专用样品室的样品柜内。

2. 成分测定

（1）取5个250mL烧杯分别标记为$A$、$B$、$C$、$D$、$I$。

（2）将1份试验用试样放入分离箱（或工作台与一个透明玻璃罩）中，用镊子挑拣出各种成分，将试样中的水禽毛片（含损伤毛片）放入烧杯$A$中，将陆禽毛片（含损伤毛片）放入烧杯$B$中，将杂质放入烧杯$C$中，将绒子、绒丝和羽丝放入烧杯$D$中，将长毛片放入烧杯$I$中，并分别称重（精确至0.0001g），记为$m_A$、$m_B$、$m_C$、$m_D$、$m_I$。

（3）将烧杯$D$中的绒子、绒丝和羽丝倒入混样盘中，按照"1. 取样"中的（2）和（3）进行操作，称取0.2g及以上试样，取6个250mL烧杯分别标记为$E$、$F$、$G$、$A_1$、$B_1$、$C_1$，用镊子进行挑选，将挑选出的绒子放入烧杯$E$中，将挑选出的绒丝放入烧杯$F$中，将挑选出的羽丝放入烧杯$G$中，将挑选出的水禽毛片（含损伤毛片）放入烧杯$A_1$中，将挑选出的陆禽毛片（含损伤毛片）放入烧杯$B_1$中，将挑选出的杂质放入烧杯$C_1$中，分别称重，记为$m_E$、$m_F$、$m_G$、$m_{A1}$、$m_{B1}$、$m_{C1}$。

（五）结果计算

含绒量（绒子和绒丝占试样质量的百分比）的计算公式：

（1）分析后试样总质量：

$$m_1 = m_A + m_B + m_C + m_D + m_I。$$

式中：$m_1$——分析后试样总质量，g；

$m_A$——A水禽毛片质量，g；

$m_B$——陆禽毛片质量，g；

$m_C$——杂质质量，g；

$m_D$——绒子、绒丝和羽丝质量，g；

$m_1$——长毛片质量，g。

（2）分析后绒子、绒丝和羽丝的试样质量：

$$m_2 = m_E + m_F + m_G + m_{A1} + m_{B1} + m_{C1}。$$

式中：　$m_2$——分析后绒子、绒丝和羽丝的试样质量，g；

$m_E$——绒子质量，g；

$m_F$——绒丝质量，g；

$m_G$——羽丝质量，g；

$m_{A1}$——挑选出的水禽毛片质量，g；

$m_{B1}$——挑选出的陆禽毛片质量，g；

$m_{C1}$——挑选出的杂质质量，g。

（3）含绒量：

$$含绒量 = \frac{m_D}{m_1} \times \frac{m_E + m_F}{m_2} \times 100\%$$

式中：　$m_1$——分析后试样总质量，g；

$m_2$——分析后绒子、绒丝和羽丝的试样质量，g；

$m_D$——绒子、绒丝和羽丝的质量，g；

$m_E$——挑选出的绒子质量，g；

$m_F$——挑选出的绒丝质量，g。

两个计算结果的平均值作为最终结果，按GB/T 8170修约至小数点后一位。两个试样的结果有差异时，如果绒子含量差异超过2.0%，应对第三个试样进行测定，以第三个试样的结果的平均值作为最终结果。

## 三、蓬松度的检测

羽绒的蓬松度直接影响弹性，温暖和舒适度。蓬松度检测是羽绒检测中的一项重要的内容，它是指羽绒（羽毛）的弹性程度。蓬松度指标作为羽毛、羽绒品质最重要的指标之一，是内在质量中弹性、保暖性能的集中体现，同时也间接反映了羽毛、羽绒成分各组分的离散程度。

### （一）蓬松度的检测原理

利用蓬松度仪测量在一定口径的容器内，对一定量的样品羽绒（羽毛）施加恒重的压力后，其所占的体积来获得。

（二）蓬松度检测仪器

蓬松度仪（筒壁两对面有刻度的有机玻璃圆筒，桶高75cm，内径为24cm，桶底为有机玻璃活络底；桶内有直径为24cm，质量为68.4g的可在桶内上下自由活动的圆形铝质压板）（图18-3）、天平、恒温烘箱。

图18-3　蓬松度仪

（三）检验方法与步骤

1. 取样

（1）将取出的填充物放入混样盘内，先用手将毛绒拌匀，操作时要细致均匀，铺毛时要左起右落，右起左落，交叉使用，逐层铺平且铺的面积直径不小于50cm，分散在样堆周围的绒子应拣起。

（2）铺样时发现的陆禽毛应分摊均匀，然后分为4份，取其对角2份，并继续铺匀试样，如此反复缩样至规定的试样质量。

2. 试样处理

（1）将试样放入（50±5）℃的恒温箱内1h，作恒温处理。

（2）将试样用手逐把抖入前处理箱内，在温度（20±2）℃、相对湿度（65±4）%的标准大气中静置24h使其疏松，恢复原状。

3. 检验步骤

（1）从在前处理箱内已放置24h的羽毛、羽绒试样中，称取两份各28.5g的试样，逐把抖入蓬松仪中，再用硬质玻璃棒充分搅拌并铺平。

（2）铺平后，将铝质压板盖在羽毛、羽绒上面，在松手放下压板的同时按下秒表，任压板缓缓下压，1min后记录压板压在蓬松仪筒壁的两边刻度值，取其平均值。同一试样重复做三次。

（四）计算结果

计算三次试验结果的平均值，作为试样蓬松度的测定值。

$$蓬松度 = \frac{n_1 + n_2 + n_3}{3}$$

式中：$n_1$——第一次试验结果的平均值；

　　　$n_2$——第二次试验结果的平均值；

　　　$n_3$——第三次试验结果的平均值。

计算结果按GB/T 8170修约至小数点后一位。

## 四、清洁度的检测

羽绒清洁度是羽绒检验中的一项重要卫生技术指标，清洁度反映了羽绒填充物的清洁程度，即羽绒中残留的杂质、微尘及游离有机物的含量。如果清洁度高，则表明羽绒经过充分清洗，不会含较多的油脂和残渣等，而且充分的清洗过程也能去除较多的气味。如果羽绒填充物清洁度不好，羽绒服在穿着的过程中很容易使羽绒中的脏物渗透到服装表面，尤其是渗透出的油脂较容易在服装表面形成油渍痕迹，而且不易清洗，这是常见的消费者投诉问题之一。除此之外，清洁度较低还可能严重危害人体健康，清洁度差的羽绒及其制品会使人产生过敏反应、哮喘等疾病。

总之，羽绒的清洁度检测对控制羽绒制品的质量起着重要的作用。

（一）清洁度的检测原理

将制备好的样液倒入透明度计的容器中，慢慢升高容器位置，使样液通过软管进入带刻度圆筒，并使液面逐渐升高从圆筒顶部向下观察底部的黑色双十字线，直至其消失，再略向下移动容器，使双十字线重新出现，并刚好能看清楚，记录此时液面在圆筒上的刻度，即为该样品的清洁度。

（二）清洁度的检测仪器

透明度计（玻璃长管）（图18-4）、水平振荡仪（150次/min，振幅40mm左右）（图18-5）、3000mL三角瓶、天平（精确至0.1g）、1000mL量筒或量杯。

（三）检验方法与步骤

1. 取样

（1）随机取一定量的羽绒填充物，再用天平称取羽毛、羽绒试样（10±0.1）g，放入3000mL的三角瓶中，加入1000mL的蒸馏水。

（2）将羽毛、羽绒试样摇动浸湿后，再用水平振荡仪振荡4500~5000次，将振荡后的样液滤入大烧杯内待用。注意，过滤时不可压榨过滤物。

2. 检验步骤

（1）将制备好的样液充分摇匀，然后倒入经清洁处理过的透明度仪内，把样液加至600mm刻度

图18-4 透明度计

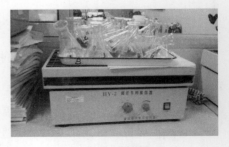

18-5 振荡器

处，静置1min，待筒内气泡消失。

（2）从筒口看筒底的白色板上双黑十字线，看不清楚时，则从下部缓缓放出样液，直至看清双黑十字线为止。

（3）从筒口能看清楚底部的双黑十字线时，停止放样液，看筒内壁弯月液面的底部在筒壁的刻度位置，刻度值即为清洁度。例如弯月液面的底部在310mm上，则表示羽绒清洁度为310mm。

### （四）计算结果

读取的筒壁的刻度值即为清洁度。

## 五、耗氧指数的检测

羽绒中的耗氧量与羽毛羽绒中的微生物存在一定的关系，反应的是好氧性微生物由呼吸所消耗的水中溶解氧的量。耗氧指数就是100g羽毛、羽绒试样消耗氧的质量（mg）。

### （一）耗氧指数的检测原理

将某特定试剂（0.02mol/L高锰酸钾溶液）滴入羽绒羽毛萃取液，观察这种试剂的被消耗量，即为耗氧量。

### （二）耗氧指数的检测仪器

微量滴定管、水平振荡仪、天平（精确至0.0001g）、三角烧瓶、移液管、烧杯。

### （三）试验用药剂的准备

1. 试剂

浓硫酸（$\rho$=1.84g/mL，分析纯）、高锰酸钾（分析纯）、草酸钠（基准试剂）、3mol/L硫酸、蒸馏水、已标定的0.02mol/L高锰酸钾溶液。

2. 试剂的制备

（1）3mol/L硫酸溶液制备：将100mL浓硫酸慢慢加入装有500mL水的1000mL烧杯中，冷却待用。注意，切记勿将水倒入硫酸中，以免造成人身伤害。

（2）0.02mol/L高锰酸钾溶液：首先，称取3.2～3.5g高锰酸钾溶于1050mL水，缓和煮沸20～30min，冷却后密封存于暗处7天。将溶液倾出，用砂滤器或玻璃棉过滤。滤液保存于棕色瓶中，置于暗处待标定。注意，备好的棕色瓶先用少量滤液润洗，弃去洗涤液。

其次，用天平称取两份经过105℃烘干2h并冷却的草酸钠，将其中一份（另一份备用）

0.1600～0.2000g放于250mL烧杯中，加100mL蒸馏水进行溶解，再加入15mL的3mol/L硫酸，并放入一支量程为100℃的温度计，置于水浴锅上加热至70～80℃时，趁热用待标定的高锰酸钾溶液滴定。开始时，每加入一滴高锰酸钾溶液要充分搅拌使其颜色褪去后，再加第二滴，当有一定量的$Mn^{2+}$产生后，即可逐渐加速滴入高锰酸钾溶液，并不断搅拌。当快要接近终点时，应放慢滴定速度，逐滴加入（待前滴产生的红色消失后再加第二滴），直到加入高锰酸钾溶液搅拌后呈粉红色，1min内不褪色为止。

（四）检验方法与步骤

（1）随机取一定量的羽绒填充物，再用天平称取（10±0.1）g羽毛、羽绒试样。

（2）将称取的试样放入装有1000mL的3000mL三角瓶中，将试样浸湿，再用水平振荡仪振荡4500～5000次，振荡结束后，用标准筛滤入大烧杯中待用，过滤时不可压榨过滤物。

（3）在三角瓶中加蒸馏水100mL和3mol/L硫酸2mL，使之呈酸性，用微量滴定管滴入已标定的高锰酸钾溶液一滴，使之呈粉红色，此为对照用的空白试验，记录高锰酸钾的体积。

（4）在另一个三角瓶中加样液100mL和3mol/L硫酸2mL，用微量滴定管滴入已标定的0.02mol/L高锰酸钾标准溶液并摇动，直至溶液在1min后呈对照样的粉红色，记录所消耗高锰酸钾溶液的体积。

（五）计算结果

$$试样的耗氧量（mg/100g）=(V_A-V_B)\times c\times 8\times 5\times 100$$

计算结果按GB/T 8170修约至小数点后一位。

式中：$V_A$——滴定100mL样液所消耗的高锰酸钾溶液的体积，mL；

$\qquad V_B$——空白对照试验消耗的高锰酸钾溶液的体积，mL；

$\qquad c$——配制已标定的高锰酸钾溶液的浓度，mol/L；

$\qquad 8$——氧摩尔质量的二分之一，g/mol；

$\qquad 5$——在强酸介质中高锰酸钾反应的电子转移数。

## 六、残脂率的检测

羽绒服装油脂等其他脂类的存在会招致一些霉菌寄生在这些羽毛羽绒中，这些霉菌可能会给人体健康带来伤害。水洗后单位质量的羽绒（羽毛）内含有的脂肪和吸附其他油脂的质量，称为残脂率。

（一）残脂率的检测原理

用乙醚通过索氏抽提器对一定质量的试样进行脂类的抽取，最后烘干至恒重并**称重，**计算质量之差。

（二）残脂率的检测仪器及试剂

恒温烘箱、恒温水浴锅、索氏油脂提取器（图18-6）、干燥器（图18-7）、天平、**无**氧化物的无水乙醚（分析纯）。

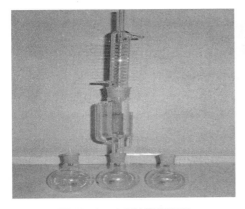

图 18-6  索氏油脂提取器

图 18-7  干燥器

（三）检验方法与步骤

1. 取样

将试样烘干到恒重，每批随机称取样品2份，每份样品的质量：羽毛为4～5g，羽绒为2～3g。在分析天平上准确称量后，用定性滤纸包好备用。纸包大小以能放入抽提器内为准，纸包的长度不能高于虹吸管口。

2. 检验步骤

（1）将2份经干燥后的试样用定性滤纸包好。

（2）将洗净烘干的索氏抽提器安装在恒温水浴锅上，连接冷却管，通入冷却水（**下进上出**），将水浴锅加热至约50℃，保持恒温状态。

（3）将2份用定性滤纸包好的试样和空滤纸分别放入3个已知接收烧瓶质量的索氏抽提器的浸抽器内。注意，滤纸包的高度不能超过虹吸管口，然后从浸抽器的上部倒入约120mL乙醚，使其浸没试样并越过虹吸管产生回流，接上冷凝器。

（4）将接收瓶放在温度控制在恒温状态的水浴锅上，使接收瓶中乙醚微沸，保证每小时乙醚回流5～6次，回流（抽提）4h。

（5）回流结束后，取下冷凝器，用夹子从浸抽器中取出试样，挤出溶剂，接上冷凝器或通过旋转蒸发，回收乙醚。

（6）取下还留存有少量乙醚液的接收瓶，放在通风橱内，使乙醚自然挥干。

（7）将留有抽提脂类的3个球形接收烧瓶放入烘箱中，在（105±2）℃条件下烘2~4h，烘至恒重，最后取出置于干燥器内，冷却至30min称量。

（四）计算结果

$$羽毛（绒）残脂率（\%）=\frac{m_N-m_P}{m_Q}\times100\%$$

最终结果取2个试样残脂率的平均值，计算结果修约至小数点后一位。

式中：$m_N$——带残脂的球瓶质量减去原空瓶质量，g；

$m_P$——抽提后对照球瓶质量减去原空瓶质量，g；

$m_Q$——羽毛（绒）试样质量，g。

# 七、水分率的检测

羽绒水分检测是对羽绒的含水率进行测试，它不仅影响到羽绒中填充料质量，而且还与羽绒的安全卫生指标密切相关，因此羽绒水分测试是羽绒理化测试中一项重要的检测指标。羽绒（羽毛）的自然水分称为羽绒（羽毛）的水分。

（一）水分率的检测原理

称取一定质量的试样进行烘干，对烘干后的试样称重，计算两者质量之差。

（二）水分率的检测仪器

带有天平的转篮恒温烘箱。

（三）检验方法与步骤

1. 取样

从未经混样缩样的样品中取2份试样，每份羽毛试样约100g（羽绒约50g）。在取装样品时，装样容器应密封好，保证样品不吸湿、不散湿。

2. 检验步骤

（1）校正恒温烘箱天平的"0"点。

（2）将2份试样迅速均匀地分放在2个吊篮内，移入恒温烘箱，挂在称量钩上，逐一称重，并做好篮号和羽毛、羽绒的质量记录，该质量为原试样的质量。注意，抽取的样品应在24h内完成原试样称重。

（3）启动电源，加热通风，调整烘箱的温度控制器，使烘箱温度控制在（105±2）℃，每隔30min称量一次，并记录质量，直至相邻两次质量相差不大于试样质量的0.1%时，即为恒重，该质量为干燥后试样质量。

（四）计算结果

$$羽毛（绒）水分率（\%）=\frac{m_L - m_M}{m_L} \times 100\%$$

式中：$m_L$——原试样质量，g；

$m_M$——干燥后试样质量，g。

最终结果取2个试样的平均值，计算结果按GB/T 8170修约至小数点后一位。

## 八、气味等级的测定

羽绒羽毛异味是影响消费者健康的一项重要的卫生指标。异味超标说明羽绒水洗工艺不够规范，会引起细菌繁殖，对人体健康不利。异味产生的原因有两个：

（1）生产加工环节：就生产企业而言，企业在生产、贮存、运输各个环节没有做到封闭式无菌化操作，水洗羽绒和未经水洗的羽绒没有分开存放；设备没有按规程经过严格的清洗和消毒；仓库潮湿、通风条件不好，水洗羽绒存放过程中与有强烈气味的物品混装等原因都会使水洗羽绒产生异味。

（2）穿着使用环节：消费者在穿着使用羽绒服装过程中，由于洗涤不当也会产生异味。水洗时如果使用碱性较强的洗涤剂，例如肥皂或普通洗衣粉，由于它们的pH在11左右，则羽绒纤维表面的脂肪保护膜会被破坏，这样的羽绒极容易滋生细菌产生异味。另外，羽绒服装贮藏条件不适当也是产生异味的因素之一，如果贮藏环境比较潮湿，不通风，则干燥状态的羽绒极容易吸进水分滋生细菌而产生异味。

羽毛绒样品经过一定处理后，用人的鼻子进行嗅辨，确定的气味强度等级，称为气味等级。

（一）气味等级的检测原理

将试样放入一密封容器内规定时间后，根据容器内的气味来判定试样的气味等级。

（二）气味等级的检测仪器

有盖无味容器。

（三）检验方法与步骤

1. 取样

从羽绒服均匀抽取（50±0.5）g羽毛羽绒放入容器内。

2. 检验步骤

（1）将抽取的试样在室温下密封24h，由3个嗅觉正常的检验员作嗅觉判断，嗅容器内的羽毛羽绒是否有异味。

（2）如果3个检验员中的2个人的判断结果相同，则以此作为判定结果。

（四）结果评定

气味的强度等级分为4级表示，如表18-2所示。

表18-2 气味等级参数

| 气味等级 | 程度 | 说明 |
|---|---|---|
| 0级 | 无异味 | 无任何异味 |
| 1级 | 极微弱 | 不易觉察 |
| 2级 | 弱 | 稍微觉察 |
| 3级 | 明显 | 极易觉察 |

注 1. 参加气味检验人员一天内不准吸烟、饮酒和吃带有刺激性的食物。
2. 嗅觉检验前，检验人员要用无气味的水洗手和漱口。

# 第二节 防钻绒性能检测

由于动物羽毛和羽绒拥有优异的保暖性能，所以被用来作为服装和被褥的填充物。但是作为羽毛结构部分的羽枝、羽茎很容易从织物表面钻出，给消费者的穿着、生活、工作等多方面带来了不便。羽绒服钻绒是常见的现象，也是消费者投诉的热点内容之一。

防钻绒性能是指织物阻止羽毛、羽绒从其表面钻出的性能，采用在规定条件作用下的钻绒根数表示。有关钻绒性能检测的新标准有两部分内容：GB/T 12705.1—2009《纺织品 织物防钻绒性试验方法 第1部分：摩擦法》和GB/T 12705.2—2009《纺织品 织物防钻绒性试验方法 第2部分：转箱法》。

## 一、摩擦法

### （一）摩擦法检测防钻绒性能的原理

将试样制成具有一定尺寸的试样袋，内装一定质量的羽毛、羽绒填充物，将试样安装在仪器的塑料袋中，经过挤压、揉搓和摩擦等作用，通过统计从试样袋内部钻出的羽毛、羽绒和绒丝❶根数来评价织物的防钻绒性能。

### （二）摩擦法检测防钻绒性能标准及适用范围

依据GB/T 12705.1—2009进行检验，本方法适用于制作羽绒制品用里料、面料的各种织物。

### （三）摩擦法检测防钻绒性能仪器

织物钻绒性能试验机（图18-8）、塑料袋[尺寸为（150±10）mm×（240±10）mm]、天平（精度为0.01g）、镊子。

图18-8　织物钻绒性能试验机

### （四）检验方法与步骤

1. 取样（羽绒填充料）

采用客户提供的织物或成衣的羽绒填充物；若客户未提供羽绒填充料，则采取表18-3规定的含绒量为70%的灰鸭绒作为填充料。

表18-3　羽绒填充料

| 品名 | 含绒量/% | 绒丝含量/% | 长毛片/% | 蓬松度/cm |
| --- | --- | --- | --- | --- |
| 灰鸭绒 | 70±2.0 | ≤10.0 | ≤0.5 | ≥15.5 |

2. 试样调湿和试验用环境

将羽绒在GB/T 6529规定的标准大气条件下进行调湿，试验环境为试验用标准大气。

3. 填写检验记录

填写织物、服装防钻绒性原始记录（表18-4）。

---

❶ 绒丝：从毛片根部脱落下来的单根绒丝。

### 表18-4 织物、服装防钻绒性试验原始记录（仅供参考）

| 样品编号 | | | 样品名称 | | |
|---|---|---|---|---|---|
| 检验依据 | □GB/T 12705.1—2009　□ GB/T 12705.2—2009　□GB/T 14272—2011 | | | | |
| 天气条件 | ℃　%RH | | 仪器编号 | | □074#　□076# |
| 羽绒填充料 | □客户提供，含绒量（　）%　□本实验室提供，填料（　）g | | | | |

| ——— | 洗涤前试样 | | | 洗涤后试样 | | | 结果评价 |
|---|---|---|---|---|---|---|---|
| | 试样1 | 试样2 | 试样3 | 试样1 | 试样2 | 试样3 | □具有良好的防钻绒性 <5根 |
| 正向转 1000次 / 试样袋上根数 | | | | | | | □具有防钻绒性 6～15根 |
| 正向转 1000次 / 箱内及球上根数 | | | | | | | □具有较差的防钻绒性 >15根 |
| 反向转 1000次 / 试样袋上根数 | | | | | | | |
| 反向转 1000次 / 箱内及球上根数 | | | | | | | |
| 合计（根） | | | | | | | |
| 平均值（根） | | | | | | | |
| 报出值（根） | | | | | | | |

| ——— | 洗涤前试样 | | 洗涤后试样 | | 结果评价 |
|---|---|---|---|---|---|
| | 试样1 | 试样2 | 试样1 | 试样2 | 试样1 | 试样2 | □具有良好的防钻绒性 <5根 |
| 转动 2700次 / 经向 / 塑料袋上根数 | | | | | | □具有防钻绒性 6～15根 |
| 转动 2700次 / 经向 / 试样袋上根数 | | | | | | □具有较差的防钻绒性 >15根 |
| 转动 2700次 / 经向 / 合计（根） | | | | | | |
| 转动 2700次 / 经向 / 平均值（根） | | | | | | |
| 转动 2700次 / 经向 / 报出值（根） | | | | | | |
| 转动 2700次 / 纬向 / 塑料袋上根数 | | | | | | |
| 转动 2700次 / 纬向 / 试样袋上根数 | | | | | | |
| 转动 2700次 / 纬向 / 合计（根） | | | | | | |
| 转动 2700次 / 纬向 / 平均值（根） | | | | | | |
| 转动 2700次 / 纬向 / 报出值（根） | | | | | | |

| 备注 | □客供成衣　　□客供织物<br>GB/T 14272-2011指标要求：□优等品≤5　□一等品≤15　□合格品≤50 |
|---|---|

4. 试样制备

（1）在距布端至少2m处裁取具有代表性的样品，保证所取样品无疵点且平整无皱。

（2）从每份样品上裁取尺寸为（42±1）cm×（14±0.5）cm的织物试样，经、纬向各2块。

（3）将试样布块正面朝里，沿经向对折成21cm×14cm的袋状，然后用11号家用缝纫机针，沿两侧边距10cm缝合，起针、落针应倒回针0.5～1.0cm，且要倒回在原线上。

（4）将试样正面翻出，距对折边20cm处缝一道线，两头仍倒回针0.5～1.0cm。

（5）按表18-5称取填充料装入袋中，将袋口用来去针在距边20cm处缝合，两头倒回针0.5～1cm，缝制后得到的试样袋的有效尺寸约为17cm×12cm。

表18-5　填充料参数

| 含绒量/% | 填充料质量/g |
| --- | --- |
| >70 | 30±0.1 |
| 30～70 | 35±0.1 |
| <30 | 40±0.1 |

（6）用黏封液将缝线黏封，目的是以防试验过程中羽毛、羽绒和绒丝从缝线处钻出，影响试验结果。

（7）将试样袋和羽绒填充物置于GB/T 6529规定的标准大气条件下进行调湿24h。

5. 检验步骤

有关协议规定需要检测和评价样品洗涤后的防钻绒性能，所以防钻绒性能检验步骤分为洗涤前和洗涤后两种方式的检验。

（1）不需洗涤的防钻绒性能检测步骤（洗涤前试样检测步骤）：

①将试验仪器和缝制时残留在待测试样袋外表面的羽毛、羽绒和绒丝等清除干净。

②将试样袋放入钻有4个固定孔的塑料袋中（图18-9），然后将塑料袋固定在两个夹具上，使试样袋沿长度方向折叠于两个夹具之间（图18-10）。注意，每次试验应使用新的塑料袋。

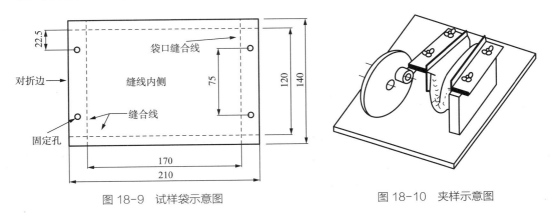

图18-9　试样袋示意图　　　　　　　　图18-10　夹样示意图

③设置计数器转数为2700次，为防止脱落的羽绒或羽毛飘入空中，用仪器罩封闭试验区域，按正向按钮，开始试验。

④当达到转数停止后，从塑料袋中取出试样袋，先统计塑料袋中的羽毛、羽绒及绒丝的根数，仔细检查并统计钻出试样袋的羽毛、羽绒及绒丝的根数，将以上两次统计的羽毛、羽绒及绒丝的根数相加，即为1只试样袋的试验结果。注意，羽毛、羽绒或绒丝等只要钻出织物表面就算1根，不考虑其钻出程度；每次计数时，用镊子将所计数的羽毛、羽绒及绒丝夹下，以免重复计数；羽绒填充料只允许在一次完整试验过程中使用。如两次计数的羽毛、羽绒及绒丝的根数大于50根，则停止计数。

（2）需洗涤的防钻绒性能检测步骤（洗涤后试样检测步骤）：

①将装有填充料的试样袋按表18-6进行洗涤。

表18-6　洗涤过程

| 程序编号 | 加热、洗涤和冲洗中的搅拌 | 总负荷（干质量） | 洗涤 | | | | 冲洗1 | | 冲洗2 | | | 冲洗3 | | | 冲洗4 | | |
|---|---|---|---|---|---|---|---|---|---|---|---|---|---|---|---|---|---|
| | | | 湿度/℃ | 水位/cm | 洗涤时间/min | 冷却 | 水位/cm | 冲洗时间/min | 水位/cm | 冲洗时间/min | 脱水时间/min | 水位/cm | 冲洗时间/min | 脱水时间/min | 水位/cm | 冲洗时间/min | 脱水时间/min |
| 13 | 正常 | 2±0.1 | 40±3 | 10 | 15 | 不要 | 13 | 3 | 13 | 3 | — | 13 | 2 | — | 13 | 2 | 5 |

②把试样放在烘箱内的筛网上摊平，用手抚去折皱，注意不要使其伸长或变形，烘箱温度为（60±5）℃，然后使之烘干，如果采用其他洗涤和干燥程序，需在试验报告中注明。

③、④、⑤同"（1）不需洗涤的防钻绒性能检测步骤1洗涤前试样检测步骤"中的"②、③、④"。

（五）计算结果

分别计算经、纬向试样袋钻绒根数的算术平均值，精确至整数。按照最终结果参考表18-7进行评级。

表18-7　评级标准

| 防钻绒性评价 | 钻绒根数/根 |
|---|---|
| 具有良好的防钻绒性 | <20 |
| 具有防钻绒性 | 20～50 |
| 具有较差的防钻绒性 | >50 |

（六）完成检验记录报告

按要求完成检验记录报告。

## 二、转箱法

（一）转箱法检测防钻绒性能的原理

将试样制成具有一定尺寸的试样袋，并装取一定质量的羽绒、羽毛作为填充料，将其放在装有硬质橡胶球的试验机回转箱内，利用回转箱的定速转动，将橡胶球带至一定高度，冲击箱内的试样，达到模拟羽绒制品在服用中所受的各种挤压、揉搓、碰撞等作用，通过计数从试样袋内部所钻出的羽绒、羽毛和绒丝的根数来评价织物的防钻绒性能。

（二）转箱法检测防钻绒性能标准及适用范围

依据GB/T 12705.2—2009进行检验，本方法适用于羽绒制品用里料、面料的各种织物。

（三）转箱法检测防钻绒性能仪器

YG819织物钻绒性能测试仪（织物钻绒性能测试仪主要部分结构为回转箱，内部尺寸：450mm×450mm×450mm；转速：45r/min）（图18-11）、橡胶球（图18-12）、天平（精度为0.01g）、镊子。

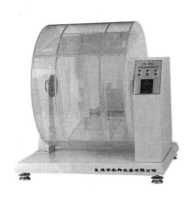

图18-11　YG819型织物钻绒性能测试仪

图18-12　橡胶球

（四）检验方法与步骤

1. 取样（羽绒填充料）

同摩擦法的取样方式。

2. 试样调湿和试验用环境

同"摩擦法"的试样调湿和试验用环境。

3. 填写检验记录

参考"摩擦法"检验记录报告。

4. 试样制备

（1）在距布端至少2m处裁取具有代表性的样品，保证所取样品无疵点且平整无皱。

（2）从每份样品上裁取3块尺寸为42cm（经向）×83cm（纬向）的织物试样。

（3）将试样布块正面朝里，沿经向对折成42cm×41cm的袋状，然后用11号家用缝纫机针，沿两侧边距边0.5cm缝合，起针、落针应回针0.5～1cm，且要在原线上。

（4）将试样正面翻出，距边0.5cm再缝一道线，两头仍倒回针0.5～1cm。

（5）将袋口卷进0.1cm，在袋中央加一道缝线，使试样分成2个小袋。

（6）用天平分别称取2份调湿后的羽绒（25±0.1）g，分别装在2个小袋中。

（7）将袋口用来去针在距边0.5cm处缝合，两头倒回针0.5～1cm，缝制后得到的试样袋的有效尺寸约为40cm×40cm。

（8）用黏封液将缝线黏封，目的是以防试验过程中羽毛、羽绒和绒丝从缝线处钻出，影响试验结果。

（9）将试样袋和羽绒填充物置于GB/T 6529规定的标准大气条件下进行调湿24h。

5. 检验步骤

有关协议规定需要检测和评价样品洗涤后的防钻绒性能，所以防钻绒性能检验步骤分为洗涤前和洗涤后两种方式的检验。

（1）不需洗涤的防钻绒性能检测步骤（洗涤前试样检测步骤）：

①将试验机回转箱清除干净，选10只干净的硬质橡胶球放入回转箱内。

②将待测的试样袋表面清除干净，将试样袋放入回转箱内（每次测试一只试样袋）。

③设置计数器转数为1000次，按正向启动按钮，开始试验。

④回转箱达到转数停止后，取出试样，仔细检查并统计钻出的羽毛、羽绒及飞丝等的根数，然后统计回转箱内及橡胶球上的落绒根数。注意，羽毛、羽绒或飞丝等只要钻出织物表面就算1根，不考虑其钻出程度；每次计数时，用镊子将所计数的羽毛、羽绒及飞丝等夹下，以免重复计数；羽绒填充料只允许在一次完整试验过程中使用。

⑤将试样袋重新放回回转箱内，使计数器复［0］，按反向按钮，反向转动1000次，待转动结束后，仔细检查并计数钻出的羽毛、羽绒及飞丝等的根数，然后统计回转箱内及橡胶球上的落绒根数。

⑥将2次统计的羽绒根数相加，即为1只试样袋的试验结果。

（2）需洗涤的防钻绒性能检测步骤（洗涤后试样检测步骤）：

同"摩擦法"中洗涤程序。

（五）计算结果

同"摩擦法"中的计算结果。

（六）完成检验报告记录

按要求完成检验报告记录。

# 第三节 羽绒、羽毛微生物（含菌量）的检测

羽绒标准中要求进行检测的四大微生物——嗜温性需氧菌❶、粪链球菌❷、亚硫酸还原梭状芽孢杆菌❸及沙门氏菌❹。四种微生物中，沙门氏菌是易致病细菌。在自然界中，微生物无处不在，达几万种之多，其中致病微生物仅是很小的一部分。亚硫酸还原的梭状芽孢杆菌，通常存在于人和动物的肠道及排泄物中，食品中也少量存在，甚至在罐头中也有。然而，微生物含量超标，会引发人体呼吸道、肠道疾病以及皮肤过敏、瘙痒等症状，危害人体身体健康。

羽绒羽毛经过正常的加工过程完全可将致病菌杀灭。标准规定的四种微生物均不耐高温，沙门氏菌在70℃的环境下2min即可灭活，亚硫酸还原的梭状芽孢杆菌在120℃高温条件下20min可完全灭活。然而一些厂家为追求利益，降低了灭菌成本，造成灭菌不完全。

## 一、羽毛、羽绒微生物的检测原理

取试样滤液，将滤液置于某特定的培养基上，然后进行计数平板内菌落数目。

## 二、羽毛、羽绒微生物的检测仪器

天平（精确至0.0001g）、振荡器、干热灭菌箱［（50±1）～（200±1）℃］（图18–13）、

---

❶ 嗜温性需氧菌：在（36±2）℃的温度下，在氧中发育的微生物。
❷ 粪链球菌：属于乳杆菌类的菌种，这种微生物为革兰氏阳性的球菌。其中，通过革兰氏染色法，把细菌分为两大类，革兰氏阳性菌和革兰氏阴性菌。大多数化脓性球菌都属于革兰氏氏阳性菌，它们能产生外毒素使人致病，而大多数肠道菌多属于革兰氏阴性菌，它们产生内毒素，靠内毒素使人致病。
❸ 亚硫酸还原梭状芽孢杆菌：属于梭状芽孢杆菌，这种微生物为革兰氏阳性，多指厌氧芽孢杆菌。
❹ 沙门氏菌：属于肠杆菌科的菌种，这种微生物为革兰氏阴性杆菌。

高压蒸汽灭菌仪（121±1）℃（图18-14）、普通冰箱、可调恒温箱［（30±1）℃、（37±1）℃］、吸管（1mL、10mL）、三角烧瓶（250mL、500mL）、玻璃珠（直径为3mm）、试管（18mm×180mm）、水浴锅［（46±1）℃、（43±1）℃］、显微镜、硝酸纤维素膜（孔径0.45μm）、赛氏滤器（1000mL或类似规格的滤器）、带塞广口玻璃瓶或塑料瓶（2000mL）、厌氧培养罐及其附件、酸度计或pH纸。

图 18-13  干热灭菌箱    图 18-14  高压蒸汽灭菌仪

### 三、羽毛、羽绒微生物的检测用培养基和试剂（最好用商品化复合培养基和试剂）

（一）0.1% 灭菌的蛋白胨生理盐水

（1）成分：蛋白胨1g、氯化钠8.5g、蒸馏水1000mL。

（2）制备：将上述成分溶于1000mL蒸馏水中，调制pH为7.0，然后在高压锅内经（121±1）℃消毒15min。

（二）标准平板计数琼脂

（1）成分：酵母浸膏2.5g、胰胨5g、葡萄糖1g、琼脂15g。

（2）制备：将上述成分溶于1000mL蒸馏水中，加温至完全溶解，分装玻璃瓶，然后在高压锅内经（121±1）℃消毒15min。

（三）Slanetz 和 Bartley 氏培养基

（1）成分：胰蛋白胨20g、酵母浸膏5g、葡萄糖2g、磷酸二氢钠二水化合物4g、叠氮钠0.4g、氯化四氮唑0.1g、琼脂10g。

（2）制备：将上述成分溶于1000mL蒸馏水中，加热至完全溶解后（应避免长时间加热），调制pH为7.2，倒入皮氏培养皿使其凝固。

（四）Mueller-Kauffmann 氏四硫磺酸钠肉汤

（1）成分：胰蛋白胨7g、大豆胨2.3g、氯化钠2.3g、碳酸钙25g、硫代硫酸钠40.7g、牛胆汁4.75g。

（2）制备：将上述成分溶于1000mL蒸馏水中，加热溶解，使用前冷却至45℃以下，加入碘溶液19mL和1%亮绿溶液9.5mL，充分混匀后倒入消毒的试管或锥形瓶中。

（五）碘溶液

（1）成分：碘20g、碘化钾25g、蒸馏水100mL。

（2）制备：先将碘化钠溶解在5mL蒸馏水中，然后加入碘，充分搅拌至碘完全溶解，定容至100mL。

（六）亮绿溶液

（1）成分：亮绿0.1g、蒸馏水100mL。

（2）制备：将亮绿加入蒸馏水中，加温并不断搅拌至完全溶解，将其放入棕色瓶中避光保存。

（七）亮绿琼脂培养基

（1）成分：胰蛋白胨10g、酵母浸膏3g、氯化钠5g、乳糖10g、蔗糖10g、酚红0.08g、亮绿0.0126g、琼脂12g。

（2）制备：将上述成分溶于1000mL蒸馏水中，加热至完全溶解，调pH为6.9，然后在（121±1）℃高压锅中消毒15min。

（八）亚硫酸铁多黏菌素 B 培养基

（1）成分：胰蛋白胨15g、酵母浸膏10g、柠檬酸铁铵0.5g、亚硫酸钠1g、琼脂16g。

（2）制备：将上述成分溶于1000mL蒸馏水中，溶解后4℃保存。使用时取100mL溶解的培养基，冷却至50℃后，加入0.2mL的0.001%多黏菌素B硫酸盐溶液和0.5mL的0.01%硫酸新霉素溶液，再用赛氏滤器过滤除菌。

（九）三糖铁琼脂

（1）成分：蛋白胨20g、牛肉膏5g、乳糖10g、蔗糖10g、葡萄糖1g、氯化钠5g、硫酸亚铁铵0.2g、琼脂12g、酚红0.025g。

（2）制备：将除琼脂和酚红外的各成分溶于1000mL蒸馏水，校正pH。加入琼脂并加热溶化，再加入0.2%酚红水溶液12.5mL，摇匀，在（121±1）℃高压锅中消毒15min。

（十）尿素琼脂

（1）成分：蛋白胨1g、氯化钠5g、葡萄糖1g、磷酸二氢钾2g、0.4%酚红溶液3mL、琼脂20g、20%尿素溶液100mL。

（2）制备：将除尿素和琼脂外的成分溶于1000mL蒸馏水，校正pH。加入琼脂并加热溶化，在（121±1）℃高压锅中消毒15min。冷却至50～55℃，加入经过过滤除菌的尿素溶液，使其最终浓度为2%，pH为7.2±0.1。

（十一）氨基酸脱羧酶试验培养基

（1）成分：蛋白胨5g、酵母浸膏3g、葡萄糖1g、1.6%溴甲酚紫-乙醇溶液1mL、L-氨基酸或DL-氨基酸0.5g/100mL或1g/100mL。

（2）制备：将氨基酸除外的成分溶于1000mL蒸馏水，加热溶解后，分装每瓶100mL，分别加入各种氨基酸（赖氨酸、精氨酸和鸟氨酸）。L-氨基酸按0.5%加入，DL-氨基酸按1%加入，校正溶液的pH至6.8。对照培养基不加氨基酸，分装灭菌小试管内，每管0.5mL，上面滴加一层液体石蜡，最后经115℃高压消毒10min。

## 四、检验方法与步骤

（一）取样

（1）实验室在使用前必须经过30min紫外灯灭菌。

（2）检验人员在取样时，必须双手消毒，并且佩戴一次性无菌手套。每取一个样品，更换一次无菌手套。

（3）用一次性手套从实验室样品中无菌取出2份各12g的试样，并分别称重，精确到0.1g。注意，由于取样时，羽绒会飘浮在空中。为避免空中悬浮的羽绒污染下一个样品，每个试样取完后，必须间隔10min左右，等待空气中的羽绒沉降后再取下一个样品。

（4）将2份试样分别放入装有玻璃珠的烧杯中，应避免试样损失，每个烧杯各加入0.1%蛋白胨生理盐水1200mL，然后将烧杯放入室温机械中搅动3h。注意，机械搅动是为了使菌体分布得更加均匀，有利于试验的进行；在这3h的过程中，要注意对温度和时间的控制。温度太高和时间太久都会造成菌体生长繁殖，从而导致检测出来的数值较大。实验证明，温度控制在20℃左右，时间为3h会使菌落处于延滞期，也是溶菌的最佳温度和时间。

（5）待搅拌结束后，将2份原始萃取液在无菌条件下经消毒纱布过滤后混合，制得样液（即原始滤液）。

（6）取200mL澄清的原始滤液，用作细菌菌落计数、粪便链球菌和亚硫酸还原梭状芽孢杆菌检验。

（7）另取2000mL澄清的原始滤液，用赛氏滤器或类似规格的滤器，经孔径0.45μm无菌过滤膜再过滤后，将膜取下放入沙门氏菌增菌液中，作沙门氏菌检验。

（二）填写检验记录

填写羽毛羽绒微生物检验原始记录（表18-8）。

（三）检验步骤

1. 嗜温性需氧菌计数

（1）用1mL无菌吸管吸取上述原始滤液，沿管壁徐徐注入含有9mL稀释液的试管内，摇动试管，使液体均匀混合。

（2）另取一支1mL无菌吸管吸取（1）中试管中的液体，沿管壁慢慢注入含有9mL稀释液的试管内，重复这种操作将液体进行10倍递增稀释，每递增稀释一次，就要更换一支吸管，稀释到9个梯度以上。

（3）进行10倍递增稀释的同时，要用吸取该稀释度的吸管移取1mL稀释液至灭菌平皿内，并且每个稀释度做2个平皿。

（4）稀释液移入平皿后，应及时将凉至（46±1）℃的菌落❶计数用培养基［可放置在（46±1）℃水浴锅内保温］注入平皿约15mL，小心转动平皿使试样与培养基充分混匀。

（5）待琼脂凝固后，将平皿倒置并放于（30±1）℃恒温箱内培养（72±3）h后取出，计数平板内菌落数目，则每克试样含菌总数＝菌落数×稀释倍数。

（6）做平板菌落计数时，可用肉眼观察，必要时借助于放大镜检查，以防遗漏。在计数处各平板菌落数后，求出同一稀释度两个平板菌落的平均数。

（7）选取菌落数在30～300的平板作为菌落计数标准。每一稀释度采用两个平板菌落的平均数，如果两个平板中有一个存在较大蔓延菌落生长时，则不采用此平板；应以无蔓延菌落生长的平板作为该稀释度的菌落数，如蔓延菌落不到平板的一半，而另一半菌落分布又很均匀，则可用半个平板的菌落乘以2来表示全平板的菌落数，即平板菌落＝半个平板的菌落×2。另外，平皿内如果有链状菌落生长时（菌落间无明显界限）：若仅有1条链，则可视为1个菌落；若有不同来源的几条链，则应将每条链作为1个菌落来计数。

---

❶ 菌落：由单个细菌（或其他微生物）细胞或一堆同种细胞在适宜固体培养基表面或内部生长繁殖到一定程度，形成肉眼可见的子细胞群落。

### 表18-8 羽毛羽绒微生物检验原始记录（仅供参考）

| 样品编号 | | 样品名称 | | | 分析日期 | | |
|---|---|---|---|---|---|---|---|
| 检验项目 | □嗜温性需氧菌 | | □粪链球菌 | □亚硫酸还原梭状芽孢杆菌 | | □沙门氏菌 | |
| 检验依据 | □GB/T 10288—2016 | | □GB/T 17685—2016 | □FZ/T 80001—2012 | | □FZ/T 81002—2012 | |

嗜温性需氧菌检验：　　　　　　　　　　　标准参数：< $10^6$ CFU/g

| 平行试验 | 平板编号 | 菌落计数 | | | | | | | |
|---|---|---|---|---|---|---|---|---|---|
| | | $10^{-2}$ | $10^{-3}$ | $10^{-4}$ | $10^{-5}$ | 10 | 10 | 10 | 10 |
| | 1 | | | | | | | | |
| | 2 | | | | | | | | |
| 空白对照 | | 备注 | | | | | | | |
| CFU/g | | | | | | | | | |

粪链球菌检验：　　　　　　　　　　　　　标准参数：< $10^2$ CFU/g

| 平行试验 | 平板编号 | 菌落计数 | | | | | | | |
|---|---|---|---|---|---|---|---|---|---|
| | | $10^{-2}$ | $10^{-3}$ | $10^{-4}$ | $10^{-5}$ | 10 | 10 | 10 | 10 |
| | 1 | | | | | | | | |
| | 2 | | | | | | | | |
| 空白对照 | | 备注 | | | | | | | |
| CFU/g | | | | | | | | | |

亚硫酸还原梭状芽孢杆菌检验：　　　　　　标准参数：< $10^2$ CFU/g

| 平行试验 | 平板编号 | 菌落计数 | | | | | | | |
|---|---|---|---|---|---|---|---|---|---|
| | | $10^{-2}$ | $10^{-3}$ | $10^{-4}$ | $10^{-5}$ | 10 | 10 | 10 | 10 |
| | 1 | | | | | | | | |
| | 2 | | | | | | | | |
| 空白对照 | | 备注 | | | | | | | |
| CFU/g | | | | | | | | | |

沙门氏菌检验：　　　　　　　　　　　　　标准参数：20g检样中不得检出沙门氏菌

| GB/T 10288—2016 | FZ/T 80001—2012 | | | | |
|---|---|---|---|---|---|
| 1. TTB肉汤 | 1. SC增菌液 | 2. | 胆硫乳琼脂 | | |
| 2. 亮绿琼脂培养基 | | | 亚硫酸铋琼脂 | | |
| 3. 三糖铁琼脂 | 3. 三糖铁琼脂 | | 4.尿素酶 | | |
| 4. 尿素酶 | 5. 赖氨酸脱羧反应培养基 | | 凝集 □ | 不凝集 □ | 生理盐水对照：阴性 □ |
| 5. 赖氨酸脱羧反应培养基 | 血清学试验 | | | | |
| 结论 | 结论 | | | | |
| 备注 | | | | | |
| 注：+：为阳性/凝集　　　　　　　　　　　　 －：为阴性/不凝集 | | | | | |

①稀释度的选择：用平均菌落数在30～300的稀释度乘以稀释倍数。如果2个稀释度的菌落数均在30～300，则可根据二者之比来确定菌落数。若比值小于或等于2，应取其平均数；若比值大于2，应取其较小数字（有的规定不考虑其比值大小，均以平均数报告）。

如果所有稀释度的平均菌落数均大于300，则取最高稀释度的平均菌落数乘以稀释倍数计算。如果所有稀释度的平均菌落数均小于30，则以最低稀释度的平均菌落数乘稀释倍数计算。如果菌落数有的大于300，有的又小于30，但均不在30～300，则应以最接近300或30的平均菌落数乘以稀释倍数计算。如所有稀释度均无菌落生长，则应按小于1乘以最低稀释倍数计算。

②菌落数的结果报告：菌落数在1～100时，按实有数字报告；如大于100时，则报告前面2位有效数字，第3位数按数字修约的规则计算。为了缩短数字后面的"0"数，也可用10的指数来表示，单位为cfu/g。

2. 粪链球菌计数

（1）取上述原始滤液1mL，涂布2个预先制备好的无菌Slanetz/Bartley培养基表面，将培养平皿倒置并放于（30±2）℃恒温箱内培养24～48h。

（2）计数黑点和暗棕色小菌落，且用显微镜检验革兰氏染色阳性球菌，抗血清鉴定属于D群。

（3）当菌落数较少时，用0.45μm膜过滤100mL检样，并将膜放在Slanetz/Bartley培养基上，避免出现气泡，然后将平皿置于（30±2）℃培养24～48h，计数暗棕色小菌落。

（4）按2个平皿菌落的总数乘以试样稀释倍数来计算结果，单位为cfu/g。

3. 亚硫酸还原梭状芽孢杆菌的计数

（1）取5mL上述原始滤液置于75℃水浴处理10min。

（2）取处理后的原始滤液1mL做10倍递增稀释，在做10倍递增稀释的同时，用吸取该稀释液的吸管移1mL稀释液至平皿内，并且每个稀释度做2个平皿。

（3）及时将凉至（46±1）℃的亚硫酸铁—多黏菌素B琼脂培养基［可放置在（46±1）℃水浴锅内保温］注入平皿约15mL，小心转动平皿使试样与培养基充分混匀，待凝固后，再用5mL相同的培养基覆盖表层。

（4）倒置培养皿，用厌氧罐或类似方法在37℃厌氧培养48℃。

（5）计数黑色和暗棕色菌落，且镜检观察芽孢体。

（6）镜检为革兰氏阳性梭状芽孢杆菌，过氧化氢酶试验阴性。

（7）按平皿菌落乘以试样稀释倍数来计算结果，单位为cfu/g。

4. 沙门氏菌检验

（1）取下过滤膜接种于100mL的TTB肉汤中，并在（43±2）℃水浴培养15～18h。

（2）接种一环增菌肉汤培养物于亮绿琼脂培养基上，放置在37℃条件下培养24h，以无色、半透明、红色环圈的菌落为可疑，用生化或血清学试验进一步验证。

（3）从分离平皿培养基上，挑取5个被认为可疑菌落，如1个平皿上典型或可疑菌落少于5h，可将全部典型或可疑菌落供进行鉴定。

（4）鉴定方法分为生化鉴定和血清学鉴定。

①生化鉴定：将从（三）中培养基上挑选的可疑菌落，接种在三糖铁培养基、尿素琼脂培养基、赖氨酸脱羧反应培养基上，进行生化反应观察并鉴定（也可用微生物鉴定仪器进行沙门氏菌生化鉴定）；依据这三种培养基变化情况来鉴定沙门氏菌。

在三糖铁培养基的琼脂斜面上划线和穿刺，将培养基在（36±1）℃条件下培养24h，培养基变化，如表18-9所示。

表18-9　培养基变化

| 培养基部位 | 培养基变化 | |
|---|---|---|
| 琼脂斜面 | 黄色<br>红色或不变色 | 乳糖和蔗糖阳性<br>乳糖和蔗糖阴性 |
| 琼脂深层 | 底端黄色<br>红色或不变色<br>穿刺黑色<br>气泡或裂缝 | 葡萄糖阳性<br>葡萄糖阴性<br>形成硫化氢<br>葡萄糖产气 |

注　1. 典型沙门氏菌培养基，斜面显红色，底端显黄色，有气味产生，有90%形成硫化氢，琼脂变黑。
　　2. 穿刺变黑主要是三糖铁斜面底部变黑即产生硫化氢（三糖铁中含有亚铁离子，如果产生硫化氢则与铁生成黑色的硫化亚铁）。

在尿素琼脂培养基的琼脂表面划线，将培养基在（36±1）℃条件下培养24h，期间要不断地检查。如果反应是阳性，那么尿素即刻释放氨，这使酚红的颜色变成玫瑰红色—桃红色，以后再变成深粉红色，反应常在2~24h之间出现。通常，沙门氏菌反应为阴性。

在赖氨酸脱羧反应培养基液体表面之下接种培养基，在（36±1）℃条件下培养18~24h，观察结果，如果培养基呈紫色，表明是阳性反应。约95%的沙门氏菌反应为阳性。

②血清学鉴定：将纯培养菌落用沙门氏菌多价O血清鉴定，同时用生理盐水做对照，用平板凝集法检查其抗原的存在。如果与沙门氏菌O血清发生凝集，则为阳性。

（5）生化和血清反应结果判定：凡多价O血清反应阳性，生化反应又符合者可确定为沙门氏菌，二者均不符合者否定为沙门氏菌。

## 五、检验报告

综合以上生化试验、血清鉴定结果，报告检验样品是否含有沙门氏菌。

思考题

1. 羽绒、羽毛服装的检测指标有哪些?

2. 名词解释:绒子、绒丝、羽丝、长毛片、陆禽毛、水禽毛片、损伤毛和杂质。

3. 名词解释:充绒量、含绒量、蓬松度、清洁度、耗氧指数、残脂率及水分率。

4. 分别阐述羽绒清洁度及残脂率的重要性。

5. 简述羽绒羽毛气味的评价依据。

6. 羽绒服钻绒是什么?其检测方法有哪些?

7. 羽绒标准中要求进行检测的微生物有哪些?并列出对人体健康带来哪些危害?

8. 羽毛、羽绒微生物(含菌量)的检测中,培养基是如何制备的?菌落计数是如何进行的?

# 其他

· · ·

# 辅料检验

**课题名称：**辅料检验

**课题内容：**拉链检验

　　　　　　纽扣检验

　　　　　　黏合衬检验

**课题时间：**6课时

**教学目的：**让学生了解服装的辅料种类，掌握相关检测原理及检测方法，
　　　　　　熟练操作相关检验检测的仪器。

**教学方式：**理论讲授和实践操作。

**教学要求：**1. 了解服装的辅料种类。

　　　　　　2. 掌握相关检验的原理及方法。

　　　　　　3. 熟练操作相关检验检测的仪器。

　　　　　　4. 能正确表达和评价相关的检验结果。

　　　　　　5. 能够分析影响测试结果的主要因素。

# 第十九章　辅料检验

## 第一节　拉链检验

拉链按结构分开尾、闭尾（一端或两端封闭）、隐形拉链。按材料分为金属拉链、塑料拉链、尼龙拉链。如3#、4#、5#是指拉链的号数，是以拉链闭合后的宽度来测量的。简单来说：数字越大，拉链越粗。通常夹克上的拉链都是5#、8#和10#的，这种算特种拉链，很粗犷，通常比较少用。4YG专指裤子上的拉链，指的是4#的YG头的拉链，这种拉链头是带锁的，尤其是用在牛仔裤和休闲裤上，比较牢固，一般都是金属牙的。品牌衣服会在衣服的拉链上定做拉片。

可参考标准有QB/T 2171—2014《金属拉链》、QB/T 2172—2014《注塑拉链》、QB/T 2173—2014《尼龙拉链》等。

### 一、检验原理

拉链需要测试的项目有尺寸、强力、颜色、洗涤收缩率、干洗收缩率、耐腐蚀性能、镍含量测试等。

#### （一）长度

拉链的长度涉及服装及服装闭合体或部位的尺寸，是最重要的尺寸。测量拉链长度的方法是：将拉链平放在平整的台板上，使其处于自然的状态，用钢直尺从拉头的顶端量起，量至下止口的外端，开尾拉链则量至插座的外端。拉链在制作的过程中，由于设备的惯性以及考虑链齿的完整性，拉链的长度允许有偏差，但要在一定的范围之内。

#### （二）规格和型号

拉链的规格是指两个链牙啮合后牙链的宽度尺寸和尺寸范围，计量单位是毫米，拉链的规格是各组件形状尺寸的依据，是最具有特征的重要尺寸。拉链型号是形状、结构及性能特征的重要反映，拉链型号不仅包含了拉链规格要求，还反映了拉链性能特征，即拉链技术参数及使用功能。

### （三）强力

拉链的强力是最主要的性能指标，决定了拉链的使用范围和耐用程度，在各国的拉链标准中，对强力有明确规定，也是检测拉链品质的依据。不同规格型号的拉链有不同的强力适合不同的用途，拉链的规格和型号必须符合使用的要求，一旦确认以后，其规格型号必须符合特定的要求。

## 二、检验项目

### （一）拉链强力

测量拉链强力的方法有很多种，但基本的强力要求可以通过以下几种方法测试，从这些测试的结果中可以判断不同用途的拉链品质。

（1）拉合轻滑度：在规定的条件下，拉合拉链所用的最大力。

（2）负荷拉次：拉链在规定横向及纵向张力下，拉头作往复运动所能承受的次数。

（3）平拉强力的测试：平拉强力是最基本的强力指标，用于测试拉链齿在互锁状态下，抵抗横向作用力的能力，这与实际使用的状态非常相似。

（4）自锁强力测试：拉头在链齿的中间被自锁，拉链链齿被分为左右两部分，拉伸左右两部分的拉链，可以测试锁定强力和拉头内部构件的抵抗力。

（5）上止强力的测试：拉链链齿互锁，并将拉头拉到上止端口，牵拉拉头，此时可以测量拉链上止的强力，这是模拟了拉链在握持状态下，拉头越过上止拉脱或把上止从带筋上移动时抵抗外力的能力。

（6）下止强力的测试：将拉头拉到下端止口，链齿被分为左右两部分，牵拉左右两侧的链齿可以测量下止被破坏所需要的力以及测量拉头内部构件的抵抗力。

（7）开尾平拉强力的测试：测试开尾拉链插管和插座抵抗外力破坏的情况，夹具上下分别固定开尾的左右边，拉链在闭合情况下，开始启动测试仪器。

（8）插座移位强力测试：将插座从牙链带上纵向拉脱损坏的极限力。

（9）拉头拉片结合强力的测试：以垂直于拉片的方向施以拉头作用力，直到拉片与拉体分离为止，此时记录的数值即为拉头拉片的结合强力。

（10）拉片拉头抗扭力的测试。

（二）拉链的平直度

拉链平直度的测试方法为：取成品拉链一条，平放在平整的台板上，使其处于自然状态，然后用手指沿链牙边沿两侧来回移动一次，用直尺逐渐向弯曲处靠拢，然后用另一直尺量取链牙脚与直尺之间的距离，此距离即为平直度。

（三）链齿及布带的颜色

拉链和拉链带的颜色必须符合确认样卡的确认样。如果要求配大身色，也要与面料再次核对，同时检查同条拉链有无色差以及同批拉链有无色差，一般色差结果应在3级以上。

（四）染色牢度

一般要求拉链在80℃的热水中浸泡15min后，与原样对比，一般染色牢度应大于4级。

（五）洗涤收缩率

拉链的洗涤收缩率不大于4%，干洗收缩率不大于3%。

（六）耐有机溶剂

将拉链浸于温度为（20±2）℃的四氯乙烯溶液中2h，让其自然干燥，拉链的开启和闭合保持原有的功能。

（七）金属镀层的耐腐蚀性能

在3%的氯化钠溶液中，经过180min（3h）后取出自然干燥，目测有无锈斑。

（八）镍含量测试

被测试镍放入人造汗水测试液中一周，使用原子吸收光谱、电感耦合等离子光谱或者其他合适的分析方法测试溶液中溶解的镍的浓度。

## 三、检验仪器

YG027H–250拉链综合强力机（图19–1）、FYL–03拉头抗张强力测试仪（图19–2）、FYL–02拉链负荷拉次测试仪（图19–3）、FYL–04拉链抗扭力测试仪（图19–4）、FYL–01拉链拉合轻滑度测试仪（图19–5）。

图 19-1　YG027H-250 型拉链综合强力机

图 19-2　FYL-03 型拉头抗
张强力测试仪

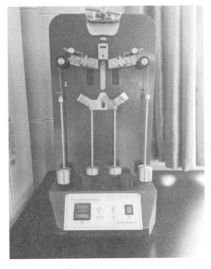

图 19-3　FYL-02 型拉链负荷拉次测试仪

图 19-4　FYL-04 型拉链抗扭力测试仪

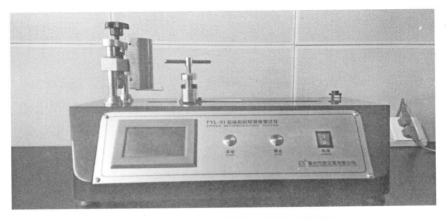

图 19-5　FYL-05 型拉链拉合轻滑度测试仪

### 四、功能、外观要求

#### （一）拉链的功能要求

（1）拉链在拉合和拉开时，不得有卡上止、下止或插口现象，拉头回骨行应平稳、灵活、没有跳动的感觉，拉瓣翻动灵活。

（2）插管在插座中插入或拔出灵便，无阻碍的感觉。

（3）拉头的帽罩与拉头体的组合牢固，达到项目测试规定值。

（4）自锁拉头自锁装置灵活，自锁性能可靠。

#### （二）拉链的外观要求

（1）压塑拉链的链牙应光亮、饱满、无溢料、无小牙、伤牙。尼龙拉链的链牙应手感光滑，不得有毛刺，打头上不得有孔。金属拉链的链牙应排列整齐、不至斜，牙脚不得断裂，牙坑边缘不得豁裂，表面光滑。

（2）拉链色泽鲜艳、无色斑、无色花、无污垢、手感柔和、外观挺括、无皱褶或扭曲、啮合良好。

（3）压塑拉链和金属拉链的纱带不得断带筋。尼龙拉链的缝线不得偏向，要缝在中心线上，不能有跳针、反缝的现象。各类拉链的上止、下止不得装歪斜。

（4）贴胶整齐。贴胶在−35℃时无发脆现象；贴胶处反复10次折转180°，无折断现象。

（5）电镀拉头、应镀层光亮、不起皮、无严重的划痕，涂漆、喷塑拉头表面色泽鲜艳、涂层均匀牢固，无气泡、死角等缺陷。

（6）拉头底面应当有清晰的商标。

# 第二节　纽扣检验

纽扣属于服装辅料中的扣紧材料，具有封闭扣紧功能，按照结构分为有眼纽扣、有脚扣、按扣、编结纽扣等；按材料分为合成材料纽扣、天然材料纽扣、组合纽扣等。

可参考标准有GB/T 22704—2008《提高机械安全性的儿童服装设计和生产实施规范》。

### 一、外观要求

（1）对照样品或确认小样，看颜色和型号是否与样品相符。

（2）纽扣的表面不得有缺口、裂纹、凹凸不平以及明显的划痕。

（3）面背无车裂和气泡，无烂边和厚薄不均现象。

（4）花纹应没有明显变形、无白眼和白圈等现象。

（5）扣眼应当光洁通畅；针眼没有穿及破裂，要对称并且无大眼。如果为暗眼扣，暗眼槽应光滑、无明显爆裂。

（6）电镀或者其他工艺处理后，效果要均一，如果因一些特殊效果而无法一致，可以分开包装。同批次纽扣色差应不低于GB/T 250—2008四级标准，与来样相比，应不低于GB/T 250—2008三级标准。（GB/T 250—2008《纺织品　色牢度试验　评定变色用灰色样卡》）

（7）包装检验，在包装时应放入合格证或其他标签。包装的数量每袋实际数量应与规定相符，发现由于厚薄不一或其他原因超过允差时则要全数检验。

（8）急纽/车篷纽/五爪纽扣在发货前要试打以测试纽扣性能及可用性。

## 二、性能检测

纽扣需要测试的项目包括抗磨性测试、纽扣强度测试、耐洗液腐蚀性、耐干洗溶剂腐蚀性、耐蒸汽熨烫性、耐烫性能、耐热压头压烫性能、镍含量测试等。

（一）取样

每个测试的分批取样应按如下方法进行（除强度测试外）。

1000颗以内纽扣：随机取5颗样本。

1001～10000颗纽扣：1000～2000颗之内随机取5颗样本，每增加1000颗随机增加1颗。

10001～100000颗纽扣：10001～100000颗之内随机取15颗样本，每增加10000颗随机增加1颗。

100001颗纽扣及以上：100001～1000000颗之内随机取25颗样本，每增加100000颗随机增加1颗。

在重复试验中，每个测试样品应尽可能地取自同一批产品。强度测定除样品个数最少需要10颗纽扣之外，也需要采用上述步骤。

（二）抗磨性测定

1. 原理

将纽扣与一定量的浮石粉末混合置于圆筒中，在限定时间内每分钟转动数圈，然后检测纽扣的外部变化。

2. 仪器设备

PVC圆筒：内径105mm，长70mm，带盖。筒上水平方向装有60r/min的分马力电动机。

浮石粉末：干燥，商品级，平均直径小于425μm。

天平：测量精度到0.1g。

细筛：孔径约为6.7mm。

软刷或拂尘。

3. 步骤

称量出50g纽扣，连同下述样品一同放入筒中：

（1）直径为11~25mm的纽扣，5个。

（2）直径为26~38mm的纽扣，3个。

盖上筒盖，以60r/min的转速旋转30min。取下筒盖，将筒中浮石和纽扣倒在细筛上，筛出纽扣，用软刷刷去纽扣上的粉末。重复同样的试验步骤，检验所有纽扣样品。仔细比较样品和没有经过测试的纽扣有何区别。如果纽扣外表在北空昼光下看不出任何改变，则视为通过测试。

注意，在北半球，纽扣表面照明采用北空昼光（南半球南空昼光）或照度在600lx或以上的相似光源。光线从纽扣上方约45°方向照下，沿着纽扣垂直方向向水平方向目测。每批纽扣样品更换一次浮石粉末。

（三）强度测试

本试验检测所有类型纽扣（直径为10mm或以上）在服装制造或日常使用过程中对强拉或撞击的承载能力。

1. 原理

在纽扣上逐渐增加张力负荷，直至纽扣表面出现裂痕；从一定高度释放一定质量的摆锤测试纽扣的强度。

2. 仪器设备

纽扣拉力测试仪（图19-6）

3. 步骤

每次测试随机选择10个纽扣作为测试样本，将纽扣固定在冲击测试仪上，从一定高度释放一定质量的重锤撞击纽扣，测试冲击强度。将纽扣置于夹具的半圆形槽内，夹具面朝重锤。四孔纽扣露出两孔，两孔纽扣露出一孔。合上夹具，安装冲击仪的所有部件。松开把手，释放重锤撞击纽扣。记录是否出现折痕、破损或变形等情况。

图19-6　纽扣拉力测试仪

（四）张力

1. 原理

将焊条穿过被测纽扣的扣孔（四孔纽扣穿过呈对角线的两个扣孔，带柄纽扣穿过扣柄）。将纽扣和焊条安装在张力计上，逐渐增加对纽扣的压力负荷，直到纽扣或扣柄断裂，记录压力数据。剩余纽扣样品采用同样测试方法，计算出压力平均值，记录最大值、最小值。

注意，通常最大和最小值不超出均值的25%。例如，均值为100N，误差不应超过最小值75N和最大值125N。

2. 步骤

将待测纽扣固定在尺寸合适的夹钳上，面朝摆锤。四孔纽扣露出两孔，两孔纽扣露出一孔。将纽扣固定好后合上夹钳，用随附的螺丝刀将所有部件在碰撞仪台面上安装好。松开把手，释放摆锤，撞击纽扣。记录下纽扣是否出现折断、破裂或变形。重复测试，直到纽扣样品全部测试完成。

（五）耐洗衣液腐蚀性

本测试检测各类纽扣在40℃、50℃、60℃或95℃水中对洗衣液的抗腐蚀性。这些温度涵盖了洗衣过程中所有洗涤方式所涉及的温度。

1. 原理

将纽扣和标准的多纤维贴衬织物连同洗衣粉或洗衣液放于洗衣机内，在一定温度下搅动一定时间，漂洗并甩干。利用灰卡比较纽扣的颜色和织物的褪色情况。

2. 仪器设备、试剂与组合试样

（1）仪器设备：

①自动滚筒洗衣机。

②烧杯或相似容器，容量750mL，可装沸水并且可以盛下全部被测物。

③温度计，量程0~100℃。

④装抗腐蚀钢球的口袋。未染色的方形棉质斜纹布，约100mm×100mm，将四边缝在一起，内装10个直径为6mm的抗腐蚀钢球。

⑤灰卡。

⑥多纤维贴衬织物，宽100mm。

（2）试剂：

①皂液：每升去离子水中含5g皂质（参照英标BS1006第C03条款）和2g纯碱。

②洗衣液：每升去离子水中含4g洗涤剂（参照英标BS1006第C06条款）和1g纯碱。

（3）组合试样：在第一块纺织物的中心位置等距地缝上需测试的纽扣（不多于5个），

第二块纺织物覆盖其上，布匹四周和纽扣之间用线缝牢。按同样的方法准备好余下的待测纽扣。注意，大型的纽扣有可能需要多准备一些组合试样，每一个组合试样均需单独测试。

3. 检验步骤

（1）将足够清洗洗衣机半缸衣物的皂液或洗衣液放入烧杯中加热至40℃、50℃、60℃、95℃或其他要求的温度。

（2）将组合试样和两袋钢球放在一起。加热烧杯中的液体，使其在2min之内达到测试温度±2℃，倒入洗衣机中。当温度降到测试温度后，关上洗衣机盖，以（35±2）r/min的速度运转30min。

（3）从溶液中拣出组合试样，过水清洗后悬挂晾干。清洗和晾干都应在室温下进行（约20℃）。将两块织物分开，分别检测。允许用干布擦拭纽扣表面上可能残留的沉积物。

（4）用灰卡对比纽扣的颜色变化和织物的褪色情况。检查纽扣的破损情况，如变软、膨胀、起泡、破裂、折损或掉色。在用灰卡检测颜色变化时，纽扣的色牢度应不小于4，织物的色斑应不小于5，没有变形或其他瑕疵。

（六）耐干洗溶剂腐蚀性

本试验检测所有类型纽扣对干洗剂的抗腐蚀能力。

1. 原理

将纽扣和多纤维贴衬织物连同干洗剂在一定温度下放置在一起，过段时间后将其取出并晾干。利用灰卡比较纽扣的颜色变化和织物的褪色情况。

2. 仪器设备、干洗剂与组合试样

（1）仪器设备：同"（五）耐洗衣液腐蚀性"中的仪器设备。

（2）干洗剂：用于工业服装的纽扣采用BS580中1类规定的三氯乙烯，用于装饰的纽扣采用BS1593中规定的甲氯乙烯。

（3）组合试样：在第一块纺织物的中心位置等距地缝上需测试的纽扣（不多于5个），第二块纺织物覆盖其上，布匹四周和纽扣之间用线缝牢。按同样的方法准备好余下的待测纽扣。

3. 检验步骤

将组合试样和两袋钢球倒入洗衣机滚筒中。将足够清洗半缸衣物的干洗剂倒入烧杯中加热至35~36℃，倒入洗衣机中，迅速检测温度，保证温度在32~34℃。关上洗衣机盖，以35±2r/min的速度运转30min。取出组合试样，于室温下（约20℃）晾干。将两块织物拆开，分别检测。允许用干布擦拭纽扣表面上可能残留的沉积物。用灰卡对比纽扣的颜色变化和织物的褪色情况。检查纽扣的破损情况，如变软、膨胀、起泡、破裂、折损或掉色。

# 第三节　黏合衬检验

　　黏合衬即热熔黏合衬，主要是将热熔胶涂于底布上制成的衬。黏合衬按基布种类分为机织衬、针织衬、非织造衬；按热熔胶类别分为聚酰胺（PA）衬、聚乙烯（PE）衬、聚酯（PET）衬、聚乙烯–醋酸乙烯（PEVA）衬、改性聚乙烯–醋酸乙烯（PEVAL）衬；按热熔胶涂层方式分为撒粉衬、粉点衬、浆点黏合衬、双点黏合衬；按黏合衬用途分为衬衫用衬、外衣用衬、丝绸用衬、裘皮用衬。

　　可参考标准有FZ/T 80007.1—2006《使用粘合衬服装剥离强力测试方法》、FZ/T 60011—2016《复合织物剥离强力试验方法》、FZ/T 01085—2009《热熔粘合衬剥离强力试验方法》、FZ/T 01010—2010《涂层织物　涂层剥离强力的测定》等。

## 一、黏合衬质量要求

　　（1）黏合要牢固，达到一定的剥离强度，洗后不脱胶，不起泡。

　　（2）缩水率和热缩率要小，衬和面料的缩水率和热缩率应一致；压烫后不损伤面料，并保持面料的手感和风格。

　　（3）透气性良好；具有抗老化性；有良好的可缝性与剪切性。

　　（4）可与面料牢固黏合，黏合后手感柔软且富有挺括性、回弹性，黏合后面料表面折皱回复快。

　　（5）黏合温度较低，缩水性与面料协调。

　　（6）黏合剂涂布量、固着量应均匀，黏合剂无渗漏、耐死化，且长期贮存黏合性能不变。

　　（7）裁剪时衬布之间不相互粘连、不粘裁剪刀、缝纫针、缝纫机，送料时滑爽。

## 二、检验项目

　　黏合衬需要做的测试有剥离强度、耐水洗、耐干洗、剥离强度等项目，黏合衬一般是指在基布上均匀涂布热熔胶而成的服装辅料，它可在热压条件下与服装面料相黏合。黏合衬与面料的黏合应具有一定的牢度，否则将会严重影响制作服装的质量。因此，黏合牢度对黏合衬本身以及对服装的加工都是极为重要的。

　　为了解黏合衬与面料黏合的牢固程度，通常是将黏合在一起的试样进行对拉剥离，用剥离过程中所需力的大小来进行判定。以下重点介绍剥离强度的测试方法。

## 三、检验原理和方法

### （一）原理

将试样沿夹持线夹于拉力试验机两钳口之间，随着拉力机两夹钳的逐步拉开，试样纬向或经向处的各粘接点开始相继受力，并沿剥离线渐次地传递受力而离裂，直至试样被剥离。

### （二）检验设备和取样

**1. 检验设备**

采用等速伸长型拉力试验机或等速牵引型拉力试验机或BQ-TF-3剥离强度仪（图19-7）。

拉力试验机的两个夹钳的中心点应在同一铅垂线上，夹钳的钳口线应与铅垂线垂直，其夹持线与试样应在一个平面上，夹钳应能夹住试样，使其无法滑动，且试样不能受到明显的损伤。夹钳的夹持宽度不得小于30mm，夹持面应平整光滑。

图 19-7　剥离强度仪

**2. 取样**

成品试样至少为1件。以面料经、纬向决定试样经、纬向，不受衬布限制，在服装覆黏合衬部位任意取样，使用不同黏合衬的部位，经、纬向各取三块，尺寸均为150mm×25mm，领子、袖口部位可根据合作双方的规定进行取样。

**3. 试样准备**

试样按GB/T 6529规定进行调湿处理。如果是进行数据对比试验，可在同等环境中放置4h，在试样一端以手工分离二层织物，各剥离点应在同一直线上。

### （三）操作程序

（1）将拉力试验机的上、下夹钳之间的距离调节为50mm，牵引速度调节为（100±5）mm/min。

（2）预备试验：通过少量的预备试验来选择适宜的强力范围。对于已有经验数据的产品，则可以免去预测程序。

（3）正式试验：

试验机检验过程：将准备好的试样的面料端与黏合衬端分别夹入拉力机的上、下夹钳，并使剥离线位于两夹钳1/2处，且试样的纵向轴与关闭的夹持表面呈直角。开启拉力机，记录拉伸10mm长度内的各个峰值。如果试样从夹钳中滑出，或试样在剥离口延长线上呈不规则断裂等原因，而导致试验结果有显著变化时，则应剔除此次试验数据，并在原样上重新裁取试样，进行试验。试验中若发生黏合衬经纱或纬纱断裂现象，则记作"黏合衬撕破"。若撕破现象发生在一个试样时，则应剔除该试样结果。若两个及以上试样发生撕破现象，则试样的剥离强力应记作"黏合衬撕破"。

剥离强度仪检验过程：用刷子清理留在强度仪上的纱线纤维；设定剥离试验参数结束后，用针板将试样的两端分别固定在拉伸针板两端，安装试样应平整、顺直；开启强度仪，进行试验；试验结束后，取下试样，开启打印机，打印出测试结果。

注意，如果试样在剥离延长线上呈不规则断裂等现象，引起试验结果有显著变化，则去除此次试验数据，并在原样上重新取样试验。如果只有一个试样发生黏合衬撕破，则去除该试验结果；如果有2～3个试样发生撕破现象，则该方向的剥离强度结果记作"黏合衬撕破"。

（四）结果计算和表示

测定100mm剥离长度内的平均剥离强力，或至少取5个最大峰值和5个最小峰值，计算其平均值。经、纬向试样分别计算，得出经向剥离强力和纬向剥离强力（N），计算结果按GB/T 8170修约至小数点后一位，平均剥离强力按下式计算。

$$\bar{F} = \frac{\sum F_n}{n}$$

$$\bar{F} = \frac{\sum F_{10}}{10}$$

式中：$\bar{F}$——平均剥离强力，N；

$\sum F_n$——100mm剥离长度内的剥离强力峰值的总和，N；

$n$——100mm剥离长度内出现峰值的次数；

$\sum F_{10}$——五个最大峰值和五个最小峰值的总和。

## 四、黏合衬剥离强度影响因素

（1）热熔胶的种类。

（2）压烫工艺。

（3）衬布本身原料的不同。

（4）压烫温度、压力增加，剥离强度增加，到一定程度，剥离强度便不再增加。

（5）涂层量增加，剥离强度也随之增加。

---

思考题

1. 简述拉链检验的指标。
2. 名词解释：拉合轻滑度及负荷拉次。
3. 纽扣有哪些检验要求？
4. 简述黏合衬的种类及质量要求。

---

# 服饰配件检验

**课题名称：** 服饰配件检验

**课题内容：** 袜子检验

标示牌（吊牌）检验

商标缝制检验

针织帽检验

文胸检验

泳装检验

**课题时间：** 12课时

**教学目的：** 让学生了解服装的配件种类，掌握相关检测原理及检测方法，熟练操作相关检验检测的仪器。

**教学方式：** 理论讲授和实践操作。

**教学要求：** 1. 了解服装的配件种类。

2. 掌握相关检验的原理及方法。

3. 熟练操作相关检验检测的仪器。

4. 能正确表达和评价相关的检验结果。

5. 能够分析影响测试结果的主要因素。

# 第二十章　服饰配件检验

## 第一节　袜子检验

袜子是服饰的一个重要分支，起着保护脚和美化脚的作用。其种类及功能随着科技进步和人们生活需求的日益变化而不断更新。袜子的结构主要由面纱、底纱和橡筋构成的。

可参考标准有FZ/T 73001—2016《袜子》等。

### 一、外观质量要求

（一）袜子各部位名称规定（图20-1）

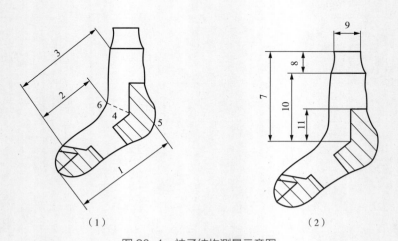

（1）　　　　　　　　　　　（2）

图20-1　袜子结构测量示意图

1—袜底　2—脚面　3—袜面　4—提针起点　5—踵点（袜眼圆弧对折线与圆弧的交点）
6—提针延长线与袜面的交点　7—总长　8—口高　9—口宽　10—筒长　11—跟高
注　图中剖面线为着力点部位。

（二）棉、氨纶包芯纱交织袜规格尺寸及公差、表面疵点（表20-1、表20-2）

### 表20-1　交织袜规格尺寸及公差

单位：cm

| 袜号 | 底长 | 底长公差 | 总长公差 | 口高公差 | 口宽公差 |
|------|------|----------|----------|----------|----------|
| 12～14 | 9 | ±1.2 | -1.5 | -0.5 | ±0.5 |
| 14～16 | 11 | | | | |
| 16～18 | 13 | | | | |
| 18～20 | 15 | | | | |
| 20～22 | 17 | | | | |
| 22～24 | 19 | ±1.5 | -2 | | ±0.8 |
| 24～26 | 21 | | | | |
| 26～28 | 23 | | | | |
| 28～30 | 25 | | | | |

### 表20-2　表面疵点级别参照

| 疵点名称 | 一等品 | 合格品 |
|----------|--------|--------|
| 粗丝线 | 轻微的：脚面部位限1cm，其他部位累计限0.5转 | 明显的：脚面部位累计限0.5转，其他部位0.5转以内限3处 |
| 细纱 | 袜口部位不限，着力点处不允许，其他部位限0.5转 | 轻微的：着力点处不允许其他部位不限 |
| 断纱 | 不允许 | |
| 稀路针 | 轻微的：脚面部位限3条 明显的：袜口部位允许 | 明显的：袜面部位限3条 |
| 抽丝、松紧纹 | 轻微的抽丝脚面部位1cm 1处，其他部位1.5cm 2处。轻微的抽紧和松紧纹允许 | 轻微的抽丝2.5cm 2处明显的抽紧和松紧纹允许 |
| 花针 | 锦纶丝袜脚面都位不允许，其他部位分散3个 | 脚面部位分散3个，其他部位允许 |
| 花型变形 | 不影响美观者 | 稍影响美观者一双相似 |
| 乱花纹 | 脚面部位限3处，其他部位轻微允许 | 允许 |
| 表纱扎碎 | 轻微的：袜面部位0.3cm 1处。着力点处不允许 | 着力点处不允许，其他部位0.5cm 2处 |
| 里纱翻丝 | 轻微的：袜面部位不允许，袜头、袜跟0.3cm 1处 | 袜头、袜跟部位0.3cm 2处，袜面部位0.3cm 2处 |
| 宽紧口松紧 | 轻微的允许 | 明显的允许 |

续表

| 疵点名称 | 一等品 | 合格品 |
|---|---|---|
| 挂口疵点 | 罗口套歪不明显 | 罗口套歪较明显 |
| 缝头歪角 | 歪角允许粗针2针、中针3针、细针4针，轻微松紧允许 | 歪角允许粗针4针、中针5针、细针6针，明显松紧允许 |
| 缝头漏针、破洞、半丝、编织破洞 | 不允许 | |
| 横道（缝头）不齐 | 允许0.5cm | 允许1cm |
| 罗口不平服 | 轻微允许 | 允许 |
| 色花、油污渍、沾色 | 轻微的不影响美观允许 | 较明显的允许 |
| 色差 | 同一双允许4～5级，同一只袜头、袜跟与袜身允许3～4级 | 同一双允许4级。同一袜头、袜跟与袜身允许3级，异色袜头、袜跟除外 |
| 长短不一 | 限0.5cm | 允许1cm |
| 修痕 | 脚面部位不允许，其他部位修痕0.5cm内限1处 | 轻微修痕允许 |
| 修疤 | 不允许 | |

（三）缝制要求

（1）脚尖及脚跟针线密度或针线数量按技术文件规定要求，应满足袜子使用需要。

（2）薄棉袜（以18tex及以上单纱为主编织而成的袜子）及新型纤维袜子（天然、再生、合成），袜头及袜跟部位应加固处理，加固方法按供需双方决定。

## 二、检验步骤

（1）在开始检验时，首先与封样进行核对，核对花型、颜色、橡筋、高后跟、里罗口、吊花线、缝头线是否一致，同时对照工艺单抽查袜子的下机工艺。

（2）在检验过程中，掌握各个订单的质量标准，检查同一底色的袜子面纱和里纱颜色是否一致，扎口虚环、罗口橡筋松紧、翻纱、毛针、头跟稀密纹路、缝头漏针、歪角、色花、色差等疵点。检验半成品内在质量，如罗口高、罗口宽、罗口横拉、袜身横拉、直拉、袜角横拉、直拉、半成品重量等是否达到了工艺要求。抽检袜子时，在核对封样后按30%的比例抽检，验绣花时应该对样袜、图案大小、绣花线的颜色、位置是否正确、无破洞、无断针、绣花背面无衬纸残留、线头要修剪干净。对外加工户缝头的袜子，要检验缝头是否正确，用线是否配色，底线、面线是否一致，缝头线不能超过1.5cm，走线是否平整。

### 三、检验仪器

YG（B）831L数字式袜子拉伸仪
（图20-2）等。

### 四、检验取样

（1）尺寸的选择：袜子的尺码规
格是以袜底部（指袜跟至袜尖的部位）
的尺寸为标准。一般尺寸在商标上标
出。根据脚的长度选用相等或稍大尺

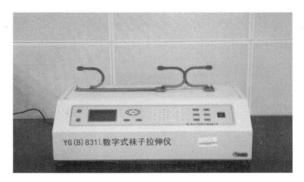

图 20-2　袜子拉伸仪

寸为好，不宜选小。选用的袜子袜跟要大，成袋形，尽可能接近人的脚型。袜后跟太小，
会引起穿着后出现袜筒下垂，袜跟滑到袜底的现象。

（2）袜口密度弹性的检查：袜口密度要大，横拉近倍宽，复原性好。它的弹性小，横
拉不易复位，也是引起袜子穿着下滑的原因之一。

（3）检查缝头接口是否脱针：一般袜子缝头是另一道工序，缝制脱针，穿着就会张
口。选择时，从缝头处细看，缝针是否平滑脱针，检查是否破洞、断丝。因袜子是针织
品，有一定的延伸性和弹性，一般断丝、小破洞不易发现。

# 第二节　标示牌（吊牌）检验

标示牌是一种信息传达媒介，具有广告、警示的功能。服装吊牌的设计、印刷、制作
必须十分讲究，有时把吊牌当作平面广告来对待，吊牌的设计都是精美的，要细致考虑如
下要素：必要的成分说明和洗涤指导，特别是洗涤指导，不要过于简单；对于功能性服装
如羽绒服、塑体内衣、保暖服等要有细致的使用说明。

要标注制造者的名称和地址、产品名称、号型、纤维成分和含量、洗涤方法、产品执
行标准编号、产品质量等级、产品质量合格证八个项目。

可参考标准有GB 5296.4—2012《消费品使用说明　第4部分：纺织品和服装》等。

### 一、检验条件

正常日光灯下，目视距离为35～55cm，检验环境需保持安静及清洁。

## 二、检验工具

直尺、卷尺、样板、色卡、卡尺。

## 三、检验项目

（1）检验产品外观、内容是否与样板一致。

（2）检验产品的材质、尺寸、颜色是否与样板一致。

（3）检验产品是否有污渍、刮花、破烂、压痕、披锋等现象。

（4）检验产品是否有套印移位、切割错位、电镀及喷粉不良等现象。

（5）检验产品包装是否完整，是否分内外包装，外箱是否破烂及产品包量是否过大及过重。箱唛是否书写正确。唛头可分为洗水唛、成分唛、主唛、尺码唛。在检验时需注意织唛（印唛）材质、文字、图案、产地、尺寸、颜色及唛头上注明的成分。

（6）在检验不干胶时需注意黏度是否足够，另外，不干胶的颜色也很容易出现问题；在检验皮牌时，皮牌可分真皮及人革皮，在检验时需注意皮纹（真皮有毛孔，人革皮没有），厚度，柔软度，级数，部位等；吊牌是在纸牌的基础上附带有绳、回形针等物料，在检验吊牌时需注意吊牌的厚度、纹路，检验吊牌的同时还需注意附带物料是否有质量问题。

## 四、外观质量检验

（1）标牌的颜色：应清晰醒目、色泽均匀、不应有泛色。两种及两种以上颜色套印的标牌，色彩间边缘应整齐、清晰，两色相接处不应有间隙。根据产品需要对表面可进行消光处理，制成无光或哑光。

（2）紧固孔：当标牌与产品装配时，应注意标牌上的紧固孔直径与紧固钉直径的关系。用胶粘贴的标牌不需制出紧固孔。标牌可用铆钉、螺钉或其他可行方法紧固于产品上。

（3）标牌的尺寸公差和形位公差：标牌不应有扭曲变形和明显的凹陷、凸起，其平面度公差在全平面内应符合规定。

（4）标牌的内容、文字和符号：标牌上的内容和排列方式以及颜色应按相关规定，文字、图案必须清晰、正确，无缺印、缺字、笔划不全的情况，小于5号字不误字意；无明显位置偏移、歪斜、重影；无明显印刷套色不准、模糊等缺陷；烫印文字和图案不花白，不变色，不脱落。标牌上需放置商标厂标和优质产品标志时，其要求应符合有关规定。标牌中采用的量的名称、单位和单位符号应符合规定。

（5）材料：标牌用材料根据主机产品的要求和工作条件选取，工业纯铝、不锈钢、铸钢、轧制薄钢板等；热固性和热塑性塑料；特殊需要时，可选用黄铜及其他材料。

粘贴标牌应选用在不采用活化如使用溶剂或加热的条件下能将标牌牢固地粘贴在平整、光洁、无油污的金属或非金属表面上的粘结材料。

（6）外观要求：标牌的周边应平直，不应有明显的毛刺和齿形及波形。正面应平整光洁。边框线应匀称、平直，不应弯曲断缺。文字、符号的大小和线条粗细应整齐醒目，排列匀称，不应断缺和模糊不清。表面不应有裂纹和明显的擦伤丝纹以及有影响其清晰的锈迹、斑点、暗影。涂镀层不应有气孔、气泡、雾状、污迹、皱纹、剥落迹象和明显的颗粒杂质。黏贴标牌不应出现折痕、皱纹、自卷、撕裂和黏结剂渗出等现象。

（7）洁净度：标贴外观整洁，无明显色条、斑点、脏污等异物沾染，点的直径 ≤0.2mm，黑点不得超过1个，其他白点不得超过2个（不在同一区域内），污点面积 ≤0.2mm$^2$，且每张不超过1个。

（8）松紧度：成卷标签松紧适中，不得出现膜间滑动。

（9）烫印：烫印砂眼面积≤0.1mm$^2$且每张不超过1个；不能有明显锯齿或毛边，套印允许有≤0.2mm的误差。

## 五、性能要求

（1）涂层附着力不得低于规定值。

（2）颜色的耐晒牢度应符合相关规定：室内用不得低于规定值；室外用不得低于规定值。

（3）铝阳极氧化标牌，深颜色的正面氧化膜厚度不得小于规定；着浅颜色的不得小于规定。

（4）耐盐雾性能、耐湿热性能、耐霉菌性能，应符合规定。

## 第三节　商标缝制检验

商标的特征主要表现在商品的专用性、个性、艺术性和代表性等方面。服装商标一般可按用途和使用的原料来分类。按用途来分，可分为内衣类商标和外衣类商标。前者要求薄、小、软，宜采用轻柔的原料，穿着舒服。而后者则相对较大、厚、挺，可选用编织商标、纺织品或纸印的印刷商标。若按商品使用的原料来分类，则可分为用纺织品印制的商标、纸制商标、编织商标、革制商标和金属制商标等。

## 一、商标

（1）主商标（主唛）：主商标，也称主唛，是衣服上显示商标或品牌名称的一种小标牌，可以是一种小织标，也可以是纸质的小标牌，或者印在衣服上（一般在上衣的内后衣领下，或者在下装的内后中缝处）。

（2）洗水唛（侧唛）：洗水唛，又叫洗标，要标注衣服的面料成分和正确的洗涤方法，比如干洗、机洗、手洗，是否可以漂白，晾干方法和熨烫温度要求等，用来指导用户正确对衣服进行洗涤和保养。洗水唛一般在后领中、后腰中主唛下面或旁边，常见位置是侧缝，因此又称侧唛。洗水唛有不同材质，常用的有尼龙、聚酯纤维、纯棉及无纺布等。同时为了提高产品的价值多样化，还有无光布、半光布、亮光布和珠光布等。或用不同化学原料或树脂予以涂层处理，可确保布料在印刷过程中吸墨性佳、易干、不易脱色或褪色，以及耐水洗及不散边，其各种特性都须符合国际标准。

（3）尺码唛：尺码唛表示服装的规格。目前服装有两种型号标法：一是S（小）、M（中）、L（大）、XL（加大）。二是身高加胸围的"号·型"形式。"号"是指服装的长度，"型"是指服装的围度。

## 二、缝制要求

（1）缝份：正常缝份为1cm，如有剪口须按剪口大小设定缝份，特殊要求要按规定执行。

（2）线迹：正常为每3cm明线缝10~11针，暗线每3cm缝12~14针，包缝9~10针。

（3）商标：正常车缝线要顺色线。

（4）做工：各部位线路要均匀不能有弯曲、断线、反线、上下线不和现象。方正顺平、剪口无毛漏、车缝线顺直、缝节标准、无反翘、左右高低位置要对称。

（5）唛牌不能错位，商标缝制位置和效果，洗水唛是否符合要求，双明线、单明线、反光条、零部件等有无遗漏。

# 第四节　针织帽检验

一个完整的帽子应该是由帽舌、拼缝部分、顶纽、绣眼以及搭扣和副料组成。

参考标准有FZ/T 73002—2016《针织帽》。

## 一、质量要求

（1）针距必须保持在3cm缝10~12针之间；各部位缝制平服，线路顺直、整齐、牢固、松紧适宜。同一部位缝线跳针不超过1针。提花、抽条、夹条的产品，花纹、提花应清晰、完整。直横正直，里外平服。绣花花型不走形、不起皱，符合绣花针法，不影响帽身弹性。

（2）成品表面无凹凸不匀、松紧不匀、花纹不齐。花针、漏针、吊针、稀路针、瘪针、豁口、豁边、破洞、油针、修疤和坏针形成的航点等缺陷。

（3）子母带处的封口一般在外口处；帽球、帽蒂、带、结等缝钉牢固，无松线、散结、脱落。

（4）拉汗带时必须平服；不可起裂，尤其是帽舌部分，帽舌拉线部分针码不能太大。

（5）顶钮有三个角和两个角的，一般采用三个角的比较多的，一般至少要能承受15磅的拉力。

（6）整烫时拼缝部位须平整，温度一般要求是在105～110℃，时间一般是在7～8s。各部位熨烫平服、整洁、无烫黄、水渍及亮光。

（7）商标和耐久性标签位置端正、平服。要求其大小尺寸必须符合要求，且不能出现翘边缺损等现象。

（8）产品面料的色差不低于4级。

## 二、外观缺陷项目检测

（一）检验工具

（1）钢卷尺或直尺，分度值为1mm。

（2）纺织品色牢度试验评定变色用灰色样卡（GB/T 250）。

（3）染料染色标准深度色卡（GB/T 48413）。

（二）外观及缝制质量

（1）商标和耐久性标签是否端正、平服，有无明显歪斜。

（2）缝制线迹是否顺直，松紧是否适宜。

（3）表面是否凹凸不匀、松紧不匀、花纹不齐。

（4）熨烫是否平服，有无亮光。

（5）花纹、提花是否清晰，里外是否平服。

（6）绣花花型是否走形、起皱。

（7）帽面、帽里是否纹路歪斜，互差大于1cm；收眼子直径：单股收眼子直径大于0.5cm，多股编织收眼子直径大于1cm。

（8）拉毛是否均匀。

（三）纽扣和附件

纽扣、装饰扣及其他附件表面不光洁、有毛刺、有缺损、有残疵、有可触及锐利尖端和锐利边缘。婴幼儿用品附件的外观与食物相似，使用两个或两个以上刚硬部分构成的纽扣，附件最大尺寸不大于31mm。

（四）表面疵点

表面有轻度极光、污渍、色渍、漏纱、漏洞、杂线混合、毛纱球等现象。

（五）牢固强度

帽子缝顶牢固，牢固强度≥0.5N，帽顶位置处于帽子投影的圆心偏斜±0.5cm。

（六）硬度要求

帽子不能太硬也不能太软。将帽子托在手心上抛50cm，下落后不变形。

（七）色泽

色泽与样品帽颜色一致，不允许有发黄、烤焦等现象。检查是否定型不平整，有发皱现象。

（八）规格尺寸允许偏差

帽胚长度控制在±1cm。
帽长：帽子对折放平，从帽子顶端垂直量至帽口。
帽口宽：帽子对折放平，帽口往上2cm处，从帽左端平行量至右端。

## 三、理化性能

纤维含量、甲醛含量、pH、色牢度、耐皂洗色牢度、耐干洗色牢度、耐唾液色牢度。

# 第五节　文胸检验

参考标准有FZ／T 73012—2017《文胸》。
国家标准规定，以罩杯代码表示型，以下胸围厘米数表示号。罩杯代码表示相适宜的人体上胸围与下胸围之差，下胸围以75cm为基准数，以5cm分档向大或小依次递增或递减划分不同的号，如表20-3所示。

表20-3　罩杯代码

| 罩杯代码 | AA | A | B | C | D | E | F | G |
|---|---|---|---|---|---|---|---|---|
| 上下胸围之差/cm | 7.5 | 10.0 | 12.5 | 15.0 | 17.5 | 20.0 | 22.5 | 25.0 |

## 一、内在质量

内在质量主要包括pH、色牢度等，如表20-4所示。

表20-4　内在质量检验项目

| 项目 | | | | 优等品 | 一等品 | 合格品 |
|---|---|---|---|---|---|---|
| pH | | | | 按GB 18401规定 | | |
| 甲醛含量 | | | | | | |
| 异味 | | | | | | |
| 可分解致癌芳香胺染料 | | | | | | |
| 纤维含量偏差（净干含量）/% | | | | 按GB/T 29862—2013《纺织品　纤维含量的标识》或FZ/T 01053—2007《纺织品　纤维含量的标识》规定 | | |
| 色牢度/级 | >1/12标准深度（深色），≤1/12标准深度（浅色） | 耐水 | 变色 | 4 | 3～4 | 3 |
| | | | 沾色 | 3～4 | 3 | |
| | | 耐摩擦 | 干摩 | 4 | 3～4 | 3 |
| | | | 湿摩 | 3 | 3（深色2～3） | |
| | | 耐汗渍 | 变色 | 4 | 3～4 | 3 |
| | | | 沾色 | 3～4 | 3 | |
| | | 耐皂洗 | 变色 | 4 | 3～4 | 3 |
| | | | 沾色 | 3～4 | 3 | |

## 二、外观质量

外观质量主要包括尺寸、疵点等，如图20-3、表20-5～表20-7所示。

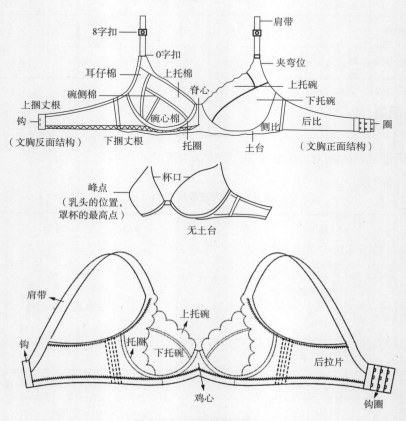

图 20-3　文胸结构示意图

### 表20-5　规格尺寸公差

| 三角杯文胸 | 允差/mm | 带杯文胸 | 允差/mm |
|---|---|---|---|
| 前幅/夹弯 | 7 | 前幅 | 7 |
| 肩带 | 10 | 夹弯 | 5 |
| 里布开口 | 2 | 捆碗 | 4 |
| 碗高 | 7 | 上下拉架 | 7 |
| 总下捆带 | 20 | 总下捆 | 15 |
| 下捆碗 | 7 | 肩带距背钩 | 3 |
| 省长 | 5 | 碗骨长 | 5 |

表20-6　本身尺寸公差

单位：cm

| 基本尺寸 | 优等品 | 一等品 | 合格品 |
|---|---|---|---|
| 5.0以下 | ± 0.3 | ± 0.5 | |
| 5.0~20.0 | ± 0.6 | ± 0.8 | |
| 20.0以上 | ± 0.8 | ± 1.0 | |

注　1. 本身尺寸差异是指文胸前后，左右对称部位的差异。
　　2. 基本尺寸以产品左或前侧为准。

表20-7　表面疵点

| 疵点类别 | | 优等品 | 一等品 | 合格品 |
|---|---|---|---|---|
| 线状疵点 | 轻微 | ≤5.0cm | 5.0~10cm | 允许 |
| | 明显 | ≤5.0cm | 0.5~1.5cm | 1.5~5.0cm |
| | 显著 | 不允许 | | ≤1.0cm |
| 疵点类别 | | 优等品 | 一等品 | 合格品 |
| 条状疵点 | 轻微 | ≤2.0cm | 2.0~5cm | 允许 |
| | 明显 | 不允许 | ≤1.0cm | 1.0~3.0cm |
| | 显著 | 不允许 | | ≤1.0cm |
| 散布性疵点 | | 不影响外观者允许 | | 轻微影响外观者允许 |
| 同面料色差 | | 4级 | 3~4级 | |
| 缝制疵点 | 线头 | 0.5cm以上不允许 | 0.5~1.0cm允许两处 | 0.5cm以上允许三处 |
| | 针距 | 2cm以内不低于9针 | | |
| | 缝纫曲折高低 | 0.3cm | 0.5cm | |
| | 跳针 | 不允许 | 不脱散，一针分数两处 | |
| 破损性疵点 | | 不允许 | | |
| 标识不全、不清、错误 | | 不允许 | | |

## 三、其他检验

（一）花边检验内容及标准

（1）色差：检验同一批来料中的同一色花边是否存在色差；同一卷中是否存在色差，卷与卷之间是否有色差，要求在检验花边时，需要进行实际测量码长，称出实际重量。

（2）花型圆案：检验车花花型是否有大小不一或不规则，车花线是否有色差，车花是否有跳线现象及底线是否剪干净。

（二）扁机领检验内容及标准

（1）测量扁机领尺寸。

（2）检验扁机领来料的数量级及质量。

（3）检验扁机领同一次来料是否有色差。

（4）检验扁机领是否变形。

（三）铁扣、胶扣检验内容及标准

（1）检验铁扣、胶扣确认颜色及型号。

（2）检验铁扣及胶扣的外形是否规则，是否有变形、破损、刮手、扣边粗细不均等。

（四）围扣检验内容及标准

（1）检验色差：检验同一批来料之中是否存在色差，公母配对的围扣是否存在色差。

（2）检验围扣的扣脚是否容易扣上，有无脱漆或生锈现象。

（3）来料尺寸及规格是否符合标准。

（五）钢圈的检验内容及标准

（1）钢圈尺寸：检验尺寸规格是否符合标准。

（2）检验钢圈两边的包漆是否有脱落现象，钢圈是否有锈斑、油污、利角、扭曲等现象。

（六）胶骨钢骨的检验内容及标准

（1）胶骨钢骨主要检验尺寸。

（2）检验胶骨是否容易折断，两头刀口是否顺滑，不能刮手，易折断为不接受物料。

（七）丈根的检验内容及标准

（1）色差：检验同一批来料的同一色丈根是否有色差，同一箱中的丈根是否存在色差，对于有明显色差的视为不良品。

（2）是否有弯曲、变形，抽长度为0.914m长的丈根，检验是否有向一边弯曲，丈根是否有弯曲现象。

（3）对于织花丈根，应着重检验织花是否均匀，织花是否起皱。

（4）检验丈根的包巾是否平滑，有无刮手现象。

（5）检查丈根面是否有污渍、斑点、锈点、纱质所导致的不合格产品，特别是白色。

（八）唛头

对照样衣及资料仔细检查洗水唛、商标、尺码唛、成分唛、款号唛，注意细小的文字及图案，唛头应柔软、手感舒适、耐洗、不褪色、不脱色，印刷内容正确，无印刷不良现象发生，歪斜严重不接受。

（九）吊牌种类

位置亦与样衣一致；核对款号、价格、颜色、尺码、产品名称等。

（十）扣、饰花、绣花

位置正确、针制稳固；烫钻位置正确、黏着牢固，用力摸不脱落，不渗胶，无破钻，左右要对称，底盘不脱皮、一圈不发黄、发绿。

（十一）订珠

打结要和面料套在一起打，每3~6颗珠子要断线重新起头订，不可连长线，超过1cm以上的距离不可连线，无特殊要求，所有订珠要订回针，要有10∶15的拉力，反面线头不可超过0.5cm，结头不可露在正面，线松紧度要适宜，面料不可起皱。

（十二）肩带、吊带

宽度、长度及尺寸正确，杯顶肩带折边长度应符合要求，宽度与扣相符且应订制牢固、端正、无扭转现象发生。

（十三）缝线

深色、中色产品应采用相近色泽缝线缝制，漂白、浅色产品应采用漂白缝线缝制，线之粗细、种类、弹性应与缝制部位相配合。

# 第六节　泳装检验

泳装分为整体式泳衣、分体式泳衣和泳裤三种类型。针织泳装号型以厘米为单位标注适穿的净身高及净胸（臀）围的范围，其中分体式含罩杯的泳衣按规定进行。泳装要求分为内在质量和外观质量两个方面。内在质量包括纤维含量（净干含量）、甲醛含量、pH、拉伸弹性伸长率、耐氯化水（游泳池水）拉伸弹性回复率、耐洗色牢度、耐海水色牢度、耐氯化水色牢度（游泳池水）、耐人造光色牢度等九项指标。外观质量包括表面疵点、规格尺寸偏差、本身尺寸差异等项指标。可参考的标准有FZ/T 73013—2017《针织泳装》。

## 一、内在质量

内在质量主要包括pH、色牢度等，如表20-8所示。

表20-8　内在质量检测项目

| 项目 | | 优等品 | 一等品 | 合格品 |
|---|---|---|---|---|
| 纤维含量（净干含量）/% | | 按GB/T 29862规定执行 | | |
| 甲醛含量/mg/kg≦ | | 按GB 18401规定执行 | | |
| pH | | | | |
| 异味 | | | | |
| 可分解致癌芳香胺染料/mg/kg | | | | |
| 拉伸弹性伸长率/%≧ | 直向 | 120 | 100 | 80 |
| | 横向 | 100 | 80 | 70 |
| 耐氯化水（游泳池水）拉伸弹性回复率/（%）≧ | 直向 | 70 | 65 | 60 |
| | 横向 | 70 | 65 | 60 |
| 耐皂洗色牢度/级≧ | 变色 | 4 | 3 | |
| | 沾色 | 3~4 | 3（深色2~3） | |
| 耐海水牢度/级 | 变色 | 4 | 3~4 | 3 |
| | 沾色 | 3 | 3 | 3 |
| 耐氯化水色牢度（游泳池水）/级 ≧ | 变色 | 4 | 3 | 2~3 |
| 耐光色牢度/级≧ | 变色 | 4 | 3 | 3 |
| | 荧光色 | 3 | 3 | 不考核 |

**注**　色别分档：>1/12标准深度为深色，≦1/12标准深度为浅色。

（1）当一种纤维的标注含量在10%及以下时，其实际含量不得少于本身标注含量值的70%。

（2）直向弹性指标只考核整体式泳衣。

（3）印花产品色牢度以主色调作为试验部位，并作为最终评定结果。

（4）内在质量各项指标，以试验结果最低一项作为该批产品的评价依据。

## 二、外观质量

（一）外观质量

主要包括尺寸、疵点等，如图20-4～图20-6，表20-9～表20-11所示。

（二）测量部位规定

（1）全长：由前肩带最高处量到最底边。
（2）胸宽：由胸部最宽部位横量。
（3）臀宽：由臀部最宽部位横量。
（4）档宽：由档底最窄部位横量。
（5）裤口宽：沿裤口边对折测量。
（6）腰宽：由腰口处横量。
（7）裤长：由腰口边量到档底。

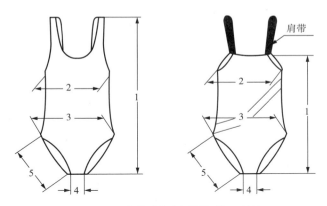

图 20-4　整体式泳衣测量部位示意图

1—衣长　2—胸宽　3—臀宽　4—档宽　5—裤口宽

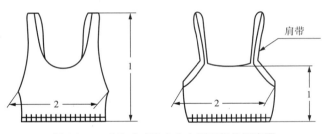

图 20-5　分体式式泳衣上衣测量部位示意图

1—衣长　2—胸宽

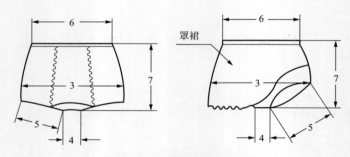

图 20-6　泳裤测量部位示意图

3—臀宽　4—裆宽　5—裤口宽　6—腰宽　7—裤长

### 表20-9　泳装表面疵点检测

| 疵点类别 | 疵点名称 | 优等品 | 一等品 | 优等品 |
|---|---|---|---|---|
| 纱疵 | 油疵、色纱 | 不允许 | 不明显者允许 | 不明显者允许 |
| 织疵 | 长花针 | 不允许 | | 1针3cm 1处 |
| | 修痕 | 不允许 | | 不允许 |
| | 丝拉紧 | 不允许 | | 丝不断余丝钩进3处 |
| | 散花针、稀路、横路 | 不允许 | | 不明显者允许 |
| 染整疵点 | 色差 | 4级 | 3~4级 | 3级 |
| | 纹路歪斜 | 不大于3% | | 不大于5% |
| | 极光印、折印、色花 | 不允许 | | 不明显者允许 |
| | 锈斑 | 不允许 | | 不允许 |
| 缝纫疵点 | 缝纫油污线 | 浅淡的1cm 3处或2cm 1处 | | 浅淡的10cm，深的5cm |
| | 针洞 | 不允许 | | 不允许 |
| | 重针 | 除合理接头外；中间不允许有接头 | | 除合理接头外限4cm 1处 |
| 印花疵点 | 沙眼、干版、露地、缺花 | 不允许 | | 不明显者允许 |
| | 搭色 | 不允许 | 0.5cm 5处或不影响美观者 | 不严重者允许 |
| | 套版不正 | 不允许 | | 0.3cm |
| | 阴花渗花 | 细线条不超1倍，粗线条0.2cm | | 不严重者允许 |

**注**　1. 表面疵点长度及疵点数量均为最大极限值。
　　2. 表面疵点程度参照（针织内衣表面疵点彩色样照）执行。
　　3. 凡遇条文中未规定的表面疵点参照GB/T 8878规定执行。
　　4. 色差按GB 250评定。

**表20-10　泳装规格尺寸偏差**

单位：cm

| 项目 | 身高160及以下 | | | 身高160以上 | | |
|---|---|---|---|---|---|---|
| | 优等品 | 一等品 | 合格品 | 优等品 | 一等品 | 合格品 |
| 衣长 | −1.0 | −1.0 | −1.5 | −1.0 | −1.5 | −2.0 |
| 1/2胸（臀、腰）围 | −1.0 | −1.0 | −1.5 | −1.0 | −1.5 | −2.0 |
| 侧长（三角裤） | −0.3 | −0.3 | −0.5 | −0.5 | −0.8 | −1.0 |
| 侧长（四角裤） | −0.5 | −0.5 | −0.8 | −0.5 | −0.8 | −1.0 |
| 裤口宽 | −1.0 | −1.0 | −1.5 | −1.0 | −1.5 | −2.0 |
| 裆宽 | −0.5 | −0.5 | −0.5 | −0.5 | −0.5 | −0.5 |

**表20-11　对称部位尺寸偏差**

单位：cm

| 项目 | 优等品≤ | 一等品≤ | 合格品≤ |
|---|---|---|---|
| <5 | 0.3 | 0.4 | 0.5 |
| 5～30 | 0.6 | 0.8 | 1.0 |
| >30 | 0.8 | 1.0 | 1.2 |

（三）缝制规定

（1）缝制牢固，线迹要平直、圆顺，松紧适宜。

（2）合缝处应用四线及以上包缝或绷缝。

（3）平缝时针迹边口处应倒回针加固。

（4）下裆部位应采用双裆，胸部加衬布或（胸垫）。根据产品要求选择辅料、衬布，色泽要协调一致。

（5）缝制时应用高强力的顺色锦纶或涤纶缝纫线。

思考题

1．简述袜子有哪些检验要求？

2．简述标示牌必须要包含哪些信息？

3．名词解释：主商标(主唛)、洗水唛(侧唛)及尺码唛。

4．简述针织帽有哪些检验要求？

5．泳装有哪些种类？

# 参考文献

［1］余序芬. 纺织材料实验技术［M］. 北京：中国纺织出版社，2004.

［2］陈东生，袁小红. 服装材料学实验教程［M］. 上海：东华大学出版社，2015.

［3］李南. 纺织品检测实训［M］. 北京：中国纺织出版社，2010.

［4］于伟东. 纺织材料学［M］. 北京：中国纺织出版社，2006.

［5］王晓，刘刚中. 纺织服装材料学［M］. 北京：中国纺织出版社，2017.

［6］郝新敏，张建春，杨元. 医用纺织材料与防护服装［M］. 北京：化学工业出版社，
2008.

［7］杨乐芳，张洪亭，李建萍. 纺织材料与检测［M］. 上海：东华大学出版社，2018.

［8］顾伯洪，孙宝忠. 纤维集合体力学［M］. 上海：东华大学出版社，2014.

［9］郝新敏，杨元. 功能纺织材料和防护服装［M］. 北京：中国纺织出版社，2010.

［10］张怀珠，袁观洛，王利君. 新编服装材料学［M］. 4版. 上海：东华大学出版社，
2017.

［11］濮微. 服装面料与辅料［M］. 2版. 北京：中国纺织出版社，2015.

［12］《中华大典》编纂委员会编. 中华大典·工业典·纺织与服装工业分典［M］. 上海：
上海古籍出版社，2016.

［13］利百加. 智能纺织品与服装面料创新设计［M］. 赵阳，郭平建，译. 北京：中国纺
织出版社，2018.

［14］朱松文，刘静伟. 服装材料学［M］. 4版. 北京：中国纺织出版社，2010.

［15］田琳. 服用纺织品性能与应用［M］. 北京：中国纺织出版社，2014.

［16］陆鑫，武英敏. 服装材料性能与成衣加工［M］. 上海：东华大学出版社，2017.

［17］李汝勤，宋钧才，黄新林. 纤维和纺织品测试技术［M］. 4版. 上海：东华大学出
版社，2015.

［18］张海霞，宗亚宁. 纺织材料学实验［M］. 上海：东华大学出版社，2015.

［19］康强. 服装材料与试测技术［M］. 上海：东华大学出版社，2014.

［20］瞿才新，张荣华，周彬. 纺织材料基础［M］. 2版. 北京：中国纺织出版社，2017.

［21］周璐瑛，王越平. 现代服装材料学［M］. 2版. 北京：中国纺织出版社，2011.

［22］陈东生，吕佳. 服装材料学［M］. 上海：东华大学出版社，2013.

［23］姜淑媛，金鑫，方莹. 家用纺织材料［M］. 上海：东华大学出版社，2013.

［24］唐琴，吴基作. 服装材料与应用［M］. 上海：东华大学出版社，2013.

［25］许淑燕. 服装材料与应用［M］. 上海：东华大学出版社，2013.

［26］范尧明. 纺织材料与检测［M］. 上海：学林出版社，2012.

［27］严瑛. 纺织材料检测实训教程［M］. 上海：东华大学出版社，2012.

［28］杨建忠. 新型纺织材料及应用［M］. 2版. 上海：东华大学出版社，2011.

［29］陈继红，肖军. 服装面辅料及应用［M］. 上海：东华大学出版社，2009.

［30］肖琼琼，罗亚娟. 服装材料学［M］. 北京：中国轻工业出版社，2015.

［31］张萍. 纺织材料学［M］. 北京：中国轻工业出版社，2008.

［32］曾志明. 纺织材料与检测［M］. 北京：中国劳动社会保障出版社，2009.

［33］蒋耀兴. 纺织品检验学［M］. 2版. 北京：中国纺织出版社，2008.

［34］龚黎根，郑丹. 服装材料认识与应用［M］. 青岛：中国海洋大学出版社，2014.

［35］李金强. 服装检测与贸易［M］. 北京：高等教育出版社，2010.

［36］张幼珠. 纺织应用化学［M］. 上海：东华大学出版社，2009.

［37］霍红，陈化飞.纺织品检验学［M］. 2版. 北京：中国财富出版社，2014.

［38］朱远胜. 服装材料应用［M］. 2版. 上海：东华大学出版社，2009.

［39］李琦业，刘莉. 纺织商品学［M］. 北京：中国物资出版社，2005.

［40］马大力. 服装材料学教程［M］. 北京：中国纺织出版社，2002.

［41］马大力，张毅，王瑾. 服装材料检测技术与实务［M］. 北京：化学工业出版社，
2005.

［42］李竹君，刘森. 纺织技术导论［M］. 北京：化学工业出版社，2012.

［43］郁铭芳. 纺织新境界——纺织新原料与纺织品应用领域发展［M］. 北京：清华大学
出版社，2002.

［44］纺织工业部教育司. 服装材料知识［M］. 北京：高等教育出版社，1992.

［45］蒋蕙钧. 服装材料［M］. 南京：江苏科学技术出版社，2004.

［46］戴晋明，任玉杰，昝会云. 防水透气织物舒适性［M］. 北京：中国纺织出版社，
2003.

［47］朱焕良，许先智. 服装材料［M］. 北京：中国纺织出版社，2002.

［48］吴瑞芳. 服装材料知识［M］. 北京：中国财政经济出版社，1990.

［49］刘森. 纺织概论［M］. 北京：中国劳动社会保障出版社，2010.

［50］刘钟瑜. 服装材料［M］. 北京：农业出版社，1990.

［51］鲁埃特. Springer 纺织百科全书［M］. 中国纺织出版社专业辞书出版中心，译. 北京：中国纺织出版社，2008.

［52］吕逸华，郭凤芝. 服装材料概论［M］. 北京：中央广播电视大学出版社，2000.

［53］刘刚中，王晓. 纺织服装材料学［M］. 北京：中国纺织出版社，2017.

［54］吴微微. 服装材料学·应用篇［M］. 北京：中国纺织出版社，2009.

［55］陈东生. 服装材料检测与设备［M］. 北京：中国纺织出版社，2016.

［56］陈丽华. 服装面辅料测试与评价［M］. 北京：中国纺织出版社，2015.

［57］曾志明. 纺织材料与检测［M］. 北京：中国劳动社会保障出版社，2009.

［58］杨乐芳，张鸿亭，李建萍. 纺织材料与检测［M］. 上海：东华大学出版社，2014.

［59］杨乐华. 纺织材料性能与检测技术［M］. 上海：东华大学出版社，2010.

［60］张毅. 纺织商品检验学［M］. 上海：东华大学出版社，2009.